Dem gütigen Verleger

Göttingen,
1. Mai 1853.

Der Verfasser.

Der Fürsten-Rath

nach dem

Lüneviller Frieden.

Eine reichsrechtliche Abhandlung

von

Ludwig Karl Aegidi
Dr. der Rechte.

Berlin
Verlag von Georg Reimer.
1853.

Dem

Andenken des Meisters

Johann Jakob Moser.

Vorwort.

Unerfahren in gelehrten Arbeiten, nehme ich für diesen Versuch die Nachsicht der Kenner in Anspruch. Fleiß und Sorgfalt sind allerdings auf ihn verwandt; mit strenger Gewissenhaftigkeit bin ich zu Werk gegangen. Aber schon die Wahl des Stoffes kann Anstoß erregen: um so mehr die Breite der Ausführung.

Theilnahme für öffentliches Recht legt es einem Deutschen bald nahe, den Zusammenhang der Gegenwart mit einer fast verschollnen Vorzeit seines Volks zu ermitteln und, wo möglich, wieder herzustellen. Darauf war seit 1847 mein Sinn gerichtet. Die scheinbar völlig zerrissnen Fäden aufzunehmen und wissenschaftlich miteinander zu verknüpfen, ist mein unablässiges Bemühen.

Zunächst den Vorgang von 1806 faßte ich ins Auge und bereitete mich vor, die geschichtlichen Thatsachen, denen die Wirkung beigemessen wird, daß sie das tausendjährige Reich unsrer Nation aufgelöst haben, nach Rechtsgrundsätzen zu prüfen.

Die Vorarbeiten, welche dieser große Gegenstand erfordert und denen die Schatzkammer deutscher Gelehrsamkeit, die Göttinger Bibliothek [Dank der echten Liberalität ihrer Behörden] reichlich Unterstützung gewährte, sind noch nicht abgeschlossen.

Indessen hat ein äußerer Anlaß mir wünschenswerth gemacht, einen Theil jener Arbeiten in Gestalt einer reichsrechtlichen Studie zu veröffentlichen.

Vorbote der Umwälzung war in Deutschland am Eingang des neunzehnten Jahrhunderts eine allgemeine Flucht der Gedanken: mit ungestümer Hast, des Bestehenden nicht achtend, eilten sie nach dunkler Ferne weiter, nur immer weiter. Die gesammte Nation, ihre Fürsten miteingerechnet, litt an einem zwar wohlbegründeten, doch krankhaft überreizten Verlangen nach Neuerung. Es war — abgesehen von der französischen Revolution — ein revolutionäres Zeitalter. Wind wurde gesä't und Sturm geerntet.

Dem Reichsrechte des letzten Zeitraums gab die Rastlosigkeit und Rathlosigkeit im damaligen öffentlichen Leben der Deutschen einen unsichern schwankenden Charakter, als ob dasselbe theils im Verfall, theils im Aufbau begriffen, nur ein unzweifelhaftes Recht der Gegenwart nirgend war. Daher ist es späterhin unbeachtet, fast unbekannt geblieben.

Den Beginn der Zerstörung des heil. römischen Reichs schreibt man von 1801 und 1803 her. Mit Unrecht. Denn, sucht man die tiefern Gründe der Auflösung jenes mittelalterlichen Systems, so muß man zu einer frühern Vergangenheit herabsteigen. Der Zusammensturz hingegen datirt von den ersten Erschütterungen der neuen Ordnung der Dinge, welche der Reichs-Deputations- oder, besser gesagt: jüngste Reichs-Schluß von 1803 aufgerichtet hatte. Von ihr waren die Zeitgenossen für eine Weile mit froher Zuversicht erfüllt. Damals war noch einmal, zum letzten Mal Halt gemacht. Damals war der Reichsverfassung eine dem Nationalbewusstsein weniger als bisher fremdartige Form, eine wesentlich neue Grundlage gegeben. Nach dem Lüneviller Frieden hatte eine durchgreifendere Veränderung des Reichsrechts stattgefunden, als im sechszehnten und siebzehnten Jahrhundert in Folge der Kirchenverbesserung.

Der wenige Jahre darauf erfolgte Untergang der ehrwürdigen, jedoch im wahren Sinn des Worts unvolksthümlichen Institutionen brachte selbst bei Rechtskundigen in Vergessenheit, daß der Rechtsbestand, welcher von diesen weltbewegenden Ereignissen betroffen worden, nicht derselbe, worüber einst Johann Jakob Moser lehrte, sondern ein durchaus andrer gewesen ist, welchen freilich Pütter nicht mehr berücksichtigte, welchen Leist, Gönner, Schmalz höchstens angedeutet, kaum beiläufig abgefertigt haben.

Dieses Reichsrecht des letzten Zeitraums war mehrfach streitig. Ueber Hauptpunkte waren Kaiser und Reich uneins. Am verwickeltsten war der Streit über die zweite Kammer des Reichstags, den Fürsten-Rath. Die Kontroversen über dessen Neubildung und die Rechtmäßigkeit seiner Zusammensetzung nach dem Lüneviller Frieden schließen die fast endlose Reihe juristischer Schach-Partieen im heil. römischen Reich.

Aber das Für und Wider in erheblichen Streitfragen des öffentlichen Rechts der eignen Nation dürfen wir nicht unentschieden lassen. Unsre Väter waren als Zeitgenossen selbst an jenen Kämpfen betheiligt, selbst Partei; den unparteiischen Nachkommen ist das Endurtheil vorbehalten. Denn, daß nicht etwa das Gericht ganz ausbleibe, ist eine Forderung der Gerechtigkeit.

Vollends der Rechtshistoriker kann über solche Stellen nicht flüchtig hinweggleiten; er muß dabei stehen bleiben und darf keinen Schritt vorwärts thun, bis er dem Unrecht Unrecht und dem Rechte Recht gegeben hat. Die Geschichtschreibung über Staat und Recht soll ja nicht an einer bloßen Genealogie von Verfassungen und Rechtsbeständen, an einer Chronik rechtlich interessanter Begebenheiten ihr Genüge finden, sondern, wenn darunter eine Historik von juristischem Schrot und Korn verstanden wird, den Prozeß der Rechtsbildung Stufe für Stufe belauschen und wiedergeben.

Den Streit zwischen Kaiser und Reich über den Fürsten-Rath zu erörtern und daraus zu entnehmen, was als unzweifelhaftes Recht einer bestimmten vergangnen Epoche Geltung fordern darf, somit in der Rechtsgeschichte eine nicht bedeutungslose Lücke zu füllen, schien eine der Wissenschaft würdige Aufgabe. Wahrhaft lohnend aber erwies sie sich, indem jene Fragen dazu nöthigten, nach den verschiedensten Seiten unsres Rechtslebens forschende Blicke zu richten.

Möge der Versuch einer Lösung nicht fehlgeschlagen sein — mögen diese Blätter für die Staats- und Rechts-Geschichte deutscher Nation einige nicht unwillkommene Perspektiven eröffnen.

Göttingen, 21. März 1853.

Æ.

Inhalt.

Einleitung:

Grundlagen der Untersuchung.

Theil I:

Der Streit zwischen Kaiser und Reich über die Neubildung des Fürsten-Raths in Folge des Lüneviller Friedens.

Erste Streitfrage:

Zweite Streitfrage:

Theil II:

Der Streit zwischen Kaiser und Reich über die Rechtmäßigkeit der Zusammensetzung des Fürsten-Raths auf Grund des Reichsschlusses vom 27. April 1803.

Vierte Streitfrage:

Fünfte Streitfrage:

Schlußbetrachtung.

Ausgangspunkte der Untersuchung.

Anhang.

Der Fürsten-Rath

nach dem

Lüneviller Frieden.

Einleitung.

Grundlagen der Untersuchung.

§. 1.

Die Thatsachen.

Als das letzte Grundgesetz im heiligen römischen Reich zu Stande kam, hat der Kaiser auch sein Veto zum letzten Mal ausgeübt. Von Kurfürsten, Fürsten und Ständen Deutschlands war der Hauptschluß der außerordentlichen Reichs-Deputation vom 25. Februar 1803 genehmigt und in dem „allerunterthänigsten“ Reichs-Gutachten vom 24. März jenes Jahrs der reichsoberhauptlichen Sanktion unterbreitet worden. Aber das „Kaiserlich-allergnädigste Kommissions-Ratifikations-Dekret an die hochlöbliche allgemeine Reichsversammlung“ vom 27. April j. J.[1]) bestätigte das Gutachten nicht im ganzen Umfange, sondern versagte gewissen Bestimmungen des Deputations-Schlusses die „allerhöchste“ Genehmigung. Zu fernerer Berathung am Reichstag, neuer Begutachtung und weitrer Verhandlung

---

[1]) Am Tage darauf kam das Dekret zur reichstägigen Diktatur. Deßhalb wird es bald vom 27. bald vom 28. aufgeführt. So werden die Bedenken von F. M. Oertel Staats-Grundgesetze des deutschen Reichs, Leipzig 1841 S. 569, 570. Anm. 5. über den Widerspruch zwischen den Ausgaben von J. B. Gämmerer, Regensburg 1804 und J. A. Vahlkampf, Wetzlar 1804 gehoben.

zwischen Kaiser und Reich wurden diese ausgeschieden: sie enthielten die Vorschläge über Neubildung des Fürsten-Raths. Nur mit Hinweglassung derselben erlangte der Deputations-Schluß daher Gesetzeskraft.

Die Geschichte der außerordentlichen Reichs-Deputation [2]) hat nicht ihres Gleichen. Sie beginnt auf einer tiefen Stufe der Erniedrigung; aber im weitern Verlaufe führt sie noch immer tiefer. Schon wähnt man das Aergste zu wissen und lernt alsbald noch Aergeres kennen. Sie ist eine Geschichte deutscher Ehre in absteigender Linie. Das äußerste Ende bezeichnet die Entstehung jener Verfügungen in Betreff des Fürsten-Raths.

Im Art. VI des Lüneviller Friedens war das linke Rheinufer an Frankreich abgetreten. Ob und welche Fürsten für die daraus entstehenden Verluste Entschädigung empfangen sollten, hätte füglich eigne Angelegenheit auch des besiegten Reiches bleiben müssen. Art. VII bestimmte jedoch, daß nicht die geistlichen, sondern nur die Erb-Fürsten entschädigt würden. Er schrieb obenein die Art und Weise der Entschädigung vor. Es war dieselbe, deren Zugeständniß die französische Republik als unerläßliche Bedingung des Friedens bereits der Reichs-Deputation in Rastadt abgedrungen hatte [3]): durchgreifende allgemeine Säkularisation [4]), Tilgung des geistlichen Fürstenthums.

---

[2]) Karl Ernst Adolf v. Hoff, das deutsche Reich vor der französ. Revolution und nach dem Frieden von Lüneville Theil II (1805) S. 53 – 96. — F. C. Schlosser, Geschichte des 18. Jahrh. (Heidelberg 1846) Band VI. S. 453—467.

[3]) Französ. Note zu Rastadt vom 15. März 1798; Gutachten der Reichsdeputation daselbst vom 4. April j. J.

[4]) Nach Meiern, Acta Pacis Westfalicae Theil II., Buch 15, §. 14, S. 635. 636 ist der „vorhin unbekannte terminus" des Säkularisirens zuerst von dem französ. Abgesandten bei dem westfälischen Friedenskongreß in Münster, Herzog von Longueville ausgesprochen. — Ranke, deutsche Geschichte im Zeitalter der Reformation, Th. III, S. 198 erzählt: Der Premierminister der Niederlande Hochstraëten im 16.

Nun galt es eine Vertheilung der geistlichen Reichslande nach Maßgabe des erlittenen Verlustes. Dies war scheinbar Aufgabe der durch Reichs-Gutachten vom 2. Oktober und durch Kaiserliches Kommissions-Dekret vom 7. Nov. 1801 ernannten Reichs-Deputation [5]). Scheinbar: denn, als sie sich infolge Kaiserlicher Aufforderung vom 2. August 1802 endlich am 24. August j. J. [6]) konstituirte, waren die Entschädigungslande längst vertheilt. In Paris hatte mittlerweile der empörende Handel um deutsche Lande und deutsche Leute stattgefunden [7]). Von der französischen Republik waren sie an meistbietende deutsche und auch an etliche ausländische [8]) Fürsten vergabt worden. Zu Frankreich hatte sich Rußland gesellt, das von solcher Theilnahme nicht wohl ausgeschlossen werden konnte, jedoch mit einer sehr untergeordneten Rolle dabei sich begnügte [9]).

Jahrhundert hielt dafür, „der wahre Weg, den Türken zu widerstehen, sei daß man den Pabst zu einer allgemeinen Säkularisation bewege.“ — Gervinus, Einleitung in die Geschichte des 19. Jahrh. (Leipz. 1853) S. 46: „Die Frage der Einziehung der geistlichen Güter drang (im 16. Jahrh.) sogar bis auf die Reichstage vor“

5) Ueber die vorhergehenden Verhandlungen zwischen Kaiser und Reich und dem Auslande, das Kaiserliche Kommissions-Dekret vom 3. März 1801, das Reichsgutachten vom 30. April, das Kaiserliche Hofdekret vom 26. Juni, die Weisung Talleyrand's vom 4. September, die Note des französ. Gesandten am Reichstage Bacher, die Sitzung des Fürsten-Raths vom 14. Sept. j. J. und über das oben Erwähnte vergl. Hoff, a. O. S. 4 f. 16 f. 36 f. Schlosser a. O. S. 461.

6) Mitglieder waren: Mainz, Böhmen, Kursachsen, Brandenburg — Baiern, Deutschmeister, Wirttemberg und Hessenkassel.

7) Schlosser a. O. Seite 457 f.

8) Der Großherzog von Toskana, der Erbstatthalter der Niederlande, der Fürst von Ligne, der Herzog v. Looz, der Herzog v. Croy. Nur die beiden ersten gehören reichsständischen Häusern an; über den letzten vergl. jedoch Pfeffinger, Vitr. illustr. Th. II S. 548.

9) Drohende russische Note, am 26. April 1801 zu Paris übergeben; Vertrag zwischen Frankreich und Rußland vom 11. Oktober 1801 über die Mitwirkung Rußlands an der Vertheilung der deutschen Länder:

Der Reichs-Deputation wurden gleichsam Schreiberdienste zu thun angesonnen: sie sollte die Beschlüsse der Fremden über Deutschland mundiren, expediren. Die deutschen Fürsten fassten dies unrühmliche Geschäft ernst auf: den ehrwürdigen Formen tausendjährigen Rechts waren sie nicht soweit enthoben, daß sie sicher im Besitz ihres Gewinnstes sich hätten fühlen mögen ohne den Mantel des Rechts, welchen der Ausschuß und sodann Kaiser und Reich der Pariser Versteigerung umhängen sollten. Aber kaum war der Schein einer selbständigen Thätigkeit aufrecht zu halten. Die bevollmächtigten Minister der sogenannten „vermittelnden", vielmehr dirigirenden Mächte Frankreich und Rußland reichten am Tage des Zusammentritts den bis in das Einzelne ausgearbeiteten Entschädigungsplan der Deputation vor und setzten ihr gleichzeitig einen zweimonatlichen Termin [10]).

Jetzt fehlte nur, daß sich das Ausland anmaßte, auch noch die wichtigen Veränderungen in der Reichsverfassung, namentlich im Innern des Fürsten-Raths, welche der Lüneviller Friede nothwendig machte, festzusetzen. Dahin schien es indessen nicht kommen zu sollen.

Die Deputation hatte ihre Arbeiten beendigt und die sämmtlichen einzelnen Schlüsse, die ihr vorgeschrieben waren, in den Hauptschluß vom 23. November 1802 zusammengefaßt. Die Minister der vermittelnden Mächte, denen er

---

Schlosser, a. O. S. 454 — 456. Neuer Vertrag vom 4. Juni 1802, wodurch der russische Gesandte Markoff den drei Franzosen Laforest, Mathieu und Bacher das Recht einräumte, „im Namen Rußlands und Frankreichs zu befehlen." Darin waren „alle vorhin in Paris ... erbettelten oder erkauften Zugeständnisse von Rußland anerkannt." Schlosser a. O. S. 461.

10) Die Worte der russ.-französischen Note lauteten: „Que la volonté de S. M. l'empereur de Russie et du premier consul étaient qu'il ne fût fait aucun changement aux dispositions convenues entre eux pour les indemnités; que la députation

zur Durchsicht und Genehmigung übergeben worden [11]), hatten mit dem Kabinet von Paris darüber unterhandelt und ihn darauf nicht der Deputation zur Berichterstattung und Vorlage an den Reichstag, sondern in Begleitung einer Note vom 3. Dezember [12]) diesem unmittelbar vorgelegt. Abgesehen von der Bestimmung über die vier neu zu errichtenden Kurwürden und von vereinzelten andern, die mit der Entschädigungssache unablösbar verbunden erschienen, enthielt der Hauptschluß vom 23. Nov. keine Verfügung über Verfassungsänderungen und namentlich nicht in Betreff des Fürsten-Raths [13]). Nachdem ein Kaiserl. Dekret vom 21. Dez. 1802 und der Bericht der Deputation vom 5. Jan. 1803 der reichsständischen Berathung eine würdigere Vorlage geboten, begann am 7. Januar die Abstimmung in den drei Kollegien des Reichstags.

Aber am 21. Januar wurden die Verhandlungen auf Anlaß eines Kaiserl. Kommissions-Dekrets vom 19. Jan. [14]) vertagt. Der Kaiser hatte nämlich am 26. Dez. 1802 zu Paris auch sein Geschäft für das Erzhaus abgeschlossen und forderte nun Abänderung des Deputations-Schlusses nach Maßgabe jenes Sondervertrags mit der Republick. Die Sache deutscher Ehre, deren Arzt er — während der lange fruchtlosen Unterhandlungen über seines Hauses Vortheil — dargestellt, gab er alsbald auf. Den gemäß der Pariser Abkunft veränderten Deputations-Schluß zu ratifiziren, hatte

devait en conséquence s'abstenir d'apporter de retards à la conclusion de cette affaire." Schlosser a. O. S. 463 und Note 75. — Es ist kein Ausdruck zu stark für diese Entehrung Deutschlands.

11) Hoff a. O.

12) Sie kam am 6. Dezember zur Diktatur.

13) In der 15. Deputationssitzung hatte Kurmainz, später Kursachsen die Vermehrung der Stimmen des Fürsten-Raths zur Sprache gebracht. Andere Höfe hielten Anträge bereit. Die Sache war in den Vordergrund getreten. Hoff a. O. Seite 84.

14) Anfangs an die Reichs-Deputation; dies verstieß aber gegen die Form.

er im Art. IV derselben sich förmlich gegen Frankreich verpflichtet.

So begannen denn neue Arbeiten der Reichs-Deputation. Doch diese blieben keineswegs dabei stehen, in dem Hauptschlusse vom 23. November dessen Abweichungen von dem österreichischen Sonder-Vertrage nach Vorschrift der fremden Minister einfach auszugleichen. Die deutschen Fürsten nahmen nun die Gelegenheit wahr, die Entscheidung über die nothwendigen Aenderungen der Reichs-Verfassung, namentlich über den Fürsten-Rath dem Ausland in die Hand zu spielen. Ihnen war daran umsomehr gelegen, da der Kaiser in Betreff der Genehmigung gebunden schien. Daß die Deputation ihre Vollmacht v. 3. Aug. 1802 dabei weit überschritt, blieb unbeachtet.

Auf besondres Verlangen stellten die Minister der vermittelnden Mächte in einer Note vom 18. Januar Anträge über die Neubildung des Fürsten-Raths [15]), überließen es jedoch, dieselben dem §. 32 des Deputations-Schlusses einzuverleiben oder sie als Anhang dem ganzen Schlusse beizufügen. Dies Maß der Einmischung aber war noch nicht das volle Maß. Am 19. Januar, in der 37. Deputationssitzung äußerten die Gesandten der drei Kurfürsten

---

15) Vorher kündigten sie an, daß sie in Kurzem ein Stimmen-Supplement für alle Kurfürsten und Fürsten vorlegen würden, welche dazu die erforderlichen Eigenschaften hätten. „Dies war genug“ berichtet Hoff, a. O. „um bei dem kleinsten Reichsgrafen die Begierde nach Stimmen im Reichs-Fürsten-Rath zu erwecken, mit deren Hülfe er sich im Geist unter die großen Mächte von Europa versetzen konnte; und selbst manche größere Fürsten, die schon mehrere Viril-Stimmen hatten, legten einen so hohen Werth auf den Zuwachs einer einzigen, daß der Landgraf von Darmstadt eine ihm vorher angewiesne, von der Stadt Frankfurt zu zahlende Jahrrente von 20000 fl. gegen 1 Stimme fallen ließ. Die französischen Unterhändler wußten diesen deutschen Stolz (!) trefflich zu benutzen und es blieb kein Geheimniß, daß 200 Carolinen bei diesen Menschen der Preis für die Zutheilung einer solchen Stimme war.“

von Mainz, Pfalzbaiern und Brandenburg den Wunsch, daß die Minister der vermittelnden Mächte um Vorschläge wegen der Sitz- und Stimm-Ordnung des Fürsten-Raths ersucht würden. Hessenkassel trat in der folgenden Sitzung am 25. Januar diesem Wunsche bei, welchen auf das Inständigste Baiern wiederholte. In der 39. Sitzung, am 29. Januar wurde der Inhalt der Note vom 18. Januar zum Beschluß erhoben; dann drängte Brandenburg von Neuem dahin und die Deputation beschloß, mündlich den fremden Ministern das Gesuch vorzutragen. Es fand am 1. Februar Erhörung: die Note von diesem Tag enthielt eine vollständige Reorganisation des Fürsten-Raths. Ohne sich auf den Inhalt einzulassen, beschloß die Deputation in ihrer 40. Sitzung am 3. Februar, als Nachtrag zum Deputations-Schlusse dieselbe an den Reichstag zu bringen. Doch auch das war nicht hinreichend. In der Note vom 11. Februar, bei Uebergabe der Schlußredaktion der ganzen Arbeit, forderten die fremden Minister, daß die von ihnen ertheilte Stimm- und Aufrufs-Ordnung nicht als Anhang behandelt, sondern in den Text des §. 32 aufgenommen würde. Von Böhmen, Sachsen, dem Hoch- und Deutschmeister, welche diesen Gegenstand bisher für einen dem Entschädigungs-Geschäft völlig fremden erklärt hatten, erwartete man Widerspruch; es erfolgte jedoch keiner. So wurden die Verfügungen der fremden Mächte über Neubildung des Fürsten-Raths ein Theil des Deputations-Schlusses vom 25. Februar, ein Theil seines §. 32. Gegenüber den Bemühungen des Kaiserlichen Bevollmächtigten Freiherrn v. Hügel[16]), den

---

16) Als er den Deputations-Schluß vom 29. Januar der Reichsversammlung am 31. übersandte, begleitete Freiherr v. Hügel denselben mit dem thatsächlichen Bemerken, die Deputation wäre davon ausgegangen, daß der Inhalt der Note vom 18. Januar ihre Vollmacht überschritte und daß den vermittelnden Ministern selbst daran gelegen sein müßte,

neuen Gegenstand abzusondern, gaben die Fremden in einer Note vom 24. Februar zu erkennen, daß die einzelnen Theile des Deputations-Hauptschlusses nicht von einander, also auch die den Fürsten-Rath betreffenden Bestimmungen nicht vom Ganzen zu trennen wären.

Am 28. Februar wurden die Protokolle in der Reichsversammlung wiedereröffnet. Hatte nun vorher der Freiherr v. Hügel das den Fürsten-Rath Betreffende aus dem Deputations-Schluß auszuscheiden umsonst versucht und sich zuletzt mit einer Verwahrung der Kaiserl. Rechte begnügen müssen, so machte nunmehr der Erzherzoglich-österreichische Gesandte v. Fahnenberg als Vorsitzender des Fürsten-Raths den nicht minder vergeblichen Versuch, diesen Theil des Deputations-Schlusses in der Berathung von dem Ganzen zu trennen. Seine Unterscheidung zweier Gegenstände der Verhandlung, des Deputations-Schlusses einschließlich der durch den Pariser Vertrag vom 26. Dez. herbeigeführten Aenderungen auf der einen, der Neubildung des Fürsten-Raths auf der andern Seite, wurde von dem Reichs-Direktorium, das eine Abweichung der von ihm bestimmten Tagesordnung

---

nicht den Gang der Geschäfte durch ungehörige Dinge gehemmt zu sehen. In der 40. Sitzung des Ausschusses erfuhr er dafür scharfen Tadel, dem Kurbraunschweig und Pfalzbaiern Worte liehen. Noch einmal unterschied Frhr. v. Hügel in seiner Note vom 23. Febr. an die fremden Minister den Gegenstand der Viril-Stimmen von der eigentlichen Aufgabe der Deputation: über jenen werde der Kaiser in seiner Eigenschaft als Reichsstand und als Kontrahent des Separatvertrags vom 26. Dez. 1802 bei den Verhandlungen am Reichstage sich vernehmen und seine Rechte wahrnehmen lassen. Endlich in einer Note vom 25. Febr. sprach der Kaiserl. Bevollmächtigte seine Billigung über den Deputations-Schluß vom 23. November, einschließlich der gemäß dem Dezember-Vertrag aufgenommnen Aenderungen aus, verwahrte gleichzeitig in Betreff der weder im Deputations-Schluß vom 23. November enthaltnen noch durch die Pariser Konvention bedingten Bestimmungen die Rechte seines Herrn.

nicht zu dulden brauchte [17]), verworfen [18]) und in der Sitzung des Fürsten-Raths vom 11. März war der österreichische Gesandte genöthigt, einzulenken. Unterdessen war sein Benehmen in einer Note der Fremden vom 9. März herbe gerügt worden, weßhalb am 11. im Fürsten-Rath eine der ersten Gesandtschaften [19]) „die dankverdienende freundschaftliche Dazwischenkunft" jener Note hervorhob. Vergebens trugen an demselben Tage Böhmen im Kurfürsten-Rath, Oesterreich und einige wenige andre Stimmen im Fürsten-Rath auf abgesonderte Berathung über den der Entschädigungssache fremden Gegenstand an. Die Bestimmungen über Neubildung des Fürsten-Raths wurden als ein integrirender Theil des Deputations-Hauptschlusses betrachtet und als solcher in dem Gutachten vom 24. März dem Kaiser zur Genehmigung empfohlen. Sie waren es, denen gegenüber der Kaiser von seinem Veto Gebrauch machte.

Wie überrascht der Gesandte der französischen Republik von diesem Ausgange war [20]) oder sich stellte, bei der in

---

17) Man darf daran kaum zweifeln: s. die neueste Kaiserl. Wahl-Kapitulation vom 5. Juli 1792 Art. XIII §. 8. Indessen vergl. dagegen das braunschweig-wolfenbüttelsche Votum in der Sitzung des Fürsten-Raths vom 25. August 1653 bei Meiern, Acta Comitialia Ratisb. ann. 1653 et 1654, Buch III. §. 10. Nro. I. S. 439. — Oesterreich stützte sich in der Sitzung vom 7. März u. A. auf eine Reservation des Fürsten-Raths-Direktoriums vom 13. Jan. 1758 und auf einen Fall des Jahrs 1713 bei J. J. Moser von den teutschen Reichstagen Theil I. S. 571.

18) In der Sitzung des Fürsten-Raths vom 7. März 1803 erfolgten die Proteste von Baiern, Magdeburg (Preußen), Regensburg (Kurmainz), die jene Bestimmung der Kaiserl. Wahl-Kapitulation und überdies die §§. 3, 6, 7 daselbst gegen das österreichische Direktorium aufführten.

19) Magdeburg.

20) Die Comitial-Correspondenz der Göttinger Bibliothek 1803, Nro. 34, Regensburg den 2. Mai berichtet, durch den Inhalt des Kaiserl. Dekrets sei den Erwartungen der vermittelnden Gesandten nicht

seinem Quartier gehaltnen Berathung vom 3. Mai gab derselbe zu verstehen, die Hauptsache wäre ratifizirt, und um Kleinigkeiten halber würde Frankreich den Krieg nicht erneuern — ein Ausspruch, der Baierns und Brandenburgs heißblütige Erwartungen sehr abkühlte. Der russische Gesandte, der auch anwesend war, beobachtete Schweigen[21]. — —

In dem Kommissions-Dekret vom 27. April war eine neue Vorlage in Betreff der Neubildung des Fürsten-Raths verheißen. Sie erfolgte mit dem Hof-Dekrete vom 30. Juni[22]. Nachdem am 22. Aug. davon Verlaß genommen war[23], begannen die Verhandlungen über dasselbe, am Reichstage mit dem 14. Nov. Während nun die Frage der Neubildung weiter und nachdrücklicher erörtert wurde, tauchte — am 14. Nov. bereits — eine neue Frage über die Rechtmäßigkeit der bestehenden Verfassung und Stimmführung des Fürsten-Raths im Schoße dieses Kollegiums auf.

Seine alte Zusammensetzung hatte mit dem 27. April 1803 aufgehört. Das oft berührte Kaiserl. Dekret von diesem Tage wurde am 28. nicht mehr durch den "Moguntinus" wie bisher, sondern durch den „Archicancellariensis" wie

---

entsprochen; besonders Laforest habe "nach den wiederholten dringenden Anregungen seines Gouvernements bei dem Kaiserl. Hofe" vollkommene Ratifikation gehofft. — Eine Charakteristik dieser werthvollen handschriftlichen Quelle und ihrer reichen Beilagen behalte ich mir vor. Zu den letztern gehören die Protokolle des Reichstags, deren Kunde, wie ich an dieser Stelle bemerkt haben will, ich von dort entnahm.

21) Comitial-Correspondenz 1803. Nro. 36, Regensburg den 5. Mai.

22) Diktirt am 8. Juli, weßhalb es abwechselnd nach dem 30. Juni und 8. Juli aufgeführt wird. Comit.-Corresp. Nro. 53, Regensburg 11. Juli. Beilage A. Vergl. den Anhang zu dieser Schrift.

23) Comit.-Corresp. 1803 Nro. 62, Regensburg 25. August. Beilage C.

fernerhin, zur Diktatur gebracht. Die allgemeine Säkularisation hatte der gesammten Reichsverfassung, namentlich aber auch dem Reichsfürsten-Rath eine ganz andre Physiognomie gegeben. Die geistlichen Fürsten, bis auf drei, waren verschwunden; Stimmen der geistlichen Bank sollten nun von weltlichen, ja von evangelischen Fürsten geführt werden. An Stelle einiger alter Namen der Aufrufsordnung waren neue getreten, viele andre erloschen. Dennoch war eine förmliche Reorganisation nicht erfolgt, der Versuch einer solchen in §. 32 des Deputations-Schlusses an dem Widerstreben des Reichsoberhaupts gescheitert.

Das Reichs-Direktorium, dem durch die Kaiserl. Wahl-Kapitulation [24] überhaupt hohe Freiheit eingeräumt worden, hatte von seinem Rechte, die Vollmachten der Gesandtschaften zu prüfen, zum Mißfallen des Wiener Hofes [25] den Gebrauch gemacht, sämmtliche Beglaubigungen von Gesandten zur Vertretung der neu erworbnen Entschädigungslande für legitimirt zu erklären. Nicht nur, daß Oesterreich dies zu hindern außer Stande war, das Direktorium des Fürsten-Raths, also Oesterreich selbst, hatte die Pflicht, von diesen geschehenen Legitimationen dem Fürsten-Rath

---

24) Kaiserl. Wahl-Kapitulation. (1792) Art. XIII. §. 6, 7, 8. XIV. §. 1 u. 2.

25) Comit.-Corresp. 1803. Nro. 66. Regensburg 20. Oktober: „In Folge dieser von den Kaiserl.-Königl. Ministern angenommenen Prinzipien wird von ihnen dem Reichs-Direktorial-Gesandten Freih. v. Albini sehr übel gedeutet, daß er die Vollmachten protestantischer Gesandten zur Verführung vormaliger katholischer Stimmen angenommen hat, indem nach ihrer Meinung dadurch jener wichtigen Frage offenbar vorgegriffen worden sei, und der österreichische Direktorial-Gesandte v. Fahnenberg äußerte sogar, daß er es mit seinen Pflichten nicht vereinbaren könne, jene Vollmachten anzuerkennen und daß es wenigstens zu Aufrechthaltung des reichsoberhauptlichen Ansehens und Einflusses .... höchst erforderlich sein werde, einen Vorbehalt .... in das Reichsfürsten-Raths-Protokoll zu legen.“

Anzeige zu machen. Als dieser Pflicht am 14. Nov. Genüge geschah, als darauf jene Gesandtschaften für die Anzeige ihrer Legitimationen den üblichen Dank sagten und Bremen vollends unter dem Vorwande, daß Bamberg nunmehr als weltliches Fürstenthum stimme, gar einen alten Rangstreit mit diesem aufnahm, — demnach offenbar eine neue Ordnung des Fürsten-Raths sich festzusetzen anhub, erließ der österreichische Direktorial-Gesandte eine förmliche Erklärung wider deren Gültigkeit, indem er der Anerkennung jener Legitimationen die Deutung, als wäre sie unter Vorbehalt geschehen und hätte nicht anders erfolgt sein können, unterlegte [26]. Lebhaft, ja leidenschaftlich und fast von allen Seiten ward in derselben und in den folgenden Sitzungen des Fürsten-Raths vom 18. Nov., 2. Dez. u. a. m. Widerspruch erhoben. Die Kaiserl. Gesandten aber „reprotestirten" beharrlich.

Im Schoße dieses Kollegiums, dessen Zusammensetzung in solche Zweifel gezogen worden, fanden nichts destoweniger bis in die letzten Monate des heil. römischen Reichs hinein förmliche Verhandlungen statt [27]. Unstreitig hatte sich eine neue Gestalt des Fürsten-Raths, wie bestritten auch ihre Beschaffenheit war, aus dem jüngsten Reichsschluß hervorgebildet: mit ihr sollte die beinahe tausendjährige Entwicklung dieser Institution unsres öffentlichen Rechts, freilich

---

26) S. d. vor. Anm.; die dort weggelassenen Worte des Vorbehalts, „daß der dermalige Aufruf einer katholischen an protestantische Regenten übergegangnen Stimme und die Zulassung protestantischer Gesandten zu deren Vertretung nur provisorie und ohne Präjudiz für die Entscheidung der im Kaiserl. Hofdekret enthaltnen Frage geschehen solle" sind beinahe dieselben, welche in der Sitzung des Fürsten-Raths am 14. November verlautbarten: nur beschränkte der österreichische Vorbehalt sich nicht mehr auf die Religionseigenschaft der Stimmen, die seit dem Lüneviller Frieden auf andere Inhaber übergegangen waren, sondern erstreckte sich auf ihre Rechtsbeständigkeit überhaupt.

27) Comit.-Corresp. 1803 — 1806; s. darüber Ausführliches in der Schlußbetrachtung.

nicht ohne einen Keim zukünftiger Bildungen angesetzt zu haben, abschließen.

§. 2.

Die Rechtsfragen.

Hatte der Kaiser das Recht, gegen das Reichs-Gutachten vom 24. März 1803 ein Veto einzulegen und dem Reichs-Deputations-Hauptschlusse vom 25. Febr. j. J. nicht anders als mit Ausscheidung der Bestimmungen über die Reorganisation des Fürsten-Raths Gesetzeskraft zu ertheilen?

Man wird geneigt sein, diese Frage von vornherein zu bejahen. Werden doch auch Neuere, welche dem deutschen Bunde das höhere Alter einiger Jahrhunderte beimessen und bereits in der Erscheinungsform des deutschen Reiches ihn wahrnehmen, der Hoffnung nicht Raum geben, daß sie zu verneinen sei. Nun handelt es sich aber um das Recht des Kaisers im Allgemeinen hierbei nicht. Das hatte er ebenso unbezweifelt, wie Deutschland bis 1806 unzweifehaft eine Monarchie war, wie viel auch seit Bogislaus Chemnitz [28]) dawider argumentirt sein mochte. Einige besondere Umstände stellen indessen für den vorliegenden Fall die Befugniß zur Ausübung in Zweifel. So leicht diese sich lösen lassen, wird doch eine Prüfung der dafür entscheidenden Rechtsnormen erforderlich. —

Nicht auf politische Beweggründe, sondern auf unzweideutige Rechtsgründe berief sich der Kaiser bei seinem Veto. Für verpflichtet erklärte sich derselbe, jenen Bestimmungen des Deputationsschlusses die Sanktion zu versagen. Ueber die Haltbarkeit seiner Rechtsgründe, über das

---

[28]) Hippolith. a Lapide, Diss. de Ratione Status in Imperio Nostro Romano-Germanico, Freistadii 1647, Th. I. Kap. 2, 17, 18 und in der Conclusio: S. 33 f., 298 f., 306 f.

reichsrechtliche Fundament der Pflichten, welche den Vorwand bildeten, entspann sich der hauptsächliche Streit zwischen Kaiser und Reich.

Zwischen Kaiser und Reich: nicht wie die Kaiserl. Erlasse glauben machen wollten, zwischen beiden Religionsparteien im Reiche, deren eine — die römische — der römische Kaiser etwa vertreten hätte. Auf Seite der Evangelischen und in entschiedener Opposition gegen das Oberhaupt stand Pfalzbaiern mit seinem bedeutenden Gewicht am Reichstage[28a]) Dies allein genügt zur Charakteristik des Kampfes. Die zweite Frage war also nach der Verpflichtung des Kaisers zum Veto vom 27. April 1803. Sie bietet aber vermöge der rechtlichen Begründung, welche der Kaiser nach zwei verschiedenen, wo nicht gar entgegengesetzten Richtungen ihr gab, zwei verschiedene, wo nicht entgegengesetzte Seiten der Betrachtung.

Im Kommissions-Dekret vom 27. April 1803, unmittelbar nachdem die von dem Reichs-Gutachten (24. März) in Antrag gestellte „Bestättigung der Reichs-Grundgesetze, insonderheit des westfälischen Friedens und der darauf erfolgten Friedensschlüsse, insofern solche durch den Lüneviller Traktat und den gegenwärtigen Reichsschluß nicht ausdrücklich abgeändert worden“, ertheilt, „desgleichen die darin angetragne Verwahrung der deutschen Reichsverfassung in allen übrigen nicht abgeänderten Punkten, wie solche für Kurfürsten und Stände des Reichs, wohin auch der hohe deutsche Orden zu rechnen, und die un-

---

28a) Zweideutig war die Stellung des Kurerzkanzlers; er war wenigstens nicht auf Seite des Kaisers. Die scheinheilige Politik dieses Dalberg zu entlarven verlohnte sich auch heute wohl der Mühe. Auf ihn paßt Shakespear's Wort, that one may smile and smile and be a villain; doch noch besser Cic. d. off.. I, 13: Totius autem iniustitiae nulla capitalior est, quam eorum qui quum maxime fallunt, id agunt, ut viri boni esse videantur.

mittelbare Reichsritterschaft einschließlich, bestanden ist[29])", aufgenommen worden, — erfolgte die Erklärung: "daß Se. Kaiserl. Maj. Sich durch Ihre für Erhaltung der Reichs-Verfassung und die Beschützung der katholischen Religion heilig beschwornen Pflichten gemüßiget sehen, Ihre Ratifikation über diesen Gegenstand[30]) einstweilen zu suspendiren und Sich vorzubehalten, durch ein unverzügliches ferneres Kommissions-Dekret die Erstattung eines weitern Reichs-Gutachten zu dem Ende zu verlangen, damit durch angemessne Vorschläge dafür gesorgt werde, daß, nachdem dem protestantischen Religionstheile schon in dem kurfürstlichen und reichsstädtischen Kollegien eine so entschiedne Stimmenmehrheit zufällt, die hergebrachten Verhältnisse der zwei Religionstheile nicht auch in dem fürstlichen Kollegium bis zur wesentlichen Ueberschreitung der Stimmenparität abgeändert werden". Uebereinstimmend[31]) lautet der Eingang des Kaiserl. Hof-Dekrets vom $\frac{30. \text{Juni}}{8. \text{Juli}}$.

Die Bezugnahme auf die "Erhaltung der Reichsverfas-

---

29) Diese salvatorische Klausel war auf Anlaß des Kaiserl. Bevollmächtigten Freiherrn von Hügel, der in seiner Note an die vermittelnden Minister vom 23. und in einer andern an die Reichs-Deputation vom 24. Febr. sich dafür verwandt hatte, nicht ohne Widerspruch von Baiern, Brandenburg u. A., denen sie "überflüssig" erschien, unter besonderer Befürwortung Vorpommern's (28. Febr.), Böhmen-Oesterreich's (7. März) und Kurbraunschweig-Bremen's (11. März) aufgenommen.

30) "Der in den . . . Deputations-Vorschlägen gemachten Anträge zur Vermehrung der Virilstimmen im Reichsfürsten-Rathe"

31) "Zu Folge des am 27. April des laufenden Jahres erlassnen Kaiserl. allergnädigsten Kommissions-Ratifikations-Dekrets ward der Gegenstand der Stimmen im Reichsfürsten-Rathe einsweilen von der reichsoberhauptlichen Genehmigung noch ausgeschieden und einer weitern Reichs-Berathschlagung zu dem Ende vorbehalten, damit durch angemessne Vorschläge . . ." u. s. f. wie im Obigen.

sung" ist an sich unklar. Doch daß von Verhältnissen der beiden Religionsparteien im Reiche die Rede ist, deutet auf jenes "so theuer erworbne"[32]) Grundgesetz, welches regelmäßig hiefür entscheidet und dessen Geltung in der salvatorischen Klausel des Reichs-Gutachtens wie der Kaiserl. Ratifikation "insonderheit" neubekräftigt war. Das Kaiserl. Hof-Dekret vom Juni vollends macht die Beziehung deutlich: es beruft sich im Gegensatze zu "abstrakten philosophischen Begriffen allgemeiner Duldung, die mehr als positive Staatsgesetze dem Wechsel der Meinungen, Neigungen und Absichten unterliegen", auf die "weit wichtigere Direktivnorm", den "westfälischen Frieden". Auf diesen "Fundamental-Normen" ruhe die "heilig beschworne Pflicht Sr. Kaiserl. Majestät, ein jedes Mitglied des Reichs und jeden Religionstheil in dem Besitze und Genusse seiner wohlerworbnen und rechtmäßig hergebrachten Rechte und Befugnisse zu erhalten." Die auf die "Erhaltung der Reichsverfassung" bezüglichen heilig beschwornen Pflichten entstammen folglich der vom Kaiser vor seinem Regierungsantritt[33]) beschwornen Wahl-Kapitulation: und zwar den Bestimmungen derselben, worin auf den westfälischen Frieden eine Verpflichtung eingegangen ist[34])..

---

32) Ausdruck der Kaiserl. Wahl-Kapitulation Art. IV §. 18.

33) Kaiserl. Wahl-Kapitulation Art. XXX §. 5, 6.

34) Auf den westfälischen Frieden verpflichten Art. I §. 2, 9, 10, 11; Art. II §. 3, 4, 6, 8; Art. III §. 3, 6, 10; Art. IV §. 1, 3, 7, 13, 14, 18; Art. VI §. 3, 4; Art. VII §. 2; Art. X §. 4, 8; Art. XI §. 15; Art. XII §. 3; Art. XIV §. 6; Art. XVI §. 4, 9, 10, 16; Art. XVII §. 5, 7; Art. XVIII §. 2, 5; Art. XIX §. 1, 2; Art. XX §. 1; Art. XXI §. 6, 7; Art. XXIV §. 1, 6; Art. XXVII §. 3; Art. XXIX §. 1 der Kaiserl. Wahl-Kapitulation. Darunter lautet Art. IV §. 13: "Absonderlich aber sollen und wollen Wir Dasjenige, was zu Münster und Osnabrück gehandelt und geschlossen worden, unverbrüchlich halten, dawider weder für Uns etwas vornehmen, noch Andern dergleichen zu thun gestatten, wodurch dieser allgemeine immerwährende Friede und wahre aufrichtige Freundschaft gekränket, betrübet oder gebrochen werde."

Unzweideutig erscheint der Grund der „für die Beschützung der katholischen Religion" heilig beschwornen Pflichten. Sie beruhen auf der Kaiserl. Wahl-Kapitulation[35]) und den Krönungs-Eiden[36]). Gemeint ist die Advokatia, ein von dem heutigen Rechte dieses Namens wesentlich verschiedenes Rechtsverhältniß des römischen Kaisers zur römischen Kirche.

Aber welche Pflichten, die sich aus dem westfälischen Frieden einerseits, aus dem Rechtsverhältnisse zwischen römischem Reich und römischer Kirche, Kaiserthum und Papat andrerseits ergäben, verbanden das Reichs-Oberhaupt zu jenem Veto, das als ein nothgedrungnes dargestellt wird?

„Die hergebrachten Verhältnisse der zwei Religionstheile" am Reichstage, deren die Dekrete vom April und Juni gedenken, bedeuten die Majorität der Römisch-katholischen, welche zwar im Kurfürsten-Rath und Städte-Rath schon früher zuweilen abging, indessen die Regel bildete, bis der Lüneviller Friede zu durchgreifender Umwandlung führte. Im Kurfürsten-Rath waren die Stimmen von Trier und Köln mit dem Lüneviller Frieden erloschen. Der Deputations-Schluß übertrug Mainz auf Regensburg und gründete vier neue Kurwürden, darunter drei protestantische. Fernerhin sollten daher vier römisch-katholische Stimmen — Kurmainz (seit dem 27. April 1803: „Kurerzkanzler"), Kurböhmen, Kurpfalz und Kursalzburg —, dagegen sechs evangelische: Kursachsen, Kurbrandenburg, Kurbraunschweig, Kurwirttemberg, Kurbaden, Kurhessen im Rathe der Wahlfürsten geführt werden. — Der Städte-Rath, welcher

35) Kaiserl. Wahl-Kapitulation Art. I §. 1, 2. XIV §. 1, 2, 3, 4, 5.

36) J. J. Moser Staatsrecht, Theil II. Seite 467, 475, 482. Joh. St. Pütter Institutiones juris publici (Ausg. VI, 1802) §. 499, 500. S. 586 – 590.

im Deputationsschluß auf sechs Mitglieder zusammengeschmolzen war, hatte nur in dem Falle, wenn für Augsburg der turnus catholicus eintrat [37]), Eine, sonst keine römische Stimme. — Für den Fürsten-Rath ging nun der Antrag der Reichs-Deputation in §. 32 des Hauptschlusses dahin, daß er aus 53 resp. 54 römisch-katholischen und 77 resp. 78 protestantischen Stimmen bestünde [38]). Das Verhältniß vor dem Lüneviller Frieden war der Art, daß die Protestanten 43 bis 45, die römisch-katholischen 55—57 Stimmen führten [39]). Richtig bemerkt demnach das Kaiserl. Hof-Dekret vom Juni, daß nach dem Deputations-Vorschlage die Majorität der Evangelischen im Fürsten-Rathe stärker sein würde, als die bisherige Majorität der Römisch-katholischen.

Die Neubildung des Kurfürsten- und des Städte-Raths genehmigte der Kaiser. [40]) Wie mochte er sich für verbunden erachten, die Reorganisation des Fürsten-Raths, welche der Dep.-Schluß vorschlug, zu verwerfen? Ja, daß jene Veränderungen ins Leben traten, sollte als ein Grund mehr für Einlegung des Veto gelten.

Vielleicht verbreitet ein Licht darüber die Erklärung, welche bei der Abstimmung über den Hauptschluß der Reichs-Deputation am 7. März des Kaisers Gesandte für Böhmen im Kurkolleg, für Oesterreich im Fürstenkolleg zu Protokoll gaben, wonach ihr Herr „als katholischer Stand des

---

37) Westf. Fr. Art. V. §. 6.

38) Die Schwankung zwischen 53 und 54 einer, 77 und 78 andrer Seits bezieht sich auf den Alternationsfall der westfälischen Grafen; vergl. Pütter, Histor. Entw. der Staats-Verfassung des Teutschen Reichs. (Göttingen 1788) Th. III. S. 153

39) Bezieht sich auf die Alternationen der Stimmen von Osnabrük (westf. Fr. Art. XIII. §. 6.) und der westfälischen Grafen.

40) Die Reorganisation des Kurfürsten-Raths kam vollständig zur Ausführung durch das Kaiserl. Hof-Dekret vom 13. (diktirt den 19.) Aug. und die feierliche Einführung der Gesandten der vier neuen Kurfürsten in den Rath am 22. August 1803.

Reichs eine Pflicht zu haben glaube, auf möglichste Wiederherstellung des Gleichgewichts unter beiden Religionstheilen anzutragen". Ein Gleichgewicht wäre demnach herzustellen gewesen. Sollte dies dadurch geschehen, daß die katholische Majorität im Fürsten-Rath aufrecht erhalten würde, daß also wenigstens Ein Kollegium der Reichsversammlung bliebe, welches die Sache der römischen Kirche sich angelegen sein ließe? Doch gesteht das Juni-Dekret ein, daß "der Aufrechthaltung des vorhin im Fürsten-Rathe bestandnen Stimmen-Verhältnisses nach der Religions-Eigenschaft nicht leicht zu hebende Hindernisse im Wege stünden". Ein Reskript des Vicekanzlers Reichsgrafen v. Kobenzl an den Erzh.-österr. Direkt.-Gesandten v. Fahnenberg dd. Wien den 10. November 1803 [41]) besagt: es hätte "Sr. Majestät in der gegenwärtigen deutschen Staatsveränderung nicht verübelt werden können, wenn Ihre Absicht auf die fernere Erhaltung einer ..... katholischen Stimmenmehrheit gerichtet worden wäre. Allein der Vorschlag Sr. Majestät ist auf keine solche Mehrheit gerichtet." So ging jener Antrag des Hauses Oesterreich beim Reichstag am 7. März nur auf "möglichste" Wiederherstellung des Gleichgewichts.

Und diese möglichste Wiederherstellung des Gleichgewichts bestand darin, daß im Fürsten-Rath wenigstens keine evangelische Majorität zu Stande, daß also doch nicht in allen Reichskollegien die Mehrheit der Simmen an die Evangelischen käme. Daher sollen, wie die Dekrete vom April und Juni sagen, die hergebrachten Stimmenverhältnisse der zwei Religionstheile nicht auch in dem fürstlichen Kollegium bis zur wesentlichen Ueberschreitung der Stimmen-Parität abgeändert werden. Daher nennt das Juni-Dekret im weitern Verlauf "die Grenzlinie der Stimmengleichheit", die "nicht auch im Reichsfürsten-Rath über-

---

41) Com.-Corr. 1803 Nro. 77. Regensb. 8. Dez. Beilage B.

schritten“ werden dürfe. Ferner erklärt das Reskript des Vicekanzlers: „er (der Kaiserl. Vorschlag) hat nur ihre Gleichheit im Fürsten-Rathe zum Endzweck“ und: „Bei den obwaltenden Verhältnissen ist Gleichheit des Einflusses und der Stimmen wenigstens in dem einen Reichssenat wirklich das äußerste Ziel ...“

Eigentlich brächte, so ist die Meinung, das besondre Pflichtverhältniß des römischen Reichs und Kaiserthums zur römischen Kirche mit sich, daß in allen Reichssenaten die Mehrheit eine römische wäre: dies ist vorerst unerreichbar; so müßte mindestens in Einem Kollegium, also im Fürsten-Rathe, solche Majorität herrschen: auch dagegen stehen nicht leicht zu hebende Hindernisse im Wege; so bleibt ein Aeusserstes: Stimmengleichheit beider Konfessionen im Fürsten-Rath. Dann ist bei den Evangelischen doch wenigstens nicht in allen Reichskollegien, wenigstens nicht am ganzen Reichstage die Majorität. Ueber diese Grenze hinauszugehen verbieten dem Kaiser seine dem Pabst und der römischen Kirche geschwornen Eide.

Deßhalb schlägt das Hof-Dekret vom 30. Juni für die Neubildung des Fürsten-Raths vor, entweder soviel neue römische Stimmen hinzuzufügen, oder so viel von den im §. 32 des Deputations-Schlusses beantragten protestantischen Stimmen wegzulassen, daß die Zahl der beiderseitigen ausgeglichen werde.

Die Stimmen-Parität, deren die Dekrete vom April und Juni Erwähnung thun, ist folglich die gleiche Anzahl römisch-katholischer und evangelischer Fürsten-Rath-Stimmen.

Wenn auf diese Weise sich herausstellt, inwiefern bei dem Veto wider den Vorschlag der Reichs-Deputation Pflichten gegen die römische Kirche von entscheidendem Einflusse sein konnten, so scheint doch die Kaiserl. Wahlkapitulation solche Behinderung der Reichsgesetzgebung durch kirchliche Pflichten des Kaiserthums bestimmt auszuschließen. Art. I.

§. 10 lautet: „So viel aber in diesem Artikel den Stuhl zu Rom und päpstliche Heiligkeit betrifft, wollen die der augsburgischen Konfession zugethanen Kurfürsten, für sich und ihre religionsverwandte Fürsten und Stände (einschließlich derselbigen Religion zugethaner freien Reichsritterschaft) Uns damit nicht verbunden haben, gestalten dann auch gedachte Advokatia dem Religions- und Profan- auch münster- und osnabrückischen Friedensschlusse zum Nachtheile nicht angezogen, noch gebrauchet; sondern den obgedachten Kurfürsten und sämmtlichen ihren Religionsverwandten im Reiche gleicher Schutz geleistet werden soll.“ So durften demnach den Kaiser die Pflichten gegen die römische Kirche nicht hindern, die Evangelischen auch im Fürsten-Rath, folglich am ganzen Reichstage zur Herrschaft gelangen zu lassen? Jedoch, soweit hier auf die Frage zur Uebersicht dessen, worauf es ankomme, eingegangen werden kann, ist zu erinnern, daß die Kaiserl. Dekrete von Erhaltung „hergebrachter Rechte und Befugnisse“ d. h. der Römisch-katholischen reden. Diese Erhaltung widerstreitet an sich den Rechten der Evangelischen keineswegs; ein solcher Schutz folgt vielmehr aus dem westfäl. Frieden und selbst aus der angezogenen Bestimmung der Wahl-Kapitulation. Ja das Haupt- und Grundgesetz der Protestanten im Reich, die Regel der Religionsgleichheit, welche der Art. V. §. 1 des Friedens von Osnabrück aufgerichtet hat, trägt eine Klausel, dergemäß die Gleichheit der Rechte beider Religionstheile, welche, ganz allgemein und im Uebrigen unumschränkt, dessenungeachtet nur solcher Gestalt zur Geltung kommen soll, daß sie mit dem Wesen und Prinzip der Reichsverfassung sich in Einklang setzt. Die Klausel heißt: „quatenus formae Reipublicae, constitutionibus Imperii et praesenti conventioni conformis est.“ Es ist, was immer aus der Regel der Religionsgleichheit für den vorliegenden Fall sich ergeben, ob auch die Herrschaft der Evangelischen am Reichstag als nicht auszuschließende

Eventualität die nothwendige Folge davon sein mag, jedenfalls eine Entscheidung erst dann möglich, wann untersucht ist, ob und wie das Wesen und Prinzip der Reichsverfassung, die forma Reipublicae, von dem Pflichtenverhältniß des römischen Kaisers zur römischen Kirche berührt war.

Nicht genug, daß die genannte Klausel im Art. V §. 1 des Fr. v. Osnabrück gleichsam zur Abwehr evangelischer Ansprüche dienen sollte, berief sich auf eben diesen Art. V §. 1 des westf. Friedens den Protestanten gegenüber zu Gunsten seiner Religionspartei der römische Kaiser.

Aus der Regel der Religionsgleichheit und einem an diese sich anschließenden Herkommen leitete das Hof-Dekret vom 30. Juni die Pflicht her, den Vorschlag der Deputation, welcher die Mehrheit der Stimmen den Evangelischen zuwies, zu verwerfen. Die „Stimmenparität“, deren die Dekrete vom April und Juni gedenken, führte der Kaiser, wie deutlich aus dem Juni-Dekret und überdies aus den Abstimmungen der Kaiserl. Gesandten für Oesterreich im Fürsten-Rath am 18., für Böhmen im Kurfürsten-Rath am 21. November 1803 hervorgeht, auf die aequalitas inter utriusque religionis Electores, Principes, Status, omnes et singulos exacta mutuaque zurück, setzte beide sogar einander identisch. Mit jener aequalitas soll die gleiche Zahl römisch-katholischer und evangelischer Stimmen im Reichs-Fürsten-Rath gemeint gewesen: diese soll durch die Regel der Religionsgleichheit geboten sein.

Allerdings, das miterwähnte Herkommen scheint der Kaiserl. Deutung des westfäl. Friedens wenig günstig, da solches nach dem Juni-Dekret, das darob auf protestantische Fürsten und Rechtslehrer verwies, darin bestand, daß bei der Einführung neuer Stimmen in den Fürsten-Rath regelmäßig eine Gleichheit der Anzahl nach beiden Bekenntnissen beobachtet wäre. Doch gedacht wurde des Herkommens nur als eines Ausflusses jener Regel von der Stimmengleichheit. —

Zu prüfen ist also der juristische Kausalnexus zwischen

dem Veto vom 27. April 1803, mittelst dessen die Evangelischen in dem neuorganisirten Fürsten-Rath und folglich am ganzen Reichstag eine starke Majorität zu erlangen verhindert werden sollten — und den vom Kaiser vorgeschützten Rechtsgründen, durch welche demselben zu solcher Handlungsweise die Pflicht auferlegt worden. Zwiefach, wie die Rechtsgründe, welche vorgewandt sind, gestaltet sich die Untersuchung. Es fragt sich: Verpflichtete den Kaiser zur Hintertreibung der im §. 32 des Reichs-Deputations-Hauptschlusses vom 25 Febr. und im R.-Gutachten vom 24. März vorgeschlagnen Neubildung des Fürsten-Raths

1) die durch den westf. Fried. Art. V §. 1 aufgestellte Regel der Religions-Gleichheit?
2) der verfassungsmäßige Zusammenhang des römischen Reichs mit der römischen Kirche?

In den Abstimmungen des fürstlichen Kollegiums bei der Verhandlung über die Reorganisation desselben stellte die — wenn gleich minder überwiegende — Stimmenmehrheit der Evangelischen, welcher das Kaiserl. Veto vorbeugen sollte, hervorgegangen aus der neuesten Entwicklung, namentlich aus dem jüngsten Reichsschlusse selbst, stellte die Herrschaft dieses Religionstheils über die gesammte Reichsversammlung sich unzweideutig heraus. Jene Bewegung zu Gunsten der Neubildung des Fürsten-Raths hatte daher für die Protestanten nur das Interesse eines noch größeren Gewinnes; das gänzliche Fehlschlagen war noch keineswegs mit der Gefahr eines Verlustes ihrer Ueberlegenheit verbunden. — Aber durfte dieser thatsächliche Bestand als rechtlich begründet, als gültige Zusammensetzung des Fürsten-Raths gelten? Das stellte der Kaiser in Zweifel.

Diejenigen Erbfürsten augsb. Konfession, welche für etwanige Verluste, die sie bei der Abtretung des linken Rheinufers erlitten hatten, mit geistlichen Reichslanden entschädigt worden waren, ließen sie, wie die Anzeige der Legitimationen bei Wiedereröffnung des Reichstags am 14. Nov.[42]) ergab, als die Frage der Neubildung an erster Stelle des „Verlasses" stand, durch Gesandtschaften desselben Bekenntnisses vertreten. War diese Vertretung nicht unrechtmäßig? Schon das Juni-Dekret warf die Frage auf, ob die Religions-Eigenschaft einer Reichstags-Stimme sich nach dem Bekenntnisse des Landesherrn oder des Landes zu richten habe? Vor Entscheidung dieser Frage, wovon scheinbar, wie die Antwort auch ausfallen mochte, wesentliche Minderung der damaligen evangelischen Stimmen die Folge sein mußte, war die Führung solcher Stimmen nach der Ansicht des Kaiserl. Hofes höchstens zu dulden, keineswegs rechtlich gültig, jedenfalls der reichsoberhauptlichen, wo nicht gar des gesammten Reichs Einwilligung bedürftig. So wird in diesem Punkte zu erwägen sein, ob die Fürsten-Rath-Stimmen der ehemals geistlichen, römisch-katholischen Länder, welche zur Entschädigung protestantischen Fürsten zuertheilt waren, für evangelischgeworden oder römischgeblieben zu erachten sind?

Ferner war reichsverfassungsmäßig nicht allein das Recht zu Sitz und Stimme am Reichstage, sondern auch die Einräumung seines Gebrauchs an bestimmte feierliche Formen gebunden[43]). Die Stimmen der ehemals geistlichen Territorien waren durch den Reichsschluß vom 27. Aprik allerdings den Erbfürsten, welche die Länder erwarben, rechtlich übertragen. Aber, nach der Meinung der Kaiserlichen, deßhalb noch nicht ohne Weiteres deren Ausübung. Jene Fürsten hatten sich selbst in Besitz gesetzt: — die Befugniß dazu bestritt ihnen das Reichs-Oberhaupt und versagte der Führung dieser neuen Stimmen, welche von Rechts wegen noch nicht aktiv wären, die Anerkennung. Andrerseits er-

42) Comit-Corr. Nro. 73, Regensb. 21. Nov. Beilage B.

43) J. J. Moser, von den teutschen Reichstägen, Th. I, Kap. 3. S. 45 f. — P. (v. Preuschen), Gedanken von Einführung neuer Stimmen in dem Reichs-Fürsten-Rath, Frankfurt und Leipzig. 1758.

achteten alle Fürsten augsb. Bekenntnisses und, unter den Angehörigen der römischen Kirche, die mächtigsten Reichsstände wie Kurpfalz-Baiern und der Kurerzkanzler, daß zur Führung dieser — nicht neuen, sondern alten — Stimmen keine weitre Kaiserl. Bewilligung vonnöthen wäre, die Behinderung des Gebrauchs vielmehr der von der Wahlkapitulation[44]) verpönten Suspension geltender Stimmrechte gleichkäme.

Verwickelter wurde diese Streitfrage noch durch den ferneren Zwiespalt in Betreff der Stimmen Bruchsal und Ettenheim. Der alten Aufrufordnung waren sie unbekannt; ferner hatten sie im Reichs-Deputations-Schluß unter den von §. 32 namentlich als „neu“ aufgeführten Stimmen Platz gefunden. Andrerseits wurde vorgegeben, sie wären die alten Fürsten-Rath-Stimmen Speyer und Straßburg, nur unter neuen Namen. Hier kam also zu dem Zweifel, ob die Stimmen der ehemals geistlichen Reichslande nicht als neue Stimmen zu betrachten, der andre, ob nicht die Einführung selbst einer neuen Bezeichnung von reichsoberhauptlicher Entscheidung abhängig wäre?

Einer rechtlichen Erörterung unterliegen daher die Günde, welche für und wider die Gültigkeit derjenigen Virilstimmen des Fürsten-Raths streiten, mit denen im Lüneviller Frieden und in Folge desselben eine Veränderung vorgegangen war, woran sich die besondre Untersuchung über die Vollberechtigung oder noch mangelnde Befugniß des Kurhauses Baden zur Führung der Stimmen Bruchsal und Ettenheim anzuschließen hat.

Erledigt wird hiermit zugleich die Frage nach dem Umfange des im Kommissions-Dekret vom 27. April eingelegten Veto. Derselbe wird nämlich in dem Hof-Dekrete vom 30 Juni und späteren Abstimmungen der Reichstags-Gesandtschaften des Hauses Oesterreich und der diesem beipflichtenden Höfe abweichend von der ursprünglichen Bestimmung angegeben. Es handelt sich darum, ob er auf

---

44) K. W.-K. Art. I §. 3.

letztere zurückzuführen, ob also der jüngste Reichsschluß eine den späteren Kaiserl. Absichten zuwiderlaufende Wirkung hervorgebracht hat?

Ergebniß der Untersuchung über diese letzten Streitfragen ist die Zusammensetzung des Fürsten-Raths, welche für den letzten Zeitraum des heiligen römischen Reichs zu Recht bestand.

Ob sich nachweisen lassen wird, daß — abgesehen von der andern Angelegenheit der Neubildung des Fürsten-Raths, welche freilich fehlschlug — die zweite staatsrechtliche Streitsache zwischen Kaiser und Reich früher ein Ende nahm, als das heilige Reich mitsammt dem römischen Kaiser? Wäre darauf nicht mit Sicherheit zu antworten oder würde diese Frage zu verneinen sein, — immerhin träfe zu, daß auch wider Willen der Menschen sich Rechtszustände bilden können. Denn die Geschichte des Rechts, an welcher allerdings menschliche Freiheit einen Hauptantheil hat, steht nicht still, harrend etwa, bis die Streitenden sich vertragen. Vielmehr gibt es in jener großartigen Entwicklung Abschnitte, worin von der fast elementaren Bewegung im Rechtsleben ganze Geschlechter unwillkürlich mitfortgerissen werden.

§. 3.

Plan der Arbeit.

Wie der Streit zwischen Kaiser und Reich, der hier rechtswissenschaftlich erörtert werden soll, ein zwiefacher war, so besteht diese Abhandlung aus zwei Theilen.

Theil I. enthält die Streitfragen über die Neubildung des Fürsten-Raths,

1) über die Berechtigung des Kaisers zu dem Veto[45]) vom 27. April 1803,

[45]) Ich verkenne weder die Richtigkeit, noch die politische Wichtigkeit dessen, was Bluntschli, Allgem. Staatsrecht (München 1851 u. 1852)

2) über die Verpflichtung des Kaisers zu jenem Veto und zwar:

a) vermöge der durch den westfälischen Frieden (Art. V §. 1) geheiligten Regel der Religions-Gleichheit;

b) vermöge des Rechtsverhältnisses zwischen römischem Reich und römischer Kirche.

Theil II. behandelt die Streitfragen über die Rechtmäßigkeit der Zusammensetzung des Fürsten-Raths, welche sich aus dem jüngsten Reichs-Schlusse vom 27. April 1803 ergab,

1) über die Religionseigenschaft der auf Erbfürsten augsb. Bekenntnisses übergegangnen Stimmen ehemals geistlicher Reichslande;

2) über die volle Geltung der durch den jüngsten Reichsschluß an neue Inhaber übertragnen Stimmen.

In der Schlußbetrachtung werden die Ergebnisse der Untersuchung gesammelt, und die Stimmen des Fürsten-Raths im letzten Zeitraum des heil. röm. Reichs nach den mehrfachen Beziehungen, die dafür in Betracht kommen, geordnet.

Der Anhang bringt eine Tafel zur Uebersicht des Stimmverhältnisses und den wortgetreuen Abdruck des Kaiserlichen Hof-Dekrets vom 30. Juni 1803, auf welches bereits im Vorhergehenden häufig Bezug genommen ist, mehr noch im Folgenden Bezug zu nehmen sein wird und das bisher nur auszugsweise [46]) veröffentlicht war.

S. 310 gegen die Bezeichnung „Veto" eingewandt hat. Der Irrthum in der Anschauungsweise der Völker, welchen sie verschuldet, spielt aber in diese juristische Betrachtung nicht hinein. Dagegen empfiehlt sich der Ausdruck durch Kürze.

[46]) (Schelhaß), Pragmatische Geschichte der deutschen Reichstags-Verhandlungen von dem neuesten Deputations-Hauptschlusse bis gegen das Ende des Jahrs 1804, Regensburg 1805, S. 51 f.

Theil I.

Der Streit zwischen Kaiser und Reich über die Neubildung des Fürsten-Raths in Folge des Lüneviller Friedens.

Erste Streitfrage.

Ueber die Berechtigung des Kaisers zu dem Veto vom 27. April 1803.

§. 4.

Der eigentliche Träger der Gewalt im heiligen römischen Reiche blieb, wie sehr auch mit der Zeit seinen Rechten enge Grenzen gezogen waren, der Kaiser insoweit, daß er den auswärtigen Mächten gegenüber das Reich persönlich vertrat und daß im Innern die Gesetze von ihm und in seinem Namen allein verkündigt wurden. Daher beruhte nicht sein Majestätsrecht, sondern das Recht der deutschen Stände, an der Gesetzgebung und dem Abschlusse völkerrechtlicher Verträge des Reichs theilzunehmen, auf ausdrücklichen Bestimmungen, nämlich auf Art. VIII §. 2 des Osnabr. Fr. und Art. II §. 5, IV §. 1 der Kaiserl. Wahl-Kapitulation [47]). Worüber die kurfürstlichen und fürstlichen Höfe,

---

47) Seit 1665 und 1711, mit einem Zusatz von 1742.

die Prälaten, Grafen und freien Städte des Reichs, worüber die konfessionellen und politischen, auch konventionellen Parteien am Reichstage sich durch förmlichen Beschluß, daß es zum Gesetz erhoben würde, nach Ueberwindung zahlreicher, uns heute noch einleuchtender Schwierigkeiten geeinigt, das trug den Namen eines „Gutachtens“ und hatte die Geltung eines Entwurfs, bis der Kaiser es zum Gesetz erhob.

Im Widerspruch mit dem Willen des Reichs-Oberhaupts vermochten alle Machthaber in Deutschland zusammengenommen — nichts [48]). Das Recht des Kaiserl. Veto, wofür kein geschriebnes Gesetz bestand, war bis zur Auflösung des heil. röm. Reichs in voller Anerkennung [49]) [50]).

Die Berechtigung des Kaisers, einem Theile des Deputationsschlusses vom 25. Febr. und Reichsgutachtens vom

---

48) Niemals haben die deutschen Landesherrn durchsetzen können, daß ein förmliches Reichsgesetz ihnen das Recht (eine Erweiterung des Art. XV. §. 3 der K. W.-K.) einräumte, ganz uneingeschränkt ihre Unterthanen zu besteuern.

49) Jakob Karl Spener, Teutsches Jus publicum (1725) Th. I. S. 116 ff. J. J. Moser Von d. Teutschen Reichs-Tägen (1774) Th. II. Kap. 37. S. 423 f., bes. S. 430 f. J. St. Pütter, historische Entwicklung der heutigen Staats-Verfassung des Teutschen Reichs (1788) Th. II. S. 166. Desselben Versuch einer richtigen Bestimmung des Kaiserl. Ratif.-Rechts (1769) führt Moser a. O. an. Desselben Institutiones juris publici Germanici (Göttingen 6. Ausgabe 1802) §. 222. S. 236. Just. Christ. Leist, Lehrbuch des Teutschen Staats-Rechts (Göttingen 2. Ausg. 1805) §. 84. S. 260, 261; §. 107. S. 330 f. S. 334. Nik. Th. Gönner, Teutsches Staats-Recht (Landshut 1804) §. 287 S. 450—452. Theod. Schmalz, Handbuch des Teutschen Staats-Rechts, (Halle 1805) §§. 246, 247 S. 198, 199, u. A. bezeugen dies für die letzten Zeiten des heil. röm Reichs. — Vergl. H. A. Zachariä, deutsches Staats- und Bundes-Recht (Göttingen 1841) Th. I. §. 23. S. 63—65.

50) Ueber den merkwürdigen Fall von 1671, als der Kaiser gegen die Ausdehnung des J. R. A. §. 180 sein Veto eingelegt hatte, vergl. Moser a. O. S. 432. Nach M.'s Worten könnte scheinen, als läge hier eine Ausnahme vor: es wäre die einzige, ist aber keine.

24. März 1803 die Genehmigung zu versagen, wurde dagegen allerdings und aus zwei Gesichtspunkten, einem allgemeinern rein staatsrechtlichen, und einem besondern vorwiegend völkerrechtlichen, bei den Verhandlungen über eine Neubildung des Fürsten-Raths in Folge des Lünev. Friedens bestritten.

I. Bei der Versammlung deutscher Reichstags-Bevollmächtigten im französischen Gesandtschaftsquartier zu Regensburg am 3. Mai 1803 erklärten die Vertreter zweier Kurhöfe, Pfalzbaiern's und Brandenburg's, wie nach dem Reichsrechte der Kaiser nicht befugt wäre, in einem Ratifikations-Dekret die Grenzen des Reichs-Gutachtens irgendwie zu überschreiten. Mit andern Worten, sie stellten den Satz auf, das Reichs-Oberhaupt sollte zur Verwerfung oder Genehmigung eines Reichs-Gutachtens im Ganzen, aber nicht zu einer Aenderung des Inhalts, nicht zu theilweiser Bestätigung, nicht zu theilweisem Veto berechtigt sein [51]). — Dasselbe behauptete, doch mit weniger Entschiedenheit, das von Hardenberg ausgefertigte „Königl. Preußische Reskript an die kurbrandenburgische Comitialgesandtschaft dd 26. August 1803 [52])“. — Es ward also die Berechtigung des Kaisers zu dem Veto vom 27. April als einem t h e i l w e i s e n in Zweifel gezogen.

Mit Unrecht. Durch ein deutliches Herkommen wird diese Berechtigung außer Zweifel gesetzt. Das Reichs-Oberhaupt war an das Reichs-Gutachten keineswegs gebunden; seine Genehmigung durfte er einem solchen sowohl im Ganzen als auch zum Theil versagen; selbst Aenderungen darin zu treffen, stand frei.

Das Reichs-Gutachten vom 8. Okt. 1668 wurde durch ein Kaiserliches Kommissions-Dekret vom 16. Juli 1669 nur theilweise bestätigt und sogar abgeändert. Ebenso modifizirte

---

51) Vergl. Anm. 21.

52) Angezeigt in Com.-C. 1803 Nro. 64. Regensb. 19. Sept.; im Abdrucke mitgetheilt Com.-C. 1803 Nro. 65. Regensb. 6. Okt. Beil. A.

das Kaiserl. Hof-Dekret v. 4. Aug. 1753 zu Gunsten der reichsunmittelbaren Ritterschaft ein in Sachen derselben erstattetes Gutachten v. 23. Juli j. J. Endlich, als der Kaiser das R.-G.-A. in der Michelfeldschen Feudalsache vom 10. Juni 1768 nur theilweise am 7. Juli j. J. ratifizirt und, ganz wie in dem Falle von 1803, einen Gegenstand, nämlich die vom Reiche vorgeschlagne Exekution betreffend, ausgeschieden, obenein Zusätze gemacht hatte, da wurde sein Verfahren nicht nur stillschweigend gebilligt, sondern die drei Kollegien beschlossen am ¹/₁₁ Juni 1759, für jenes Ratifikations-Dekret, worin gegen einen Theil des Gutachtens das Veto verhängt war, ausdrücklich Dank zu sagen [53]).

II. In Art. IV des Vertrages mit der französischen Republik, welchen der Kaiser für seine Erblande zu Paris am 26. Dezbr. 1802 abgeschlossen hatte [54]), war derselbe die Verpflichtung eingegangen, den Hauptschluß der Reichs-Deputation zu ratifiziren [55]). Deßhalb lag den Reichsständen soviel daran, die Sache der Neubildung des Fürsten-Raths in den Hauptschluß vom 25 Febr. aufgenommen zu sehen. Die Bemühungen der Kaiserlichen, diese Aufnahme zu verhüten, und die spätern ebenso fruchtlosen des österreichischen

---

53) J. J. Moser a. O. Th. II. S. 445.

54) Der Vertrag findet sich in der Anlage zu dem „Plenipotenz-Erlaß“ v. 19. Januar 1803 an die außerordentliche Reichs-Deputation: Com.-C. 1803 Nro. 6. Regensburg 24. Januar, Beilage B.

55) Art. IV lautet: „En conséquence et sous la réserve des stipulations précédentes, ainsi que des droits de propriété et autres, qui compètent à Sa Majesté l'Empereur et Roi, comme Souverain des Etats héréditaires d'Autriche et Chef suprême de l'Empire, compatibles avec l'exécution du plan d'indemnités, Sa dite Majesté s'engage à employer son influence pour que le plan d'indemnisation, arrêté par la députation de l'Empire dans la Séance du 23. Novbr. (2. Frimaire) soit accepté et ratifié par la Diète de l'Empire, sauf les modifications contenues dans la présente convention et à y donner ensuite dans le plus court délai Sa propre ratification Impériale.“

Direktorialgesandten, sie rückgängig zu machen, wiesen darauf hin, daß, wie die reichsständischen Höfe, auch der Kaiserl. Hof überzeugt war, die Bestimmung über den Fürsten-Rath dürfte, sobald sie zu einem Theil des Deputations-Schlusses geworden, von einem Veto des Oberhauptes nicht mehr betroffen werden. Hatten doch überdies die Gesandten der vermittelnden Mächte in ihrer Note vom 24. Febr. den Hauptschluß vom 25. Febr. für ein untheilbares Ganze, somit die in §. 32 desselben enthaltne Neubildung des Fürsten-Raths für einen integrirenden Theil dieses Ganzen erklärt [56]).

Aus diesem ferneren Grunde wurde die Berechtigung des Kaisers zu dem Veto vom 27. April in Abrede gestellt. Fast alle reichstägigen Abstimmungen außer denen der wenigen und minder mächtigen unbedingten Anhänger des Hauses Oesterreich bezogen sich darauf — entweder unzweideutig oder zwischen den Zeilen.

Es fragt sich zunächst, ob der im Art. IV enthaltne Verzicht des Kaisers auf sein Veto gegen einen Theil des Deputations-Schlusses gültig war [57])?

Eines ihm zustehenden Privatrechts kann Jeder sich begeben [58]), sofern nicht Gründe des öffentlichen Rechts oder Verpflichtungen gegen einen Dritten ihm dies verwehren [59]).

---

56) Vergl. S. 8.

57) Man braucht nicht seine Zuflucht zu der ohnehin irrigen Lehre zu nehmen, wonach Verzichte möglichst enge zu interpretiren sind; vergl. Göschen, Vorlesungen üb. d. gem. Civilrecht (herausgegeben v. Errleben, Göttingen 1838) Bd. I. S. 319. Mühlenbruch Lehrbuch d. Pandekten-Rechts (herausg. v. Madai, Halle, 1844) Th. I. S. 243. Auch bedarf es keiner Bezugnahme auf die Zweifelhaftigkeit und Unbestimmtheit des Gegenstandes, welchen der Verzicht im Art. IV betrifft, also auf die Rechtsregel, daß der Gegenstand des Verzichts ein bestimmter sein muß und daß Verzichte in Betreff ungewisser Dinge nichtig sind; vgl. L. 5. D. d. transact. II. 15 und cap. 2 X. d. renuntiatione I, 9.

58) L. 41 D. d. min. IV. 4; L. 29 C. d. pact. II. 3.

59) L. 34. D. d. pact. II. 13; L. 34 pr. d. S. Pr. R. VIII, 3; cap. 1, 4, 15. X. d. renunt; c. 12. X. d. for. comp. II, 2.

Völkerrechtlich ist der Souverän eines Staats vollkommen befugt, auf Ausübung einer ihm zuständigen Prärogative für einen bestimmten Fall oder eine Reihe von Fällen zu verzichten, womit ja nicht einmal der Kreis dessen überschritten ist, was die Verfassung, wären seine Rechte noch so beschränkt, ihm einräumt. Als solcher Souverän muß auch der römische Kaiser, Deutschlands Oberhaupt, betrachtet werden. Nach dieser Seite läßt sich die Gültigkeit des Verzichts auf das Veto nicht bezweifeln. — Indessen eben bei der Ausübung des Veto verwies am 27. April der Kaiser auf die Reichsverfassung und die der römischen Kirche geschwornen Eide, wodurch er verpflichtet würde, seine Genehmigung zu versagen. War der Verzicht auch insoweit, als er mit jenen Pflichten — vorausgesetzt sie bestünden wirklich — in Kollision trat, gültig? war der Kaiser an ihn gebunden? Es läßt sich nur bejahen. Völkerrechtliche Verträge werden an sich nicht entkräftet durch die noch so gegründete Berufung auf entgegenstehende Bestimmungen des besondern Staatsrechts, wodurch der denselben unterworfne kontrahirende Theil sich verhindert sähe, den Vertrag zu erfüllen. Der andre kontrahirende Theil hat sich an den zu halten, welcher die Leistung versprach, von der nun gesagt wird, er könne sie nicht ohne Verletzung einer sonstigen Verpflichtung erfüllen. Wird auf der Forderung einerseits bestanden und das Schuldige nicht andrerseits geleistet, so ist der Vertrag gebrochen [60]).

[60]) Nicht im Widerspruch steht damit, daß der mit der Verfassung unvereinbare völkerrechtliche Vertrag vom staatsrechtlichen Standpunkte für ungültig zu erachten ist. Keine Regierung darf durch solchen Vertrag mit dem Auslande die Staatsverfassung ändern und die bürgerliche Freiheit aufheben oder verletzen. So zu verstehen ist die berühmte hannövrische Erklärung vom 21. Okt. 1814 am Wiener Kongresse, wonach „die zwischen deutschen Fürsten und Napoleon geschlossnen Verträge den Rechten ihrer Unterthanen de jure nichts vergeben konnten .... und: „kein Fürst werde wünschen, in dem Lichte sich darzustellen, als hätte er mit fremden Fürsten einen Vertrag gegen seine

Ohne daher der Untersuchung vorzugreifen, ob und inwiefern das Reichs-Oberhaupt zu jenem Veto verpflichtet gewesen, ist auszusprechen, daß der im Artikel IV des Dezembervertrags enthaltne Verzicht ein gültiger war.

Faßt man ferner die Verpflichtung aus diesem Vertrage nicht als Verzicht auf das Veto, sondern als eine der französischen Republik gebotne und von ihr akzeptirte positive Zusage auf, dem Deputations-Schluß die Genehmigung zu ertheilen, so folgt hieraus nichts von dem Obigen Abweichendes. Die Zusage ist aus denselben Gründen gültig und der Kaiser, ganz abgesehen von dem wirklichen oder nur scheinbaren Vorhandensein der berufnen Pflichten, zur Erfüllung Frankreich gegenüber verbunden.

Doch bei der Abfassung des Art. IV war auf Seiten des Wiener Hofes die nöthige Vorsicht beobachtet und von Seiten der Republik die ganze Sache nicht für wichtiger gehalten worden, als daß sie die deutschen Reichsstände möglichst von ihr abhängig machte. Der Verzicht oder die positive Zusage des Kaisers war gehörig verklausulirt.

Erstens bezog sich seine Verpflichtung nicht auf einen etwanigen und beliebigen Hauptschluß der Reichs-Deputation,

---

Unterthanen eingehen wollen.“ Klüber, Akten des Wiener Kongresses, Bd. I. Hft. I. S. 69. H. A. Zachariä a. O. Th. I. S. 91 f. — Wenn es in dieser Erklärung ferner heißt: „die Rechte der Unterthanen durften kein Gegenstand der Transactionen sein“, sie „machten einmal keinen Gegenstand der Transaction aus“, so bedeutet dies einerseits, daß der, welcher dennoch solche Transction einging, ein Unrecht beging — andrerseits keineswegs, daß er dieser unrechtmäßig eingegangnen Verpflichtung dem andern kontrahirenden Theil gegenüber los und ledig sei. Die Kollision, welche hier waltet, wußte das heidnische Rom würdiger als das christliche zu lösen. — Auf privatrechtlichem Gebiet ist ein bekanntes Versehen der Anfänger, daß sie dem bestimmten Falle, dessen richtige Entscheidung sich ihnen verbirgt, unpassende Rechtsmittel gewaltsam aufdringen möchten, weil sie sonst baare Rechtlosigkeit einbrechen zn sehen wähnen: in Dingen des öffentlichen Rechts ist dieser Fehler schwerer zu vermeiden und — zu begehen, gefährlicher.

sondern auf den ganz bestimmten, namentlich bezeichneten vom 23. Novbr. 1802 und zwar nicht einmal auf diesen in seiner damaligen, sondern in der Gestalt, daß die Punkte, worin der Dezembervertrag abwiche, nach Maßgabe desselben verändert wären [61]). Es war daher unnöthig, den Gegenstand der Neubildung des Fürsten-Raths räumlich von dem Deputations-Schluß zu trennen: es genügte, ihn geistig in der Art auszuscheiden, daß durchgeführt wurde, wie dieser neue Gegenstand weder dem Deputations-Schluß vom 23. Novbr. noch dem Vertrage vom Dezember angehörte. Dies geschah: folglich bestand keine völkerrechtliche Rücksicht, diesen Theil des neuen Hauptschlusses zu schonen. Ihn traf das Veto.

Zweitens waren in demselben vierten Artikel mit besondrem Nachdruck die Rechte des Kaisers und ausdrücklich die reichsoberhauptlichen Gerechtsame vertragsmäßig gewahrt [62]), soweit sie, wie es daselbst hieß [63]), mit der Ausführung des Entschädigungsplans vereinbar wären. Wenn das Veto gegen die Neubildung des Fürsten-Raths, welche der §. 32 vorschlug, sich mit der Ausführung des Entschädigungsplans vereinbar erweisen ließ, so war aus Art. IV im Gegentheil bewiesen, daß die französische Republik dem Kaiser das Recht zugestand und sogar vertragsmäßig verbürgte, jenem Vorschlage des §. 32 die Genehmigung zu versagen. Daß mit der Ausführung des Entschädigungsplans die Reorganisation des Fürsten-Raths nothwendig zusammenhänge, ward von den Ständen zwar behauptet,

---

61) Vergl. in Anm. 55 die Worte: „le plan d'indemnisation, arrêté dans la Séance du 23. Novbr. (2 Frimaire)" ..... „sauf les modifications contenues dans la présente convention" ...

62) Die Worte sind: „sous la réserve ... des droits ... qui compètent à Sa Majesté l'Empereur et Roi comme .. Chef suprême de l'Empire" ... s. Anm. 55.

63) Die Worte: „compatibles avec l'exécution du plan d'indemnités" .. s. Anm. 55.

dagegen von dem Reichs-Oberhaupt ebenso oft in Abrede gestellt. Und letzteres mit Erfolg: denn der Hauptschluß vom 23. Novbr. 1802 bewies dadurch, daß ihm die Sache der Neubildung des Fürsten-Raths völlig fremd war, die Ausführbarkeit des Entschädigungsplans abgesehen von der Reorganisation.

Jedenfalls konnten aus einer Verpflichtung, welche der Kaiser in einem völkerrechtlichen Vertrage mit einer auswärtigen Macht für seine Person übernommen hatte, deutsche Reichsstände unmöglich ein Recht erworben haben, ihm die Ausübung seiner reichsoberhauptlichen Prärogative zu bestreiten. Ohne rechtlichen Grund und ohne rechtliche Folge beriefen sich auf den Art. IV gegen das Veto vom April deutsche Höfe. Wenn die französische Republik nichts dawider hatte, daß der Kaiser von seinem Rechte des Veto Gebrauch machte, so verlor Art. IV alle Bedeutung für Deutschland. Frankreich aber [64]) begehrte keine weitre Leistung aus dem Vertrage vom 26. Dez., sei es aus Gründen der Zweckmäßigkeit, sei es deßhalb weil zu Paris dem Art. IV eine andre Deutung als zu München und Berlin, nämlich die mit Obigem übereinstimmende gegeben wurde, dergemäß die Berechtigung des Kaisers zu dem Veto vom 27. April 1803 davon unberührt blieb.

64) Wie zur Enttäuschung der oppositionellen Höfe die (Anm. 21 erwähnte) Konferenz v. 3. Mai an den Tag brachte.

Zweite Streitfrage.

Ueber die Verpflichtung des Kaisers zum Veto v. 27. April vermöge der Regel der Religions-Gleichheit.

Uebersicht.

§. 5.

Seltsame Wendung der deutschen Geschicke: kurz vor dem Untergange des heiligen römischen Reichs berief sich dessen Oberhaupt auf den westfälischen Frieden. Die stets angefochtne, vielbestrittne Regel der Religionsgleichheit, die zerdeutete aequalitas exacta mutuaque inter utriusque religionis Electores, Principes, Status, omnes et singulos" des Art. V. §. 1. J. P. O. sollte zuletzt gegen vermeintliche oder wirkliche Uebergriffe der Protestanten die Römisch-katholischen, gegen das Reich den Kaiser schützen.

Gesetz, Herkommen und Wissenschaft mußten den Beweis liefern, daß der Kaiser auf Grund des Friedens von Osnabrück zu dem Veto v. 27. April 1803 verpflichtet gewesen.

I. Gesetz.

Die Religionsgleichheit ist, wie das Kaiserl. Hof-Dekret vom 30. Juni besagt, ein gesetzlich, durch den westfälischen Frieden geheiligtes Grundprinzip. Ihm zufolge dürfe im Reichsfürsten-Rath keines der beiden Bekenntnisse mehr Stimmen führen als das andre. Die ganze Geschichte des Reichstags redet zwar dagegen. Aber es handelt sich nicht um Thatsächliches, wie die Kaiserlichen zu verstehen geben, nicht um das Unrecht vergangner Jahrhunderte, sondern entscheidend ist allein die richtige Deutung des Staatsgrundgesetzes. Daß Art. V. §. 1 des Osnabr. Fr. numerische Gleichstellung beider Konfessionen im Fürsten-Rathe fordert, beweist die Kaiserl. Partei aus der Entstehungsgeschichte desselben bei den westfälischen Friedens-Verhandlungen, wobei die Protestanten auf die Stimmen-Geichheit ihre Absicht gerichtet und durchgesetzt hätten. Der hartnäckigste und geschickteste, auch einflußreichste Verfechter, wo nicht gar Urheber dieser Rechtsansicht war der erzherzoglich-österreichische Comitialgesandte, der als solcher den Vorsitz im Fürsten-Rath führte, daneben Vertreter einiger andern Höfe, Egid Josef Karl v. Fahnenberg. Seiner, als des anonymen Verfassers der „Kritischen Betrachtungen über die neue Organisation des Reichsfürsten-Raths (im März 1805)“, wird im Verlauf dieser Untersuchung wiederholentlich gedacht werden.

Aus dieser Entstehungsgeschichte und zwar aus den Akten des westf. Kongresses, aber auch aus der Stellung des Art. V. §. 1 im System des Friedensvertrags wird die bezeichnete gesetzliche Begründung der Regel der Religions-Gleichheit mit Bezug auf das Veto v. 27. April zu prüfen sein.

II. Herkommen.

Aus dem durch den westfälischen Frieden geheiligten Prinzip der Religions-Gleichheit ist — laut dem Hof-Dekret v. 30. Juni und den Rechtsausführungen der Anhänger des Kaisers — ein Grundsatz abgeleitet und hat Anerkennung im Reiche gefunden, der durch das Herkommen befestigt ward. Nämlich der Grundsatz, „daß bei Einführung neuer Stimmen in den Fürsten-Rath die Religions-Parität zu beobachten sei.“

Die gesetzliche Gleichstellung der Anzahl der Stimmen beider Bekenntnisse im Fürsten-Rath hätte einen solchen Grundsatz und ein solches Herkommen allerdings zur nothwendigen Folge haben müssen. Wenn in einem Kollegium eine Stimmenmehrheit weder der Römischen noch der Protestanten, sondern von beiden Theilen die gleiche Zahl von Stimmen vorhanden sein sollte, so durfte die Einführung neuer Stimmen nicht anders als nach „der Religions-Parität“ d. h. in gleicher Anzahl geschehen.

Freilich wenn dagegen der — im Sinne numerischer Gleichstellung verstandnen — Regel der Religions-Gleichheit nicht Folge gegeben worden, wenn die Zahl der protestantischen und römisch-katholischen Fürsten-Rath-Stimmen von vornherein ungleich gewesen wäre, so würde diese sog. Folgerung, wonach von jedem Bekenntniß gleichviel Stimmen eingeführt werden müßten, obige Regel in ihr Gegentheil verkehrt und die Ungleichheit der Stimmenzahl schlechthin verewigt haben[65]).

Sowenig am Ende der Untersuchung über die Verpflichtung des Kaisers vermöge der Regel der Religions-Gleichheit der Ausschlag, welchen ein solches Herkommen auf die schwebende Streitfrage über die Neubildung des Fürsten-Raths geben müßte, unerwogen bleiben darf, ist einstweilen doch nur zu erörtern, ob der Grundsatz über Beobachtung der sog. Religions-Parität bei Einführung neuer Stimmen in den Fürsten-Rath aus der Regel des westf. Friedens abzuleiten und wirklich anerkannt gewesen, ob jenes Herkommen überhaupt nachzuweisen sei.

Die verschiednen Erlasse, Denkschriften, Abstimmungen Kaiserlicher Seits führen eine ganze Reihe von Fällen an, woraus das beregte Herkommen mit Sicherheit zu entnehmen sei. Ich ordne diese Fälle nach der Zeitfolge: bei jedem

---

65) Hier tritt einer der beachtenswerthen Widersprüche hervor, deren von jeher bei politischen Kämpfen jede Partei sich mehr oder minder zu Schulden kommen ließ. Der Kaiser erklärt sich für verpflichtet, der numerischen Gleichstellung beider Konfessionen im Fürsten-Rath Folge zu geben; er beruft sich dafür auf die Regel der Religions-Gleichheit im westfälischen Frieden, der freilich, da die Protestanten im Fürsten-Rathe stets mit der geringeren Zahl sich zu begnügen hatten, von Anfang an entgegen gehandelt sein müßte: — Gleichzeitig stützt sich derselbe auf ein aus jener Regel abgeleitetes Herkommen, auf einen durch dieses befestigten Grundsatz, wodurch es den Protestanten für immer unmöglich gemacht worden wäre, zu der gleichen Anzahl der Stimmen im Fürsten-Rath zu gelangen, auf die jene Kaiserl. Deutung des Art. V. §. 1. J. P. O. ihnen das Recht ertheilt. — So ist es auch heute: Was zu Gunsten redet, ungeachtet Eines dem Andern widerspricht, wird von Parteien angerufen.

einzelnen ist in Erwägung zu ziehen, ob das, was die Kaiserlichen darin erblickten, sich in der That so verhielt. Daraus soll die rechtliche Bedeutung derselben für die vorliegende Frage ermittelt werden.

III. Wissenschaft.

Die Wissenschaft des Rechts, vor Allem des öffentlichen, ist einer großen Gefahr fortdauernd ausgesetzt. Diese besteht in einer Zweideutigkeit, welche durch ihre Stellung bedingt erscheint. Die Wissenschaft ist gleichzeitig empfangend und schöpferisch: sie zeigt im Lichte der Erkenntniß d. h. nach dem innern geistigen Zusammenhange das bestehende Recht; doch untrennbar davon ist ihre Mitarbeit an dem Prozeß der Rechtsbildung, an der Veränderung und Fortentwicklung des bestehenden. Der rechtschaffenste Rechtsgelehrte, der sich bemüht, das geltende Recht zu erkennen und darzustellen, kann nicht umhin, neues Recht zu schaffen.

Vergegenwärtigen wir uns das Rechtsverhältniß der beiden Religions-Parteien im heil. röm. Reich, wie der westfälische Friede dasselbe gestaltet hatte. Dieser, ein Vergleich zwischen unversöhnlichen Prinzipien, sollte die Grundlage des Rechtslebens ausmachen. Dem dreißigjährigen Kampf äußrer Gewalt machte er ein Ende; doch gleichzeitig organisirte er einen Krieg für Jahrhunderte, den Kampf geistig widerstreitender Gewalten.

Dem westfälischen Frieden gegenüber nahm die Wissenschaft des Rechts jenen Schein der Zweideutigkeit, und einen um so stärkeren an, da derselbe nicht den Keim einer einheitlichen Entwicklung, vielmehr den innern Widerspruch einer zwiespältigen Fortbildung enthielt.

Die Folge war ein beinahe in allen Punkten bestrittnes öffentliches Recht, eine gedoppelte Darstellungsweise desselben, eine Polemik der beiden Bekenntnisse gegeneinander wegen parteiischer Auffassung jenes Grundgesetzes.

Die deutschen Rechtsgelehrten galten in den Fragen, welche den westfälischen Frieden betrafen, als Männer der

Partei. Ihre Aussagen über das bestehende Recht, ihre Forschungen und Untersuchungen darüber, fanden nur bei Glaubensgenossen Anerkennung. Aber auch auf diese vermochte die Wissenschaft nicht als Quelle der Erkenntniß des Bestehenden, vielmehr, wessen die Zeitgenossen sich freilich nicht bewußt waren, in ihrer rechtsbildenden Kraft eine Autorität auszuüben.

So gab es in Deutschland eine protestantische Wissenschaft des öffentlichen Rechts und in der That erlebte unser öffentliches Recht eine Umgestaltung unter der Hand rechtsgelehrter Protestanten.

Auf ihre Zeugnisse beriefen sich in dem Rechtsstreite des Jahrs 1803 zu Gunsten der Römisch-katholischen der Kaiser und sein Anhang. Was diese damals bedurften, das war eine möglichst ausdehnende Deutung der Regel der Religionsgleichheit, des Art. V §. 1 des westf. Fr. Das Gegentheil, eine möglichst einengende fanden sie bei den Schriftstellern ihrer eignen Konfession. Wo gab es aber ein besseres Arsenal von guten Gründen, wie sie 1803 noththaten, als bei den Rechtsgelehrten der entgegengesetzten Partei? wer konnte die Religions-Gleichheit vortheilhafter ausgebeutet haben, als im Kampfe gegen die Römisch-katholischen die protestantische Wissenschaft?

Es ist zu untersuchen, wie diese den westfälischen Frieden aufgefaßt, und nach welcher Richtung hin sie die Regel der Religions-Gleichheit fortentwickelt hatte. Wenn es sich ergäbe, daß Gesetz und Herkommen nicht gestatten, darauf die Verpflichtung des Kaisers zum Veto vom 27. April 1803 zu stützen, so könnte doch die protestantische Doktrin dem Art. V §. 1 in dem Systeme des Reichsrechts eine Stellung gegeben haben, der zufolge der Kaiser wirklich durch die Regel der Religions-Gleichheit gebunden wäre, einer Neubildung des Reichs-Fürsten-Raths die Sanktion zu versagen, welche dem einen von beiden Bekenntnissen ein Uebergewicht von Stimmen einräumte.

Abschnitt I.
Die gesetzliche Regel der Religions=Gleichheit.

§. 6.
Entstehung des Art. V §. 1 des westfäl. Friedens.

Dürfte die Geschichte der westfälischen Friedensverhandlungen in Betreff der Religions=Gleichheit, wie die Kaiserlichen im Anfang dieses Jahrhunderts sie wiedergaben, Glauben finden, dann wäre kaum zu bezweifeln, daß die Protestanten eine gleiche Zahl der Fürsten=Rath=Stimmen beider Konfessionen erstrebt und im Art. V §. 1 durchgesetzt haben. Denn: „im Anfange der westfälischen Friedens=Traktaten verlangten zwar die protestantischen Contrahenten blos eine Rechts=Gleichheit (gleiches Recht)“, wie Fahnenberg [66]) berichtet. „Sie wurden aber bald gewahr, daß sie bei einer solcheu auf die Rechtspflege eingeschränkten Gleichheit weit zu kurz kommen würden, und forderten in ihrer am 9. Juni 1646 übergebnen Erklärung, daß eine solche Gleichheit unter den Ständen beider Religion beobachtet werden sollte, daß keiner in Ansehung der Religion an Rechten und Würden, noch sonsten dem andern künftig vorgezogen und ungleich geachtet werde. Und als die katholischen Paciscenten in diese weitzweckende Parität zu willigen Bedenken fanden, verlangten die Protestanten, daß wenigstens der Ausdruck durchgehende Gleichheit zwischen beiderseits Religionsverwandten beibehalten werden solle. Diesem Begehren gemäß kam auch endlich unter vielen Remonstrationen die bekannte Redaction des §. 1 Art. V des Osnabr. Fr.=Instruments zu Stande. Die Worte exacta mutuaque aequalitas, die den Katholischen allzu generell und zu weitgreifend schienen, wurden beibehalten und nur durch den Beisatz etwas

66) Kritische Betrachtungen (s. o.) S. 11. f.

moderirt: quatenus (haec mutua aequalitas) formae reipublicae conformis est. Unter dieser so hartnäckig behaupteten durchgehenden Gleichheit verstanden die evangelischen Reichsstände unleugbar auch die Anzahl der Stimmen in den Reichs-Collegien. . . . . ."

Wie oft der Verfasser der "Kritischen Betrachtungen" sich auf die Acta Pacis Westfalicae Johann Gottfried's v. Meiern auch beziehen mochte, sein Parteieifer wird dadurch nicht Zutrauen erweckender. In Meiern's Werk ist aber ein andrer Hergang zu entdecken.

Das Recht der Religions-Gleichheit hatten die Protestanten aus dem Passauer Vertrag (1552) und Augsburger Religions-Frieden (1555) hergeleitet und bereits 1559, aber fruchtlos, geltend gemacht [67]). Auf demselben Recht bestanden sie nach dreißigjährigem Kampfe zu Münster und Osnabrück. Schweden verwandte sich dafür und in seinem Friedensvorschlag vom 1. Juni 1645 [68]) bezogen sich darauf die Art. IV und VII (am Schluß) [69]). Die Fassung war

---

67) Moser, Teutsches Staats-Recht (1743) Th. X Buch III cap. 14 §. 52. Ueber den Nürnb. Vertrag und das Regensburger Edikt v. 1532 vergl in Scheidemantel (Häberlin) Repertorium des teutschen Staats- und Lehn-Rechts Th. IV (1795) den Aufsatz über "Religions-Gleichheit" von F. A. Schmelzer §. 2 und desselben berühmte Inaugural-Dissertation „De exacta Aequalitate inter utriusque religionis consortes per Imperium Germanicum" (Göttingen 1785) §. 7 S. 11. — Brauer, Abhandlungen zur Erläuterung des westf. Fr. (Offenbach a. M. 1784) Th. II. §. 41 S. 97.

68) Meiern, westf. Friedenshandlungen (Hannov. 1734—36) Th. I Buch IV, §. 2, S. 435 f.

69) Im Art. IV: eiusmodi incatur iustitiae ratio per omnia ut eo imposterum absque omni personarum rerumve respectu . . . . unicuique . . . iuxta fundamentales Imperii leges et constitutiones, praecipue Pacem Religionis . . . aequabiliter administrentur." Im Art. VII: . . . „quinimo si quae imposterum de eiusmodi rebus (d. h. in Betr. des Rel.-Fr.) dubia inter eos oriantur: ea quoque, ut

jedoch so allgemein, daß der Kaiser in seiner am 15. Sept. 1645 [70]) den Ständen mitgetheilten Antwort an Schweden jene Forderung fast mit denselben Worten annehmen konnte, ohne daß die Protestanten daraus Vortheil gezogen hätten. Jene Proposition der Schweden ist es wahrscheinlich, was Fahnenberg als ursprüngliches Verlangen der Evangelischen ungenau bezeichnet.

Am 27. Oktober 1645 sprachen sich die Protestanten selbst zum ersten Mal aus und händigten dem Kaiser und dem römischen Religionstheil ihren sehr deutlichen Vorschlag am 15. Dezbr. ein [71]). Darin beriefen sie sich auf Aristoteles, der in seiner Politik bekunde: „aequalitas mutua et reciproca tuetur civitates". Sie leiteten aus der Natur der Sache die Nothwendigkeit einer „solchen Gleichheit zwischen den Ständen beider Religion" her, „daß keiner in Ansehung der Religion an Rechten und Würden noch sonsten in einigerlei Wege, dem andern vorgezogen und ungleich geachtet werden solle: über das all dasjenige, wessen sich die Katholischen in ihren Landen gebrauchen, auch den Evangelischen in ihren Landen und Gebieten frei und unverboten sei"; beschwerten sich über Verletzung des Passauer Vertrags und Religions-Friedens, also positiver Rechte; bezeichneten endlich einige aus dieser Regel herfließende spezielle

---

omnis evitetur occasio turbarum, non nisi amicabili compositione ex aequo bonoque communi expediantur" (zu deutsch: „nicht anders als freundlich, getreulich und ohne Gefährde vertragen.")

70) Meiern a. O. Th. I, B. VI, §. 20, Nro. I, S. 618 f. Doch bemerkte der Kaiser zu den Art. V, VI und VII des schwedischen Vorschlags: „Was in diesen Artikeln enthalten, gehet die röm. Kaiserl. Majestät und Stände unter sich, ja die Grundgesetze und den Reichszustand oder Staat an, derentwegen der röm. Kaiser mit den auswärtigen Kronen nichts gemein hat, noch der bisher geführte Krieg darum angefangen"; vergl. Meiern a. O. S. 625.

71) Meiern, a. O. Th. I, B. III. §. 2, S. 740 f.; B. VIII, S. 823, 824.

Befugnisse. Nicht im Mindesten stimmt hiermit Fahnenberg's Angabe.

Nun nahm Schweden in der Gegenerwiderung an den Kaiser vom 28. Dezbr. 1645 die Forderung auf, „daß in allen mit ihnen (d. h. den Evangelischen) eine Aequalität eingeführt werden möchte“ [72]).

Von einer regelmäßigen und durchgängigen Gleichheit war darauf bei den gemeinsamen Konferenzen der beiderseitigen Religionsverwandten zu Osnabrück, wovon am 2. April 1646 die erste und am 25. April die neunte und letzte stattfand, mehrfach die Rede. In der Sitzung vom 14. April stellten die Protestanten den Antrag auf Einführung einer „durchgehenden Aequalität“, wie sie schon die „blinden Heiden aus Antrieb der Vernunfft [74])“ für staatsnothwendig gehalten und König Ferdinand im Religions-Frieden beabsichtigt hätte; nicht mehr zu verlangen erklärten sie, als mit den Römisch-katholischen nach gleichem Recht (aequali jure) zu leben, „deßwegen sie sich destoweniger befahren wollten, daß die Herrn Katholischen auf eine Inaequalität ihre Absichten nehmen möchten“. Ihnen entgegneten am 18. April die Römischen [75]), eine andre Gleichheit als die des Religions-Friedens einschließlich aller Bestimmungen desselben [76]) könnte nicht eingeräumt werden [77]).

Es ist leicht erklärlich, weßhalb die Evangelischen, welche mit diesem Maße von Gleichheit sich nicht begnügen mochten, scheinbar sich selbst widersprechend, am 24. April den Kaiserl.

---

[72]) Meiern, a. O. Th. II, B. XI, §. 5, S. 196.

[73]) Meiern, Th. II, B. XV, §. 11, Nro. VI, S. 608 f.; vergl. S. 584.

[74]) Aristoteles ist gemeint.

[75]) Meiern, a. O. Nro. VII, S. 617.

[76]) Der geistliche Vorbehalt ist gemeint, wogegen die Evangelischen ankämpften.

[77]) Dunkelheit und Vieldeutigkeit stellten die Evangelischen am 22. April in Abrede; vergl. Meiern a. O. S. 619.

Gesandten Grafen v. Trautmannsdorff versicherten, sie verlangten weiter nichts, als was der Religions-Friede enthielte und eine genaue Gleichheit der Rechte beider Bekenntnisse [78]). Denn die Gleichheit des Religions-Friedens, welche die Römischen anboten, war nicht dieselbe, welche nach protestantischer Auffassung aus dem Religions-Frieden sich ergab. Dies bewies das Widerstreben gegen den Ausdruck „aequalitas exacta", der daher um so unerläßlicher schien [79]).

Jeder Undeutlichkeit und auch dem Vorwurfe vager Allgemeinheit auszuweichen, verbreiteten sich die Protestanten in ihrer von dem altenburgischen Gesandten Thumshirn aufgesetzten „Erklärung in puncto Gravaminum", welche am 9. Juni 1646 in Osnabrück zur Reichsdiktatur gelangte, im Einzelnen über das, was sie unter der „Aequalität" verstanden wissen wollten [80]). Das ist die von Fahnenberg genannte Erklärung, deren Entstehung derselbe mit Unrecht auf die Wahrnehmung der Evangelischen zurückführt, eine bloße Gleichheit in der Rechtspflege, wie sie bisher gefordert hätten, genügte nicht. Richtig ist Fahnenberg's auszugsweise Mittheilung des Inhalts. Danach sollten der Passauer Vertrag und Augsb. Relig.-Friede im Wesentlichen [81]) unverändert fortbestehen; die gegenwärtige neue Uebereinkunft als authentische Interpretation des Religions-Friedens gelten; im Uebrigen, worüber nicht ausdrückliche Verfügung getroffen würde, solche Gleichheit unter den Ständen beider Bekenntnisse gehalten werden, daß „keiner in Ansehung der Religion an Rechten oder Würden noch sonsten in einigerlei

---

78) Meiern, a. O. §. 13, Nro. I, S. 632.

79) Die Gleichheit, welche die Römisch-katholischen zugestanden, verglichen die Protestanten, indem sie Riminald. Cons. 105 Nro. 14 anführten, mit der zwischen einem Sohn und einem Bastard im Vaterhause. Meiern a. O. B. XIV, §. 1, S. 646.

80) Meiern Th. III, B. XX, §. 14 S. 160 f.

81) „In seinen Substantialstücken, unter welchen der also genannte geistliche Vorbehalt keineswegs zu verstehen."

Wege" dem Andern nachstände und daß alles dasjenige, "wessen sich die Katholischen in ihren Landen gebrauchen, auch den Evangelischen in ihren Landen frei und unverboten sei". — Graf Trautmannsdorff, gestützt auf eine Kaiserl. Weisung vom 11. Januar 1646 [82]), die noch oft von Protestanten rühmend hervorgehoben ist [83]), räumte jenen Vorschlag am 20. Juni 1646, namentlich dessen Schlußsatz ein [84]). Keineswegs aber die römisch-katholischen Stände. Sie kamen in ihrer Gegenschrift vom $^{2}/_{12}$. Juli wieder auf eine "dem Rel.-Fr. und gegenwärtigen Vertrage gemäße" Gleichheit zurück [85]). Als darauf die Protestanten in Osnabrück, in Münster und in Längerich, wohin sie von beiden Orten zusammenkamen, mit Ausdrücken, welche den späteren des Art. V §. 1 sich annähern, eine allgemeine Regel der Religions-Gleichheit verlangten [86]), wiesen die Römisch-katholischen dies Verlangen, da solches "eine allzuweit aussehende Generalität und Obscurität nach sich zöge" rundweg ab [87]) und beharrten auf ihrem Vorsatz.

So standen sich beide Parteien gegenüber. Die Protestanten forderten unumwunden Rechts-Gleichheit; die Römischen boten die vielbestrittne der frühern Verträge, denen sie durch die Weigerung eine neue unheilvolle Deutung liehen [88]).

Vergeblich waren ferner zwar die Unterhandlungen des

---

82) Gärtner, westfälische Friedens-Cantzlei, Th. VII, S. 441 f.

83) So von Moser Staats-Recht Th. IX, S. 463.

84) Meiern, westf. Fr.-H., Th. III, B. XX, §. 22, Nro. I, S. 187 f.

85) Meiern, a. O. §. 24, Nro. II, S. 193.

86) Meiern, a. O. B. XXI, §. 9, S. 330 f.; vgl. mit B. XX, §. 26, Nro. III, S. 215 f. und Nro. V, S. 221 f., §. 30, Nro. II, S. 279 f., endlich B. XXI, §. 3, Nro. I, S. 294.

87) Meiern, Th. III, B. XXI, §. 13, Nro. III, S. 356 und §. 35, Nro. I, S. 415 f. — In dieser Abweisung finden sich auch Ausdrücke, die später dem Wortlaute des Art. V §. 1 angehörten.

88) Brauer, a. O. Th. II, §. 42. S. 98, 99.

Schweden Salvius mit dem Grafen Trautmannsdorff am 16., 17., 18. Nov. 1646. Aber die schwedische Vorlage, worüber eine Einigung nicht zu erreichen war, enthielt in weiterer Ausführung und mit einiger Abweichung im Ausdruck beinahe den ganzen spätern Art. V §. 1; wichtig für dessen Entstehung und zur Erläuterung seines eigentlichen Sinns erscheinen insbesondere die Abweichungen. In der schwedischen Vorlage heißt es u. A.:

„primo de Ecclesiasticis ita conventum est, ut pro fundamento reconciliationis Transactio Passavii Ao. 1552 et hanc secuta Pax Religionis, prout unanimi utriusque Religionis Ordinum consensu Ao. 1555 facta et Ao. 1566 posteaque saepius confirmata est, hisce denuo rata habeatur sancteque et inviolabiliter servetur. Quae vero de nonnullis in ea controversis articulis hac Transactione utriusque Partis consensu statuta sunt, ea pro perpetua et inviolabili ab utraque Parte approbata dictae Pacis declaratione tam in iudiciis quam alibi observanda habebuntur, donec per Dei gratiam de Religione ipsa plene convenerit. In iis etiam, quae hac Transactione peculiariter declarata non sunt, servabitur inter utriusque Religionis proceres, Electores, Principes, Status omnes et singulos perenne amicitiae vinculum, exacta mutuaque aequalitas, violentia vero omni et via facti, ut alias ita et in Religiosae Pacis controversiis utrinque perpetuo prohibita: sitque inanis et nibili omnis vel cuiuslibet contradictio et protestatio“[89]).

Auch die Konferenzen der Römisch-katholischen und Evangelischen zu Münster, die am 10. Nov. 1646 eröffnet worden, führten nur zu der unnachgiebigen „endlichen Entscheidung“ der Ersteren v. 21. Nov.[90]).

---

89) Meiern, westf. Fr.-H., Th. III, B. XXI, §§. 38, 39, S. 423 f.
90) Meiern, a. O. §. 40, Nro. II, S. 435.

Ja dem Zugeständniß des Kaiserl. Bevollmächtigten, Osnabrück $\frac{28.\ \text{Januar}}{7.\ \text{Februar}}$ 1647, nach einer Verhandlung mit Schweden und den Protestanten, „man wollte sich endlich die vorgedachten Wörter nicht zuwider sein lassen“ 91), folgte ein den Römischen günstiger Kaiserl. Erlaß in Betreff der Gravamina 92), wodurch die Aussicht der Evangelischen abermals vereitelt wurde.

Erst als diese ein förmliches Ultimatum stellten 93) neigten sich die Unterhandlungen einem Abschlusse zu. Die letzten Entwürfe und Gegenentwürfe geben nun den geeigneten Schlüssel des Verständnisses.

Der am 27. Febr. von Salvius den Kaiserl. Gesandten behändigte Aufsatz der Protestanten faßte die Rechtsregel der Religions-Gleichheit in die Worte:

„In reliquis omnibus autem inter utriusque religionis Electores, Principes, Status, omnes et singulos sit aequalitas exacta mutuaque, violentia omni et via facti, uti alias ita et hic, inter utramque Partem perpetuo prohibita 94).“

Das Kaiserl. sog. Ultimat, welches die Gesandten am 5. März 1647 einreichten, verlangte zwei Aenderungen: 1) die Weglassung des Wortes „mutuaque“, 2) die Zufügung der Klausel „quatenus formae Reipublicae et praesenti conventioni conformis est“ an die Stelle des wegzulassenden 95). Hierauf erklärten sich am 8. März die Protestanten, indem sie 1) die Weglassung von „mutuaque“ nicht zugaben, sich 2) die Klausel hinter „mutuaque“ gefallen ließen, 3) aber

91) Meiern, Th. IV, B. XXV, §. 8, S. 36.

92) Meiern, a. O. §. 11, S. 77 f.

93) Meiern, a. O. §. 13, S. 89.

94) Zu deutsch: daß „in allen übrigen zwischen Churfürsten und Ständen des Reichs beider Religionen samt und sonders eine durchgehende Gleichheit gehalten . . .“ Meiern, a. O. S 100

95) Meiern a. O. §. 16 S. 117 f. Vgl. w. u. §. 24 nebst den Anm. 357 — 362.

die Einschaltung von „constitutionibus Imperii" in dieselbe nach Erwähnung der forma Reipublicae forderten. Diese Forderung drang durch. Am 4. April kam die Gestalt des nunmehrigen Art. V §. 1 durch Annahme der letzten protestantischen Aufstellung zu Stande, welche von den Kaiserl. Gesandten dem Willen der Römisch-katholischen zuwider vor die Protestanten gebracht [96]) und von diesen am folgenden Tage schon [97]), nach manchen Kämpfen endlich am 24. Jan. 1648 allseitig angenommen wurde [98]). Der bestrittne Theil des Art. V §. 1 lautet nun: „In reliquis omnibus autem inter utriusque Religionis Electores, Principes, Status, omnes et singulos sit aequalitas exacta mutuaque, quatenus formae Reipublicae, Constitutionibus Imperii et praesenti Conventioni conformis est, ita ut, quod uni parti iustum, et alteri quoque justum sit, violentia omni et via facti, uti alias ita et hic, inter utramque partem perpetuo prohibita."

§. 7.

Bedenken in Betreff der Anwendung des Art. V §. 1.

Aus der Entstehungsgeschichte dieser grundgesetzlichen Bestimmung folgt nicht ohne Weiteres, daß die Kaiserliche Ansicht von der Stimmen-Gleichheit beider Konfessionen im

---

96) Meiern Th. IV, B. XXV, §. 24. S. 181.

97) Meiern a. O. §. 25 S. 193.

98) Anfangs weigerten die Römisch-katholischen die Annahme; Meiern a. O. B. XXX §. 7 S. 617. Die Kaiserlichen versicherten, sie allein vermöchten nicht das ganze Corpus Catholicorum zu zwingen; Meiern a. O. B. XXXI §. 5 S. 699. Die Erwägungen, welche die Römischen am 23. Novbr. 1647 eingaben, enthielten kein Zugeständniß wegen der Gleichheit; Meiern a. O. S. 801. Ein Kaiserlicher Erlaß dd. Prag 14. Oktbr. 1647 that seine Wirkung; Meiern a. O. S. 815 — 817. Geneigter erschienen die R.-kath. am 7. Dez., Meiern a. O. B. XXXII. §. 15, Nro. I, S. 821. Ein Endbescheid der Protestanten v. 10. Jan. 1648 und die schließliche Annahme, das: „articulus adprobatur" der

Fürsten-Rath aller Begründung ermangle. Im Gegentheil. Denn dreierlei ist mit Art. V §. 1 über das Rechtsverhältniß der Bekenntnisse im Reiche festgestellt. Erstens ist die Religions-Gleichheit des Passauer Vertrags und Religionsfriedens bestätigt. Zweitens ist derselben eine gerechte Auslegung dergestalt zugesichert, daß der westfälische Friede selbst als authentische Interpretation gelten soll. In diesen beiden Punkten war zwischen den Parteien nicht förmlicher Zwiespalt, wiewohl innerer Widerstreit gewesen. Drittens, und das besagt jener Schlußsatz worüber so lange verhandelt worden, hat in allen Fällen, welche die früheren Grundgesetze nicht vorgesehen haben und denen daher dieser neue Vertrag, insoweit er blos authentische Interpretation der vorigen ist, keine Entscheidung bringt, zwischen beiden Religionstheilen, Kurfürsten, Fürsten, Ständen, sammt und sonders, eine durchgängige und wechselseitige Gleichheit die Regel abzugeben [99]).

Der Passauer Vertrag führte keine Stimmen-Gleichheit nach den Bekenntnissen im Fürsten-Rath ein. Feierlich schloß er in Ansehung der Religion alle Gewaltthätigkeit aus: wenn aber König Ferdinand in §. 5, „Religion, Fried und Recht betreffend“, verhieß, „alle vermögliche Förderung zu erzeigen, damit in Religionssachen kein Theil sich des Ueberstimmens zu befahren,“ so hatte er eher das Gegentheil, Ungleichheit der Stimmen vor Augen [100]). Der Augsburger Religionsfriede begründete durch die Bestimmungen in §. 15 und §. 16, deren wahrer Sinn erst bei der Zusammenstellung beider hervorleuchtet, ein Ver-

---

Römisch-katholischen vom 24. Januar 1648 vollendeten die Festsetzung der verfassungsmäßigen Religions-Gleichheit; Meiern Th. IV, B. XXXIII, §. 5, S. 925.

99) Brauer, Abhandlungen z. Erläutr. d. westf. Fr., Th. II, S. 78 80. Schmelzer in Scheidemantel's (Häberlin's) Repertorium a. O. §. 6 S. 794.

100) Oertel, Staatsgrundgesetze des deutschen Reichs, (Leipz. 1841) S. 171--175, 180, 181.

hältniß vollständiger Gegenseitigkeit, ganz dasselbe, was Art. V §. 1 des westf. Fr. mit den Worten bezeichnet: „ut, quod uni parti iustum, et alteri quoque iustum sit“, aber keine numerische Gleichheit am Reichstage [101]).

Dessenungeachtet könnte diese sich mit Nothwendigkeit aus dem Art. V §. 1 ergeben, da die Regel der Religions-Gleichheit über jene frühern Grundgesetze hinausgeht [102]). Daß die bestimmte Absicht der Evangelischen, wie Fahnenberg a. O. annimmt, auf Herstellung gleicher Stimmenzahl im Fürsten-Rath gerichtet gewesen, ist nicht nachzuweisen. Doch der bloße Mangel solcher Absicht steht dem nicht entgegen, daß die Regel des westfäl. Friedens darauf nachträglich bezogen würde. Ihr eine gewisse Dehnbarkeit zu geben, war allerdings die Absicht der Protestanten. So äußerte sich am 10. Juli 1646 unter den Evangelischen zu Münster der Bevollmächtigte der fränkischen Grafen. „Für die klaren und unzweideutigen Fälle bildete der Religionsfriede die gesetzliche, völlig ausreichende Norm; der Gleichheitsregel, die erstrebt würde, läge ob, die zweifelhaften und die unausgesprochnen Eventualitäten zu bestimmen [103]).“ So darf bei der Auslegung des Art. V §. 1 in der Weise vorgegangen werden, wie dasselbe Grundgesetz Art. IV §. 1 angibt, „ut qui expresse non nominati vel expuncti sunt, propterea pro omissis vel exclusis non habeantur,“ wie denn einer der berühmtesten Ausleger des in Rede stehenden Rechtssatzes verfahren ist, welcher denselben auf unausgesprochne Fälle, welche das Leben nur immer von Neuem bieten mag, für

---

101) Oertel, a. O. S. 216–218. Eben dasselbe was §. 15 den augsb. Konfessionsverwandten gestattet und den Römisch-katholischen verwehrt, das gestattet den Römisch-katholischen und wehrt den Protestanten §. 16.

102) Brauer, a. O., S. 82, 84.

103) „Also würde man besagte Aequalität allein auf casus dubios vel non expressos restringiren müssen.“ Meiern, westf. Fr.-H. Th. III, Buch XX, §. 26, Nro. III, S. 215 f. Moser, T. St.-R. Th. X, B. III, Kap. 14, §. 53.

anwendbar erklärt hat [104]). Bei diesem ganz allgemeinen Charakter der in Art. V §. 1 festgesetzten Regel scheint daher die Annahme nicht schlechterdings verwerflich, daß nach Maßgabe der verfassungsmäßigen Religions-Gleichheit beiden Bekenntnissen im Fürsten-Rath eine gleiche Zahl von Stimmen zustehe.

§. 8.

Widerlegung aus der Stellung des Art. V §. 1 im System des westfäl. Friedens.

Vorausgesetzt ist bisher, daß die Absicht der Protestanten nicht nachzuweisen sei. Ließe sich nun aber eine gegentheilige ermitteln, so würde diese freilich der Ausdehnung des Art. V §. 1, welche bei den Irrungen des J. 1803 im Interesse der Kaiserlichen lag, eine Grenze setzen. Und diese gegentheilige Absicht läßt sich ermitteln. Sie ergibt sich aus der Stellung des Art. V § 1 im Systeme des westf. Friedens. Sobald der Zusammenhang des Ganzen ins Auge gefaßt wird, zeigen sich zwei von einander unabhängige Belege für die richtige Würdigung der Regel der Religions-Gleichheit und die unleugbare Absicht der Protestanten bei deren Begründung.

I) In den westfälischen Friedens-Verhandlungen ist oft

---

101) F. A. Schmelzer in seiner (Anm. 67 angef.) Dissertation „de exacta aequalitate“ §. 29, 30, S. 44 f. und §. 60, S. 83 gegen Koch, Neuer Aufschluß über die Stellen des westf. Fr. welche die Mediatklöster und deren Güter betreffen (Gießen 1783) S. 191 — Derselbe in Häberlin's Repertorium, a. O. §. 7 gegen Koch a. O. u. S. 16 und gegen „Rechtl. Staatsbetrachtungen“ von J. R. Roth. (Offenbach 1785) S. 33 f. — Mit Schmelzer in der Auslegung übereinstimmend: Schnaubert, Widerlegung der rechtl. Staatsbetr. S. 49; Joh. Christ. Mayer, Erläuterungen des westf. Fr. üb. geistl. Mediatstifter (Tübingen 1785) S. 357 f., 437 f., vgl. Beide in Häberlin's Repertorium a. O. — Brauer, a. O. Th. II, S 110 und 403; s. auch § 45 S. 105 das.

von einer Gleichheit der Anzahl die Rede und solche wird durch mannigfache Stellen des Friedensschlusses selbst grundgesetzlich eingeführt.

1) Die Evangelischen bezeichneten in ihrem oben erwähnten Aufsatze vom $\frac{27.\ \text{Oktober}}{15\ \text{Dezbr.}}$ [104a]) 1645 „zu Conservirung jetzt berührter Gleichheit unter den Ständen [105])" die numerische Gleichstellung der Religionstheile bei ordentlichen und außerordentlichen Reichsdeputationen [106]).

Diese numerische Gleichstellung identifizirten sie dabei nicht mit der „Aequalität", als deren Ausfluß vielmehr dieselbe galt. Keineswegs aber galt als solcher Ausfluß der Religionsgleichheit in jenem ersten Entwurf der Evangelischen die numerische Gleichstellung der Stimmen am Reichstag, insonderheit im Fürsten-Rath. Die ausdrückliche Bestimmung über die Deputationen hat sogar die erweisliche Voraussetzung einer ungleichen Stimmenzahl des Fürsten-Raths.

140a) Die beiden Data beruhen nicht auf der Verschiedenheit der Kalender. Vgl. o. S. 44.

105) Meiern, westf. Fr.-H. Th. I, Buch VIII §. 9, S. 825.

106) „Als auch eine große Ungleichheit sich bißhero in dem erzeiget, daß auf Ordinari-Deputations-Tägen die Evangelischen von den Römisch-katholischen weit überstimmt gewesen, halten der Fürsten und Stände Gesandte zu Verhütung allerhand daraus erwachsender Beschwerden und ungleicher Gedanken rathsam und billig zu sein, daß bei der Reichs-Deputation der evangelischen Deputirten Anzahl verstärket und den Römisch-katholischen gleichgemachet ... werde —". „Dergleichen auch bei allen Extraordinari-Deputationibus zwischen dem Chur- und Fürsten-Rath, daß nehmlich selbe von beider Religionen zugethanen Personen in gleicher Anzahl jedesmal verrichtet werde, in Acht zu nehmen ist." Meiern a O. — In Betreff der Reichsgerichte ging damals die Forderung der Protestanten noch dahin, daß (zu Magdeburg) ein eigner Gerichtshof bestellt würde, worauf die Römisch-katholischen am 2/12. Juli 1646 erwiderten, es möchte genügen, wenn der Kaiser „etliche Subiecta der Augsb. Conf zugethan" in den Reichs-Hofrath ziehe, „damit paritas numeri in causis den Relig.-Fr. betr. könnte in Obacht genommen werden"

Wie in diesem, so kommt in allen folgenden Aktenstücken bei den westfäl. Friedens-Verhandlungen [106a]) das Verlangen der Protestanten nach einer numerischen Gleichstellung bei gewissen Institutionen des Reichsrechts zu Tage: nirgend die Forderung gleicher Anzahl von Stimmen im Fürsten-Rath. Während für die Bestellung von Deputationen, für die Besetzung der Reichsgerichte, für die besondern Verhältnisse der Städte Augsburg, Dünkesbühl, Biberach und Ravensburg eine gleiche Anzahl begehrt wird, geschieht der Stimmen im Fürsten-Rath nicht anders Erwähnung, als gelegentlich und unter einer nicht wegzuleugnenden Voraussetzung der Ungleichheit. Diese wichtigste Angelegenheit kann nicht übersehen sein. Daß hier die Gleichstellung in der Anzahl stillschweigend angenommen, dagegen da, wo Geringeres in Frage stand, auf ausdrückliche Festsetzung unablässig gedrungen sein sollte, läßt sich nicht denken. Nimmt man hinzu, daß mit der Einen, wenn auch nur stillscheigenden Annahme gleicher Stimmenzahl am Reichstage, sogar allein im Fürsten-Rath, jene anderweiten Bestimmungen insgesammt überflüssig geworden wären, so wird

---

106a) Erklärung der Evangelischen vom 9. Juni 1646 bei Meiern Th. III, Buch XX, §. 14, S. 160 f. — Vorschläge der Röm.-kath. in puncto Gravaminum vom 2/12. Juli 1646 b. Meiern a. O. §. 24, Nro. II, S. 191 f. — Sitzung der Evang. zu Münster am 21. Juli b. Meiern a. O. §. 28, Nro. IV, S. 256 f. — Projekt der Evang., Münster 26. Juli b. Meiern a. O. §. 30, Nro. II, S. 279 f. — Schluß der Evang. zu Längerich im August bei Meiern a. O. Buch XXI, §. 9. S. 330. — Erläuterung der Ev. v. 13. Nov. 1646 Nro. 44—46 b. Meiern a. O. §. 36, S. 422 f. — Salvius Vorschlag v. 16. Nov. b. Meiern a. O. §§. 38 u. 39, S. 433 f. — Entgegnung der Römischen v. 21. Dezbr. bei Meiern a. O. §. 40, Nro. II, S. 435. — Zusammenstellung der Differenzpunkte (evangel. Auffatz) v. 22. Dezbr.: 54ter Punkt zu Art. XX das., b. Meiern Th. IV, B. XXV, §. 5, S. 15. — Kaiserl. Ultimat v. 5. März 1647: zu Art. XX das., b. Meiern a. O. §. 16, S. 127.

es unzweideutig, daß die Protestanten nichts weniger als Einführung einer solchen Stimmengleichheit im Sinn hatten.

2) Wie mit den Friedensunterhandlungen zu Münster und Osnabrück, ebenso verhält es sich mit den westfälischen Staatsverträgen selbst. Die gleiche Stimmenzahl bleibt darin nicht unerwähnt, gilt nicht als einfache Folge der Regel der Religionsgleichheit, sondern bildet den Gegenstand ausdrücklicher Bestimmungen. In Art. V sind es die §§. 3, 4, 5, 6, 8, 11, 20, 23, 26, 51, 53, 54, welche für die vier freien Reichsstädte gemischten Bekenntnisses, die geistl. Reichslande und Mediatstifter, die ordentlichen und außerordentlichen Deputationen wie Kommissionen des Reichs, das Reichskammergericht und den Reichshofrath die numerische Gleichstellung der beiden Konfessionen eingeführt haben. Wäre daher dasselbe für die Stimmen im Reichsfürsten-Rath beabsichtigt und durchgesetzt worden, wie Fahnenberg vorgibt, so wäre neben so vielen ausdrücklichen Erwähnungen nicht diese Hauptsache unerwähnt geblieben [107]. —

II.) Art. V §. 52 des westf. Fr. bietet den zweiten und wirklich schlagenden Beleg. Er ist das Ergebniß langwieriger Verhandlungen und nur mit äußerster Mühe von den Protestanten durchgesetzt, die, sowenig die Gefahren, welche

---

107) Die Aequalitas selbst, wie man 1803 versuchte, für identisch mit einer arithmetischen Gleichheit und zwar der Stimmen im Fürsten-Rathe zu nehmen, verwehrt geradeswegs der Sprachgebrauch des westf. Fr., dem zufolge das Wort aequalitas, sooft das Zahlenverhältniß gemeint ist, vermieden und statt dessen (bereits in den Friedensverhandlungen z. B. Meiern Th. III, B. XX, §. 28, Nro. IV, quaest. 6. S. 256) der Ausdruck „paritas“ sogar ohne Zusatz von „numeri“, gewählt wird. Nur in Art. V §. 11 steht aequalitas; aber auch dort hat es die Bedetung „Religions-Gleichheit im Allgemeinen“, welche durch „eadem“ erst die besondre Beziehung empfängt. Im J. 1803 wurde daher von den Kaiserlichen mit dem Ausdruck „Parität,“ den sie für Religions-Gleichheit und für gleiche Zahl („Stimmen-Parität“) in Weise einer petitio principii verwandten, geschickt operirt.

er bringen mußte, zu verkennen waren, ihn stets als den Anker ihrer Freiheit im Reiche betrachtet haben.

1) Der hohe Werth, welcher bei dem Friedens-Kongreß von den Evangelischen darauf gelegt wurde, daß in einer ganzen Reihe von Fällen, namentlich in Religionssachen, ja sogar je nach Ueberzeugung eines Religionstheils, die Mehrheit der Stimmen in den Kollegien des Reichstags nicht entscheiden sollte, auf der einen Seite, — auf der andern das hartnäckige Widerstreben der Römisch-katholischen dagegen — lehren, daß es Jenen darum zu thun war, sich der Majorität ihrer Gegner, wie sie bestand, zu erwehren, und daß Diese, denen freilich allgemeine und stichhaltige Vorwände sich darboten, die Vollberechtigung der ihnen zustehenden Majorität zu behaupten suchten. Zwischen den Zeilen ließe sich lesen, daß weder die Römisch-katholischen an die Möglichkeit einer evangelischen Mehrheit, seit der geistliche Vorbehalt die Stimmen der einen Bank zum eisernen Bestand ihrer Kirche gemacht, noch die Evangelischen an Herstellung einer grundsätzlichen Stimmen-Gleichheit dachten. Aber es thut gar nicht noth, zwischen den Zeilen zu lesen, wo diese selbst genug und Unzweideutiges enthalten.

Die Geschichte der Itio in partes reicht über den §. 5 des Passauer Vertrags weit zurück; sie knüpft eigentlich an den berühmten Reichstag von Speier und an den Namen der Protestanten an. Der Protestantismus war innerhalb des heil. römischen Reichs, dessen Auflösung nicht er allein, aber er am unwiderstehlichsten bewirkte, selbst eine große Itio in partes. Hätten die Evangelischen, wie beim Lüneviller, so schon beim westfälischen Frieden das numerische Uebergewicht erlangt gehabt, so würden die Römisch-katholischen auf das Ius eundi nicht minder gedrungen haben [108]).

---

[108]) Der Protestantismus und das heil. röm. Reich waren ihrem Wesen nach unvereinbar; sollten sie mit einander bestehen, so bedurften sie

Die Stimmen-Gleichheit aber, welche der Kaiser 1803 erstrebte ist die organisirte ltio in partes und somit, wenn das Wortspiel gestattet ist, die organisirte Desorganisation.

Im Bewußtsein der gegnerischen Ueberlegenheit [109]) handelten seit 1529, seit sie Protestanten hießen, die Evangelischen. So zu Passau, wo König Ferdinand ihnen wenigstens insoweit nachgab, daß er sie vertröstete; grundsätzlich freilich, worauf noch zurückgekommen werden muß, enthält §. 5 des Pass. Vertr. mehr als die bloße Verheißung, indem darin die reichsverfassungsmäßige Möglichkeit einer Majorität der Evangelischen statuirt ist. — In demselben Sinn verfuhren die Protestanten zu Münster und Osnabrück. Ihre Erklärungen sprechen es offen aus. Die am 27. Oktober 1645 beschloßne, am 15. Dezbr. j. J. dem Kaiser und der Gegenpartei kundgemachte lautet in diesem Punkte:

„Es haben auch insonderheit die evangelischen Stände, bei vormals gepflogenen Reichs-Conventen, wie nicht weniger auf Deputation — Crayß — u. a. dgl. Tägen, öffters nicht ohne sonderbare Beschwerden erfahren und verspüren müssen, daß man Römisch-Catholischen Theils auch die mehreren Stimmen in allen und jeden Fällen indifferenter gehen und dawider kein Ein- und Widerreden gelten lassen wollen . . . . würde aller menschlichen Vernunfft und von Natur implantirter Billigkeit zuwider lauffen, wenn eine Parthey der andern Gesetze geben odeer einige

---

nothwendigerweise solcher Auseinandersetzung, wie Art. V §. 52 des westf. Friedens bot. Welche Seite die Veranstaltung dazu traf, gilt gleichviel; von Einer mußte sie getroffen werden: natürlich der zur Zeit schwächre Theil ergriff die Initiative. Doch berührt diese Betrachtung schon das Gebiet der folgenden Streitfrage.

109) Ein protestantischer Schriftsteller — Schmelzer in s. o. angef. Dissertation §. 22 S. 35 — setzt an ähnlicher Stelle zu „inferiores“ hinzu: „sed, quod probe notandum, numero scilicet, non pondere.“ Diese Liebe zur Partei wirkte jedoch auf sein juristisches Urtheil nirgend ein.

Beschwehrung aufdringen sollte. Halten es demnach dafür, daß nicht allein in Religions-Contributions- und denen Sachen, da die Stände ut singuli zu consideriren, sondern auch in allen und jeden andern, sie treffen an, was sie immer wollen, darin die Römisch-Catholischen eine, und die Evangelischen die andre Parthey constituiren, das Ueberstimmen hinführo nicht mehr gelten, noch der schwächern von der stärkeren überlänget, sondern eine durchgehende Aequalität unter den Ständen des Reichs gehalten und keiner von dem andern wider Billigkeit und Recht beschwehret werden solle. Widrigenfalls, da die Evangelischen Stände den partheyischen Ausschlag und Belieben des mehreren Theils sich jedesmahl ergeben und unterwerffen müßten, würden sie von Allgemeinen Reichs-Versammlungen anders nichts denn Schaden, Nachstand und endliches Exterminium zu gewarten haben" 110).

Die Protestanten gehen also davon aus, daß die Römisch-katholischen am Reichstage die Mehrheit der Stimmen haben. Sie erklären dies Verhältniß zwar nicht für ein innerlich nothwendiges; indessen erscheint es ihnen als eine Thatsache für die Dauer. Das Ueberstimmen hat die Unterdrückung des evangel. Theils zur Folge. Der Stärkere gibt so dem Schwächeren Gesetze. Die Reichsverfassung gestaltet sich zu einer römisch-katholischen Anstalt, worin für die Protestanten kein Raum mehr, die dazu angethan ist dieselben zu benachtheiligen, endlich auszurotten. Abhülfe thut dringend noth.

Was wird nun von Seiten der Evangelischen als Aushülfsmittel gegen diesen Uebelstand in Vorschlag gebracht?

Wenn die numerische Gleichstellung der beiden Bekennt-

---

110) Meiern westf. Fr.-H., Th. I, B. VIII, §. 9, S. 824. Damit vgl. die Erklärung der Evangelischen v. 9. Juni 1646 (Pkt. 47 daselbst) bei Meiern a. O., Th. III, B. XX, §. 14, Nro. I. S. 162.

nisse in ihrer Absicht lag, so mußte sie hier zur Sprache kommen. Wenn es auch nicht erforderlich geschienen hätte, sie gesetzlich zu formuliren, eine gesetzliche Formulirung auch nur zu beantragen, unabweislich würde doch in den Berathschlagungen der Protestanten unter sich, wovon uns die vollständigen Protokolle aufbehalten sind, der Stimmen-Gleichheit, sei es als eines Strebeziels, sei es als einer ausgemachten Sache wenigstens beiläufig Erwähnung geschehen sein. Die Stimmen-Gleichheit am Reichstage wird aber, wie schon bemerkt worden, mit keinem Worte berührt: — es lag also die dringendste Veranlassung vor, diese Sache zur Sprache zu bringen und sie ward mit Stillschweigen übergangen.

Mehr als das! Ein Mittel zur Abhülfe der rechtlichen Noth, in welcher die protestantische Sache schwebte, brachten die protestantischen Reichsstände in Antrag, welches keinen andern Sinn hat, als der Majorität der Stimmen, die man folglich hinnahm, sich — oder, wenn man eines Umschlags gerechter Weise dachte, den schwächern Theil — zu erwehren, die Geltung der Stimmenmehrheit zu brechen. Entzogen sollten die für Deutschlands eigenthümliche öffentliche Zustände wichtigsten Angelegenheiten der Entscheidung durch Maiora von vornherein werden: „Religions- und Contributions-Sachen“ (der Iura singulorum, welche recht dehnbar werden konnten, zu geschweigen). Dann aber sollte eine Regel im Reichsrecht durchdringen, vermöge deren es in der Hand einer jeden von beiden Religions-Parteien läge, die Stimmenmehrheit aus dem Wege zu räumen — die drei Reichskollegien in sechs, drei evangelische und drei römische, und den einheitlichen Reichstag in zwei miteinander unterhandelnde Körperschaften oder in einen völkerrechtlichen Kongreß zweier unabhängiger Mächte zu verwandeln. Ein solches „heroisches“ [111]) Mittel, das dem

[111]) Abstimmung von Lichtenstein im Fürsten-Rath am 16. Dez.

Uebel allerdings ein Ende machen, aber andre furchtbare Leiden erzeugen mußte, eine so verzweifelte Heilmethode wollten die Evangelischen angewandt wissen — und das verhältnißmäßig unschuldigere, weit minder Folgenreiche der numerischen Gleichstellung sollte ihnen noch daneben vorgeschwebt, ja sie sollten in seinem Besitze schon sich geglaubt haben?

Diese Annahme wird unmöglich, wenn noch ein Umstand richtige Würdigung erfährt. Das Ueberstimmen gefährdete und beschwerte die Protestanten nicht auf Reichstagen allein, auch auf Kreistagen, auch bei Deputationen. Es war also nicht allein dem Uebelstande dort, sondern auch hier abzuhelfen. — In der Berathung der Evangelischen zu Münster am 21. Juli 1646 [112]) standen nebeneinander auf der Tagesordnung die (5te) Frage, „wohin man sich in puncto Majoritatis Votorum zu erklären und ob Majora in specie auch in puncto Contributionis statthaben sollten?“ und die andre (6te) Frage: „Was wegen der Parität zu den Reichs-Deputations-Tagen zu statuiren?“ Zu gleicher Zeit verhandelten und beschlossen die Protestanten, die Gefahr der Unterdrückung bei Reichs-Deputationen durch Einführung einer Stimmengleichheit beider Bekenntnisse, und dieselbe am Reichstage durch Verminderung der rechtl. Befugniß der Majorität abzuwenden. Auch bei dieser Gelegenheit, wo das Ueberstimmen am Reichstag einerseits, die Einführung der Stimmen-Gleichheit in Anwendung auf das Deputationswesen anderseits berathen wurde, findet sich, was so nahe lag, von einer Ideenverbindung der Stimmen-Gleichheit mit der Noth am Reichstage nicht die leiseste Andeutung. Unmittelbar grenzen beide Entscheidungen über die Deputationen und den Reichstag aneinander;

1803; der Verfasser des Votums war Fahnenberg, den u. A. auch Lichtenstein bevollmächtigt hatte.

112) Meiern, Th. III, B. XX, §. 28, Nro. IV, S. 256 f.

aber sie bewegen sich in entgegengesetzten Richtungen. Die Vertheilung der Stimmen im Fürsten-Rath einer Regelung nach dem Bekenntniß zu unterziehen, wie bei den Deputationen, lag außer aller Berechnung. Es wird ein — bestimmtes oder wechselvolles — Uebergewicht der einen Religions-Partei zum Ausgangspunkt genommen und daraufhin verlangt und durchgesetzt [113]) daß ihm die Macht zu unterdrücken, von Rechtswegen benommen würde. Die Majorität der Römischen wurde nicht aufgehoben, dagegen verfassungsmäßig unschädlich gemacht [114]).

2) Wie die Geschichte, so beweist der Inhalt des Art. V §. 52 und die Stellung des Ius eundi in partes innerhalb des Reichssystems, daß bei dem Art. V §. 1 an die grundgesetzliche Regelung des Stimmenverhältnisses beider Bekenntnisse am Reichstag nicht zu denken ist.

In dem Streite zwischen Kaiser und Reich, wovon diese Blätter handeln, beriefen die Evangelischen sich auf den Art. V §. 52 als den Angelpunkt der in Art. V §. 1 allgemein ausgesprochnen Religions-Gleichheit. Ihre Abstimmungen und sonstigen Aeußerungen, z. B. der Hardenberg'sche Erlaß an die Kurbrandenburgische Gesandtschaft, überschritten wohl in der Werthschätzung des Ius eundi in partes das Maß dessen, was früherhin, als die Protestanten in der Minderzahl sich befanden, von anerkannten Autoritäten auf ihrer Seite, z. B. J. J. Moser, darüber gesagt worden war: sie überschätzten es, indem sie die nunmehrige Majorität behaupten und die Römisch-katholischen in die bisher von ihnen eingenommene Stellung versetzen

113) Vergl. den Beschluß der Evang. zu Längerich im August 1646 (Pkt. 21 das.) bei Meiern Th. III, B. XXI, §. 9, S. 330; den mehrm. angef. Vorschlag des Salvius vom 16. Nov. 1646 bei Meiern a. O. §. 38. 39, S. 433 f.; der „Katholischen endliche Erklärung“ v. 30. Nov. b. Meiern a. O. §. 40, Nro. II, S. 435.

114) Freilich war nicht nur die Fähigkeit, Schaden zu stiften, sondern die Kraft überhaupt entzogen.

wollten [115]. **Kurpfalz-Baiern** ging übrigens völlig von denselben Gesichtspunkten aus [116]. Dagegen bedienten sich die Kaiserlichen mehrfach der früher von Protestanten benutzten Argumente, das Ungenügende des Art. V §. 52 als einziger Schutzwehr darzuthun [117]. Sie erinnerten nun an die Sache der fränkischen Grafen, wobei dies „extreme“ Mittel den Reichstag für Jahre [118] außer Thätigkeit gesetzt hatte [119].

Aber die Gründe der einen, wie der andern Seite kommen als reinpolitische für diese Untersuchung nicht in Betracht. Mag die Stimmengleichheit durch das Recht in Theile zu gehen „völlig überflüssig gemacht sein“ [120] oder, zumal da jenes Recht „ein nicht anders als im äußersten

---

115) Die Abstimmungen von Magdeburg, Konstanz, Sachsen-Gotha, Sachsen-Weimar, Fulda und Corvey, Braunschweig-Wolfenbüttel und Nassau im Fürsten-Rath am 14. Nov. 1803; von Brandenburg und Baden im Kurfürsten-Rath an dems. Tage; von Schwarzburg im Fürsten-Rath am 18. Nov., von Hessenkassel und Ratzeburg im Fürsten-Rath und von ersterem auch im Kurfürsten-Rath am 9 Dez. — „Vollkommen gesichert für Beeinträchtigungen aller Art“ sei durch das ius eundi in partes die Religions-Gleichheit, meinte Schwarzburg; wie dabei die Protestanten „sich wohl beruhigen konnten“ und auch ferner beruhigt haben würden, hob Baden hervor. Nicht ganz mit Unrecht polemisirte das (Anm. 111 angef.) Lichtensteinsche Votum v. 16. Dez.: „(Ueber das Recht, in Theile zu gehen) scheint der protestantische Religionstheil in ältern Zeiten nicht so wie in unsern Tagen gedacht zu haben; damals fand er keine volle Beruhigung in dem Partheyen-Rechte.“

116) In beiden höhern Kollegien gab Pfalzbaiern am 14. Nov. zu Protokoll, es erachte „für gleichgültig, welche Konfession die mehrsten Stimmen unter sich zählen.“

117) (**Fahnenberg**) Krit. Betrachtungen S. 39 f. und **Lichtenstein'sches** Votum im F.-R. v. 16. Dez (Anm. 111 u. 115).

118) Vom Februar 1780 bis in den Januar 1785 (s. d. folg. Anm.).

119) **Pütter**, Histor. Entwickelung Th. III, S. 152 f.; (**Fahnenberg**) Krit. Betr. S. 41. Anm. hh. — Der Grafensache gedenkt auch das Kaiserl. Hofdekret v. $\frac{\text{30. Juni}}{\text{8. Juli}}$.

120) Votum von Nassau (s. Anm. 115.)

Nothfall zu gebrauchendes Mittel" sein sollte [121]), auch neben demselben noch Nutzen versprechen, hier ist die davon ganz verschiedne Frage zu beantworten, ob nicht eine grundgesetzliche Gleichheit der Stimmen am Reichstage mit Art. V §. 52 im westf. Frieden rechtlich unverträglich ist?

Und in der That, wollte man Art. V §. 1 verstehen, wie er im J. 1803 gedeutet ist, so würde §. 52 desselben Art. V eine contradictio in adiecto enthalten. Wenn eine positive Bestimmung nicht anders gedeutet werden kann, als im entschiedensten Widerspruche mit einer andern ebenso unzweideutigen desselben Gesetzes, so muß man diese Irrationalität als vorhanden anerkennen und in der Gesetzanwendung einen Ausweg suchen. Aber künstlich eine Antinomie heraus zu klügeln und solche Irrationalität hineinzuinterpretiren, streitet gegen alle Regeln der Hermeneutik.

Das Ius eundi in partes schließt die Geltung der konfessionellen Majorität für gewisse Fälle, somit jedoch prinzipiell die Annahme aus, daß keine Konfession der andern an Stimmenzahl überlegen sein dürfe. Denn die konfessionelle Mehrheit, welche — wenn auch in völlig weltlicher Angelegenheit — der Minderheit des andern Bekenntnisses ihren Willen aufdringen könnte, wird durch Art V §. 52 daran gesetzlich behindert. Deßhalb ist es unmöglich, Art. V §. 1 — ohne dringenden vom Texte selbst gegebnen Anlaß, der durchaus nicht vorhanden ist — so zu deuten, daß ihm zufolge beide Bekenntnisse gleichviel Stimmmen haben müßten. Stimmen-Gleichheit und Itio in partes schließen einander aus.

Wie nun? wenn im westfälischen Frieden, im Art. V selbst, Bestimmungen enthalten wären, wonach Beides zugleich gelten sollte? Die §§. 9 und 56 in Art. V des westf. Fr. treffen scheinbar derartige Verfügung.

---

[121]) So nannte es ein Votum commune Evangelicorum vom 10. Okt. 1727, woran Fahnenberg erinnert; vgl. Krit. Betr. S. 41.

Der §. 9 handelt von der Stadt Augsburg, einer der vier Städte gemischten Bekenntnisses. Für ihre Verfassung wurde durch den westf. Fr. [122]) der Grundsatz der Religions-Gleichheit in der besondern Gestalt einer Parität nach der Zahl strenge durchgeführt [123]). Daneben schließt nun §. 9 in allen Angelegenheiten, welche die Religion unmittelbar oder mittelbar betreffen, die Geltung der Stimmenmehrheit aus [124]). Das hängt aber so zusammen: Die numerische Gleichstellung in der städtischen Verfassung stellt sich so heraus, daß diejenigen Aemter und Würden, welche in gerader Zahl zu verleihen sind, zu gleichen Theilen an die beiden Bekenntnisse verliehen werden, dagegen bei andern die in ungerader Zahl, z. B. nur Ein Mal, vorhanden sind, die Mehrheit oder, wenn es sich um ein einziges handelt, dies eine zu alterniren hat. Daher ist hier dennoch zu keiner Zeit eine wirkliche Zahlengleichheit erreichbar. Ja §. 9 selbst setzt den Fall einer römisch-katholischen Mehrheit und verordnet deßhalb am Schluß ein Korrektiv gegen solche.

Der §. 56 ferner bespricht die itio in partes der Beisitzer beider Konfessionen beim Reichskammergericht. Man könnte versucht sein, einzuwenden, die gleiche Stimmenzahl bei diesem Gerichtshofe wäre nie verwirklicht, sondern dadurch von vornherein vereitelt worden, daß derselbe §. 53, welcher den Grundsatz der Gleichheit festsetzte, dem Kaiser das Recht gab, zwei Beisitzer zu präsentiren, daß also schon in Gemäßheit des w. Fr. 26 Römisch-katholische neben 24 Evangelischen dort sich fanden. Indessen diesen Einwand widerlegt

---

122) In den §§. 5—10 desselben Art. V, J. P. O. Vergl. Oertel, a. O. S. 295 f.

123) Wie denn §. 4 ausdrücklich sagt: „aequalitas idemque numerus."

124) Mit ähnlichen Worten wie §. 52 für den Reichstag: „Pluralitas .. votorum .. nequaquam attendatur" (§. 9) — .. „non attenta votorum pluralitate" (§. 52).

§. 56; er hat gerade die gleiche Zahl evangelischer und römisch-katholischer Richter im Auge, wie sich deutlich aus dem Wortlaut ergibt. — Aber weit entfernt, das über den unlösbaren Widerspruch von Art. V §. 1, wie die Kaiserlichen 1803 diesen auslegten, und Art. V §. 52 oben Gesagte zu widerlegen, enthält §. 56 dessen Bestätigung. Es ist darin von keinem Ausschluß der Geltung einer Majorität, überhaupt von keinem Uebergewicht der Stimmen des einen Bekenntnisses die Rede. Im Gegentheil: §. 56 trifft für die natürliche Folge der Stimmen-Gleichheit beider Konfessionen die Verfügung, daß dann der Reichstag entscheiden soll.

§. 9.

Ergebniß.

Das Ergebniß der bisherigen Untersuchung ist Folgendes: Die Evangelischen im Reich erstrebten und erlangten eine durchgängige Rechts-Gleichheit mit den Römisch-katholischen. Im Art. V §. 1 des westf. Fr. ist diese grundgesetzlich festgestellt. Weder beabsichtigten die Protestanten, noch verordnet der genannte §. 1 die numerische Gleichstellung der Stimmen beider Bekenntnisse im Reichs-Fürsten-Rath. Die Regel der aequalitas exacta mutuaque schließt nicht die „Stimmenparität“ am Reichstag ein, sondern ist ein andrer Ausdruck für die gleichbedeutenden Worte desselben Grundgesetzes: „ut, quod uni parti iustum, alteri quoque sit iustum“. Der Art. V §. 52 aber, welcher das Recht, in Theile zu gehen, einführt und somit konfessionelle Mehrheit, deren Geltung er einschränkt, als vorhanden voraussetzt, schließt jene Parität nothwendigerweise aus.

Wenn hier behauptet wird, die Religions-Gleichheit beider Bekenntnisse im Reich, deren Regel und Grundlage der westf. Frieden ist, bestehe, was die Verfassung des Reichstags betrifft, nicht in „arithmetischer Parität“, sondern in einer vollkommnen Gleichheit der Rechte beider Konfessionen, so ist diese Behauptung noch schließlich vor dem Mißverstand und den Irrungen zu schützen, denen der Sprachgebrauch der Kaiserlichen innerhalb des hier behandelten Streites Thür und Thor geöffnet hatte.

Fahnenberg schiebt dem Worte „Rechtsgleichheit“, das damals allgemein der Zahlen-Gleichheit entgegengehalten wurde, die Bedeutung einer „auf die Rechtspflege eingeschränkten Gleichheit“ unter [125]). Ferner aber die „durchgehende Gleichheit“ identifizirt er ebenso unmerklich mit der arithmetischen Gleichheit [126]), wenigstens so, daß diese in der Religions-Parität miteinbegriffen erscheint. In Folge solcher Entstellung der Ausdrucksweise wird das Mittlere, die wirkliche aequalitas exacta mutuaque, welche weder auf die bloße Rechtspflege eingeschränkt, noch auf die gleiche Stimmenzahl im Fürsten-Rath ausgedehnt sein will, gänzlich aus dem Wege geräumt. Es ist im Anfang schwer, in dieser gleichsam fremden Sprache, welche äußerlich die wohlbekannte unsrige scheint, sich zurecht zu finden. Die Kaiserlichen Erlasse sind in derselben Geheimsprache verfaßt.

Doch auch im jenseitigen Lager herrscht eine Sprachverwirrung. Das Recht, in Theile zu gehen, erachteten bei dem Streite die Evangelischen fast für gleichbedeutend mit der Religions-Gleichheit, deren Ausfluß dasselbe ist, und der es wirksamen Schutz gewährt: so nahmen sie partem pro toto. Daraus entstand die unangemessne Bezeichnung, die Religions-Gleichheit sei nicht paritas arithmetica, sondern paritas ficta. Der Ausdruck: „fingirte Gleichheit“ entspricht dem ius eundi in partes; sie brauchten ihn nun für das Ganze. Da sie sich gleichzeitig des weit geeigneteren „Rechtsgleichheit“ bedienten, und da die Gegner diesen

---

125) Kritische Betrachtungen, S. 11, 23, 31, 33.

126) Ebenda, S. 32.

folglich zu dem bloßen Ius eundi in partes leicht herabsetzen konnten, so bewirkten sie, daß Inhalt und Werth der „Rechtsgleichheit“, wie die Kaiserlichen durch Operationen von der einen Seite versuchten, auch von anderer Seite geschmälert wurde.

Rechtsgleichheit soll aber hier das Wort für die Regel ut, quod uni parti iustum, alteri quoque iustum sit, und weder für das bloße Recht in Theile zu gehen, noch für die bloße Gerechtigkeitspflege sein. Und in diesem Sinn ist zu sagen, daß aus den Verhandlungen am westfälischen Friedenskongreß und aus der Stellung des Art. V §. 1 im Systeme des Friedensvertrags folgt: Die aequalitas exacta mutuaque, also „die durch den westfälischen Frieden geheiligte Regel der Religions-Gleichheit“ bedingt keine Gleichheit der Stimmen beider Bekenntnisse am Reichstag, beziehentlich im Fürstenrath, aber eine Gleichheit der Rechte beider Konfessionen im Reich.

Abschnitt II.

Das Herkommen in Betreff der Religions-Gleichheit.

§. 10.

Der Vorgang von 1653 und 1654.

Auf dem zu Regensburg 1653 und 1654 gehaltnen Reichstage, dem ersten nach dem westfälischen Frieden, dem letzten vor der Permanenz der Reichsversammlung [127]), haben die Evangelischen ihr Interesse in Sachen der Einführung

---

127) Die Permanenz war eine thatsächliche: Kaiserl. Wahl-Kap. Art. XIII, § 1. Vgl. Moser Von d. T. Reichstagen Th. I, Vorbericht §. 17, S. 14; Kap. I, §§. 10 – 14, S. 26 — 33.

neuer Stimmen in den Fürsten-Rath gewahrt. So berichtet Fahnenberg [128]) und führt als erheblich für das behauptete Herkommen zuvörderst diesen Vorgang an. Derselbe beweist aber gar nicht, was er beweisen soll.

Fahnenberg bezieht sich auf ein „Promemoria der einverstandnen altfürstlichen Häuser ad Corpus Evangelicorum vom 3. April 1754“ [129]). Dort heißt es freilich: „Nun hat man bekannter massen selbsten in an. 1653 et 1654 das Interesse Evangelicorum in materia Introductionis zu wahren vielfältig verlanget und vor gut befunden“. — Auch erwähnt die Sammlung, in welcher diese Denkschrift sich findet [130]), eines Zeugnisses dafür, daß zum Behuf der Wahrung evangelischen Rechts damals eine Itio in partes vorgenommen sei [131]). Das alles ist indessen mit Vorsicht aufzunehmen. Der Anschein ist sehr trügerisch [132]).

---

128) Krit. Betr. S. 13.

129) Nikolaus August Herrich, Sammlung aller conclusorum, Schreiben u. a. Verhandlungen des hochpreisl. corp. Evang. v. J. 1753 — 1786 (Regensb. 1786) S. 653. — Dies ist eine Fortsetzung des Schaurothischen Werks, unter dessen Namen es auch citirt wird. — Der gen. einverst. Höfe waren 16, die sich am 11. August 1753 über ein gewisses gemeinsames Handeln verständigt hatten. S. darüb. w. u.

130) Herrich a. O. S. 655.

131) Faber, Europäische Staats-Cantzley Th. 107 (Frankf. u. Leipz. 1735) S. 57, 58.

132) Mit dem Vorgange von 1653. 54. beschäftigen sich zwei Monographien, die eine von 1758, die andere von 1804: — 1) „Gedanken von Einführung neuer Stimmen in dem Reichs-Fürsten-Rath bei Gelegenheit des seithero und noch am 10. u. 17. Jan. 1757 im Reichsfürstl. Collegio wider die Fürstlich Taxische Stimmführung vorgefallnen Widerspruchs“, eröffnet von P. (Frankf. u. Leipz. 1758). — Man bezeichnet als Verfasser: B. C. L. v. Preuschen. 2) „Beitrag zur Geschichte der Viril-Stimmen im Reichs-Fürsten-Rath“ (Deutschland 1804.) Als Verf. nennt die Com.-Corresp. 1804 Nro. 39, Regensb. 17. Mai den Kurbrandenburg. Legations-Rath Kauffmann; dies bestätigen (v. Schelhaß) Pragmat. Gesch. der R.-T. Verh. v. neust. D.-H.-S. bis Ende 1801. (Reg. 1805) S. 129 Anm. 81. sowie Leist,

Das „Interesse Evangelicorum", welches 1653 wahrgenommen wurde, ist zwar ein Interesse der Evangelischen, wenn auch nicht einmal dieser allein, aber kein eigentlich evangelisches, überhaupt kein konfessionelles gewesen. Bei den damals in den Fürsten-Rath Einzuführenden, deren Aufnahme vorzugsweise die Protestanten sich widersetzten, handelte es sich nicht um die Religion, sondern um die verfassungsmäßige Qualifikation.

Im westfälischen Frieden waren die Rechte des Reichstags für immer sichergestellt: an ihnen zu rütteln war sogar das mächtigste Reichsoberhaupt nunmehr nicht mächtig genug. Das nannten Bogislaus Chemnitz u. A. „Stabilirung teutscher Freiheit." — Das Haus Oesterreich änderte sofort, oder vielmehr in sichrer Voraussicht schon früher seine Politik und traf Anstalten, diese unangreifbare Institution sich dadurch dienstbar zu machen, daß es einen dauernden Einfluß auf die Verhandlungen gewann [133]. Der Städte-Rath neigte sich dahin, wo das Uebergewicht zu finden, doch aus traditioneller Vorliebe wo möglich auf Kaiserliche Seite. Der Kurfürsten-Rath mußte durch andre Mittel gewonnen werden; seine Stimmen im Interesse Oesterreichs zu mehren, hielt sehr schwer: indessen auch das hat der Wiener Hof

---

Lehrb. des t. St.-R. (1805) §. 75. S. 233, Anm. 2. — Beide Schriften theilen Aktenstücke, doch nur im Auszuge mit. Da sie nun beide sich als Gelegenheitschriften geben und im Partei-Interesse verfaßt sein konnten, machte ich von ihnen zunächst keinen Gebrauch, sondern hielt mich an Joh. Gottfr. v. Meiern, Acta Comitialia Ratisbonensia publica oder Regensb. R.-T. Handl. u. Gesch. v. J. 1653, 1654 (Leipz. 1738), woraus ich mich aber von der Glaubwürdigkeit jener Mittheilungen überzeugte.

133) Wie sehr das Haus Oesterreich dies vernachläßigt hatte, da seine Politik bis zum westf. Fr. mit sich brachte, den Reichstag überhaupt herabzusetzen, s. in: „Moseriana" Erstes Stück (Leipz. 1739) Nro. I Ursprung und Grund der jetzigen Stimmen auf des Teutschen Reichs-Fürsten-Raths weltlicher Bank §. 11. S. 12—15, §. 37. S. 36.

am Ende des 17. Jahrhund. versucht, im Anfang des 18. durchgesetzt. Das eigentliche Feld für geschickte Operationen war der Fürsten-Rath. Als ein unbezweifeltes Majestätsrecht galt es, Standeserhöhungen vorzunehmen, somit auch die fürstliche Würde zu ertheilen. Gelang es dem Hause Oesterreich, den Grundsatz zur Herrschaft zu bringen, daß jeder Reichsfürst alsbald, oder wenigstens ohne sonderliche Schwierigkeit in dem fürstlichen Kollegium Sitz und Stimme erhielte, so war das Ziel erreicht [134]).

Hier lag daher eine den gesammten Reichstag berührende Angelegenheit vor. Die Unabhängigkeit aller drei, namentlich der höheren Kollegien war bedroht. Deßhalb hatte sich schon gegen die Vorboten der neuen Politik Oesterreichs der Kurfürsten-Rath am 4. Dezbr. 1636 ausgesprochen [135]).

Sache des Fürsten-Raths war es insonderheit. Er sollte sich neue Mitglieder aufdringen lassen, ohne in deren Aufnahme gewilligt zu haben. Sitz und Stimme sollte nicht mehr die Herrschaft über ein Reichsland, die Theilnahme an einem Kreisverbande, die Fähigkeit zu den Lasten des Reichs gebührend beizutragen, voraussetzen. Dieser Neuerung widerstrebten sogar Mitglieder der geistlichen Bank, wie denn am 4. Okt. 1653 von Freisingen über den Unfug formloser Zulassung neuer fürstlicher Stimmen das Stärkste gesagt ist [163]). Doch hatte die geistliche Bank

134) Die öffentliche Meinung in Deutschland war damals nicht zweifelhaft. Einen Ausdruck derselben gibt das „Politische Bedenken über die Regenspurg. Reichstagshandlungen," welches Meiern, Regensb. R.-T.-H. S. 1147 f. als das Werk eines Ungenannten mittheilt, der „kein düsterer oder schwartzer, sondern ein offner Kopf gewesen seyn und eine gar tieffe Einsicht in die Reichssachen gehabt haben müsse."

135) Faber, Europ. Staats-Canzley Th. 107, S. 60. (Preuschen) Gedanken von Einführung, Anhang §. 1 S. 4.

136) „Es lauffe ja in keinem Dorffe kein Pfeiffer alsobald ins Wirthshaus hinein" b. Meiern a. O. Buch IV, §. 14 Nro. I, S. 537. Sogleich traten dieser Abstimmung Mecklenburg-

im Grunde das Kaiserliche Interesse: die neuen von Oesterreich abhängigen Stimmen sicherten ihr das politische Uebergewicht im Fürsten-Rathe.

Vorzugsweise die weltlichen Fürsten-Häuser sahen sich benachtheiligt. Ihr Ansehen und ihr Glanz schwebten gleichzeitig in Gefahr. Kaum hatte der westf. Friede die Hoheit der Landesherrn zu voller, ja übervoller Anerkennung gebracht, so stand ihnen bevor, die Genossenschaft mit österreichischen Landsassen, mit Dienern des erzherzoglichen Hauses, mit Kreaturen des Wiener Hofes zu übernehmen. Und dieses fürstliche Proletariat konnte die Mehrheit im Rathe der Fürsten des Reichs erlangen, hatte dieselbe sogar bereits wenn die geistlichen Stände, worunter ohnedies Elemente, die dem hohen Adel fremd und feind waren, gemeinschaftliche Sache mit ihm machten. Daher war unter den Eifrigsten in der Opposition — Baiern, das mit Altenburg und Braunschweig-Wolfenbüttel im Namen der altweltfürstlichen Häuser am 18. Juni 1653 sehr energisch sich gegen den Reichs-Vice-Kanzler vernehmen ließ [137]), am 28. Juni im Sinne der R. A. v. 1564 und 1641 mit den Evangelischen votirte [138]), und endlich am 5. Okt. im Interesse der Sache, die es freilich mittlerweile schlecht versehen hatte, an der Spitze der sämmtlichen altweltfürstlichen Häuser und in ihrem Namen gegen das Salzburgische Fürsten-Raths-Direktorium Protest einlegte [139]).

Dennoch ist es unleugbar, daß die Protestanten die

Schwerin und Güstrow, Celle und Henneberg bei. — Derber Ausdruck war damals überhaupt in der Ordnung; so z. B., als bei demselben Reichstage Burgund verlangte: „Loquendum esse latine, ut possit intelligere," gab Hildesheim zur Entgegnung: „es habe das Ansehen, als wenn man Einem gar das Maul stopffen wolle." Fürsten-Raths-Protokoll v. 25. Febr. 1654 bei Meiern.

137) Meiern a. O. Buch II, §. 3, S. 244, Nro. III das. S. 248. 249.

138) Derselbe a. O. Nro. IV, S. 250.

139) Ders. a. O. Buch IV, §. 14, Nro II, S. 541.

Sache des Reichs=Fürsten=Raths zuletzt allein verfochten 140). Baiern und die Uebrigen begnügten sich mit einem Vorbehalt 141), und setzten der Aufnahme der vom Kaiser ernannten Mitglieder keinen Widerstand entgegen. Ferner ist allerdings, nachdem der Versuch, die geistliche Bank von der Entscheidung über diese Angelegenheit der weltlichen auszuschließen 142), gescheitert war, von den Evangelischen das Ius eundi in partes zu Hülfe genommen 143).

---

140) Bei der Abstimmung im Fürsten=Rath am 3. Sept. 1653 hatten die Protestanten nur vier römisch=katholische Vota auf ihrer Seite, nämlich Freisingen, Hildesheim, Lüttich und Neuburg, welche mit den Evangelischen Mangel an Instruktion vorschützten, um den Entscheid aufzuhalten. Drei protestantische Vota — Darmstadt, Onolzbach und Pommern — wurden im gegentheiligen Sinn abgegeben. S. Meiern a. O. Buch IV, §. 1, Nro. II, S. 470 f. — In der Schlußabstimmung am 4. Oktober ebenso, s. Meiern, a. O., §. 14, Nro. I, S. 533 f.

141) Meiern a. O. Buch IV, §. 14, S. 532, 533; Nro. I, das. S. 533 f. — Diesen Vorbehalt überging das Direktorium bei der Beschlußfassung mit Stillschweigen; in Folge dessen der obengenannte Protest v. 5. Okt., vgl. Anm. 139.

142) Der Ausspruch von Salzburg auf dem Reichstage von 1641, daß die Einführung neuer fürstl. St. nur die weltliche, nicht die geistl. Bank angehe, (Faber, Europ. St.=Cantzley, Th. 107, S. 56) wurde am 25. Juni 1653 (Meiern, Reg. R.=T.=H., B. II, §. 3, Nro. IV, S. 251), — das den altfürstlichen Häusern durch d. R.=A. v. 1641 erworbne Recht, dem keine Mehrheit Abbruch thun dürfe, am 28. Juni (Meiern a. O. §. 4, Nro. II, S. 262 und Faber, a. O.) von Braunschweig=Wolfenbüttel geltend gemacht, das endlich am 4. Okt., aber vergebens, die Erwartung äußerte, die geistliche werde der weltlichen Bank nicht durch Majora präjudiziren wollen (Meiern a. O. Buch IV, §. 14, Nro. I, S. 537). Vgl. auch die Vota v. Altenburg, das den R.=A. v. 1564 für die altfürstlichen Häuser, und v. Calenberg, das die Wahl.=K. Ferd. III u. Kön. Ferd. IV. (die neuste damals) heranzog. Meiern a. O.

143) Förmlich zur Ausführung scheint d. Itio in p. hier ebensowenig gekommen zu sein, wie 1719 in der Erzstallmeistersache (Pütter, Histor. Entw. Th. II, S. 393). Wenigstens pflegt als erster Fall einer ausgeführten I. i. p. der von 1672 angegeben zu werden, als in der Sitzung

Aber dies beweist nicht, daß es sich hier um etwas Konfessionelles, daß es sich, wie die Kaiserlichen 1803 glauben machen wollten, um Art. V §. 1 des westf. Fr., um die Anwenduug der Regel der Religions-Gleichheit gehandelt habe.

Es war die weltliche Bank des Fürsten-Raths, deren jus singulare, bei der Aufnahme neuer Mitglieder sich der Entscheidung der andern Bank wie des andern höheren Kollegiums zu erwehren, damals noch nicht so feststand, vielmehr der Mittel zum Schutze noch entrieth, welche von den Protestanten vermöge der ihnen neuerdings eingeräumten Befugniß, die Geltung der Mehrheit zu paralysiren, in Schutz genommen wurde. [144]).

Es war außerdem eine Befestigung und nach der Meinung der Römisch-katholischen [145]) sogar eine Ausdehnung des Ius eundi in partes. Denn eben jenes Promemoria vom 3. April 1754, welches Fahnenberg anführt, nennt den Vorgang von 1653. 54. neben andern Fällen der Itio in partes zum Belege, daß in Angelegenheiten, „welche an und vor sich nur politica anbetroffen, gleichwohlen ob interesse Evangelicorum Schlüsse er-

---

des F.-R. v. 10. April der röm. Religionstheil darauf antrug, nämlich als es sich um die Generalmajors zu Pferde und zu Fuß handelte, vgl. Pütter, Histor. Entw. Th. II, 285. Oder sollte Pütter vorliegenden Fall von 1653, 1654 übersehen haben? —

144) Noch in einem Memorial altfürstl. Häuser an die Direktorien des Fürsten-Raths vom 27. März 1754 wird die (5te) Frage gestellt: „Ob vermöge des J. P. W. Art. V §. 52 in dergleichen Partikular-Banks-Angelegenheiten, worzu ein ganzes Reichs-Collegium gar nicht concurriret, et ubi status tamquam unum Corpus considerari nequeunt, die pluralitas votorum überhaupt zu attendiren oder nicht zu attendiren seye?“ Herrich a. O. S. 646. —

145) Pütter, Histor. Entw. Th. II, S. 395 f., bes. die Parodie der von P. verworfnen Ansicht, S. 396. Anm. c.

richtet, ja gar in partes zu gehen sich bemüssiget gefunden" [146]).

Das Bedenken, wie der protestantische Religionstheil dazu gekommen, die Sache der weltlichen Bank im Fürsten-Rathe zu der seinen zu machen, hebt der einfache Umstand, daß zu jener Zeit beinahe die ganze weltliche Bank protestantisch war, indem auf derselben neben vierzig evangelischen Stimmen nur acht römisch-katholische [147]) geführt wurden. Die Erwägung dieses Verhältnisses läßt den Vorgang von 1653 und 1654 in einem besondern Licht erscheinen. Den Evangelischen wohnt hiernach ein doppelter Charakter bei: sie sind die Vertreter ihres Bekenntnisses und die Vertreter des weltlichen Fürstenstandes. Nur in der letztern Eigenschaft zeigen sie sich auf dem besprochnen Reichstag; und so ist die in Rede stehende Itio in partes unzweifelhaft das Beispiel einer solchen für nicht religiöse, sondern reinpolitische Interessen: und so beweist in der That der von Fahnenberg beregte Vorgang von 1653. 54. nichts für das zu beweisende Herkommen in Betreff der Regel der Religions-Gleichheit.

Aber er beweist obenein entschieden dagegen. Und zwar: 1) von der Seite, wie derselbe im Obigen betrachtet worden; 2) in Anbetracht gewisser, noch nicht erwogner Nebenumstände.

1) Die Zahl der evangelischen und römisch-katholischen Stimmen war bei dem ungemeinen Uebergewicht ersterer

---

146) Die angegebnen Fälle sind: In der Toggenburgischen Sache (22. Aug. 1712), in der Matrikularsache der Stadt Köln (15. Jan. 1717), in der Zwingenbergischen Angelegenheit (Okt. 1727). Vergl. Pütter. a. O. Th. II, S. 392 — 394.

147) Baiern, Pfalz-Neuburg, Baden-Baden, Savoyen, Leuchtenberg, Nomeny, Aremberg und die schwäbischen Grafen; s. (Kauffmann) Beitrag zur Gesch. der V.-St. §. 242 S. 160. — Savoyen war auf dem Reichstage vertreten und hat den J. R. A. (unter den weltl. Fürsten an 36ter Stelle) mitunterschrieben.

auf der weltlichen Bank in Beginne des Reichstags von 1653 beinahe gleich[148]). Hätte nun Art. V §. 1 des westf. Fr. die Bedeutung gehabt, welche demselben 1803 untergelegt wurde, wäre darin die Stimmen-Gleichheit zur gesetzlichen Norm erhoben worden, dann müßten, als unmittelbar nach dem westf. Fr. der Kaiser die Zahl der Römisch-katholischen im Fürsten-Rathe zu mehren versuchte, die Evangelischen sich auf diese neue, jeden derartigen Versuch abweisende Norm berufen haben. „Hätte die angeregte gesetzliche Stelle auch nur in der entferntesten Beziehung auf die vorliegenden Fälle angewendet werden können", so sagt mit vollem Recht ein protestantischer Schriftsteller im Anfang unsr. Jahrh.[149]), „so würde doch von einem oder dem andern Theil irgend einige Erwähnung davon geschehen sein". In den Verhandlungen von 1653. 1654 ist von Seiten der Protestanten mit Gründen ein wahrer Aufwand getrieben, um die Einführung der neuen Fürsten zu verhüten: auf die Regel der Religions-Gleichheit, auf Art. V §. 1 des westf. Fr. ist nirgend Bezug genommen[150]).

---

148) Die geistl. Bank hatte 36, im Ganzen gab es im Fürsten-Rath also 44 römische Stimmen. Auf der Querbank waren 2, also im Ganzen 42 protestantische Stimmen. Doch zu jenen 36 gehörte die Stimme des Stifts Murrbach-Lüders, das der französ. „Reunion" zum Raube fiel und von 1662 bis Febr. 1665 nicht geführt, dann von Straßburg bis 1682 behauptet wurde, 1682 erlosch; ferner Osnabrück, dessen St. bald im Alternationsfall an die Evangelischen kam. Sobald nur dieser letzte Fall sich ereignete, war die numerische Gleichstellung geschehen. Endlich kam auch die St. v. Savoyen außer Gebrauch, die freilich erst 1803 vom Aufrufzettel schwand. Vgl. Kauffmann §. 243, 244, S. 161.

149) Kauffmann §. 250 S. 165; er errinnert auch an den Umstand, daß unter den Reichstags-Gesandten 1653. 54. mehrere waren, die an dem Friedensvertrage von Osnabrück mitgearbeitet und ihn unterzeichnet hatten, z. B. Carpzov für Altenburg, von dem als gewiß anzusehen ist, daß er nicht geschwiegen haben würde.

150) Was ebendas. §. 251 S. 165 die Worte: „Nirgends aber,

Gerade damals bildete sich das Mißverhältniß der Stimmenzahl beider Konfessionen im Fürsten-Rath aus [151]); die neuen Stimmen, deren Einführung 1653. 54. so heftig bekämpft wurde, gründeten es: doch eben darauf, daß sie es gründeten, wurde von protestantischer Seite kein Gewicht gelegt. Die Evangelischen verkannten die Folgen nicht; in Erkenntniß derselben setzten sie Alles dawider ins Werk. Aber daß diese Folgen eine Rechtsverletzung enthielten, machten sie nicht geltend; von der Regel der Religions-Gleichheit hatten sie daher eine unzweifelhaft andre Ansicht, als ihnen 1803 beigelegt wurde.

Ebenso ist für jene Zeit auch das behauptete Herkommen widerlegt. Die neu einzuführenden Stimmen gehörten nur dem Einen Bekenntnisse, dem römischen an. Die Forderung aber, daß gleichviel Evangelische zu Sitz und Stimme im Fürsten-Rathe zugelassen würden, ist damals nicht erhoben. Nicht einmal, als zur Sicherung für die Zukunft die Bedingungen der Zulassung neuer Stimmen des Fürsten-Raths festgestellt wurden, geschah des religiösen Bekenntnisses Erwähnung. Im J. R. A. ebensowenig als in Ferdinand IV. Wahlkapitulation ist die Religions-Parität bei der Einführung neuer Stimmen in Anregung gebracht. Endlich auch die Monita, welche zu dem J. R. A. und namentlich zu dessen §. 197 in Betreff der neuen Fürsten die Evangelischen am 9/19. Mai nachträglich einsandten, worin, was ihnen mangelhaft erschien, gerügt ist, vermissen nichts in Betreff der Regel der Religions-Gleichheit [152]).

---

in keiner einzigen Abstimmung ist dessen nur im mindesten erwähnt" aussagen, wird durch eine genaue Vergleichung der Reichstags-Akten in Meiern's Ausgabe bestätigt.

151) (Kauffmann) Beitrag §. 248, S. 163. Die Zahl der römischen Stimmen stieg von 44 auf 55.

152) Meiern Reg. R. T.-H., B. VII §§. 21. 22, S. 1133—1146.

2) Auf demselben Reichstage, den Fahnenberg, um das beregte Herkommen nachzuweisen, unsrer Betrachtung nahe gerückt hat, ereignete sich eine Mißhelligkeit zwischen dem Kurfürsten- und Fürsten-Rath, welche durch Vermittlung des „großen Kurfürsten“ ausgeglichen wurde, für die Streitfrage von 1803 aber von unverkennbarer Bedeutung ist.

Art. V §. 1 des westf. Fr. hatte bestimmt: In Conventibus Deputatorum Imperii ordinariis numerus ex utriusque religionis proceribus aequetur, de personis autem vel Statibus Imperii adiungendis in Comitiis proximis statuatur“ [153]). Es liegt im Wesen der ordentlichen Reichs-Deputationen [154]), daß die Glieder derselben vorher bestimmt und stets dieselben sind.

Nun war im westf. Fr. also der Grundsatz numerischer Gleichstellung bei dieser Art von Ausschüssen des Reichstags angenommen, die Durchführung solcher „Parifikation“, wie man es nannte, dem nächsten Reichstage zur Aufgabe gemacht [155]). Die Zahl der Mitglieder mußte durch soviel Evangelische verstärkt werden, daß die erforderliche Stimmen-Gleichheit eintrat.

Die Schwierigkeit und der Anlaß zu dem lehrreichen Konflikt lag darin, daß bei ordentlichen Deputationen der Kurfürsten-Rath nicht etwa wie der Fürsten-Rath Einzelne aus seiner Mitte abordnete, sondern mit allen Mitgliedern daran theilnahm, daß aber in demselben die Römisch-katholi-

---

153) Art. VIII §. 3 I. P. O. in d. W.: „In proximis Comitiis . . . de ordinariis deputatis ad modum et utilitatem Reipublicae rite formandis . . . ex communi Statuum consensu agatur et statuatur.

154) Entstehung aus dem Reichsregiment; R.-A. v. Augsb. 1555 §. 65—68 und 1559 §. 49, 50. Vgl. Moser V. d. t. R.-Tagen, Th. II, Kap. 46 S. 564 f.

155) In der Sitzung des Fürsten-Raths v. 17. August 1623 ward unter Salzburg's Vorsitz über Erfüllung des Art. V §. 51 berathen und beschlossen; Meiern Reg. R.-T.-H., B. III, §. 8, Nro. I, S. 409—477.

schen: 4, die Protestanten: 3 Stimmen hatten. Mochte nun der Fürsten-Rath dem Gesetze zufolge die Zahl seiner Deputirten nach beiden Bekenntnissen ausgleichen, so kam die Parifikation doch nicht zu Stande, sondern der Ausschuß zählte eine evangelische Stimme weniger: das stand aber in offenbarem Widerspruch mit dem westf. Fr. — Deßhalb erlaubte sich der Fürsten-Rath, allerhand Vorschläge zur Ausgleichung den Kurfürsten zu machen. Diese Vorschläge griffen zum Theil tief in die eigensten Angelegenheiten jenes Kollegiums ein. Der Kurfürsten-Rath, in Erwiderung, versuchte die Gleichheitsregel des Art V §. 51 zu zerdeuten. — Es ist hier keineswegs der Ort, den ganzen Streit und die von beiden Theilen gebrauchten Argumente wiederzugeben [156]: mir kommt es nur darauf an, dasjenige hervorzuheben, was für die vorliegende Streitfrage des Jahrs 1803 besonders wichtig erscheint.

Von Seiten des Fürsten-Raths erging u. A. die Anmuthung, daß eine achte Kur errichtet würde und zwar eine protestantische, damit im Kurkolleg die Stimmen-Gleichheit hergestellt werde. Man sollte meinen, nichts wäre der Kaiserl. Auslegung des westfäl. Friedens im Jahr 1803 gemäßer als diese Forderung von 1653 — und nichts wider-

---

156) Moser, a. O. §. 24, S. 577—592. — Doch vgl. Meiern a. O. s. vor. Anm., dann: §. 14 Nro. II, S. 455, 456; Nro. III, S. 457 f.; Buch IV, §. 2, Nro. I, S. 472; §. 19, Nro. I, S. 557; §. 22, Nro. I, S. 598: Braunschweig-Wolfenb. Votum in d. F.-R.-Sitzung 14. Okt. 1653; §. 24, Nro. II, S. 609: Erklärung der Evang., dem Salzb. Dir. überr. d. 19. Okt.; §. 26 S. 614 u. §. 26 Nro. I, S. 618: Dedukt. und Erinnerung der Evang. Fürsten u. Stände v. 24. Okt.; — Buch V, §. 1, Nro. I S. 644 u. §. 6, Nro. I, S. 664 f.: Antw. des Kurf.-Raths v. 23. Nov./3. Dez.; §. 15, Nro. I, S. 765 f: Schreiben des Kurf. Fr. W. v. Brandenburg v. 10. Dez. an den Kaiser; Nro. II, S. 770: desselben an den Kurf.-Rath; — Nro. IV, S. 774: Brief des Kurf. v. Sachsen v. 30. Nov.; Buch VII, §. 14 S. 1115: Annahme des von dem Kurfürsten von Brandenburg vorgeschlagnen Auswegs.

streitet ihr mehr. Denn der Fürsten-Rath stützte sich dabei lediglich auf Art. V §. 51: da die ordentlichen Deputationen aus gleichviel Protestanten und Römischen bestehen, da sämmtliche Kurfürsten daran theilnehmen sollen, so muß die Zahl der protestantischen und römisch-katholischen Kurfürsten gleichgemacht werden. Bedeutete der Art V §. 1, was die Kaiserlichen 1803 darunter verstanden, so war schon durch ihn und ohne Weiteres die numerische Gleichstellung geboten. Aber auf die gleiche Stimmenzahl im Kurfürsten-Rath nicht als Zweck, sondern als Mittel zur Parifikation des Ausschusses drängte der Fürsten-Rath und nicht jene, wohl aber diese ward als gesetzlich nothwendig erkannt.

Auf der andern Seite berief sich der Kurfürsten-Rath, indem er die Zumuthung einer numerischen Gleichstellung zurückwies, gerade auf Art. V §. 1. Dieser fordre keine arithmetische Gleichheit, sondern eine Rechts-Gleichheit. Eine solche bestehe im Kurfürsten-Rath vermöge des Ius eundi in partes auf Grund des Art. V §. 52. So sei dem Art. V §. 1 genügt [157]). Von einer Zahlengleichheit im Kurfürsten-Rath sei in den Akten des westf. Kongresses nichts enthalten: — Der Fürsten-Rath hat daraufhin einen Nachweis aus den Akten nicht unternommen.

Der Vorgang von 1653 und 1654 ist in der That von Erheblichkeit für die Untersuchung der Streitfrage von 1803, nur führt die nähere Betrachtung desselben zu einer

---

157) Der Kurf. v. Sachsen in seinem Schreiben v. 30. Nov. (s. d. vor. Anm.) sagte: die Parität, welche Art. V §. 1 anordnet, sei längst in dem Kurf.-Rath zur Geltung gekommen mit der Itio in partes. Dagegen erklärte der Brandenburger in seinem Brief an das Kurkolleg: Die Religions-Gleichheit bestünde in mehr als der Itio in p., deßhalb schlug er vor, ein votum supernumerarium den Evang. Kurf. bei dem Ausschuß einzuräumen. Dies wurde denn auch angenommen und nun verlangte der Fürsten-Rath nicht weiter die gleiche Stimmenzahl im Schoße des Kurkollegs: mit Erfüllung des Art. V §. 51 war seinem Verlangen Genüge geschehen.

Lösung, nicht im Sinne des Kaisers und — der „Kritischen Betrachtungen“.

§. 11.

Der Vorgang von 1667.

Die Zulassung des protestantischen Fürsten von Ostfriesland mit und neben dem röm.-kath. Fürsten v. Fürstenberg zu Sitz und Stimme im Reichs-Fürsten-Rath am 16. Sept. 1667 wird von Fahnenberg [185]) als erste Folge der Handlungsweise der Evangelischen auf dem Reichstage von 1653. 54. betrachtet.

Nach Fahnenberg erscheint der Hergang so, als habe zunächst der Fürst von Fürstenberg allein zu Sitz und Stimme gelangen sollen und als sei, damit jenem seit 1653 befestigten Herkommen entsprochen werde, nun ein Evangelischer ihm beigegeben.

Umgekehrt aber verhält sich die Sache: Graf Enno Ludwig von Ostfriesland war bereits 1650 [159]) in den Fürstenstand erhoben worden; zur Einführung in das Kollegium war er 1653 vom Kaiser nicht empfohlen worden. Sein Bruder und Nachfolger Graf Georg Christian und sein Haus erhielten durch Kaiserl. Dekret vom 18. April 1662 die fürstliche Würde. Die Standeserhöhung des Hauses Fürstenberg fand erst zwei Jahre später [159a]) und zwar in eben dem Jahre 1664 statt, in welchem das Dekret des Kaiser Leopold an Kurmainz erging behufs der Aufnahme Ostfrieslands in den Fürsten-Rath [160]).

158) Krit. Betracht. S. 14.

159) Pfeffinger Vitr. Illustr. (Frankf. 1743) Th. II, S. 543.

159a) Die Zeit der beiden Standeserhöhungen ergibt sich aus dem Vertrage der Häuser Ostfriesland und Fürstenberg d. d. Regensb. $\frac{\text{26 Aug.}}{\text{5. Sept.}}$ 1667 über den Vorrang am Reichstage: vgl. Lünig Reichs-Archiv Th X. S. 609, (Part spec. Contin 2., Abthlg. 4., Abs. 30., Supplem.).

160) Kais. Hofdekret, Wien den 3. Nov. 1664, über Aufnahme des Fürsten Georg Christ. v. Ostfriesland z. S. u. St. im F.-R., bei Lünig a. O. S. 595.

Es ist keine zu kühne Vermuthung, daß Fürstenberg gefürstet worden, damit ein römisch-katholischer Reichsfürst, der nun ebenfalls Anspruch auf Sitz und Stimme hätte, vorhanden wäre und damit nicht der Protestant allein eingeführt würde.

Das Herkommen findet hierin keine Bestätigung: denn der wahre Sinn des Vorganges ist der, daß das Verhältniß der Stimmen beider Bekenntnisse, nachdem es zu Ungunsten der Evangelischen um 1653. 1654 umgestaltet worden, nicht zu Gunsten derselben verändert werden sollte.

§. 12.

Der Vorgang von 1674.

Als im Jahre 1674 von Aufnahme des Fürsten v. Schwarzenberg die Rede war, verlangten die Protestanten in ihrem durch Sachsen-Gotha d. 1. Juni j. J. abgelegten Votum commune, daß nebst Schwarzenberg zugleich ein evangelisches Haus, nämlich Nassau-Saarbrücken mitintroduzirt werden sollte. „Leider war Nassau-Saarbrücken noch nicht in den Fürstenstand erhoben: sonst würden die Römisch-katholischen willig und bereit gewesen sein [161].“

Das Verlangen der Protestanten, dem am $\frac{22. \text{ Mai}}{1. \text{ Juni}}$ Sachsen-Gotha Worte lieh [162]), beweist noch weniger. Von dem Grundsatze der Religions-Parität bei der Einführung neuer Fürsten trägt dieser Fall kaum eine Spur. Wenn der Fürst von Ostfriesland im Fürsten-Rath nur mit und neben einem Römisch-katholischen hatte Zutritt erlangen sollen, so war es der Regel der Religions-Gleichheit als einer vollkommnen Rechts-Gleichheit entsprechend, daß nun auch Schwarzenberg nicht eher eingeführt würde, bis ihm ein Evangelischer zur Seite gestellt worden.

---

161) (Fahnenberg) Krit. Betr. S. 14.

162) Comit.-Corresp. v. J. 1674, Regensb. 22 u. 23. Mai — In Einem Bande finden s. d. Jahrgänge 1672—1674.

Davon weit verschieden ist der Grundsatz und das Herkommen, wofür hier ein Beleg gesucht wird. Denn ein allgemeines Recht auf gleichzeitige Einführung eines Glaubensgenossen machten die Evangelischen 1674 nicht geltend.

Vollends wurde der Fürst von Schwarzenberg allein, nicht mit und neben einem Protestanten zu Sitz und Stimme zugelassen. Dieser Vorgang ist also ein Beleg gegen den Grundsatz und das Herkommen der Einführung nach der Religions-Parität.

Indessen, wurde nicht von der Regel derselben nur deßhalb abgewichen, weil kein evangelischer Fürst vorhanden war? weil namentlich Nassau-Saarbrücken, dessen Aufnahme beantragt wurde, erst 1688 zur fürstlichen Würde gelangte [163])?

Warum denn aber erst 1688? warum nicht früher und, wie Fürstenberg, rechtzeitig? weßhalb nicht 1674?

Die Fürstenwürde zu verleihen, hatte der Kaiser in seiner Hand. Wer durfte, wenn es den Gebrauch reichsoberhauptlicher Prärogative galt, Vorschriften machen? — So kam es, daß, als Ostfriesland in den Fürsten-Rath eintreten sollte, kurz vorher ein Römisch-katholischer gefürstet wurde, dagegen als Schwarzenberg in der Lage von Ostfriesland war, Nassau-Saarbrücken der fürstlichen Würde noch entbehrte. Oesterreich bedauerte dies im Fürsten-Rath [164]): Der Kaiser aber fürstete Nassau-Saarbrücken damals nicht.

Doch auch der Umstand, daß in Ermangelung qualifizirter Bewerber von der Einen Konfession ein Fürst des andern Bekenntnisses allein eingeführt werden

---

163) Krit. Betracht. S. 18.

164) Oesterreich ward von Braunschweig-Celle am $\frac{23.\ \text{Mai}}{2.\ \text{Juni}}$ daran erinnert, Kaiser Karl IV. bereits habe Nassau gefürstet. Vorher hatte das votum commune vom $\frac{22.\ \text{Mai}}{1.\ \text{Juni}}$ erwähnt, jenes Haus wäre vor drei Jahrhunderten mit Fürstenrecht begnadigt word n. — In demselben J. 1674 wurde Albr. Ernst v. Oettingen in d. Fürstenstand erhoben, ein Katholik: Nassau nicht; vgl. Pfeffinger Vitr. ill. Th. II, S. 546.

konnte, wie solches 1674 geschah, ist den Grundsätzen des Hof-Dekrets v. 30. Juni zuwider, somit jedoch dieser Vorgang überhaupt mit dem angeblichen Herkommen unvereinbar.

§. 13.

Der Vorgang von 1688.

Die Abstimmungen Oesterreich's im Fürsten-Rath am 18. und Böhmen's im Kurkolleg am 21. Novbr 1803 führen an, daß im Jahre 1688 der protestantische Religionstheil den Schluß gefaßt habe, „bei Untersuchung der Qualifikation des introducendi auch auf dessen Religion zu sehen und von einer Religion nicht mehr als von der andern einzuführen.“

Dieser Schluß der Evangelischen von 1688 ist ein fraglich Ding. In der Sammlung von Schauroth findet er sich nicht; ebensowenig geschieht seiner bei Moser, (z. B. v. d. teutsch. R.-Ständen. S. 180, wo die Rede davon hätte sein müssen, vgl. Anm. 189 w. u.) Pütter, Londorp, aber auch nicht — bei Fahnenberg Erwähnung. Daß von letzterem, der jenes österr. Votum im Novbr. 1803 selbst abgegeben hat, in seiner Schrift (März 1805) ein für seinen Zweck scheinbar erheblicher, bereits offiziell angezogner Fall übergangen ist, macht die Sache verdächtig [165]). Beschlüsse,

---

165) Daß die Kaiserl. Gesandten in beiden höheren Kollegien einen Schluß der Evangelischen, der gar nicht vorhanden, aufgeführt haben sollten, erscheint annehmbar, wenn man in den Verhandlungen am Reichstage gewahr wird, mit welchem Aufwand von Gelehrsamkeit, aber auch mit welchem Grad von Verwegenheit Präcedentien angerufen wurden. So z. B. begründete das österreichische Direktorium des Fürsten-Raths (Fahnenberg) am 7. März seine Interpretation der Kaiserl. W.-K. Art. XIII §. 6 durch einen Hinweis auf die Berathschlagungen über die W.-K. Leop. II. Ueber diesen Hinweis äußerte sich aber am 11. März der Magdeburgische Gesandte, er hätte, obwohl er jenen Berathungen über die W.-K. Leop. II. selbst beigewohnt, in seinem Gedächtniß das von dem Direktorium Erwähnte nicht auffinden können, sich über diesen Gedächtnißmangel indessen hinterher beruhigt, da das gedruckte W.-K.-Protokoll bemerkte, daß bei den Berath-

folgenreich wie der angebliche von 1688 gewesen wäre, entstehen nicht ohne dringenden augenblicklichen Anlaß. Im Allgemeinen hat es freilich an Beweggründen nicht gemangelt. Aber gerade im Jahre 1688, am 4. August, erhob der Kaiser die vier Linien Saarbrücken, Usingen, Idstein und Weilburg des evangelischen Hauses Nassau in den Fürstenstand [166]).

Doch gesetzt, die Sache hätte ihre Richtigkeit. Es könnte ja der Vorgang von 1674 in seiner Nachwirkung zu dem Schritte von 1688 geführt haben. Vierzehn Jahre braucht es wohl mitunter, und öfter mehr, damit deutsche Reichsstände sich verständigen. Sei es darum: was hätte jener Schluß von 1688 zu bedeuten?

Einmal, daß ein Herkommen, wie Fahnenberg es schon aus den Vorgängen von 1653 ableitet, vor 1688 nicht bestand. — Ferner läge darin die Verabredung, dem Kaiser ein Paroli zu biegen. Wie das Reichsoberhaupt sein Recht der Standeserhöhung dahin anwandte, daß es nur Römisch-katholische oder, wo Protestanten nicht zu umgehen waren, nie Protestanten allein zu Sitz und Stimme im Fürsten-Rathe gelangen ließ, so hätten die Evangelischen hiernach sich vorgenommen, ebenfalls auf die Religion zu sehen und nicht mehr zu dulden, daß ein Römisch-katholischer allein zugelassen würde. Dieses Vornehmen wäre ein rein politischer Akt; es ließe sich freilich auf die Regel der Religions-Gleichheit zurückführen; aber in keinem andern, als dem allgemeinen Sinne, daß der auffallenden Bevorzugung [167]) des einen Bekenntnisses auf Kosten des andern durch über-

---

schlagungen zu dieser Stelle nichts erinnert worden. Das Direktorium entschuldigte sich damit, daß das, worauf es angespielt, ein Monitum gewesen sei, welches wieder zurückgezogen und daher nicht ins Protokoll gekommen wäre!

166) Pütter, Handb. d. teutsch. Reichshistorie (Gött. 1772) S. 924.

167) Ueber diese Bevorzugung vgl. auch Moser V. d. T. Reichsständen, S. 182—194.

einstimmendes Handeln der Glieder des unterdrückten Religionstheils, und dem Mißbrauch der Kaiserl. Prärogative durch den Gebrauch reichsständischer Gerechtsame ein Ziel gesetzt würde.

§. 14.

Die Braunschweig-Lüneburgische Kursache.

Wie wenig Ernst es den Kaiserlichen im Jahre 1803 gewesen ist das vorgebliche Herkommen, wonach bei Einführung neuer Fürsten die Religions-Parität zu beobachten sei, auf das „durch den westf. Fr. geheiligte Grundprinzip der Religions-Gleichheit“ zurückzuführen, beweist die Art und Weise, wie man sich nach entgegengesetzten Rücksichten damals auf die Braunschweig-Lüneburgische Kursache berief.

Zunächst ward hervorgehoben, daß, als Böhmen readmittirt werden sollte, in Folge der Regel der Religions-Gleichheit daneben eine neue evangelische Kur errichtet wurde, und daß „mit der Kurböhmischen Readmission zugleich die Introduktion von Kurbraunschweig“ erfolgte[168]). Darin liegt dieselbe Verkehrung des Hergangs, welche bei dem Falle von Ostfriesland zu bemerken war[169]). In dem Vertrage, welchen der Kaiserliche Hof am 22. März 1692 mit den Herzögen von Braunschweig-Celle und Hannover geschlossen, versprach der Kaiser die Kurwürde an Ernst August und dessen männliche Nachkommen zu ertheilen; dagegen verpflichtete sich in dem Erbverein der Häuser Oesterreich und Braunschweig-Lüneburg von demselben Tage

168) Abstimmung Oesterreich's im F.-R. den 18., Böhmen's im K.-F.-R. den 21. Nov. 1803 — (Fahnenberg) Krit. Betr. S. 36, Anm ff.: „Auch im Kurf.-Rath ist diese arithmethische Religions-Parität bei der Readmission von Kurböhmen beobachtet worden, die früher nicht erfolgte, als bis zugleich die Introduktion von Kurbraunschweig vor sich gehen konnte.

169) S. §. 11.

das letztre Haus und A. auch dazu, der Krone Böhmen zu Restitution ihres exercitii jurium electoralium zu verhelfen [170]). So wurde die Errichtung der Kur Braunschweig-Lüneburg nicht etwa deßhalb ins Werk gesetzt, weil die Readmission Böhmens ohnehin festgestanden hätte und, um nicht durch Einführung von Böhmen allein, also einer römisch-katholischen Stimme, den Grundsatz der Stimmen-Parität zu verletzen. Im Gegentheil: die Verleihung der Kurwürde an das Haus Braunschweig ist das prius gewesen.

Der Kaiser erlangte dadurch eine Kräftigung seines Ansehens im Kurfürsten-Rath; die neue Stimme war ihm sicher und ist bis ans Ende, sogar darüber hinaus, dem Reichsoberhaupte treu verblieben. In jenem Erbverein vom 22. März 1692 hatte Braunschweig-Lüneburg obenein die Verpflichtung übernomen, bei Kaiser- und Königswahlen nur dem Hause Oesterreich seine Stimme zu geben [171]). Aber eine neue protestantische Kur, auch wenn sie dem Kaiser solche Vortheile verhieß, sollte nicht ohne das Gegengewicht einer andern, römisch-katholischen eingeführt werden. —

Sodann betonten 1803 die Kaiserlichen mit demselben Nachdruck das votum supernumerarium [172]), welches die Römisch-katholischen bei der Aufnahme Kurbraunschweigs und der Readmission Kurböhmens zur Bedingung gemacht. Für den möglichen Fall, daß die Kurpfalz an ein evangelisches Haus, wie es damals noch möglich erschien, überginge, daß folglich die Zahl der protestantischen Kurstimmen um eine vermehrt, die der römischen um eine gemindert würde, sollte Kurmainz eine doppelte Stimme führen. Jene Eventualität entstand nicht erst, indem Kurbraunschweig und Böhmen hinzukamen, wodurch das Stimmenverhältniß vielmehr unberührt blieb. Daß nun gerade bei dieser Gelegenheit diese Be-

---

170) Pütter, Reichshistorie, S. 889.

171) Pütter, ebendas.

172) Die (Anm. 168. u. öfters erwähnten) Vota v. Böhmen u. Oesterreich.

dingung gestellt wurde, beleuchtet in eigenthümlicher Weise das sog. Herkommen der Religions-Parität. Die Evangelisirung der pfälzischen Kurstimme hätte nämlich keine andre Folge gehabt als die numerische Gleichstellung beider Konfessionen im Kurfürsten-Rath, d. h. nach der Ansicht der Kaiserlichen von 1803 die Verwirklichung des Art. V §. 1, der Regel der Religions-Gleichheit. Um dies zu verhüten, wurde das votum supernumerarium begehrt! Wie konnte sich nur auf diesen Hergang bei der Streitfrage von 1803 Oesterreich am 18. Novbr. im Fürsten-Rath, Böhmen am 21. im Kurkolleg berufen?

Jenes votum supernumerarium, welches die numerische Ungleichheit für einen entfernten Fall, der niemals eintrat, zu sichern hatte, wurde zugestanden. War nicht aber durch das Reichs-Gutachten vom 30. Juni und das Kaiserl. Ratif.-Dekret vom 6. Sept. 1708 reichsschlußmäßig festgesetzt [173]), somit vom ganzen Reich, auch von den Protestanten der Grundsatz förmlich anerkannt, „daß jeder Religionstheil bei der hergebrachten Stimmenzahl zu belassen sei"? Diesen Grundsatz, demzufolge die Römisch-katholischen bei der „hergebrachten" Stimmenmehrheit zu belassen wären, und den andern Grundsatz, der aus der Regel der Religions-Gleichheit gefolgert und durch ein konstantes Herkommen paritätischer Einführung neuer Stimmen befestigt sein sollte, leitet die Kaiserliche Partei, ja leiten in Einem Athemzuge dieselben offiziellen Abstimmungen der Reichstags-Gesandten für Böhmen und Oesterreich aus der Einen Braunschweig-Lüneburgischen Kursache her.

Indessen wurde noch mehr darin gefunden [174]). Bei der Verhandlung in Betreff der überzähligen Stimme, welche

---

173) Moser, Teutsch. St.-R. Th. XXXIII, S. 198. — Pfeffinger, Vitr. ill., Th. I, S. 1030.

174) Krit. Betr. S. 14 f. Ebenso die angeführten österr. und böhm. Abstimmungen.

die Römisch-katholischen gefordert, wäre nach Fahnenberg [175]) in allen protestantischen Abstimmungen hervorgehoben, „daß jede Vermehrung der katholischen Stimmen eine in das Religionswesen unverkennbar einschlagende höchst präjudizirliche Sache sei, weil der westf. Fr. eine völlige Religions-Parität erfordre, diese auch im kurf. Collegio nach der Reformation geraume Zeit bestanden habe.“ Die oft erwähnten Abstimmungen für Böhmen im Kurf.-Rath, für Oesterreich im Fürsten-Rath am 21. und 18. Novbr. 1803 geben vor, die protestantischen Comitialgesandten hätten in das Fürsten-Raths-Protokoll vom 16. Januar 1708 die Behauptung niedergelegt, „daß der westf. Fr. eine völlige Gleichheit und Religions-Parität erfordre und daher die Stimmenzahl zur avantage der katholischen Religion nicht vermehrt werden dürfe.“ Die zweideutigen Worte dieser beiden Berichte sind geeignet die Wahrheit zu verbergen. Sie ergibt sich aus Folgendem: — Am 16. Januar 1708 erinnerte im Fürsten-Rathe Sachsen-Koburg an die Regel der Religions-Gleichheit des westf. Fr., an die aequalitas exacta mutuaque inter utriusque Electores. . . . Zog aber dieser protestantische Hof daraus die Folgerung, daß das überzählige Votum zu verweigern, daß die Stimmen-Gleichheit beider Konfessionen im Kurfürsten-Rath gesetzlich erforderlich sei? Keineswegs. Sachsen-Koburg stimmte für das Votum supernumerarium. — Allerdings erinnerte es auch daran, daß, eine Zeit lang, die Zahl der evangelischen und röm.-kath. Kurfürsten gleich gewesen. Aber erklärte es darum das Aufhören solcher Stimmen-Gleichheit für eine Rechtsverletzung, für einen Verstoß gegen das „durch den westf. Fr. geheiligte Grundprinzip“ der Religions-Gleichheit? Nein; es leitete daraus nur ab, daß eine solche Gleichheit der Stimmen beider Bekenntnisse nicht ein geradeswegs verwerfliches Verhältniß,

---

175) a. O., S. 15.

nicht ein solches sein könne, wogegen das Kurkolleg, wie mit der Zusicherung der überzähligen Stimme, für künftige Möglichkeiten Vorkehrung zu treffen habe. — Freilich erklärte Sachsen-Gotha in derselben Sitzung, das Verlangen der Römischen stünde im offnen Widerspruche mit Art. V §. 1 des westf. Fr. Stellte jedoch dieser protestantische Hof hiermit den Satz auf, daß Art. V §. 1 die Stimmen-Gleichheit gebiete? Nicht im Mindesten. Dagegen gab er seine Meinung zu erkennen, daß Art. V §. 1 verbiete, die Stimmen-Ungleichheit d. h. die römisch-katholische Stimmenmehrheit als gesetzliche Norm anzugeben. Indessen äußerte Sachsen-Gotha die Besorgniß, das Zugestehen jener überzähligen Stimme möchte künftig zum Vorwande dienen, die Ueberzahl der Römisch-katholischen als ein „hergebrachtes" Stimmenverhältniß zu proklamiren, wobei dieser Religionstheil dann zu belassen sein würde.

Protestantische Vota, welche, von den genannten abweichend, über dieselben hinausgegangen wären, enthält das Protokoll des Fürsten-Raths vom 16. Januar 1708 nicht [176]. Der Wortlaut macht es sogar wahrscheinlich, daß die Kaiserl. Partei von 1803 die Abstimmungen der genannten Höfe, denen andre sich anschlossen, im Sinne gehabt habe.

Die Befürchtung von Sachsen-Gotha jedoch, in Bezug auf den möglichen Mißbrauch jenes Zugeständnisses, ist eben in der Abstimmung von Böhmen und Oesterreich eingetroffen, indem dort die Einräumung des votum supernumerarium, wie wir sahen, zur grundsätzlichen Anerkennung der „hergebrachten" Majorität der Römisch-katholischen umgestempelt ist.

Ereignet hat sich aber außerdem, was die Protestanten weder im Anfang noch am Ende des 18. Jahrh. ahnen konnten, daß ihre damals verhallenden Vota zu Gunsten

---

176) Schauroth Sammlung der Conclus. Corpor. Evang., Th. III, S. 953 f., das. die Protokolle des Fürsten-Raths vom 11. April 1707 und 16. Januar 1708, d. F.-R.-Schluß v. 28. Juni das Conclusum commune duorum (d. h. collegiorum Imperii) v. 30. Juni 1708. —

des Art. V §. 1 am Eingang des 19. Jahrh. in einer unglaublichen Ausdehnung gedeutet, der Gegenpartei zu Nutz und Frommen dienen sollten, während über die Thatsachen, deren Wucht jene vergeblichen Berufungen auf die Religions-Gleichheit erstickte, von denselben Gegnern dichte, freilich nicht undurchsichtige Schleier gebreitet wurden.

§. 15.

Die Einführung von Thurn und Taxis.

Wenn auf die vorhergehenden Fälle theils der Kaiser und bald in seiner reichsständischen bald in seiner reichsoberhauptlichen Eigenschaft, theils seine Anhänger, bald in den Kollegien des Reichstags, bald in der Presse sich stützten: so hat des Vorgangs, welcher jetzt erörtert werden soll, die Einführung des Fürsten von Thurn und Taxis in den Fürsten-Rath betreffend, sich die gesammte Partei bemächtigt. Ihn halten das Kaiserl. Hof-Dekret vom 30. Juni, die vielerwähnten Abstimmungen der Kaiserlichen Gesandten vom 18. und 21. Novbr., die Vota von Fürstenberg und Schwarzenberg am 2. Dez. die Parteischriften des erzh.-österr. Fürsten-Raths-Direktorialgesandten und des Kaiserl. Prinzipal-Kommissions-Kanzlei-Direktors[177]) den Protestanten entgegen. Aber von keinem der andern Vorgänge wird ein so verkehrter Gebrauch gemacht, wie von diesem.

Gleich die erste Annahme, zu welcher die wiederholte Berufung verleitet, erweist sich als irrig. Bei der Einführung des Fürsten von Thurn und Taxis kommt die Religion durchaus nicht in Betracht. Zu Sitz und Stimme im Fürsten-Rath sollte neben dem genannten römisch-katholi-

177) (Haas) Betrachtungen über die Viril-St. im R.-F.-R. (1804) Als Verf. gibt den Bezeichneten die Comit.-Corr. 1804 Nro. 39 Regensb. d. 17. Mai (Bericht II) an. Von demſ. Verf. waren die „Patriot. Gedanken von des Kammerrichters voto decisivo“ (Wetzlar 1767); vgl. Leist St.-R. §. 134 S. 416, Anm 8.

schen auch ein evangelischer Fürst zugelassen werden[177a]). Das kam weiter nicht in Frage. Daher steht von vornherein fest, daß der thatsächliche Vorgang selbst nichts enthält, was der Auffassung der Kaiserlichen, bes. Fahnenberg's von der Regel der Religions-Gleichheit zur Unterstützung dient, wenn nicht aus dem Umstand etwa, daß hier von jedem Bekenntniß gleichviel neue Fürsten in den Fürsten-Rath eingeführt wurden, ohne sonstigen Grund ein Herkommen abstrahirt werden sollte. Dem steht jedoch die juristische Natur des Herkommens entgegen.

Es handelte sich abermals, wie 1653, nur um die fehlende Qualifikation. Wieder empfahl der Kaiser zu Sitz und Stimme im Fürsten-Rath einen Edelmann römisch-katholischer Konfession, dem es an aller reichsunmittelbaren Begüterung fehlte, obwohl seither die Bestimmungen über Zulassung unzweideutiger geworden und verschärft waren [178]) Die Stelle des Immediatfürstenthums sollte diesmal sogar das Generaloberpostmeister-Amt versehen, welches allerdings als ein Mannlehen des Reichs vom Kaiser infolge eingeforderten kurerzkanzlerischen Gutachtens dem Hause Thurn

---

177a) Faber, Europ. Staats-Cantzley Th. 106 Kap. V. S. 581, Kap. VI. S. 687 f. Der Evangelische sollte Waldeck sein (Pütter, Reichshistorie S. 872: Einführung in d. F.-R. bereits 6. Nov. 1686). W. resignirte; s. Faber a. O. S. 691. An dessen Stelle trat das Haus Schwarzburg: Gesuch an den Reichstag vom $\frac{\text{2. u 8. Mai}}{\text{dict. 9. Juni}}$ 1753 bei Faber a. O. Th. 107. Kap. I. S. 6–8, ferner v. $\frac{\text{4. Januar}}{\text{dict. 9. Febr.}}$ 1754 bei Faber, a. O S. 15 – 17; Kgl. Preuß. Empfehlungsschreiben vom 19. Januar 1754 bei Faber a. O. S. 18—20; Gesuch an den Kaiser vom 5. u. 7. Febr. 1754 b. Faber a. O. S. 23—26; Kais. Komm.-Dekret d. d. et dict. 6. März 1754, wodurch die Einführung angeordnet ist, b. Faber a. O. S. 20—23. — Ich führe die Einzelheiten an, weil der Hergang auch in dieser Beziehung entstellt worden; vgl. (Haas) Betr. über die Virilstimmen im R.-F.-R. u. d. §. 32 d. R.-D.-H.-S., S. 27. — S. auch (Fahnenberg) Krit. Betr. S. 15 u. 16.

178) Kaiserl. W.-K. Art. I. §. 5 u. 7, Art. XXII. §. 2; namentlich J. R. A. §. 197.

und Taxis 1615 verliehen war [179]) Diese Zumuthung übertraf alle früheren und befremdete, ja verletzte den ganzen Fürsten-Rath, auch dessen geistliche Mitglieder, namentlich aber den weltlichen Fürstenstand.

Die Nothwendigkeit einer genügenden Befähigung vertheidigten in der Sitzung des fürstlichen Kollegiums v. 6. Mai 1754 auf der geistlichen Bank: Eichstädt, Basel, Johannitermeister, Konstanz und Augsburg [180])

Nichtsdestoweniger waren es auch diesmal, wie 1653, die Evangelischen, welche im Vordertreffen fochten. Sie nahmen zwar nicht mehr, wie damals, fast die ganze weltliche Bank ein. Dank dem „Herkommen," welches zu Fahnenberg für den Grundsatz der Einführung neuer Stimmen nach der Religions-Parität geredet hat, war die Zahl der römisch-katholischen Fürsten-Rath-Stimmen im Verhältniß zu den protestantischen um ein Bedeutendes gestiegen. Aber unter den altfürstlichen Häusern, die sich auf das Schroffste von den neufürstlichen schieden, dauerte jenes Verhältniß selbstverstanden fort; sie gehörten fast insgesammt zur Augsburgischen Konfession. Im Namen dieser altweltfürstlichen Häuser traten die Evangelischen hier ins Mittel. Ein großer Theil derselben schloß die Uebereinkunft vom 11. Aug. 1753 und die so Verbündeten handelten forthin gemeinschaftlich.

Ihre Handlungsweise hatte keinen konfessionellen Zweck noch konfessionellen Charakter. Die Sache, welche sie sich angelegen sein ließen, war eine reinpolitische. So bezeichnete sich eine ihrer Denkschriften selbst als „Beweggründe, warum die correspondirenden Fürsten ohne Abbruch ihrer eignen Praerogativen, Würden, Lustre und Ansehens in die Introduktion neuer und zumalen ohnqualificirter fürstlicher

---

179) Pütter Inst. jur. publ. Germ. (Ausg. VI, Gött. 1802) §. 351 S. 410 u. das. Lünig, Reichs-Archiv Th. I, S. 440—449; Gönner, T. St.-R. (1804) §. 401, S. 666.

180) Faber, Europ. St.-Cklei. Th. 107, Kap. II, S. 62 f.

Häuser ohnmöglich geheelen könmen [181])". Und ein andres Memorial, das am 27. März 1754 den beiden Direktorien des Fürsten-Raths überreicht wurde, erklärte die von den Verbündeten betriebne Angelegenheit für eine "Partikularsache der weltlichen Bank [182])".

Als die einverstandnen Höfe durch eine Denkschrift vom 27. März 1754 das Corpus Evangelicorum zu einem offiziellen Einschreiten aufforderten [183]), verwarfen in der außerordentlichen evangelischen Konferenz vom 1. April 1754 mehrere Mitglieder diesen Antrag, weil, was Holstein-Glückstadt aussprach, sich nicht absehen ließe, wie diese Sache zu Verhandlungen im Schoße des Corpus Evangelicorum sich eigne, — weil, wie Mecklenburg-Schwerin erachtete, dieselbe als eine reinpolitische gar nicht dahin gehöre, und, wie Kursachsen als Direktorium vorstellen mußte, die Introduktionsfrage, um welche sich's handelte, eine "bloß das politicum Imperii respicirende Sache," somit keine „res Evangelica" im eigentlichen Sinne des Wortes sei. [184]). Doch kam es zu einem förmlichen Beschlusse des evangelischen Religionstheils, von welchem indessen die genannten drei Höfe und Brandenburg sich absonderten. Die vereinigten Höfe, welche dies bewirkt hatten, hielten die von ihnen vertretne Angelegenheit selbst ebensowenig für eine strenggenommen evangelische, d. h. konfessionelle, wie Kursachsen.

---

181) Faber a. O. S. 106 und 651 f.

182) Faber a. O. S. 683 f. Vgl. auch eine Eingabe an den Kaiser v. 16. Febr. 1754 (die der Anhalt. Legat.-Sekretär Cläpius nicht ohne Gefahr besorgte) bei Faber a, O. S. 508 f.; Promemoria v. 19. Febr. b. Faber a. O. S. 587 f.; „Consideranda in materia introductionis" b. Faber a. O. S. 666 f.; Promemoria an d. Churmainz. Reichs-Direktorium v. 22. März 1754 b. Faber a. O. S. 671 f.

183) Faber a. O. S. 685 f.

184) Herrich a. O. (Fortsetzung von Schauroth) S. 643 — 655. Kursachsen und Holstein-Glückstadt betheiligten sich nicht bei der Beschlußfassung am 1. April, Mecklenburg-Schwerin sagte sich am 2. davon los.

Nur über die Kompetenz des Corpus Evangelicorum hatten sie eine freiere Ansicht. Diese sprachen sie in einem fernern Promemoria vom 3. April aus, demselben welches, wie bei dem Vorgang von 1653 erwähnt worden, Fahnenberg angeführt hat. Für eine Sache des Corpus Evangelicorum erklärten sie darin die schwebende Frage mit Bezugnahme auf die früheren Vorgänge, wobei gleichfalls in reinpolitischen Dingen die Evangelischen gemeinschaftlich als Evangelische gehandelt hätten. Dies sind eben die Vorgänge von 1653. 1654, vom $\frac{\text{22. Mai}}{\text{1. Juni}}$ 1674 u. a. m. [185]).

Daß die betreffende Angelegenheit keine kirchliche war, bezweifelte daher Niemand; nur darüber herrschte Zwiespalt, ob eine so reinpolitische Sache zu vertreten, dem Corpus Evangelicorum gezieme, dessen Mehrzahl sich ihrer annahm.

Dennoch bot die Thurn- und Taris'sche Einführung Handhaben, welche bei dem Streite von 1803 der ganze Kaiserliche Anhang ergriff, um die Regel der Religions-Gleichheit nach seiner Weise auszubeuten.

Bei den Verhandlungen inter Evangelicos wie auch am Reichstage ward in der That die aequalitas exacta mutuaque, wurde die Regel der Religions-Gleichheit in Art. V §. 1 des westf. Fr. mehrmals, wurde sogar ein gewisses Herkommen namentlich genannt.

Kursachsen, Holstein-Glückstadt und Mecklenburg-Schwerin, indem sie die Einmischung des Corpus Evangelicorum als unstatthaft darzustellen versuchten, hielten in der Konferenz vom 1. April dafür, die Regel der Religions-Gleichheit wäre durch gleichzeitige Zulassung von Schwarzburg mit und neben Thurn und Taris gewahrt. Dem widersprachen alle Uebrigen und nahmen in der

---

185) Herrich a. O. S. 653. Vgl. auch Pütter, Instit. §. 177, S. 190; Quistorp, Beiträge zur Erläuterung verschiedner Rechtsmaterien (1780) Th. I, Nro. IV, S. 59 und die das. angef. anonym. Schrift: „Beweis, daß das Ius eundi in partes auch in caussis politicis statthabe" (1759).

Denkschrift vom 3. April auf Art. V §. 1, auf die Regel der Religions-Gleichheit im westf. Fr. weitergehenden Bezug. Aber ihre Meinung ist himmelweit von derjenigen unterschieden, aus welcher die Kaiserlichen 1803 Nutzen ziehen konnten.

Dadurch nämlich war der Regel der Religions-Gleichheit noch nicht genug gethan, daß ein Evangelischer neben einem Römischen zu Sitz und Stimme im Fürsten-Rath gelangte. Denn der Römisch-katholische, dessen Einführung bevorstand, entbehrte der Qualifikation. Man widersetzte sich der Einführung von Thurn und Taxis nicht; im Gegentheil: sie war in der Uebereinkunft vom 11. August 1753 als zulässig ins Auge gefaßt [186]). Das Auftreten der Verbündeten war keinem augenblicklichen, sonderm dauerndem Interesse zugewandt. Die Parteilichkeit des Reichsoberhaupts, wonach bei Protestanten auf das Strengste, bei Römisch-katholischen ganz und gar nicht auf die Qualifikation gesehen zu werden pflegte, wonach die Ungeeignetsten, sofern sie der römischen Kirche angehörten, zu Sitz und Stimme herbeigezogen und empfohlen wurden, dagegen Gesuche der würdigsten fürstenmäßigen Häuser augsburgischer Konfession unberücksichtigt blieben, bis etwa zur Begleitung eines römisch-katholischen Günstlings und um diesen zu decken, ein Protestant Erhörung fand und ein Kaiserl. Dekret erhielt — diese Parteilichkeit verletzte die Rechts-Gleichheit beider Bekenntnisse, verstieß gegen Art. V §. 1 des westf. Friedens. Da kam allerdings die Einführung des Hauses Schwarzburg als Remedur nicht in Betracht!

Unter den Evangelischen waren damals also zwei Bruchtheile; die überwiegende Mehrzahl huldigte der Meinung, die eben zu charakterisiren versucht ist: Angesichts der durch regelmäßige Zurücksetzung der Protestanten, durch regelmäßige Bevorzugung der Römischen dauernd und allgemein mißachteten

---

186) Faber, Europ. St.-Cảl., Th. 106, Kap. V, S. 575.

Religions-Gleichheit schien es nicht nennenswerth, daß just ein Evangelischer miteingeführt, schien der vorliegende Fall überhaupt nur als Anlaß, den Uebelstand im Ganzen zu heben, erheblich.

Die Minderzahl der Evangelischen mag derselben Ansicht gewesen sein. Aber deren Geltendmachung kam ihr in dem vorliegenden Fall ungelegen. Sie wollte davon für diesmal nichts wissen. Die Ursache liegt nahe und ist eine politische: der Fürst von Thurn und Taxis, dessen Sache die Uebrigen als eklatanten Beleg für die widerfahrne Unbill, für das ungleiche Maß, womit gemessen wurde, benutzen wollten, war der Prinzipal-Kommissarius, der Vertreter des Reichsoberhaupts am Reichstage. Des Einflusses auf ihn sich zu begeben waren die Höfe von Berlin, Dresden, Kopenhagen nicht gesonnen; deßhalb bemächtigten sie und Mecklenburg-Schwerin sich des bequemen Vorwandes, daß mit der gleichzeitigen Einführung des Hauses Schwarzburg neben Thurn und Taxis das Interesse der Evangelischen hinreichend gewahrt und die Regel der Religions-Gleichheit beobachtet sei.

Diesem Vorwande, den zunächst Kursachsen in der evangelischen Konferenz vom 1. April ausgesprochen, unter welchem sich die wenigen, doch mächtigen protestantischen Höfe von der Mehrzahl, die sich in einem förmlichen Schluß des Corporis Evangelicorum am 1. April erklärt hatte, absonderten und den — ihnen unliebsamen — Hauptgesichtspunkt aus den Augen setzten, gab Magdeburg in der Sitzung des Fürsten-Raths vom 6. Mai 1754 [187]) folgende Worte: „Und da wegen Parität der Religion ein evangelischer Candidatus mit admittirt werden müsse."

Wenn ihnen überhaupt eine bestimmte Tendenz bei-

---

[187]) Moser, Teutsches Staats-Archiv, 1754, Th. I, S. 1052. Faber, Europ. St.-Ctzl. Th. 107, Kap. II, S. 74, 75. Ungetreu wiedergegeben in (Fahnenberg) Krit. Betr. S. 15.

zumessen ist, so sollten diese Worte vielleicht auf die Mehrzahl der Evangelischen begütigend wirken und das Verfahren Preußen's rechtfertigen.

Keine der Abstimmungen im Fürsten-Rath nahm auf diese Aeußerung Bezug; nicht einmal Kursachsen, Mecklenburg, Holstein. Das letztere trat einem andern Ausspruch Magdeburgs, aber nicht diesem, nicht dem ganzen Votum bei [188]).

Und diese Worte sind es, an welche die Kaiserlichen im Jahre 1803 sich insgesammt hielten, welche damals regelmäßig und allenthalben gegen die Protestanten angewandt sind; aus diesen Worten sollte das behauptete Herkommen unzweifelhaft erkannt werden [189]).

Höchstens beweisen sie die Rechtsansicht des Berliner Hofes. Aber auch dafür sprechen sie nicht bestimmt genug, zumal wenn man eine fast gleichzeitige andre, ebenso offizielle Kundgebung desselben Hofes beibringen kann, worin gesagt ist, daß die Einführung eines evangelischen Hauses neben dem römisch-katholischen Fürsten von Thurn „doch die Billigkeit erfordert [190]).“

---

188) Moser, Staats-Archiv a. D. S. 1088.

189) Die Ursache dieser Uebertreibung glaube ich bei Moser zu finden. Er legt auf den Umstand, daß jene Behauptung Magdeburgs keinen Widerspruch erfuhr, ein großes Gewicht. Er erwartet seit 1754 für die nach seiner Meinung allzunachgiebige Politik der Protestanten eine günstige Wendung. S. Moser, V. d. teutsch. R.-St., S. 180. Diesen einzelnen Ausspruch griffen 1803 die Kaiserlichen auf, die zu Studien protestantischer Rechts-Gelehrsamkeit sich damals dringend veranlaßt sahen, freilich nicht zu gelehrten, sondern lediglich zu solchen Studien, welche der Tagesbedarf einem Politiker abnöthigt. — Und so ist wenige Zeilen vorher bei demselben Moser zu lesen: „Daß, wann die Gestattung einer neuen Stimme im Reichsfürsten-Rath geschehen will, jedesmal zugleich ein Evangelischer und ein Catholischer introducirt werden müßte, verordnen weder die Reichs-Gesetze, noch das Reichs-Herkommen.“ Das übersahen jedoch die Uebereifrigen.

190) Königl. preuß. Circularschreiben vom 19. Januar 1754 b. Faber, Eur. St.-C. Th. 107, Kap. I, S. 19.

Immerhin bliebe jener Ausspruch ein isolirter: keinenfalls darf er als Ausdruck der Meinung aller evangelischen Reichsstände gelten. Nun erwähnten die (oft angef.) Vota von Böhmen und Oesterreich im Kurfürsten- und Fürsten-Rath am 21. und 18. Novbr. auch jener Erklärung Kursachsens in der evangelischen Konferenz vom 1. April. Von ihr gilt nahezu dasselbe. Wie bemerkt, richtete auch sie sich gegen die Ansicht der Mehrheit der Evangelischen; obenein wurde sie nicht einmal am Reichstag wiederholt.

Noch weniger ergibt sich aus der einen wie der andern die Auffassung des ganzen Reichstags von einer rechtlichen Nothwendigkeit, neue Fürsten nur in gleicher Anzahl von beiden Konfessionen einzuführen.

Am wenigsten aber harmoniren damit die geschichtlichen Thatsachen. Von Anfang an waren Römisch-katholische allein zu Sitz und Stimme im Fürsten-Rath empfohlen und zugelassen worden. Wo von beiden Konfessionen gleichzeitig Fürsten eingeführt waren, hatte nur verhindert werden sollen, daß nicht Protestanten allein dazu gelangten, nicht zu Gunsten derselben das Stimmenverhältniß geändert würde. Nach 1754 waren überhaupt keine neuen Fürsten introduzirt worden, bis mit dem Deputationshaupt- und jüngsten Reichs-Schluß von 1803 die Sache wieder zur Sprache kam. Doch kurz vor 1754 hatten zwei Vorgänge stattgefunden [191]), welche deutlich beweisen, daß es mit dem Herkommen sich anders verhielt: Noch im Jahr 1713 war ein Römisch-katholischer, nämlich Lichtenstein und im Jahre 1706 sogar ein Evangelischer, der Fürst von Mindelheim [191a]) allein in den Fürsten-Rath aufgenommen, —

191) Moser, V. d. teutsch. R.-St, B. I, Kap. 4, §. 42, S. 180.

191a) Pütter, Hist. Entw., Th. II, S. 373 setzt die Einführung Marlborough's in den Fürsten-Rath auf den 22. Nov. 1705; desgl. in s. Inst. jur. publ. (1802) §. 99, S. 100. Das ist ein Irrthum. Sie erfolgte am 22. Nov. 1706; vgl. Pfeffinger, Vitr. ill., Th. II, S. 565; s. w. u. Anm. 438.

letztrer übrigens nicht seines Bekenntnisses, sondern seiner siegreichen Schlachten wegen.

§. 16.

Ergebniß.

Das Herkommen also, welches die Kaiserlichen 1803 behauptet haben, kann nicht als erwiesen angesehen werden [192]. Wohl aber ist als Ergebniß dieser Betrachtung hinzustellen, daß, ebensowenig wie bei der Gründung des westfälischen Friedens, die Protestanten im Verlauf der Jahrhunderte die Regel der Religions-Gleichheit in einer Gleichheit der Anzahl erblickt haben, weder in einer Ausgleichung der Stimmen im Kurfürsten- und Fürsten-Rath, noch in einer Zahlen-Parität bei der Einführung neuer Stimmen.

Dafür darf hier beim Abschluß der Untersuchung über das Herkommen noch in zusammenfassender Weise das Promemoria der einverstandnen altfürstlichen Häuser an das Corpus Evangelicorum vom 27. März 1754 Zeugniß ablegen [193]), indem dasselbe die Vertheidigung des Art. V §. 1 und der „darinnen stabilirten Religions-Aequalität“ für geboten erklärt in Anbetracht — „der ohnehin eminenter maiora habenden Catholicorum“.

---

192) Das Verfahren der Kaiserl. Partei war zum Theil unredlich: vgl. (Fahnenberg) Krit. Betr. S. 16 die gesperrt gedruckten Worte aus dem Promemoria v. 3. April 1754 mit dem Wortlaute der von ihm selbst citirten Stelle bei Herrich (Fortſ. v. Schauroth) a. O., S. 654. Die Rückbeziehung des mit „weil“ beginnenden Satzes auf „Vermehrung der katholischen Stimmen“ bewirkt eine völlige Entstellung der Wahrheit. — Moser in seiner „teutsch. Relig.-Verfassung“ sagt von einem Gegner, was von dem Rechtsbeistande des Kaisers im J. 1803, doch leider auch für neuere Zeiten gelten mag: „So handelt er als kein rechtschaffner Rechtsgelehrter.“

193) Herrich a. O. S. 643.

Abschnitt III.

Die wissenschaftliche Lehre von der Religions-Gleichheit.

§. 17.

Römisch-katholische Auffassung.

Die Auffassung der Religions-Gleichheit bei römisch-katholischen Rechtsgelehrten gehört in den Bereich dieser Untersuchung nur insoweit, als daraus die Polemik der Protestanten erläutert wird, von welcher die Kaiserl. Partei um 1803 Vortheil zu ziehen gedachte. Drei Gesichtspunkte der Römisch-katholischen waren es hauptsächlich, wider deren Berechtigung die Evangelischen angekämpft haben.

1) Dem Religions- und westfälischen Frieden sollte der Grundcharakter beiwohnen, daß was diese Verträge nicht ausdrücklich den Protestanten einräumten, diesen im römischen Reiche verwehrt sein sollte. Als die Vertreter dieser Ansicht [194]) bekämpfte Moser namentlich: Baniza [195]) und P. Ant. Schmidt [196]). Abweichender Ansicht unter den Angehörigen der römischen Kirche waren Neller [197]), Freiherr v. Kreittmayr [198]), Joh. Bapt. Krauß [199]) und in diesem Jahrh. Nik. Thadd. Gönner [200]).

---

194) Ihre tieferen Bezüge finden sich in dem eigenthümlichen Verhältnisse von römischem Reich und römischer Kirche zu Deutschland. (Streitfrage III)

195) Subsid. Interpretationis Pacis religiosae et Westfalicae, 21; s. in „Nachricht von Juristischen Büchern" Th. 19, S. 251 b Moser, T. St.-R, Th. X, B. 3, Kap. 14, §. 55, S. 360 und b. dems. B. d. teutsch. Relig.-Vfssg. B. I, Kap. 11, §. 6, S. 171.

196) Thesaur. Iur. eccl., Th. I, S. 510 b. Moser, a. O. vgl. Eberstein, v. d. Relig.-Eigensch. d. Vir.- u. Kuriat-St. (Mannh. 1784) S. 58

197) Principia jur. publ. eccl. Cath., S. 144, Moser a O.

198) Ad cod. civil. Bavar. S. 2212 f., Moser a. O.

199) Gründliche Antwort auf die Einwürfe wider den Hauptsatz, daß ein vorher Protestantischer hernach zum Cathol. übertretender Reichsstand das öffentliche Religions-Exercitium seiner Unterthanen reformiren könne. (Augsp. 1758) S. 138: s. b. Schmelzer, de exacta acqu. S. 41. Note 5.

200) Teutsches St.-R. (Landsh. 1804) §. 85, S. 90.

2) Die Regel der Religions-Gleichheit sollte sich nur auf die Handhabung der **Rechtspflege** erstrecken. Diese übrigens in der römisch-katholischen Welt sehr verbreitete [201]) Meinung verfocht **Josua Josef Riefel** [202]).

3) Die Religions-Gleichheit wurde mehrfach ins **Lächerliche** gezogen und diese oder jene Auffassungen derselben, die man den Protestanten beimaß, verspottet. Darin hatte der erwähnte Riefel seine Stärke [203]). So nun, mitten unter dem abenteuerlichsten Einfällen z. B. daß die Religions-Gleichheit die Aufhebung aller Verschiedenheit der beiden Bekenntnisse, die Gleichstellung der reichsstädtischen und fürstlichen, der fürstlichen und kurfürstlichen, der kurfürstlichen und Kaiserlichen Rechte bedinge u. s. w., bezeichnet Riefel, in demselben satirischen Ton, als ein **Verlangen der Evangelischen** in Folge der saubern Religions-Gleichheit, daß auch die **Zahl der Stimmen beider Religionstheile gleich gemacht würde.** Diesem angeblichen Verlangen der Protestanten setzt der römisch-katholische Schriftsteller entgegen, die Religions-Gleichheit bestehe nicht in einem Zahlenverhältniß, sondern in einem Verhältniß der Rechte [204]).

---

201) **Fahnenberg** schreibt sie „ältern und neuern katholischen Staatsrechtslehrern" zu; s. Krit. Betr., S. 23, Anm. w. Daß auch **Gönner** darunter genannt ist, beruht auf dem im Vorigen charakterisirten Sprachgebrauch, worüb. noch w. u.

202) **Kritische Betrachtungen** über verschiedne Staatsfragen, Th. I, Commentar I: von der **Religions-Gleichheit** des westf. Fr., S. 16, vgl. **Moser** a. O. — Fahnenberg scheint den Titel dieser Schrift zum Muster genommen zu haben. — Unter den Röm.-kath. waren Gegner dieser Ansicht: **Kreittmayr** ad. cod. Bav. S. 2212 f. bei **Moser** a. O.; **Neller** ebenda; **Franz Moritz Bachmann**, dessen progr. de regula aequalitat. exact. Art. V. §. 1, J. P. O. Erford. 1792 mir leider nicht zu Gebot stand; endlich **Gönner** a. O.

203) **Moser** a. O. S, 172 f. Doch auch P. Ant. **Schmidt** versuchte sich darin.

204) **Riefel** a. O. S. 20 f. bei **Moser** a. O. S. 177 und bei **Schmelzer**, de ex. aequ. S. 69. Auch P. Ant. **Schmidt** a. O.

§. 18.

Polemik der Protestanten.

1) Gegen die Behauptung, die Rechte der Evangelischen im Reich wären nur Ausnahmerechte, wurde von protestantischer Seite mit dem Wortlaute der Reichsgrundgesetze zu Felde gezogen [205]). Moser führte in dieser Hinsicht mit Vorliebe den Kaiser Ferdinand III. zum Zeugen auf [206]), dessen Instruktion dd. Linz 11. Januar 1646 an die Gesandten auf dem westfälischen Kongreß den Protestanten alle und jede Berechtigung wie den Römischen zugestand, insoweit nicht ausdrücklich etwas ausgenommen sein würde [207]).“ — F. A. Schmelzer [208]) stützte sich auf die Regel der Interpretation im Eingang des Art. IV des westf. Fr., — Pütter [209]) auf die Verpflichtung des Reichsoberhaupts aus der K. W.-K. Art. 1 §. 10 (1653), beiderlei Religionsverwandten im Reich gleichen Schutz zu leisten.

---

205) Moser V. d. deutsch. Rel.-Vf. B. I, Kap. 11, § 6. S. 171. — Pütter, Geist des westf. Fr. (Gött. 1795) S. 361 f.

206) Dafür berief sich 1803 der Kaiser den Protestanten gegenüber auf das Zeugniß von J. J. Moser.

207) Gärtner, westf. Friedens-Cantzley, Th. VII, Nro. 75 S. 441 f., bes. 460 (nicht, wie Moser citirt, 445). Moser a. O Vgl. ob. Anm. 82.

208) In Scheidemantel's (Häberlin's) Repertor. des T. St.- u. Lehn-R., Th. IV, Von der Relig-Gleichheit §. 7.

209) Geist des westf. Fr., S. 363, Anm. 1 — Aus Jo. Chr. Mueldener Diss. „De protectione ab imperatore ecclesiis utriusque religionis in Germania aequaliter debita“ Hal. 1698, welche Pütter nennt, war kein besondrer Nutzen zu ziehen. Besser steht es mit der von Pütter u. A. als Dissertation Gabriel Schweder's citirten Abh. „De advocatia ab imperatore protestantibus ecclesiis non minus ac Rom.-C. aequali iure praestanda“ 1723. Sie ist in Schweder's Sammlung von Diß. (Th. II, S. 679 f.) enthalten, aber verfaßt von Frdr. Ludw. Weißmann. Für das Wesen der advocatia haben beide, doch nicht sie allein, sondern fast alle Schriftsteller des 18. Jahrh., protestantische wie römisch-katholische, kein Verständniß.

2) Die Einschränkung der Religions-Gleichheit auf die Rechtspflege bestritten Moser [210]), F. A. Schmelzer [211]), Brauer [212]), Joh. Christ. Quistorp [213]), Häberlin [214]), Pütter [215]).

3) Der Spott wurde in zwiefacher Art zurückgewiesen, indem die Protestanten einerseits die Meinungen, welche ihnen als wirklich begründet und ehrwürdig erschienen, gegen die Satire — andrerseits ihre Doktrin gegen Meinungen, welche mit Unrecht [216]) ihr beigemessen waren, in Schutz nahmen.

Hier fragt es sich nun: Wie verhielt sich die protestantische Doktrin zu der Deutung des westf. Fr., daß durch die Religions-Gleichheit die gleiche Zahl der Stimmen am Reichstage resp. im Fürsten-Rathe bedingt würde? Riefel erklärt dieselbe für eine Deutung der Evangelischen.

Welche von jenen beiden Arten der Polemik brachte die protestantische Wissenschaft in diesem Punkte zur Anwendung?

Vertheidigte sie die von den Römisch-katholischen ihr

---

210) V. d. teutsch. Relig.-Vf. a. O., S. 171 f.

211) Diss. de exact. aequ. (Gott. 1785) S. 3, 16, 17, 27, 33, 47 und bes. 49. — Ders. in Scheidemantel's Repert. a. O. §§. 6 und 7 S. 794 f.

212) Erläuterungen zum westf. Fr. (Offenb. 1782) Th. II, Nro. 1, S. 76, 94, 105, 109, 112, 116, vgl. Th. I, S. 34, 35, 36 Anm. 5.

213) Beiträge zur Erläut. versch. Rechts.-Materien, Stück 4. (1780) Nro. IV, S. 58 f.

214) Handbuch des T. Staats-R. (1797) Th. I, §. 36, S. 166 f.

215) Geist des westf. Fr, S. 363. — Dess. Hist. Entw. Th. II, S. 77.

216) Moser V. d. teutsch. Relig.-Vf. B. I, Kap. 11, §. 6 S. 174: „Warum Herr R. (Riefel) derer Evangelischen vernunft- und gesetzmäßige Schlüsse durch abgeschmackte Instantien, die keinem Evangelischen eingefallen sind, noch einfallen werden, lächerlich machen zu wollen fortfährt . .“ ferner S. 187. — F. A. Schmelzer d. exact aequ. S. 66—68.

spottweise beigemessne Auslegung des westf. Fr. Art. V. §. 1, sich dazu bekennend?

Oder gab sie dieselbe der Ironie der Gegner preis, sich davon lossagend?

Moser hielt es zunächst für gar nicht ungereimt, daß die Regel der Religions-Gleichheit auf eine Gleichstellung nach der Zahl einwirke. Man sollte fast annehmen, daß er jene seiner Religions-Partei damals und 1803 aufgebürdete Deutung des westf. Fr. für richtig erkannte. Doch ist es nicht möglich, sich deutlicher dagegen zu erklären als Moser gethan hat, indem er, was daran irgend der Wahrheit nahekam, ausschied und billigte, dagegen die Interpretation im Ganzen verwarf. „Nach Beschaffenheit der Umstände" nämlich, erklärte er die Schlußfolgerung für annehmbar, wenn „die Evangelischen aus dem Grunde der Gleichheit auch die gleichen Zahlen verlangen [217])." Dies erwies er u. A. daraus, daß der westf. Fr. die Religions-Gleichheit nicht auf die Reichs-Generalität und den Reichs-kriegs-Rath erstreckt, nichts destoweniger, seines Erachtens mit Recht, die Römisch-katholischen diese Ausdehnung verlangt und durchgesetzt hätten [218]). Wenn Riefel daher den Zusatz „idemque numerus" zu „aequalitas" in Art. V §. 3 des westf. Fr. als Beleg dafür benutzte, daß das Zahlenverhältniß etwas Heterogenes wäre, so trat Moser dieser Auslegung entgegen.

Aber „aus dem Grunde" der Religions-Gleichheit wollte er unter Andrem auch und zwar nach Beschaffenheit der Umstände die Nothwendigkeit gleicher Zahl ableiten. So setzte er denn die Religions-Parität mit einer numeri-

---

217) Moser a. O. und S. 176

218) Kaiserl. W.-K. Art. IV, §. 3; den Vorgang (Itio in partes v. 10. April und Vergleich v. 10. Juni 1672) s. bei Pütter, Histor. Entw. Th. II, S. 285. Vgl. ob. Anm. 143.

schen Gleichheit keineswegs identisch. Vielmehr galt ihm die Regel des Art. V §. 1 als eine Norm der Rechts-Gleichheit. Aus diesem Grunde der Rechts-Gleichheit mochte auch die Zahlengleichheit unter gewissen Voraussetzungen sich ergeben. Für die Stimmen im Reichs-Fürsten-Rath und am Reichstag überhaupt, zog Moser jene Folgerung niemals [219]). —

Pütter hat freilich an einer Stelle [220]) ausgesprochen, die Stimmengleichheit beider Konfessionen im Kurfürsten-Rath sei bei Errichtung wie für Aufrechthaltung des Religions-Friedens ein großes Glück gewesen; denn, obschon im Reichs-Fürsten-Rathe der größre Theil der Stände katholisch blieb, so hätte dagegen das kurfürstliche Kollegium ein glückliches Gleichgewicht erhalten. — Andern Orts [221]) berichtete er, daß das Kammergericht „zu keiner völligen Religions-Gleichheit“ gekommen wäre, da unter 50 Beisitzern nur 24 Evangelische sein konnten.

Man würde sich sehr irren, wenn man deßhalb bei Pütter jene Rechtsansicht vermuthete, welche die Gegner den Protestanten schuldgaben. Mit klaren Worten hat er in Bezug auf die Reichstags-Stimmen gleiche Zahl und aequalitas exacta mutuaque auseinandergehalten: „Wo sich aber“ heißt es in seiner historischen Entwicklung der deutschen Verfassung [222]), „die Zahl der Stimmen selbst nicht in völlige Gleichheit setzen ließ, wie in reichsständischen Versammlungen, wo man die Stimmen

219) Moser, Teutsch. St.-R., Th. X, B. 3. Kap. 14, §. 54 Nro. 6. S. 359, wo er auseinandersetzt, „was diese Gleichheit sagen wolle.“ — Kreittmayr's (ad. cod. Civ. Bav. a. O. S. 2212 f.) Ausspruch, daß die Parität im Gleichgewicht und gleichen Recht, nicht in der Zahl der Stimmen auch beim Reichstage bestehe, billigte übrigens M. ausdrücklich; vgl. V. d. T. Relig.-Vf. B. I, Kap. 11 §. 5, S. 170.

220) Pütter, Histor. Entw., Th. I, S. 432.

221) Ders. a. O. Th. II, S. 91.

222) Th. II. S. 77 vgl. dess. Reichs-Historie §. 241, S. 752.

nehmen musste, wie sie einmal waren ..." — Womöglich noch deutlicher sprach er sich darüber Namens der Göttinger Juristenfakultät in dem merkwürdigen Gutachten 223) vom Nov. 1783 aus: „Daher, wo sich eine völlige Gleichheit auch in Ansehung der Anzahl beiderseitiger Religionsverwandten einführen lassen wie am Reichs-Cammergericht und in Reichs-Deputationen wie auch bei der Reichs-Generalität, solche wirklich eingeführt ist, oder, wo die Ungleichheit der Anzahl sich auch nicht heben lassen wie insonderheit der Fall in den beiden höheren Collegien auf der allgemeinen Reichsversammlung gewesen, dennoch eine ficta paritas festgesetzt worden. .." —

Quistorp in seiner Abhandlung „von den vornehmsten Fällen, in welchen sich die durch deutsche Grundgesetze der evangelischen Kirche versicherte Gleichheit mit der katholischen am meisten zeiget 224)" zählte die Fälle auf, in welchen die Religions-Parität bestimmend auf das Zahlenverhältniß wirkte. Der Stimmen im Fürsten-Rath gedachte er dabeï nicht. —

F. A. Schmelzer erörterte in seinen beiden Abhandlungen 225) über die Religions-Gleichheit die Beschränkung, welche durch die Klausel des Art. V §. 1 226) herbeigeführt wurde. Ausgeschlossen erschien ihm durch dieselbe gerade die numerische Gleichstellung in Bezug auf die Reichstags-Stimmen: „Wäre diese Klausel nicht beigefügt worden, so

---

223) Auserlesne Rechtsfälle, ausgearbeitet v. J. St. Pütter Band III, Th. 3, (Göttingen 1785) Responsum CCCVIII, S. 791.

224) Beiträge zur Erläuterung versch. Rechts-Materien Th. I, Kap. 4, Nro. IV, S. 58 (s. o. Anm. 213)

225) Die ob. angef. Diss. de exacta aequalitate § 22 S. 34, 35 und in Scheidemantel's Repert. d. T. St. u. L. R., Bd. IV, über Religions-Gleichheit §. 9, S. 696.

226) „Quatenus formae Reipublicae, Constitutionibus Imperii et praesenti conventioni conformis est" Darüb. w. u.m.; vgl. auch ob. S. 49.

hätte z. B. verlangt werden können, daß gleichviele katholische und protestantische Stände sowohl überhaupt, als in jedem reichsständischen Collegio sein müßten.“ Die Möglichkeit einer solchen Ausdehnung der aequalitas exacta mutuaque gab er also zu: die einer derartigen Deutung des Art. V §. 1, welcher jene Klausel zum Bestandtheil hat, stellte er in Abrede. —

Brauer[227]) hat der Regel der Religions-Gleichheit eine umfassende und eingehende Betrachtung gewidmet. Sie schien ihm aber weder eine allgemeine arithmetische Gleichstellung, noch im besondern eine gleiche Zahl der Stimmen des Fürsten-Raths zu bedingen. —

Häberlin[228]) verwarf die Ansicht Riefels, wonach die Religions-Gleichheit auf die Rechtspflege sich beschränken sollte, als zu enge. Dagegen wies er ebenso entschieden jene den Evangelischen untergeschobne Meinung von sich, als ob gemäß dem Art. V §. 1 des westf. Fr. die Zahl der römisch-katholischen Reichstagsstimmen herabzusetzen und der Zahl der protestantischen Stimmen gleichzumachen wäre. — —

Die protestantische Rechtswissenschaft lehrte folglich die Religions-Gleichheit beider Konfessionen im Reich auf Grund des westf. Fr. als eine Gleichheit der Rechte verstehen. Keinen Schritt weiter ist sie gegangen und hat gegen Angriffe, welche den Art. V §. 1 auf die bloße Rechtspflege zurückführten, wie gegen Insinuationen, welche ihr eine Deutung jenes Grundgesetzes im Sinne durchgeführter nu-

---

227) Erläuterungen zum westf. Fr. (s. o. Anm. 212) Th. I, S. 34 u. 46 Anm. 5.

228) Handbuch des Teutsch. St.-R. (1797) Th. I, §. 36, S. 166 f. — Nur die Doktrin der Protestanten, welche die Kaiserlichen im J. 1803 vorfanden, gehört hieher. Doch übergehe ich auch Leist, dessen Lehrbuch des T. St.-R. in erster Ausgabe 1803 herauskam, weil nämlich Fahnenberg in seinen „Krit. Betr.“, die sich vom März 1805 datiren, zwar noch auf Gönner, dessen Staats-R. 1804 erschien, aber nicht auf Leist in diesen Fragen Bezug nimmt.

merischer Gleichstellung beilegten, ebenmäßig die Rechts-Gleichheit zu behaupten gewußt.

§. 19.

Anwendung.

Welchen Gebrauch konnte das Reichsoberhaupt für seinen Zweck von dieser Lehre der Protestanten machen? Sie sprach wie Gesetz und Herkommen unumwunden gegen die Deutung der Religions-Gleichheit, worauf der Kaiser sich stützte, indem er sich für verpflichtet erklärte, die von dem D.-H.-Schl. vorgeschlagne Neubildung des Fürsten-Raths zu verwerfen.

Nichts destoweniger beriefen die Gesandten des Kaisers für Böhmen und Oesterreich sich in beiden höheren Kollegien des Reichstags auf J. J. Moser; und die Presse entnahm ihre gewichtigsten Gründe für die Gerechtigkeit der Sache des Reichsoberhaupts der protestantischen Wissenschaft. Fahnenberg in seinen „Kritischen Betrachtungen“ gründet auf Stellen aus den Schriften der im vorigen §. genannten Juristen Augsburgischer Konfession, zum Theil auf dieselben, deren Inhalt eben mitgetheilt ist[229]), die Behauptung, die bei den Protestanten traditionell gewordne Auffassung des westf. Fr. und der Regel der Religions-Gleichheit sei keine andre, als die von ihm vertheidigte, von seinem Kaiserl. Herrn in Anspruch genommene. „Daß der §. 1 des Art. V des westf. Fr.“ sagt er[230]), „nicht blos von einer Rechts-Gleichheit zu verstehen sei, schmeichle ich mir aus der Entstehungsgeschichte dieser gesetzlichen Stelle, aus den Aeusserungen und Schlüssen des corporis evangelicorum et catholicorum und aus den Schriften der bewährtesten protestantischen Staatsrechts-Lehrer bis zur Evidenz

---

229) S. 26 — 28 wird Pütter, S. 29 — 31 Häberlin (dem in Anm. z. Schmelzer's Aufsatz im Repertorium zugeschrieben wird), S. 33 Anm. ee Quistorp und Schmelzer angeführt.

230) Krit Betr. S. 38 — 40.

dargethan zu haben ..“ „Es ist nicht das Recht, in Theile zu gehen, sondern die Stimmen-Parität, der die lutherische Kirche den Religions- und westf. Frieden zu verdanken hat. Nicht das Parthcyen-Recht, sondern die Stimmen-Gleichheit erklärt der erste protestantische Staatsrechts-Lehrer 231) für die größte Schutzwehre seiner Religion, für die Grundfeste der innerlichen Ruhe des deutschen Reichs.“ „Was einem Theil recht und billig ist, soll auch dem andern Theil nicht versagt werden, so sprechen die Reichs-Grundgesetze. Gegen dieses geheiligte Prinzip stößt aber die Behauptung an, daß die Stimmen-Gleichheit für den katholischen Religionstheil das nicht sein soll, was sie für den protestantischen war. 231a)“

Möglich wurde diese überraschende Nutzanwendung nur durch eine in ihrer Art einzige 232) Entstellung der Wahrheit, nämlich eine derartige, daß — mit Julian (l. 65 D. d. R. J.) zu reden — „ab evidenter veris per brevissimas mutationes disputatio ad ea quae evidenter falsa sunt perducatur.“

Daß Fahnenberg Pütter's Wort von dem Gleichgewicht zwischen dem Kurfürsten-Rath worin beide Konfessionen gleich stark waren, und dem Fürsten-Rath worin eine

---

231) Pütter ist gemeint und sein Ausspruch, daß, so lange ein „glückliches Gleichgewicht“ bestand, darin die größte Schutzwehre für die Protestanten und die Grundfeste der innerlichen Ruhe des deutschen Reichs lag. (Hist. Entw. Th. I, S. 432.) Das „glückliche Gleichgewicht“ vgl. im vorigen §. und hiermit Krit. Betr. S. 29: „Wie kann also dieser protestantische Staatsrechtslehrer, ohne mit sich selbst in Widerspruch zu gerathen, dem Vorgeben beipflichten, das Stimmen-Gleichgewicht seye keineswegs die Schutzwehre beider Religions-Verwandten, seye nicht die Grundfeste der innerlichen Ruhe des deutschen Reichs?“

231a) Krit. Betr. S. 29.

232) Unsre Tage sahen allerdings ein falsches Spiel in staatsrechtlichen Fragen, welches bis dahin unerhört war.

starke römische Mehrheit sich befand, dahin ummodelt, daß er „Gleichgewicht“ mit Stimmen-Gleichheit verwechselt, ist eine Kleinigkeit.

Es war schon im Obigen [233]) von einem zweideutigen Sprachgebrauche die Rede, welcher in den Aeußerungen der Kaiserlichen um jene Zeit, namentlich in den Schriften des österreichischen Direktorial-Gesandten der herrschende sei. Dieser gibt den Schlüssel des Verständnisses an die Hand.

Es erklären nämlich die sämmtlichen Abstimmungen der Evangelischen am Reichstage [234]) bei den Verhandlungen über das Kaiserl. Hof-Dekret v. 30. Juni 1803, sodann das von Hardenberg ausgefertigte Königl. Preuß. Reskript vom 26. August j. J. [235]) endlich die ganze protestantische Presse, daß die aequalitas exacta mutuaque des Art. V §. 1, die Religions-Gleichheit des westf. Fr.: — „Rechts-Gleichheit“ sei.

Die ganze protestantische Wissenschaft dagegen hat, den Römisch-katholischen gegenüber, die Annahme daß die Religions-Gleichheit „eine bloße Rechts-Gleiheit [236]) “sei,

---

233) Vgl. §. 9. S. 67.

234) Im Kurfürsten-Rath: am 14. Novbr. 1803 Kurpfalz, Kursachsen, Kurbrandenburg, Kurwirttemberg, Kurbaden; am 9. Dezbr. Kurhessen, am 20. Febr 1804 Kurbraunschweig. — Im Fürsten-Rath am 14 Nov. 1803 Magdeburg, Sachsen-Gotha, Sachsen-Altenburg, Konstanz, Sachsen-Weimar, Sachsen-Eisenach, Hildesheim, Brandenburg-Onolzbach, Paderborn, Brandenb.-Kulmbach, Braunschweig-Wolfenbüttel, Halberstadt, Hinter-Pommern, Lübeck, Wirttemberg, Fulda, Baden-Durlach, Baden-Baden, Ellwang, Baden-Hochberg, Minden, Corvey, Camin, Nassau-Hadamar und Siegen, Nassau-Siegen-Dillenburg und Diez, Ostfriesland, Holstein-Oldenburg; am 18. Nov. Schwarzburg; am 2. Dezbr. die Wetterauischen und Fränkischen Grafen; am 9. Dez. Hessen-Kassel, Hersfeld, Mecklenburg-Schwerin, Mecklenburg-Güstrau, Schwerin, Ratzeburg; am 3. Febr. 1804 Hessen-Darmstadt, Anhalt; am 2. März Bremen, Braunschweig-Zell, Br.-Grubenhagen, Osnabrück, Verden, Sachsen-Lauenburg.

235) Vgl. Anm. 52.

236) (Fahnenberg) Krit. Betr. S. 31.

siegreich bekämpft und die „im westf. Fr. so theuer erworbne durchgängige Gleichheit[237]" mit dem Erfolge vertheidigt, daß der Kaiser dieselbe jetzt in seinem Hof-Dekret v. 30. Juni 1803 feierlich anerkennt[238]: „Dieses reichsoberhauptliche Anerkenntniß einer nicht blos rechtlichen, auf die Verwaltung der Justiz eingeschränkten, wie ältere und neuere katholische Staatsrechts-Lehrer z. B. Riefel und Gönner behaupten[239], sondern auch politischen Religions-Gleichheit hätte wohl verdient, von dem protestantischen Religionstheil dankbar aufgenommen zu werden. Wie würde sich der alte Moser, wenn er dieses öffentliche Anerkenntniß erlebt hätte, darüber gefreut haben[240]. Man darf nur in seiner Abhandlung von der deutschen Religions-Verfassung S. 170—180 die lebhafte Widerlegung jener katholischen Schriftsteller, welche die Religions-Parität auf die Rechtspflege einschränken, lesen, um sich von seiner Freude eine Vorstellung zu machen[241]."

Im vollen Widerspruch mit dieser protestantischen Lehre, mit den „vollwichtigen Aussprüchen der bewährtesten protestantischen Staatsrechtslehrer[242]" Pütter, Häberlin, Quistorp, Schmelzer, — „leicht wäre es, noch mehre Autoritäten anzuführen[243]" — behaupten nun die Reichsstände Augsburgischer Konfession, „der westf. Fr. rede nur von rechtlicher Gleichheit beider Religionstheile[244]." „Daß diese neue Doktrin von den alten protestantischen Lehrsätzen abweicht, sieht Jeder. Eine ganz andre Sprache herrscht in den Erklä-

---

237) Krit. Betr., S. 33.
238) Ebenda, S. 23.
239) Ebd., Anm. w. Ueber Gönner, vgl. ob. Anm. 201 und w. u.
240) Ebd., S. 24.
241) Ebd., Anm. x.
242) Ebd., S. 33 u. 39, vgl. S. 26 u. 29.
243) Ebd., S. 33, Anm. ee.
244) Ebd., S. 24, Punkt 4.

tungen der Protestanten bei dem westf. Frieden, in ihrer gemeinsamen Abstimmung von 1674 und in ihren 1708 und 1754 in den evangelischen Konferenzen abgelegten Erklärungen[245].“ „Würde aber diese theuer erworbne, von dem corpore evangelicorum jederzeit behauptete, und von dem katholischen Reichstheil eingestandne durchgängige Religions-Gleichheit nicht verscherzt und preisgegeben, wenn sie auf eine bloße Rechts-Gleichheit herabgesetzt werden wollte[246]?“

Also stünden die Kaiserlichen von 1803 und die alte Lehre der Protestanten auf der einen Seite, die protestantischen Reichsstände von 1803 und jene bekämpfte Doktrin der Römisch-katholischen auf der andern: — die Kaiserlichen stützten sich nunmehr auf die Regel einer „vollkommnen Religions-Gleichheit“, während die evangelischen Reichsstände und mit ihnen Pfalz-Baiern, welches allerdings darin konsequent handelte, die Einschränkung der „durchgängigen Aequalität“ auf bloße Rechts-Gleichheit befürworteten?

Aus diesem Labyrinthe den Ausweg zu finden, bedarf man eines Fadens der Ariadne! Zum Glück hilft uns hier die deutsche Sprache aus dem juristischen Irrgarten des Kaisers und seines Dädalos Fahnenberg sicher und einfach heraus.

Die „Rechts-Gleichheit“, welche die römisch-katholischen Schriftsteller z. B. Riefel behaupteten und wogegen die ganze protestantische Wissenschaft ankämpfte, ist eine ganz andre als die Rechts-Gleichheit, worauf 1803 die evangelischen Reichsstände die Regel der Religions-Gleichheit „herabsetzen“ wollten. Jene beschränkte sich auf unparteiische Rechtspflege; diese dagegen bestand in einer wirklichen und allgemeinen Gleichheit der Rechte.

Die vollkommne Religions-Gleichheit, die durchgängige Aequalität[247]), wofür die protestantische Wissenschaft

245) Krit. Betr., S. 26.

246) Ebd., S. 33.

247) Die Antwort des Corp. Catholicorum v. 15. Juni 1752

einstand, unterscheidet sich wesentlich von der „durchgängigen Religions-Gleichheit“, welche die Kaiserlichen im Jahre 1803 plötzlich „eingestanden [248])“, und worauf sich der Kaiser gegenüber dem Hauptschluß der Reichs-Deputation und dem in §. 32 desselben enthaltnen Plan einer Neubildung des Fürsten-Raths berief. Diese „reichsoberhauptlich anerkannte“ aequalitas exacta mutuaque war eine Gleichheit der Zahl der evangelischen und römisch-katholischen Stimmen im Fürsten-Rath, eine „Stimmen-Parität [249])“: dagegen war jene durchgehende Gleichheit nach der alten Lehre der Protestanten die allgemeine Gleichheit der Rechte beider Konfessionen im Reich [250]).

Solcher Gestalt wurden für die vorliegende Streitfrage durch heillose Verkehrung des Sprachgebrauchs [251]) die entgegengesetzten Ansichten identifizirt, die identischen zu Gegensätzen gestempelt.

Aber die alte Lehre der protestantischen Wissenschaft von der Religions-Gleichheit hat keinen andern, vielmehr genau denselben Inhalt, wie bei dem Streit im Anfang dieses Jahrhunderts die Behauptungen der protestantischen Reichsstände [252]), wie die damit übereinstimmenden Kurpfalz-

---

auf eine Zuschrift des Corp. Evangelicorum vom 12. April j. J., s. bei Moser, V. d. teutsch Rel.-Vf. S. 167, 168; Krit. Betr. S. 32.

248) Krit. Betr. S. 33; vgl. S. 35.

249) Ebd., S. 40.

250) S. die §. 18 angef. protestantischen Autoritäten.

251) Vgl. ob. §. 9, S. 67.

252) Von den in Anm. 234 genannten Abstimmungen am Reichstage, welche übereinstimmend in Abrede stellten, die Religions-Gleichheit wäre soviel als „Stimmen-Parität“, sie wäre vielmehr „Rechts-Gleichheit“, soll hier nur die bezügliche Stelle des zuletzt abgegebnen Votum's, des herzoglich Bremischen v. 2. März Platz finden, welches seiner Tendenz nach ein vermittelndes, in seinen Prinzipien aber entschieden protestantisch war: „Sowenig von Sr. Königl. Majestät eine Gleichheit der Rechte beider Religionstheile im Reiche als Grundgesetz der Reichs-Verfassung je in Zweifel gezogen werden kann; sowenig sind doch Aller-

Baiern's [253]) und wie die Ansicht des römisch-katholischen Staatsrechts-Lehrers Gönner [254]), die von der frühern Doktrin seiner Glaubensgenossen durchaus abwich.

Denn die alte Lehre der Protestanten verwarf das, was bei Fahnenberg „bloße Rechts-Gleichheit“ heißt [255]), näm-

höchstdieselben in Erwägung der bisherigen Verhältnisse und des Herkommens im Stande, sich davon zu überzeugen, daß eine völlige Stimmen-Parität dazu wesentlich erforderlich sei“ . . .

253) Votum im Kurfürsten-Rath am 14. Nov. 1803; darin heißt es: „In Rücksicht auf die zweite Betrachtung („insofern aus der vermehrten Anzahl der protestantischen Reichstagsstimmen Besorgnisse für die Rechte des gesammten katholischen Religionstheils im Reich entstehen mögen“) müssen Ihre kurfürstl. Durchlaucht freimüthig bekennen, daß Sie in der buchstäblichen Vollziehung des §. 32 d. H.-D.-Schl. durchaus nichts fänden, was den wahren Grundsätzen der teutschen Konstitution zuwider wäre; weder nach dieser, noch nach dem Herkommen sei eine Stimmen-Parität der Anzahl nach auf dem Reichstage überhaupt, noch in jedem Kollegio insbesondere erforderlich: dagegen sei die Gleichheit der Rechte beider Religionstheile im Reiche grundgesetzlich dahin bestimmt, daß in Religionssachen nur gütliche Uebereinkunft, nie eine Ueberstimmung durch Mehrzahl statthabe, mithin sei es in Absicht auf Gelegenheiten dieser Art, wobei ficta paritas eintrete, ganz gleichgültig, welche Konfession die mehrsten Stimmen unter sich zähle.“ Ebenso im Fürsten-Rath an demf. T. die Abst. für Baiern, Pfalz-Neuburg, Bamberg, Würzburg, Augsburg, Freisingen, Passau, Kempten, Leuchtenberg.

254) Teutsch. St.-R. §. 85 f. S. 89 f. — Gönner deutet die Religions-Parität des westf. Fr. als Rechts-Gleichheit, aber nicht, wie Fahnenberg Krit. Betr. S. 23 Anm. w, glauben macht, als die Pseudo-Rechts-Gleichheit d. h. die auf „Verwaltung der Justiz beschränkte“ sondern als dieselbe, welche Riefel und Genossen nie zugegeben, Moser und Genossen stets behauptet haben. Gönner a. O., S. 90 verwirft die „numeräre“ oder, wie er (und auch Fahnenberg, Krit. Betr. S. 23 u. 24) sie nennt: „politische“ Gleichheit.

255) Krit. Betr. S. 31. Nachdem Fahnenberg die Worte Häberlin's gegen Riefel angeführt hat: „Allein dadurch ist keineswegs die .. Religions-Gleichheit bloß auf die Verwaltung der Justiz eingeschränkt“, fährt er fort: „Wie kann nun dieser Staatsrechts-

lich die Beschränkung der Religions-Gleichheit auf die Rechtspflege. Sie verwarf das, was 1803 den Kaiserlichen als „vollkommne Religions-Parität“ gilt[256]), nämlich die Ausdehnung der Religions-Gleichheit auf die Regel einer Stimmen-Parität im Fürsten-Rath. Sie vertheidigte die „durchgängige Aequalität“ als die allgemeine Gleichheit der Rechte beider Konfessionen im Reich. — —

Wenn endlich Oesterreich im Fürsten-Rath am 18., Böhmen im Kurfürsten-Rath am 21. Novbr. auf einen Rathschlag Bezug nahmen, den „der protestantische Staatsrechts-Lehrer Moser seinen Religionsverwandten ertheilen konnte“, so läßt sich dieser Rath allerdings nicht auf jene Sprachverwirrung zurückführen. Aber das ist auch gar nicht nöthig. Denn, mag sein Inhalt gewesen sein, wie die Kaiserlichen 1803 nur immer wollten, Erheblichkeit für den Inhalt und Umfang der Rechte beider Bekenntnisse kann dem politischen Rath eines Staatsrechts-Lehrers an religionsverwandte Reichsstände nun und nimmer zugeschrieben werden.

Was ist vollends für die Deutung der Religions-Gleichheit des westf. Fr. Art. V §. 1 als der Stimmen-

---

Lehrer dem Vorgeben beipflichten, daß die im westfälischen Frieden so theuer erworbne Gleichheit — eine bloße Rechts-Gleichheit seye?“ Vgl. S. 11: „Im Anfang der westf. Fr.-Traktaten verlangten zwar die protestantischen Contrahenten blos eine Rechts-Gleichheit (gleiches Recht). Sie wurden aber bald gewahr, daß sie bei einer solchen auf die Rechtspflege eingeschränkten Gleichheit ...“ s. ob. S. 42.

256) Krit. Betr. S. 9: „wonicht das Uebergewicht der Stimmen, doch eine gänzliche Religions-Gleichheit“.. S. 21: „daß die im westf. Frieden Art V. §. 1, auf Andringen der Protestanten festgesetzte exacta et mutua aequalitas auf die Anzahl der Reichstags-Stimmen allerdings gemeint war“. S. 60: „Durch alle diese .. neuen katholischen Stimmen wird .... die völlige Religions-Gleichheit in der Anzahl der Stimmen im Reichsfürsten-Rath bewerkstelligt.“ Vgl. S. 13, 22, 23, 28, 35, 36, 40.

Parität des Hof-Dekrets vom 30 Juni bewiesen, wenn J. J. Moser, Von den deutschen Reichs-Ständen Buch I. Kap. 4 §. 42, S. 180 (offenbar die von den Gesandten des Kaisers angezogne Stelle) zuerst in Abrede stellt, daß die Reichsgesetze oder das Reichsherkommen bei der Einführung neuer Stimmen in den Reichs-Fürsten-Rath erfordern, jedesmal gleichviel Evangelische und Katholische zu introduziren, wenn er sich dafür „auf allerley Exempel im vorigen und jetzigen Jahrh.", namentlich auf die Fälle von 1706 und 1713, von Mindelheim und Lichtenstein bezieht, und hierauf sagt:

„Da aber die Catholischen ohnehin ein so starkes Uebergewicht im Reichs-Fürsten-Rath haben, thun freilich die Evangelischen wohl, wann sie, sooft die Frage eines neuen Catholischen vorfallen möchte, vest zusammenhalten und wenn es nicht anderst sein will und kann, in partes gehen; wo sodann die Catholischen entweder von ihrem Vorhaben abstehen oder einen Evangelischen mitannehmen müssen.."!?

Die Schlußfolgerung.

§. 20.

„Das Religions-Mißverhältniß der Stimmen ist gegen das durch den westfälischen Frieden geheiligte Gleichheits-Prinzip und also auch gegen die Reichs-Constitution [257])." Ein solches Mißverhältniß der Stimmen ordnete der Vorschlag einer Neubildung des Fürsten-Rathes an, welchen der §. 32 des Hauptschlusses der Reichs-Deputation v. 25. Febr. enthielt. Der Kaiser war durch die beschworne Wahl-Kapitulation, namentlich deren Art. II §. 3 und 4 verpflichtet, die Grundgesetze des Reichs aufrecht zu halten, darunter besonders den westfälischen Friedensvertrag. Folglich hatte

---

[257]) (Fahnenberg) Krit. Betr. S. 35.

vermöge der Regel der Religions-Gleichheit in Art. V §. 1 des westf. Fr. der Kaiser die Pflicht, jenem Vorschlage der Neubildung des Fürsten-Raths, welche das verfassungswidrige Mißverhältniß der Stimmen beider Bekenntnisse festsetzte, seine reichsoberhauptliche Sanktion zu versagen: dies ist der Gedankengang der Kaiserlichen Partei.

Mit dem Obersatz aber fällt der Schlußsatz. Wenn sich daher ergeben hat, daß dieser Obersatz im Reichsrechte nicht begründet ist, daß „die Religions-Gleichheit der Reichstags-Stimmen nicht zur Verfassung des deutschen Reichs gehöre[258]“, so fragt es sich immer noch, ob nicht ein andrer, als der genannte Obersatz zu denken und doch genau dieselbe Schlußfolgerung zu ziehen sei, also: ob die Regel der Religions-Gleichheit in ihrer wahren Gestalt nicht dennoch den Kaiser zu dem Veto vom 27. April verpflichtet habe?

Für die Rechts-Gleichheit der beiden Bekenntnisse gibt es keinen bezeichnendern Ausdruck als die bündige Regel, womit Art. V §. 1 des westf. Fr. die aequalitas exacta mutuaque umschrieben hat: „ut, quod uni parti iustum est, alteri quoque sit iustum“. Auf sie nahm eine Zuschrift des Corpus Evangelicorum vom 12. April und die Erwiderung des Corpus Catholicorum vom 15. Juni 1752 förmlich Bezug, daß also „was dem einen Theil billig, dem andern recht“ sein sollte[258a]).

Begreiflicherweise kann diese Regel nicht so gedeutet werden, daß jedes etwanige Unrecht, welches den Protestanten von Seiten der Römisch-katholischen widerfahren, diesen sodann von den Protestanten zugefügt werden dürfe — als eine Art von Repressalie unter beiden Bekenntnissen. Wenn daher, wie der Kaiser 1803 behauptet hat, die Religions-Gleichheit die numerische Gleichstellung der Stimmen

---

258) Krit. Betr. S. 23.

258a) Vgl. Anm. 247.

im Fürsten-Rath erforderte, so würde jene Regel der Gegenseitigkeit keineswegs mit sich gebracht haben, daß, nachdem die Protestanten mit der Minorität sich hätten begnügen müssen, nunmehr die Römischen sich damit begnügen sollten [259]. Denn in diesem Falle würde es eben für die Protestanten nicht „justum“ gewesen sein, weniger Stimmen als der andre Religionstheil zu führen [260]. Aber jene Behauptung ward als ungegründet und haltlos erkannt.

Ebensowenig darf die Regel so aufgefaßt werden, als ob ein Rechts-Anspruch, welchen die eine Religions-Partei erhoben hatte, der aber weder gerecht war noch erfüllt wurde, von dem andern Religionstheil gleichfalls und nunmehr mit Fug erhoben werden könnte und erfüllt werden müßte. Wenn daher die Protestanten ohne rechtlichen Grund gefordert hätten, daß bei Einführung neuer Stimmen in den Fürsten-Rath keines von beiden Bekenntnissen hintangesetzt, keines bevorzugt würde, so wäre dadurch den Römisch-katholischen nicht ohne Weitres das Recht gegeben, die Einführung einer größern Zahl von Evangelischen als widerrechtlich zu bestreiten und die Zulassung einer gleichgroßen Zahl ihrer Glaubensgenossen zu verlangen.

Jener Ausspruch der Protestanten war indessen nicht ungerecht. Die Rechts-Gleichheit des westf. Fr. schließt Bevorzugungen des einen, Zurücksetzungen des andern Religionstheiles aus. Folglich war es eine Verletzung jenes

---

259) „Quod contra rationem iuris receptum est, non est perducendum ad consequentias“ L. 14 D. d. legg.

260) (Haas) Betrachtungen üb. d. Viril-St. im R.-Fürst-R. (1804) S. 18. „Wenn die Protestanten“, meint der Verf., „sich die verfassungswidrige Benachtheiligung gefallen ließen und sich bei dem Prinzip der fingirten Parität beruhigen zu können glaubten“, so folge daraus nicht, „daß durch diese protestantische Akquieszenz dem katholischen Reichstheile für den gegenwärtigen Fall das Recht benommen worden wäre, eine auch in numerischem Verhältnisse herzustellende Gleichheit der Stimmen-Zahl beider Religionstheile zu fordern . . .“

Gleichheits-Prinzips, wenn unqualifizirte Römisch-katholische in den Fürsten-Rath aufgenommen, wohlqualifizirte Protestanten davon fern gehalten wurden. Zweitens, wenn die ohnehin bestehende Majorität der Römisch-katholischen noch immer mehr verstärkt d. h., wenn der Exponent des Stimmen-Verhältnisses stets zum Nachtheil der Evangelischen verändert werden sollte.

Gesteht man zu, daß die Protestanten mit Recht auf Art. V §. 1 des westf. Fr. sich stützten, indem sie der weitern Mehrung des Uebergewichts römischer Stimmen Einhalt zu thun versuchten, so nähert man sich doch durchaus nicht der Deutung desselben als einer Regel numerischer Ausgleichung.

Ferner, indem diese Deutung, wie im Obigen geschah, verworfen wird, entsteht daraus nicht etwa die Annahme, daß aus der Rechts-Gleichheit des westf. Fr. keine Beziehung auf das Zahlenverhältniß der Stimmen im Fürsten-Rath abzuleiten sei. Soweit es die Gleichheit des Rechts erforderlich macht, wird der Anspruch einer der beiden Religions-Parteien, bei der Einführung neuer Stimmen berücksichtigt zu werden, gerechtfertigt erscheinen: folglich, wie vor 1801 der Anspruch der Evangelischen, daß die „ohnehin eminente“ Mehrheit nicht im Verhältnisse zur Minderheit noch zunehme, so seit 1801, seit dem Lüneviller Frieden, jeder analoge Anspruch der Römisch-katholischen. —

Zunächst — entscheidet die Rücksicht auf die Mehrheit der Protestanten im Kurfürsten-Rath und im Städte-Rath dafür, daß dieselben im Fürsten-Rath einer derartigen Mehrheit entrathen müßten? Ein Gleiches, was nun den Römischen drohte, hatten die Protestanten getragen, ohne darin eine Rechtsverletzung zu erblicken.

Indessen, ob vermöge des westf. Fr., Art. V §. 1, mit Sicherheit zu verneinen ist, daß die Stimmen-Gleichheit eine nicht zu überschreitende Grenze bildete, ob in der That nichts entgegenstand, daß die Protestanten in allen drei Kollegien des Reichstags zur Majorität gelangten, läßt sich erst im Zusammenhange mit dem Ergebniß der Untersuchung über das Wesen des römischen Reichs bestimmen, wovon die folgende Streitfrage handelt.

Zuzugeben ist jedoch von vornherein Folgendes: Gewannen die Evangelischen das Uebergewicht, welches früher ihre Gegner hatten, so mußten sie die Regel der Gleichheit auch gegen sich[261]) gelten lassen und durften den Anspruch nicht zurückweisen, daß wenigstens der neu gewonnene Exponent des Verhältnisses der Stimmen beider Bekenntnisse im Fürsten-Rath nicht zum weiteren Nachtheil der Römisch-katholischen verändert würde. Mit andern Worten: Begründet ist der Anspruch der Römisch-katholischen, daß bei Einführung der neuen Stimmen, die zu der evangelischen Mehrheit im Fürsten-Rath hinzukommen sollten, zwischen beiden Bekenntnissen Gleichheit beobachtet werde.

Aber dies Zugeständniß hat nicht unbedingt zur Folge, daß die neu eingeführten Stimmen des Fürsten-Raths zur Hälfte protestantisch, zur Hälfte römisch-katholisch sein mußten. Vielmehr ist solche Folgerung noch an zwei Voraussetzungen geknüpft. Erstens, daß qualifizirte Römisch-katholische vorhanden sind; denn das entspräche der Regel der Religions-Gleichheit übel, wenn nur der Zahlenausgleichung wegen unqualifizirte eingeführt würden: da wäre bei aller Stimmenmehrheit immerhin der protestantische Theil in seinem Rechte verletzt. Zweitens, daß nicht aus Mangel an römisch-katholischen Kandidaten die Ueberzahl qualifizirter Evangelischer zurücktreten muß und von der Aufnahme in den Fürsten-Rath ausgeschlossen sein soll.

Nach Maßgabe dessen war der Vorschlag der Deputation in §. 32 des Hauptschlusses zu beurtheilen.

---

261) Moser, V. d. teutsch. Relig.-Vf. S. 180; Fahnenberg in den Krit. Betr. S. 22 benutzt dies auf seine Weise.

Dieser organisirte einen Fürsten-Rath mit bedeutender Stimmenmehrheit der Evangelischen[262]. Der Kaiser erklärte sich verpflichtet, die Evangelischen nicht zur Mehrheit im Fürsten-Rathe gelangen zu lassen, weil die Religions-Gleichheit die numerische Gleichstellung erfordre. Solches Erforderniß bestand nicht.

Doch ferner überstieg in jenem Vorschlag die Zahl der völlig *neu* einzuführenden evangelischen Stimmen die der neu aufzunehmenden römisch-katholischen. Und dagegen hatte die römische Religions-Partei wohl das Recht, eine Ausgleichung zu verlangen, wenn sie nur die nöthige Zahl von qualifizirten Bewerbern auf ihrer Seite zu stellen vermochte[263]. Daran aber war Mangel[263a], wie Fahnenberg selbst halb und halb einräumen mußte[264] und wie die in Vorschlag

---

262) Ausführlich dargestellt ist dies in dem Kaiserl. Hofdekret vom $\frac{\text{30. Juni}}{\text{8. Juli}}$; die Majorität der Evangelischen wäre gemäß dem Dep.-Schluß §. 32 *stärker* geworden, als die Mehrheit der Römisch-katholischen vor dem Lüneviller Frieden. Vgl. den *Anhang*; s. auch ob. S. 18.

263) Für die frühern Zeiten, also wo die Schneide dieses Grundsatzes die Protestanten traf, stellt ihn *Fahnenberg*, Krit. Betr. S. 18. 19 auf. Damals freilich, bei dem Vorgange mit Schwarzenberg und Nassau-Saarbrücken (vgl. ob. §. 12) war es ein eigen Ding mit der fehlenden Qualifikation: es fehlte nur die Fürstenwürde, bei deren Ertheilung der Kaiser parteiisch verfuhr.

263a) Com.-Corr. 1803. Nro. 54. Regensb. 18. Juli: „Von den jetzt vorgeschlagenen Katholischen ist *fast keiner fürstenmäßig ausgestattet.*"

264) *Krit. Betr.* S. 51. „Wegen der Begüterung kann man es mit diesen fürstlichen Candidaten so streng nicht mehr nehmen, als es die ältern Reichsgesetze genommen haben wollen. Von dieser Strenge ist man in neuern Zeiten längst abgegangen, weil man so billig war, einzusehen, daß zum Ankauf eines reichsunmittelbaren und zu fürstenmäßigen Reichssteuern fähigen Fürstenthums nach dem dermaligen Güter-Anschlag eine ungeheure und unerschwingliche Summe Geldes erforderlich wäre un daß, wenn auch die Geldmasse aufgebracht sein würde, doch wohl in vielen Sacculis *kein vollwichtiges Reichsfürstenthum zu feilem Kauf kommen* dürfte". Diese Stelle ist überaus charakteristisch für das bescheidne

gebrachten römisch-katholischen Stimmen deutlich zeigen. Das hierauf ergehende Machtgebot des Kaisers, welches in dem Hof-Dekret vom 30 Juni noch als Proposition [265]), in Fahnenbergs Schrift [266]) bereits mit Drohungen verstärkt erschien und am Reichstag späterhin immer schroffer hervor-

---

Loos, welches der deutschen Nation im heil. römischen Reiche zu Theil geworden war. — Fahnenberg beruft sich sodann auf die früheren Einführungen unqualifizirter Fürsten; S. 59: „Diese neuen Fürsten können daher zu Sitz und Stimme im Reichsfürsten-Rath ebensowohl zugelassen werden, als die Fürsten von Piccolomini, Dietrichstein, Auersberg, Portia, u. s. w., da sie diesen in der Begüterung ganz gleich sind ..“ Also müßte im Gegentheil gesagt werden: „ebensowenig“. Denn jene Fürsten, übrigens lauter Römisch-katholische, gegen deren Zulassung die harten Kämpfe stattfanden, wovon oben Abschnitt II, §. 10 die Rede war, wurden auch von ihren Glaubensgenossen nur ausnahmsweise und mit der ganz ausdrücklichen Verwahrung zu Sitz und Stimme zugelassen, daß, wie es in dem Gutachten der beiden höhern Kollegien vom $^{13}/_{23}$. Januar 1654 heißt: „1) diese bewilligte admissio et receptio von niemand, wer der auch sey, über kurtz oder lang, pro exemplo oder praeiudicio nicht an, noch zu einiger Consequenz gezogen, 2) Ihro Fürstl. Gnaden (der Einzuführenden) Erben und Nachkommen, ehe u. bevor sie mit acquirirten, immediat-fürstenmäßigen Reichs-Gütern habilitiret seyn, sich solcher im Fürsten-Rath habender Stelle und Stimme nicht gebrauchen“ (Meiern, Regensp. R. T. H., Buch VI, §. 11, Nro. II, S. 852). Auch ist nicht von einer Strenge der ältern Reichsgesetze, wie F. vorgibt, sondern gerade derer zu sprechen, welche gegeben wurden, um Wiederholungen jener Fälle zu verhüten. So J. R. A. §. 197, K. W.-K. Art. I, §. 5, 6. Art. XXII, §. 2; vor allen jedoch die Verpflichtung der K. W.-K Art. I, §. 7, nachträglich noch eine „Komitialuntersuchung“ über die Qualifikation sämmtlicher 1654 und seither aufgenommnen Fürsten einzuleiten. — Beiläufig, Wunder darf es nehmen, daß Fahnenberg (S. 17 u. 21) Piccolomini und Amalfi für zwei verschiedne Fürsten halten konnte, da bekanntlich Octavius Piccolomini den Titel „Herzog von Amalfi“ führte.

265) S. den Anhang; vgl. auch ob. §. 2, S. 20.

266) Krit Betr. S. 44.: „Und wohin würde denn am Ende diese Ungeneigtheit führen? Das Reichsoberhaupt müßte sich des unterdrückten katholischen Religionstheils, Pflichten halber, annehmen und dem zu

trat [267]), stellte die Alternative, „entweder noch soviel katholische Stimmen zur allerhöchsten Genehmigung vorzuschlagen, als zur Feststellung der Religions-Gleichheit im Fürsten-Rath erforderlich sind oder, wenn etwa die Berichtigung dieser Gleichheit noch zur Zeit einigen Schwierigkeiten unterliegen sollte“ d. h. wenn nicht genug qualifizirte röm.-kath. Bewerber vorhanden sind „nach vorgängiger Festsetzung des Grundsatzes der zu beobachtenden Stimmen-Gleichheit solange die Introduktion einer verhältnißmäßigen Zahl von den im D.-H.-Schl. in Antrag gebrachten protestantischen Stimmen auszusetzen, bis die oftgedachte Religions-Parität vollkommen hergestellet ist“. — Das war, auch abgesehen von der Stimmen-Parität, ungerechtfertigt [268]) und verletzte die wahre Rechts-Gleichheit.

---

seinem Nachtheil zu Stand gebrachten Reichsgutachten die Ratifikation versagen, wodurch die Aktivität des Reichstags aufhören und die Staatsgewalt des deutschen Reichs in paralitischen Zustand gerathen würde.“ Der Schluß ist nicht sonderlich konkludent, weder logisch noch juristisch.

267) Comit.-Corr. 1804 Nro. 20. Regensb. d. 5. März (zweiter Bericht): „Nach der Aeußerung des v. Fahnenberg (der eben von Wien nach Regensburg zurückgekehrt war) sind Se. Kaiserl. Maj. fest entschlossen, den 32. §. des Dep.-Hpt.-Schl. nicht eher zu ratifiziren, als bis die Zulassung einer mit dem protestantischen Religionstheile gleichen Anzahl katholischer Stimmen von den Ständen bewilligt sein wird. Die Kaiserl. Minister sind daher vorläufig angewiesen, das Conclusum nach der vorliegenden Majorität nicht zu ziehen; wenn aber von den Ständen darauf gedrungen werden sollte, in partes zu gehen, so bedenklich überhaupt an sich, besonders aber in den dermaligen Umständen eine Maßregel dieser Art seyn würde“. Vgl. auch C.-C. 1803 Nro. 82. Reg. 19. Dez. (der letzte Bericht j. J.), und C.-C. 1804, Nro. 2. Reg. 9. Jan., Nro. 5. Reg. 19. Jan.

268) Vgl. jedoch das oben S. 121 über die „Grenze“ Gesagte: hier ist aber von der Verpflichtung des Kaisers nur insoweit die Rede, als dieselbe auf die Regel der Religions-Gleichheit in Art. V §. 1 des westf. Fr. zurückgeführt wurde.

Ihr zufolge konnten der Kaiser und der römische Religionstheil nur die Mitaufnahme wirklich qualifizirter Bewerber ihres Bekenntnisses zu Sitz und Stimme im Fürsten-Rath verlangen. Dieses Verlangen war aber durchzusetzen, auch wenn §. 32 des D.-H.-Schl. von dem Kaiserl. Veto nicht betroffen, sondern vollständig zu Gesezzeskraft erhoben wurde [269]). Die Regel der Religions-Gleichheit verpflichtete den Kaiser allerdings, solche Aufnahme einer verhältnißmäßigen Anzahl römisch-katholischer Stimmen zu veranlassen; sie verpflichtete auch die protestantische Majorität, qualifizirten Römisch-katholischen den Zutritt nicht zu wehren. Unabhängig davon konnte jedoch die Neubildung des Fürsten-Raths, wie die Deputation sie vorschlug, ins Leben treten. Sie nachträglich zu ergänzen, war der Kaiser allerdings verpflichtet: aber gegen sie von vornherein sein Veto einzulegen, geboten höchstens Gründe der Politik.

Wie berechtigt das Reichsoberhaupt unzweifelhaft gewesen ist, jenen Bestimmungen des R.-D.-H.-Schl. die Genehmigung zu versagen, so bestand doch, was zunächst die Regel der Religions-Gleichheit anbelangt, keine Verpflichtung des Kaisers zum Veto vom 27. April 1803.

---

269) Votum von Magdeburg im Fürsten-Rath am 14. Nov. 1803: „Dieser Antrag schließe jedoch nicht aus, daß demnächst, wenn diese vollständige Ausführung jenes Reichsschlusses erfolgt sey, auch noch andern qualifizirten Bewerbern, von welcher Religionsseite sie seyen, neue Stimmen bewilligt werden könnten.“ Ebenso lauteten die meisten andern Vota der evangelischen Stände in beiden höhern Kollegien des Reichstags.

Dritte Streitfrage.

Ueber die Verpflichtung des Kaisers zum Veto vom 27. April 1803 vermöge des Rechts-Verhältnisses zwischen römischem Reich und römischer Kirche.

Uebersicht.

§. 21.

Keine Mehrheit der Evangelischen am Reichstage zuzugeben hielt der Kaiser sich für verpflichtet. Wenigstens in einem der drei Kollegien war daher dem Uebergewichte jenes Religionstheils Einhalt zu thun. Ausführbar aber schien dies nur noch im Fürsten-Rath.

Andre Bedeutung hatte auch die Bezugnahme auf den westfälischen Frieden nicht. Die Regel der Religions-Gleichheit sollte der Kaiserlichen Sache nur negativ Vorschub leisten. Nicht darauf lag der Ton, daß Stimmen-Gleichheit, sondern darauf, daß nur Stimmen-Gleichheit sogar von diesem den Protestanten theuern Grundgesetz erfordert würde, daß also selbst hieraus gegen Einsetzung einer evangelischen Majorität am Reichstag Entscheidung zu treffen wäre [170]).

---

270) Aus dem Kaiserl. Hofdekrete v. 30. Juni 1803, aus dem Reskript des Staats-Vicekanzlers Grafen Kobenzel an die erzherzogl. österr. Reichstags-Gesandtschaft v. 10. Nov. j. J., womit der Weisung Hardenberg's an die Kurbrandenb. R.-T.-Gesandtschaft d. d. Berlin 26. August j. J. widersprochen worden, ferner aus reichstägigen Abstimmungen (Oesterreich's am 18. Nov, Böhmen's am 21. Nov., Lichtenstein's am 16. Dezbr. 1803 u. s. w.), sodann aus den offnen Eingeständnissen der Kaiserlich gesinnten Presse, namentlich aus (Haas) Betrachtungen über die Viril-St. im R.-F.-R (1804) ergibt sich dies deutlich. In letztgen. Schrift, S. 18 heißt es u. A., der röm.-kath Religionstheil sei berechtigt, „eine auch in

Den geraden Weg zum Ziel bezeichnete die Herleitung der Pflicht des Reichsoberhaupts zu jenem Veto aus dem Rechtsverhältnisse des römischen Reichs zur römischen Kirche. Dieses Rechtsverhältniß ward noch im Jahr 1803 von dem römischen Kaiser als ein solches angesehen, wodurch die Aufrechthaltung der römisch-katholischen Majorität am Reichstage geboten oder doch, wenn diese, wie das Hof-Dekret vom 30. Juni zu verstehen gab, unmöglich geworden, wenigstens die Zulassung einer protestantischen Majorität am Reichstage verboten würde. Demzufolge erschien, da die Protestanten in den beiden Kollegien der Kurfürsten und der Reichsstädte das Uebergewicht erlangten, die Gleichheit der Stimmen beider Konfessionen im Fürsten-Rath als die Grenze[271]), welche zu überschreiten dem Kaiser seine der römischen Kirche heilig geschwornen Eide verwehrten.

So sollte Verfassungs-Aenderungen im deutschen Reiche durch Pflichten, welche das Reichsoberhaupt gegenüber der römischen Kirche übernommen hatte, eine Grenze gesetzt sein?

In der That. Die Geschichte des öffentlichen Rechts unsrer Nation lehrt, wie wenig zur Beurtheilung desselben in den aufeinanderfolgenden Stadien seiner Entwicklung die sonst im Staatsrecht anwendbaren einfachen Grundsätze genügen. Mit der bloßen Bezeichnung des „Reichs" wird eine Verwicklung berührt, deren Lösung noch heute zu den Aufgaben der Wissenschaft gehört.

Die Untersuchung der vorliegenden Frage setzt eine richtige Würdigung dessen voraus, was das heilige römische

---

numerischem Verhältnisse herzustellende Gleichheit der Stimmen-Zahl beider Religions-Reichstheile zu fordern und auf seinem hergebrachten Besitzstande, vermöge dessen er im Fürsten-Rathe nie die mindere Stimmenzahl bildete, zu bestehen."

271) Ueber diese „Grenze" s. das Kaiserl. Rat-Komm.-Dekret vom 27. April u. das Hofdekret v. 30. Juni 1803; vgl. auch ob. S. 20.

Reich an sich zu bedeuten hatte [272]). Durch diese vermittelt sich die Erkenntniß der rechtlichen Stellung des Kaiserthums und, da seit Otto dem Ersten unsre Könige in ununterbrochner Reihe dessen Träger waren, der rechtlichen Stellung Deutschlands zu der römischen Kirche.

Diese Stellung wurde durch die Reformation, welche den Romanismus im Prinzip überwand, durch den Religions- und westf. Frieden, welche freilich den reformatorischen Gedanken nicht zur Herrschaft brachten, wesentlich umgestaltet. Eine fernere tiefgreifende Umwälzung führte am Eingang unsres Jahrhunderts der Friede von Lüneville herbei.

Nach Prüfung des angedeuteten geschichtlichen Verlaufs und in Erwägung des rechtlichen Bestandes, welcher für die Zeit um 1803 als das Resultat jener Entwicklung herauszustellen ist, wird die Frage zu entscheiden sein, inwiefern der von Grund aus veränderten Rechtsordnung in Deutschland jenes Verhältniß des Kaiserthums zum Pabstthume, welches den westf. Fr. überdauert hatte, entsprach? und ob durch den Vertrag von Lüneville nicht entweder der uralte Verband zwischen Reich und Kirche so völlig zerrissen war — oder, wenn jenes Rechtsverhältniß zwischen Deutschland und Rom noch gelten sollte, ob nicht andre, gleichfalls in der Reichsverfassung begründete Rechte, nämlich der Protestanten, im vorliegenden Fall demselben so entgegenstanden, daß der Kaiser bei dem Veto vom 27. April seine Pflichten in Betreff der römischen Kirche mit Unrecht hervorhob?

---

272) Das jetzt lebende Geschlecht ist weder für noch gegen das heil. röm. Reich Partei. Wenn aber jene große Institution, welche weit über unser Vaterland hinaus für die Weltgeschichte wahrhaft epochemachend war, zum wissenschaftlichen Bewußtsein kommen soll, so darf nicht von dorther, wo für Ursprung und Bedeutung desselben alles Verständniß fehlte und wo die Zerstörung — zwar nicht ihren Anfang nahm, doch ins Werk gesetzt wurde, also nicht bei dem achtzehnten Jahrhundert darüber Rath eingeholt werden.

Abschnitt I.

Deutschlands Vereinigung mit dem heil. röm. Reich und Verhältniß zur röm. Kirche.

§. 22.

Das System des Romanismus[273]).

Die Echtheit der berühmten Donatio Constantini wird heute zu Tage Niemand behaupten [274]). Aber aus unechten Urkunden läßt sich die Richtung und Anschauungsweise des Zeitalters ihrer Entstehung, natürlich nicht des vorgeblichen, sondern dessen worin muthmaßlich oder gewiß die Fälschung stattgefunden hat, erkennen. Mit mehr Sicherheit sogar, als aus den echten Urkunden die Sinnesart ihrer Zeit, da Unabsichtlichkeit in diesen, Absichtlichkeit in jenen vorwaltet.

So gibt die genannte Schenkungs-Urkunde [275]), ganz abgesehen von dem historischen Verlauf, den sie bezeugt, eine weltgeschichtlich wichtige Darstellung von der Art und Weise, wie die römische Kirche damals, als das Schriftstück entstand, ihre eigne Lebensordnung aufgefaßt wissen wollte.

---

273) G. Phillips, Kirchenrecht, Band III, Abtheilung 1. (Regensburg 1848), bes. §§. 117—119, 122—133, S. 1—61, 92—318. W. Dönniges, das deutsche Staatsrecht und die deutsche Reichsverfassung, Th. I: histor. Entwickelung seit Karls des Großen Kaiserkrönung bis auf das zwölfte Jahrhundert (Berlin 1842). — Lebhaft veranschaulicht sich das Wesen des heiligen römischen Reichs in dem Bilde, das Leopold Ranke in seinen Büchern „deutscher Geschichte im Zeitalter der Reformation" von Karl V. mit Meisterhand entworfen hat. Lehrreich zur Erkenntniß des Romanismus sind in Ranke's Werk über die „römischen Päbste" bes. Th. I, S. 1—12, 19, 20, 22—32, 36, 61; Th. II, S. 183 Anm. 1, 184, 189, 190, 205, 576.

274) J. C. L. Gieseler, Lehrbuch der Kirchengeschichte, Bd. II, Abth. 1. (vierte Aufl., Bonn 1846) S. 190. Anm. 21. — Phillips a. O. §. 18., S. 24.

275) Auszugsweise bei Gratian, c. 14. Dist. XCVI.

Eine Macht außerhalb der Kirche wird vorausgesetzt, das Cäsarenthum. Dieses ist im Besitz aller irdischen Mittel. Ihm ist der Erdkreis unterworfen[276]) d. h. außer dem römischen Reich kommt kein Volk oder Land in Betracht, ist keines nennenswerth oder auch nur genannt. Die Stadt Rom, deren höchste Magistratur der Cäsar bekleidet, ist der Mittelpunkt der Welt.

In demselben Rom hat der Apostelfürst die Kirche des Herrn aufgerichtet[277]). Seinem Nachfolger an dieser Kirche ertheilt der Cäsar ein „privilegium[278]).“ Constantin, vier Tage nach seiner Taufe, gibt der Kirche Christi die Verfassung. Eine Ordnung ihrer irdischen Verhältnisse führt der Cäsar aus eigner Machtvollkommenheit ins Leben[279]). Sein Dekret ist die Rechtsquelle[280]).

---

276) Pseudo-Constantin befiehlt, daß seiner Verfügung Folge leiste „universum populum in toto orbe terrarum, nunc et in posterum cunctis retro temporibus imperio nostro subiacentem.“ Er nennt sich „terrenus Imperator“ (c. 14 cit.)

277) „Princeps Apostolorum“; „ubi principatus sacerdotum et Christianae religionis caput ab Imperatore coelesti constitutum est“; „sedes sacratissima Petri“; „B. Petrus in terris Vicarius filii Dei videtur constitutus“ (c. 14. cit.). Vgl. in den Pseudo-Isidor. Decret. Vigilii ep. ad. Profuturum c. 7. (cap. 6 u. 7 sind gefälscht)· „Nulli . . . dubium est, quod Ecclesia Romana fundamentum et forma sit Ecclesiarum, a qua omnes Ecclesias principium sumsisse nemo credentium ignorat, cum, licet omnium Apostolorum par esset electio, Beato tamen Petro concessum est, ut caeteris praeemineret, unde et Cephas vocatur, quia caput est et primus omnium Apostolorum“. Gieseler, a. O. 179 Anm. 8.

278) c. 14 cit., Anfangsworte: „Constantinus Imperator quarta die sui baptismi privilegium Romanae ecclesiae pontifici contulit . . .“

279) Ebenda: „Utile iudicavimus una cum omnibus Satrapis nostris et universo senatu optimatibusque meis (?) etiam et cuncto populo Romanae gloriae subiacenti . . .“ „decernentes sancimus“ . . „per nostram imperialem iussionem sacram“.

280) Das.: „concessam a nobis nostroque imperio obti-

Was enthält dasselbe? — Die Ausstattung mit einer mächtigen Herrschaft über die Stadt Rom, die italienischen Provinzen, über das Abendland ist weniger charakteristisch. Der Imperator verordnet 1) daß die römische Kirche die Hauptkirche der ganzen Welt sein, daß ihr Bischof die Hegemonie über die von Alexandrien, Antiochia, Jerusalem, Constantinopel „quam etiam super omnes in universo orbe terrarum ecclesias Dei" haben[281]);

---

neant" (d h. „Pontifices, qui principes Apostolorum gerunt vices" und: „principatus potestatem") — „tribuentes ei potestatem et gloriae dignitatem", „ita Romanam ecclesiam decorari volumus" „per hanc divalem nostram et pragmaticam constitutum decernimus" „omnia quae per hanc nostram imperialem sacram et per alia divalia decreta statuimus atque confirmavimus, usque in finem mundi illibata et inconcussa permanere decernimus . . Si quis autem, quod non credimus, in hoc temerator aut contemptor extiterit, aeternis condemnationibus subiaceat innodatus et sanctos Dei, principes Apostolorum Petrum et Paulum sibi in praesenti et in futura vita sentiat contrarios; atque in inferno inferiori concrematus, cum diabolo et omnibus deficiat impiis. Huius vero imperialis decreti nostri . . . . ." Nach der Anschauungsweise der Kirche, zu deren Gunsten dies Kaiserl. Dekret erfunden ist, verhängte der Kaiser ewige Verdammniß, freilich über diejenigen welche wider die Rechte der Kirche, d. h. jedoch hier gegen den Kaiserlichen Erlaß freveln würden.

281) „Utile iudicavimus (s. o. Anm. 279) . ., ut sicut Beatus Petrus in terris Vicarius filii Dei esse videtur constitutus, ita et Pontifices qui ipsius principis Apostolorum gerunt vices, principatus potestatem . . . concessam a nobis nostroque imperio obtineant". „Atque decernentes sancimus, ut principatum teneat tam super quatuor praecipuas sedes, Alexandrinam, Antiochenam, Hierosolymitanam, Constantinopolitanam, quam etiam super omnes in universo orbe terrarum ecclesias Dei: et Pontifex, qui pro tempore ipsius sacrosanctae Romanae ecclesiae extiterit, celsior et princeps cunctis sacerdotibus totius mundi existat et eius iudicio, quaeque ad cultum Dei vel fidei Christianorum stabilitatem procuranda fuerint, disponantur".

2) daß sie dem imperium gleichstehen, daß sie ein zweites Cäsarenthum sein solle [282]).

Die römische Kirche leitete also den Primat von einem Privilegium des römischen Kaisers her. Ich ziehe daraus keine Folgerung für die kirchliche Ansicht von dem Verhältnisse der beiden Mächte zueinander [283]), sondern ich schließe daraus nur auf die in der römischen Kirche und später in der ganzen Welt vorhandne Ueberzeugung, daß beide Gewalten nothwendig coexistiren. Die Kirche gibt dem Cäsarenthum auch nach dieser Auffassung mehr, als sie nimmt: aber fest steht, daß zwei Mächte gedacht sind, die einander beide bedürfen.

Die Ordnung der Kirche ferner ist „ad imitationem imperii", nach Analogie des Kaiserthums. Der Pontifex

---

[282]) „(privilegium) ut in toto orbe Romano sacerdotes ita hunc (d. h. Romanae eccl. pontificem) caput habeant, sicut iudices Regem". „Et sicut nostram terrenam imperialem potentiam, sic eius sacrosanctam Romanam ecclesiam decernimus venerabiliter honorari et (amplius quam nostrum imperium et terrenum thronum) sedem sacratissimam B. P. gloriose exaltari: tribuentes ei potestatem et honorificentiam imperialem", . . „ad imitationem imperii nostri" . .

[283]) Leiser Anklang an eine Ueberhebung des Kirchen-Cäsars über den weltlichen (s. in der Klammer der vorigen Anm „amplius". ., ferner): „principatus potestatem amplius quam terrena imperialis nostrae serenitatis mansuetudo habere" „et tenentes fraenum equi ipsius (pontificis) pro reverentia B. P. stratoris officium illi exhibuimus" (nämlich der fingirte Constantin). „Unde ut pontificalis apex non vilescat, sed magis quam terreni imperii dignitas gloria et potentia decoretur . ." Ursache der Verlegung der Residenz nach dem Orient: „quoniam ubi principatus sacerdotum et Christianae religionis caput ab Imperatore coelesti constitutum est, iustum non est, ut illic Imperator terrenus habeat potestatem". — Diese angebliche Ursache vgl. mit Freidank's Bescheidenheit (herausgeg. v. W. Grimm, Gött. 1834) S. 151, Z. 23 f: „Der babest ist ein irdesch

erhält Kaiserlichen Rang, wie diese Würde vorhin im Heidenthum ein Theil der Kaiserlichen war [284]). Der Cäsar räumt ihm den Kaiserlichen Lateran zur Residenz ein, entäußert sich der Krone von dem eignen Haupt, überträgt ihm alle Abzeichen des Imperatorenthums, sein Scepter, seinen Purpur und alle Symbole seiner irdischen Gewalt [285]);

---

got, und ist doch dicke der Romär spot; ze Rome ist sbabstes ere kranc: in vremediu laut gat sin getwanc" u. s. f. — Dönniges a. O., S. 205.

[284]) A. F. Pott „Römisch, Romanisch, Roman, Romantisch" im Novemberheft 1852 der allgemeinen Monatschrift für Wissenschaft und Literatur, S 937 f.: „Mit der Würde eines perpetuirlichen Consuls, eines Imperators oder Oberbefehlshabers aller Heere u. s. w. vereinigte schon im Beginn der Cäsar die eines Pontifex Maximus." — Phillipps a O. §. 118 S. 15: „Mit der Annahme des Christenthums verzichteten .. die Kaiser auf ihr Pontifikat . ." Das Folgende, wonach „über ihrem Haupte eine andre Gewalt, ein andres Pontifikat bis zu einer in den Himmel ragenden Höhe emporgestiegen war, nach welcher sie, um von dorther das göttliche Maß auch für die zeitlichen Dinge zu empfangen, emporzublicken hatten", entspricht der Anschauung der Kirche in c. 14. cit. nicht. Bemerkenswerth ist aber, was a. O. erwähnt wird, daß die Imperatoren noch bis auf Gratian mit dem Titel des heidnischen Pontifikats sich bekleideten, den auch Constantin annahm. Vgl. Dönniges a. O. S. 46.

[285]) „Beato Sylvestro, summo Pontifici, et universalis urbis Romae Papae, et omnibus ejus successoribus pontificibus, qui usque in finem mundi in sede B. P. erunt sessuri, de praesenti contradimus palatium Imperii nostri Lateranense, deinde diadema, videlicet coronam capitis nostri, simulque phrygium, nec non et superhumerale, videlicet lorum, quod imperiale circumdare assolet collum, verumetiam et chlamydem purpuream atque tunicam coccineam et omnia imperialia indumenta, sed et dignitatem imperialium praesidentium equitum, conferentes etiam et imperialia sceptra simulque cuncta signa atque banda et diversa ornamenta imperialia et omnem processionem imperialis culminis et gloriam potestatis nostrae." . . „Decrevimus itaque et hoc, ut ipse et successores eius diademate, videlicet corona, quam ex capite nostro illi concessimus, ex auro purissimo et gemmis pretiosis uti debeant et in capite ad laudem Dei pro honore B. P. gestare."

er stiftet neue besondre Zierrathe[286]) und befiehlt, daß sie auf alle Nachfolger übergehen[287]). Den römischen Bischof umgibt Constantin mit einem Kaiserlichen Hofstaat[288]) und setzt den Klerus der römischen Kirche dem römischen Senat im Range gleich[289]). . . .

Die Kirche ist ein überirdisches Reich, dessen Haupt und Gründer der Herr des Himmels (Imperator coelestis) ist; ihre Beziehungen zu den weltlichen Dingen bestimmt[290])

---

286) „Ipse vero beatissimus Papa, quia super coronam clericatus, quam gerit ad gloriam Beati Petri, omnino ipsa ex auro non est passus uti corona, nos phrygium candido nitore splendidum Dominicam designans eius sacratissimo vertici manibus nostris imposuimus . ." „statuentes eodem phrygio omnes eius successores singulariter uti in processionibus, ad imitationem imperii nostri.". . „Et ut amplissime pontificale decus praefulgeat, decernimus et hoc, clericorum eiusdem sanctae Romanae ecclesiae manipulis et linteaminibus, i. e. candidissimo colore decorari equos ita et equitare."

287) Vgl. d. beid. vorh. Anm.

288) „Et quemadmodum imperialis potentia officiis diversis, cubiculariorum nempe, et ostiariorum atque omnium excubitorum ornatur, ita et sanctam Romanam ecclesiam decorari volumus".

289) „Viris autem reverendissimis clericis in diversis ordinibus eidem sacrosanctae Romanae ecclesiae servientibus illud culmen singularitate, potentia et praecellentia habere sancimus, cuius amplissimus noster senatus videtur gloria adornari i. e. patricios atque consules effici, nec non et caeteris dignitatibus imperialibus eos promulgamus decorari. Et sicut imperialis militia ornatur, ita et clerum sanctae Romanae Ecclesiae ornari decernimus".

290) In dieser Anschauungsweise schrieb Bernhard von Clairvaux seine Ermahnungsschrift „de consideratione libb. V." (Gieseler, Kirchengeschichte, Band I, Abth. II, Bonn 1832, S. 74 f.) und das. in Buch II, Kap. 6: „Petrus hic est, qui nescitur processisse aliquando vel gemmis ornatus, vel sericis, non tectus auro, non vectus equo albo, nec stipatus milite, nec circumstrepentibus septus ministris. In his successisti non Petro, sed Constantino".

der irdische Gebieter (Imperator terrenus); er stattet sie mit äußern Gütern aus und richtet sie nach dem Muster des Umfassendsten und Erhabensten, was die Erde kennt, nach dem seiner eignen Majestät ein. —

Die Entstehung der sog. Schenkungs-Urkunde Constantins wird in die Jahre 767 oder 875 oder 963 gesetzt[291]). Jedenfalls ist sie älter als 999, da die Schenkungs-Urkunde Kaiser Otto III. an seinen Lehrer, den Pabst Sylvester II. vom Novbr. j. J. sie bereits als Erfindung bezeichnet[292]). Die Verschiedenheit der Angaben innerhalb dieser Grenzen bewirkt für den vorliegenden Zweck keinen Unterschied. Wesentlich ist nur, daß zwischen der Fälschung und dem Zeitalter Constantins soviel Raum bleibt, um die Grundzüge des neuen, wiedergebornen römischen Kaiserthums, dessen die Kirche zu ihrem eignen Bestande nicht entrathen konnte, aus einer dazwischenfallenden Entwicklung einigermaßen zu erklären.

Das römische Reich unter christlichen Cäsaren[293]) war schon ein wesentlich neues. Denn das Christenthum ließ sich nicht so schlicht einbürgern, wie etwa der Isisdienst[293a]). Ueber dem neuen religiösen Leben zu wachen, wurde fast

---

291) Das J. 767 nimmt Petr. de Marca de concord. Sac. et Imp. an: (s. Gieseler Kirchengeschichte, Bd. II, Abth. I, Bonn 1846, S. 178 Anm. 7.); d. J. 875 (Marqu. Freherus) Constantini donatio integre edita 1610; d. J. 963 endlich Jo. Morinus, histoire de la délivrance de l'église chrétienne par l'Empereur Constantin, Paris 1630. Vgl. Gieseler, Kirchengeschichte a. O. S. 189, Anm. 20, worin anderweite Annahmen v. C. Blascus de coll. can. Isid. Merc. Kap. 2, S. 13, die Urkunde sei lange nach Pseudo-Isid. untergeschoben, u. v. Baronius Annal. a. 324 Nro. 117 f. abgewiesen sind.

292) Monumenta Germaniae, ed. G. H. Pertz, Leg. II. part. alt. p. 162; vgl. auch S. 163 das.

293) Die Kirchenväter hielten das alte römische Reich für den absolut widerchristlichen Staat; Rom war ihnen Babel. Tertullian u. A. sagt: „wenn Kaiser überhaupt christlich werden können".

293a) Phillips a. O. §. 117 S. 6—13.

unwillkürlich ein Theil des Kaiserlichen Berufs[294]). — Dazu kamen die Züge der germanischen Völker; es entstand, was von entscheidender Wichtigkeit für die Lösung des Räthsels von dem spätern römischen Reich ist, ein römisches Reich welches germanische Herrschaften, Fürstenthümer, Königreiche wenigstens dem Namen nach umschloß und von welchem die germanischen Herrscher auf römischem Grund und Boden sogar einen Rechtstitel ihrer Gewalt herleiteten[295]).

Der eine Gedanke des römischen Reichs, der seiner Universalität[296]) verschmolz aber mit dem Gedanken

---

294) Ludw. Richter, Lehrbuch des kath. und evang. Kirchenrechts (3. Aufl. Leipz. 1848) §. 21 S. 41 f.

295) Ferd. Walter, Deutsche Rechtsgeschichte, Lieferung 1, Recht und Verfassung (Bonn 1852) §.39 S. 35, Anm. 2 über Odoaker; §. 40, S. 35 Anm. 1 u. 2 über Theoderich: Jordanes, c. 86 „Nobis imperio vestro famulantibus" „Ego enim si vicero vestro dono vestroque munere possidebo. — Ueber die Franken s. Gregor. Turon. II, 38, Eichhorn Deutsche Staats- und Rechtsgeschichte (Aufl. IV, Göttingen 1834) Th. I, S. 171; auch Pertz a. O. S. 159, 160. Ueber die Burgunder s. Eichhorn a. O. und S. 167 Anm. i: „Sabaudia datur . ." (L. Burg. tit 54 cap. 1).

296) Ein Gedanke der Verheißung („haud votum ignarus venturique inscius aevi"), ein uralter! Varro, de ling. lat. IV, 34: „quod fiebat orbis, urbs". Cicero, pro domo, 33: „dominus regum, victor atque imperator omnium gentium". Virgil. Aen. I, 21: „populus, late rex" (Die beiden letzten Stellen führt F. Laurent, histoire du droit des gens, Th. I, Gent 1850, Introduction S. 4. Anm. 1 an). Virg. Aen. VIII, 721, 722: (Caesar) „Dona recognoscit populorum; — incedunt victae longo ordine gentes, quam variae linguis, habitu tam vestis et armis". Ebend. IX, 449: „imperiumque pater Romanus habebit". Ebend. VI, 782: „illa inclyta Roma imperium terris, animos aequabit Olympo"; 813: „missus in imperium magnum (Rex Romanus)"; 852: „Tu regere imperio populos, Romane, memento". Tacit. annal. III, 6: „populus imperator" (Laurent a. O.); Ulpian: „in orbe Romano . ." (l. 17. D. d. stat. hom. I, 5) und

der Welt-Religion[297]), welchen erst das Christenthum einführte. Diese Verschmelzung war eines der merkwürdigsten Ereignisse der Geschichte. Ich glaube, man darf annehmen, es war ein Werk der ökumenischen Concilien: Für die Begründung des Ansehens einzelner Synoden als ökumenischer war, um mit Richter zu reden, die Mitwirkung und Bestätigung der Kaiser ein ganz wesentliches Moment. Unter Justinian entschied sich die Oekumenizität der Synoden von Nicäa, Constantinopel, Ephesus, Chalcedon. Die Kaiser aber stellten den altrömischen Universalismus dar, woran sich, wie an Trümmern der Epheu, in den ökumenischen Concilien ein christlicher Universalismus emporrankte[298]).

Die Kirche bemächtigte sich der eingewurzelten und allenthalben geläufigen Vorstellung[299]), an deren Stelle die christliche, scheinbar dieselbe und doch eine so ganz neue

an viel. and. Stellen; Modestin (L. 33 D. ad munic. L. 1): „Roma communis nostra patria"; Callistrat. (L. 19 D. d. interd. et rel. XLVIII, 22): „Ῥώμη πάντων ἐστὶ πατρίς". — Antonin nannte sich: τοῦ κόσμου κύριος, vgl. L. 9 D. de leg. Rhod. XIV, 2. — Des Didius Julianus Münze trug die Inschrift: „Rector orbis" (Pfeffinger, Vitr. ill. Th. I, S. 375). „Urbs aeterna" heißt Rom bei Valentinian III, 445 in s. Lex edict. ad. Aetium com. (Novell. Val. tit 17). Justinian gibt seine Const. 13 C. de iudic. III, 1: „orbi terrarum".

297) F. Laurent, Histoire du droit des gens, Th I. (Gent 1850) Einleitung S. 2. „La religion chrétienne est la première qui ait eu la prétention d'être universelle; lien des âmes dans le monde entier, elle contient en germe une nouvelle constitution du genre humain; l'unité politique sortira de l'unité religieuse".

298) Nov. 131 c. 1. Can. 6. Dist. XCVI; c. 1. Dist. XCVII. — Wachsmuth, Allgem. Culturgeschichte (Leipz. 1852) Th. II. das Mittelalter S. 248.

299) Pott a. O.: „Gleichwohl müßte uns das Entstehen und die stufenweis fortschreitende Erweiterung jener geistlichen Macht ins Ungeheure hinein wie ein unlösbares Räthsel verwirrend vor Auge und Seele treten, erhielte nicht die Erscheinung durch die vorausgegangne Thatsache einer weithin sich erstreckenden Cäsaren-Herrschaft ... theilweise ihre Lösung. Denn das in Rom als Mittelpunkt der Welt seinen

trat, daß, als später (seit 1143) das alte Römerthum sich zu regen begann, dieses von der Kirche als die feindseligste Erscheinung bekämpft wurde. Das nationale Prinzip, das in der eigentlich römischen Anschauungsweise tyrannisch waltete[300]), war gerade von der christlichen durchbrochen. Das Christenthum erschien als eine Sache der Menschheit[301]) oder vielmehr — könnte man sagen — ist Menschheit ein Begriff des Christenthums[302]). Die „Christen-

---

Sitz aufschlagende Pabstthum betrachtete sich nicht nur als ausschließlichen und unbeschränkten Stellvertreter Christi in Sachen einer Weltreligion, der christlichen: es betrachtete sich zugleich, was sich mit dem „Knecht der Knechte" immerhin recht wohl vertrug, natürlich „von Gottes Gnaden" als Erben (?) der römischen Weltmonarchie; mehr noch, es wurde so betrachtet". — Vgl. Laurent a. O. S. 3: „Jésus-Christ et ses apôtres jetèrent les fondements d'une réorganisation sociale et politique; la Providence leur prépara la voie et facilita leur mission, en réunissant les peuples anciens sous un seul Empire". S. auch Vorrede das. S. VII. — Phillips a. O. S. 6.

300) Pott a. O. S. 942 von der „sprach- und völkervernichtenden Provinzialverfassung" Rom's. Dönniges a. O. S. 471: „die Einheit der Sklaverei unter dem röm. Imperator als Gott".

301) Laurent a. O., S. 34.: „La religion et la philosophie trouvaient dans la multiplicité des dieux la raison de la diversité des races humaines. La division devenait fatale, immuable, parcequ'elle avait un fondement dans la conception de la Divinité. De là les erreurs des philosophes sur l'esclavage. L'antiquité bâtie sur la négation de l'unité humaine devait périr et faire place à un monde nouveau fondé sur l'unité des hommes en Dieu". — Daher auch die Abneigung der Pflanzer in den Sklavenstaaten gegen christliches Leben unter ihren Sklaven: das Christenthum gibt diesen das Bewußtsein der Ebenbürtigkeit mit dem Eigenthümer; unverträglich mit dem Sklavenstand erscheint die religiöse Gemeinschaft des universellen Gottes, der auch den Schwarzen Vater und Erlöser ist.

302) Mannigfaltige Vorahnungen im Heidenthum. Laurent a. O. S. 33 führt Stob. Eclog. Phys. T. I, P. I, Nro. 12 an: ich füge beispielsweise hinzu Virgil's „divûm pater atque hominum rex" (Aen. X, 743) und sein noch schöneres: „Rex Jupiter omnibus idem" (Aen. X, 112).

heit[303])“ bildete die Grundlage der neuen, scheinbar unverändert römischen Ordnung der Dinge. Eine Gemeinschaft der „Heiligen“, erkennbar an der Austheilung und dem Empfang der Sakramente, ein heiliges Reich, das Reich Christi: Das war das neue christliche oder, was nun dasselbe[304]) sagen will: römische, oder: heilige römische Reich — zu werden bestimmt.

Um sich zu verwirklichen, bedurfte dieses heilige Reich[305]) eines solchen Kaiserthums, wie die Schenkungs-Urkunde für die Zeit Constantins fingirte. Die Einheit der weltlichen Macht war herrschende Vorstellung: diese mußte so verändert werden, daß sie selbst eine Einheit der geistlichen Macht erforderte: somit gleichsam ein Consulat der Christenrepublik d. h. den Dualismus von Reich und Kirche. Doch, wo war jenes römische Weltreich, welches zum Träger dieser „römischen“ Idee sich dargeboten hätte? Die Byzantiner[306]), mit denen die römische Kirche, wenn

303) Wie es später in der Glossa ordin. zum Sachsenspiegel heißt: „denn die Christenheit ist unter des heil. römischen Reichs Gewalt“.

304) Pott a. O. Anm. 1: „Ging doch dies soweit, daß sich die Ausdrücke Römer und Christ beinahe identifizirten. Romani, sagt D. C., olim dicti qui alias Christiani vel etiam Catholici (vgl. Römisch-katholische, Römlinge, Papisten). So nannten sich die Catholici selbst, wurden aber auch von den Ketzern schmähweise so genannt; z. B. Gregor. Turon. lib. 1. Mirac. cap. 25: Romanos enim vocitant homines nostrae religionis. Was würden die alten Römer dazu sagen? — Sonderbar steht Ἕλληνες im mittelalterlichen Griechisch (so z. B. Grimm, Dtsche Spr.-Lehre I, 12, Ausg. 3), für die Heiden, weil die alten Hellenen im Gegensatz ihrer Nachkommen, der christlichen Ῥωμαῖοι, wirklich Heiden waren .... Auch die Romfahrer, die nach Rom pilgerten, hießen mit Ehrennamen (wie die Mekkapilger: Hadschi) Ital. Romeo (Romaeus, Romipeta), Span. Romero d. h. Römer“

305) Die lateinische Uebersetzung des Sachsenspiegels aus dem 14ten Jahrh. (in der Ausg. des Sachsensp. Leipzig b. Nic. Wolrab 1545) hat in Art. I, 1, bei der Schwerterlehre für „ertrich“ (Erdreich): „ecclesia“; — „Duorum gladiorum potestatem .... ad defendendum suum populum Christus in sua approbavit Ecclesia“.

306) c. 7. Dist. XCVI (Theodos. u. Valentinian. an d. Synode

das Abendland ihr nicht Genüge that, noch spät anzuknüpfen suchte [306a]), zeigten sich als unempfänglich für das Neue, als abgestorben, daher als feindlich und unkräftig [307]). — Ein neues Weltreich dagegen war im Entstehen; seine Gründer zeigten sich dem neuen Rom geneigt [308]). Ja, diese Gründer hatten der Sache des Christenthums auf jenem blutigen Felde von Tours und Poitiers zum Siege verholfen und hier zwischen Christenthum und Islam für alle Zeiten entschieden [308a]). Da erfolgte denn der wunderbare Akt einer Uebertragung des Imperatorenthums von den „Griechen" auf die Germanen. Es war im Ganzen und Großen, was im Innern des Frankenreichs der römische Bischof früher sanktionirt gehabt. Die Frankenkönige sind für das römische Kaiserthum die Hausmeier — die Byzantiner sind dessen Merowinger gewesen [309]). Wo die Macht war, sollte fortan

v. Ephesus durch Candidianus). — Gelas. Pap. Anastasio Imperatori in c. 10. Dist. XCVI: „Duo sunt quippe Imperator Auguste, quibus principaliter hic mundus regitur, auctoritas sacra pontificum et regalis potestas." — Nov. 6 pr.: „Maxima quidem in hominibus sunt dona Dei a superna collata clementia, sacerdotium et imperium, et illud quidem divinis ministrans, hoc autem humanis praesidens ac diligentiam exhibens, ex uno eodemque principio utraque procedentia, humanam exornant vitam." Derselbe Justinian verfügte in l. 21 pr. C. d. sacros. eccl. I, 2: „Constantinopolitana ecclesia omnium aliarum est caput".

306a) Innoc. III, ad Const. Imp. in c. 6. X, de maior. et obed. I, 33.

307) Phillips a. O. §§. 118, 119, bes. S. 39—43. und S. 47.

308) Winfried-Bonifacius' wirkungsreiche Vermittlung. Gieseler a. O. S. 21 — 27. Wachsmuth a. O. S. 249. — S. auch Ranke, Päbste, Th. I, S. 19: „Dafür übernahm dann der neue König (Pippin), den Pabst, die heilige Kirche, und die Republik Gottes zu vertheidigen".

308a) Dönniges, a. O., S. 61 u. 62.

309) Noch 785 erkannte der Pabst die Hoheit des griechischen Kaiserthums an: Hadr. P. ep. ad Constantinum et Irenen bei Gieseler a. O., S. 41, Anm. 17.

das Recht sein[310]). Doch es war nicht einfach Uebertragung[310a]) — von der Befugniß zu einer solchen ganz zu geschweigen —, es war Neuschaffung des Kaiserthums, es war die Verwirklichung eines ganz neuen Systems, welches an den Namen und die Traditionen eines von ihm wesentlich verschiednen alten anknüpfte. Dies neue System war der Romanismus.

Nach dem Vorbilde des Cäsarenthums[311]) und auf

---

310) Hadr. P. I. ep. ad Carolum v. J. 777: „et sicut temporibus B. Sylvestri Rom. Pont. a sanctae recordationis piissimo Constantino M. Imperatore per eius largitatem sancta Dei catholica et apostolica Romana ecclesia elevata et exaltata est et potestatem in his Hesperiae partibus largiri dignatus est: ita et in his temporibus atque nostris S. Dei Ecclesia i. e. B. Petri Apostoli germinet atque exultet, quia ecce novus christianissimus Constantinus Imperator surrexit, per quem omnia Deus sanctae suae Ecclesiae BB. Apostolorum principis Petri largiri dignatus est ..“ Gieseler a. O., S. 41, Anm. 18. Vgl. Phillips a. O. S. 51: „Da entstand die Frage, ob es nicht recht sei, daß derj., der die Kaiserl. Pflichten habe, auch den Kaiserl. Titel führe? Der Pabst beantwortete sich diese Frage mit Ja“.

310a) Phillips a. O., S. 53 hält „die hin und wieder aufgestellte Theorie von einer Translatio imperii ab oriente in occidentem“ für „nicht zulässig“. Er betrachtet (S. 54) das Verhältniß als eine Herstellung des weströmischen Reichs, wodurch dem griechischen Kaiser das dominium mundi unbenommen geblieben. Die Befugniß hatte der Pabst dazu nach Phillips als „das Organ, durch welches der göttliche Wille, der also die Verhältnisse gelenkt hatte, ausgesprochen wurde“. — Doch nicht die Erneuerung des weströmischen Reichs erschöpft die Bedeutung der „Renovatio Imperii“ auf Münzen Karl des Gr., sondern erst der Begriff einer Wiedergeburt des Kaiserthums überhaupt im christlichen Geiste. Jener Theorie, welche Phillips an die Stelle der von der Translatio setzt (vgl. auch a. O. §. 127, S. 194 f.), widerspricht u. A., daß die spätern Kaiser als die Nachfolger Justinians, also nicht der Weströmer allein auftreten, z. B. die Hohenstaufen, Maximilian I. — A. M. ist auch Dönniges, a. O., S. 417 f.

311) Eine starke Beimischung jüdischer Theokratie kam hinzu. „Praeterea de structura sacerdotii Mosaici cogitabatur“ sagt Just

Grund desselben organisirte sich die Kirche zu einem zweiten Kaiserthum; dann, in Gemäßheit solcher neuen Ordnung einer weltbeherrschenden und in diesem Sinne „Kaiserlichen“ Kirche, zur nothwendigen Ergänzung ihres Organismus und als einen Hebel christlicher Kräfte reorganisirte sie das Kaiserthum 312).

Doch auch Karl des Großen Imperatorenthum ist nur eine Uebergangsstufe; sein Reich, aus vielen Königreichen zwar bestehend, entspricht zu sehr noch dem altrömischen

---

Henning Böhmer, Ius. eccl. Prot. (Halle 1748, Ausg. 4.) Th. I, Diss. praelim. de suprema lege eccl. §. 23, S. 18.

312) Symbolisch drückt sich diese Nachbildung des Pabstthums nach dem Kaiserthum, des neuen Kaiserthums nach dem Pabstthum in dem Ceremonial, ja selbst im Ornate der Krönung aus. Daß der Pabst gekrönt wurde, geschah nach dem Vorbilde der Kaiser (c. 14 Dist. XCVI. cit.; Nikolaus I. war der erste Pabst, der mit Rücksicht auf die donatio Constantini sich krönen ließ: s. Gieseler a. O. S. 191 Anm. 3). Sein Ornat wird von Pseudo-Constantin aus Kaiserlichem Schmuck (diadema s. corona capitis nostri, imperialia sceptra, cuncta signa atque banda), aus Kaiserlichen Prachtgewändern (superhumerale videl. lorum quod imperiale circumdare assolet collum, chlamys purpurea, tunica coccinea et omnia imperialia indumenta) zusammengesetzt; das Ceremoniell ist „omnis processio imperialis culminis“ vgl. Anm. 287. Das neue Kaiserthum hinwiederum empfängt von dem Pabstthume den Ornat: Pluviale, Dalmatica, Alba, Stola, zwei Cingula, Sandalia, die drei Kronen u. s. w. Vgl. auch c. un. X. de sacra unctione I, 15. — Auch hier eine Beimischung jüdischer Elemente; dazu freilich byzantinische und fränkische Gebräuche. Das fränkische Element hebt Joh. Fr. Böhmer, Regesten des Kaiserreichs von 1246—1313 (Stuttg. 1844) Vorrede S. IV hervor, indem er die fortdauernde Geltung des Krönungs-Ceremonials, wie es unter den Karolingern bestanden, darauf stützt, daß das Recht des Herrschers fränkisch war. Böhmer a. O. Anm. führt den Krönungseid auf, von welchem w. u. die Rede sein wird; Raumer, Gesch. der Hohenstaufen V, 65 erinnert aber, daß dieser Kaisereid (den auch Franz II. noch geschworen) mit dem Gelöbnisse des Königs, die Rechte Karl des Gr. festhalten zu wollen, unvereinbar war: — das Fränkische wäre demnach zurückgedrängt gewesen. Sollte nicht vielmehr das Entscheidende (zugleich so Charakteristische) dabei sein, daß, wie „ad

wirklichen Weltreich und nicht genug dem neurömischen Idealreich[313]). Eine fernere Entwicklungs-Periode ist die Zeit unter Karl's Nachfolgern[314]): seine Königreiche werden

imitationem imperii" die Kirche, ad imitationem ecclesiae das neue Kaiserthum sich gestaltete?

313) Karoli M. ep. ad Leonem III. P. (Alcuin ep. 84) Gieseler a. O., S. 42, Anm. 21. Als Karl den Titel Imperator et Augustus annimmt und den eines Patricius ablegt, tritt der Pabst in die Rechte des ehemaligen Exarchen und übt das Patriziat von Rom aus; die Stadt blieb für das Erste kaiserlich. Die Päbste mußten dem Kaiser Treue schwören und ihn als ihren Herrn und Richter anerkennen, obwohl die päbstliche Würde über allen kirchlichen Gerichten erhaben ist. Gieseler a. O., S. 42. Pertz a. O. (part. alt.) S. 159, 160. — Karl krönte selbst seinen Sohn Ludwig zum Kaiser und erst drei Jahre darauf ertheilte Stephan IV. diesem die geistliche Weihe. Ludwig ließ seinen Sohn Lothar, dieser s. Sohn Ludwig II. krönen. Gieseler a. O. S. 50, 51, Anm. 15.

314) Ludwig II. Brief an Kaiser Basilius (Muratorii scriptt. Ital. II, II, 243) b. Gieseler a. O.: „unctione et sacratione per summi Pontificis manus impositionem divinitus sumus ad hoc culmen provecti". „Karolus M. abavus noster unctione huius modi per summum Pontificem delibutus primus ex gente et genealogia nostra et Imperator dictus et Christus Domini factus est. Si calumniaris Romanum Pontificem, quod gesserit: calumniari poteris et Samuel, quod spreto Saule, quem ipse unxerat, David in Regem ungere non renuerit". Wachsmuth a. O. S. 241 hält für dunkel, was sich an Karls Verhandlungen mit Irene von Byzanz knüpfen sollte. Dieser Brief lichtet das Dunkel. Sollten jene Verhandlungen nicht dem Kaiserthum die fehlende Legitimität geben? Dieser Mangel und das von der römischen Kirche gewährte Surrogat der Rechtmäßigkeit führte zu Konsequenzen, welche den Kaisern ebenso gefährlich, wie den Päbsten günstig waren. Der Schatten Samuels, den hier Ludwig II. heraufbeschwor, nahm unter Gregor VII feste Gestalt an; selbst die Glosse zum Sachsensp. gesteht: „Der Pabst entsetzt auch den Kaiser" — Folgenreich war auch die besondre Usurpation Karl's des Kahlen; vgl. Pertz a. O. (part. alt.), S. 161 f. Otto III. verfügte darüber 999, „Karolum nihil dare potuisse, utpote iam a Karolo meliore (er meint Karl III. den Dicken) fugatum, iam imperio privatum, iam destitutum et annullatum". Nichtsdesto-

selbständige Staaten; soll nun dennoch das römische Reich Bestand haben? Gerade jetzt[315]) entsteht es in der Form und als Träger des Geistes, wovon die ganze Weltanschauung des Mittelalters erfüllt war.

In zwei wechselseitig sich bedingenden Gliederungen[316])

weniger bildet dieses Zwischenspiel, von dem allerdings mit Otto III. zu sagen ist: „Ergo quod non habuit (Karl II.), dedit; sic dedit, sicut nimirum dare potuit utpote qui male acquisivit et diu se possessurum non speravit" ein wesentliches Moment der Entwicklung des Rechtsverhältnisses von Reich und Kirche. Ueberschwänglich feierte letztre den Kahlen mit gutem Grunde; vgl. b. Gieseler a. O. S. 205 Anm. 30 des Pabstes Ausspruch in synod. Rom. a. 877 (Baluz. cap. II, 251): „et nos . . non immerito intelleximus, istum esse proculdubio, qui a Deo constitutus esset salvator mundi . ." Ueber die durch Karl den Kahlen herbeigef. Aenderung in der Stellung des Kaiserthums s. Dönniges a. O., S. 194 f.

315) Als mit dem Jahr 919 unvermischt germanische Stämme sich als deutsches Volk zum deutschen Reiche fest und innig aneinanderschlossen. Böhmer, Regesten, a. O.

316) „Tvei svert lit got in ertrike to bescermene de kristenheit. Deme pavese is gesat dat geistlike, deme keisere dat wertlike" Ssp. I, herausgeg. v. G. Homeyer (2. Aufl. Berlin 1835) S. 27. – Glosse: „Dat ene swert hadde sinte peter, dat het nu de paves; dat andere hadde johannes, dat het nu de keyser"; Homeyer a. O., S 28. Ferner: „das ist von czweyen gerichten, das ist geistlich und weltlich. Vn̄ heißen darumb schwert, das man mit einem schwert zwinget die leut: vnd peinigt die misthetigen, also zwinget man mit dem geistlichen schwert die misthetigen seele, vn̄ mit dem weltlichen die misthetigen leut. Dis sind die czwey schwert, dauon stehet geschrieben in dem Euangelio: Da die Jünger sprachen zu Christo „hie sind czwey schwert". Da antwortete inen Christus vnd sprach „Ir ist genug". Diese czwey bedeuten vns geistlichen und weltlichen gewalt . . (kommt der von Homeyer angef. Satz) das sol nu jr gewalt unterschaiden sein". „Der Babst sol dem Kaiser helffen an dem Reiche mit ganzer Macht u. sol gebieten, das man sein Recht halte. Es sol auch niemand sprechen: Ich bin Pfaff, was ist mir umb den Keiser oder umb das weltliche gericht? Törichter man, weistu nicht, das alle Canones sich lassen deuten mit Legibus?" . . . „Der Keiser muß auch schweren dem Babst, das er jn nicht verunrecht . . Der Keiser sol auch dem Babst helffen,

entfaltete sich der Romanismus, indem er im christlichen Sinne Katholizismus war d. h. auf dem Gedanken einer Einheit der durch Christus erlösten Menschheit, des Christenvolks, der Christenheit beruhte. Das Reich des Gottmenschen stellte sich — gemäß den zwei Naturen — nothwendigerweise nach zwei Seiten dar, in einer Lebensordnung der weltlichen, in einer andern der geistlichen Dinge.

Der große Rangstreit beider Ordnungen [317]) darf hier

---

wenn ers jn wissen lest, vnd zwingen einen jglichen Christenmenschen, das er wider die Christenheit nicht thu. Denn die Christenheit ist vnter des heiligen römischen Reichs gewalt. Also sol einer dem andern helffen". (Dresdner Ausgabe des Ssp. v. 1554) — Dem Geiste nach verwandt ist c. 6 Dist. XCVI de saecularis potestatis jure in rebus Ecclesiasticis: „Cum ad verum ventum est, ultra sibi nec Imperator iura Pontificis arripuit, nec Pontifex nomen Imperatorium usurpavit, quoniam idem mediator Dei et hominum Christus Jesus sic actibus propriis et dignitatibus distinctis officia potestatis utriusque discrevit propria volens medicinali humanitate sursum efferri, non humana superbia rursus in infernum demergi, ut et Christiani Imperatores pro aeterna vita Pontificibus indigerent, et Pontifices pro cursu temporalium tantummodo rerum imperialibus legibus uterentur, quatenus spiritalis actio carnalibus distaret incursibus, et ideo militans Deo minime se negotiis saecularibus implicaret ac vicissim non ille rebus Divinis praesidere videretur qui esset negotiis saecularibus implicatus". Vgl. auch can. 2. C. 15 qu. 6 und Phillips a. O. §. 126 S. 182 f. Ferner K. Fr. Eichhorn, Deutsche Staats- und Rechts-Gesch. (4. Aufl. Gött. 1835) Bd. II, §. 287, S. 364 f. und J. Weiske, von dem Verhältniß des Lehnsystems zu dem der Hierarchie, in seinen Abhandlungen aus dem Gebiet des teutschen Rechts (Leipz. 1830) S. 112—128.

317) Der Gang der Entwicklung scheint von Stufe zu Stufe folgender: Der politischen Einheit stand im Anfang eine Vielheit der Kirchen gegenüber. Die gewonnene kirchliche Einheit stellte sich nun zunächst neben das Kaiserthum, dem es eine christliche Deutung gab; dann stellte es sich über das Kaiserthum, anfangs nur dem Range nach, darauf der Art nach, indem es die Kaiserliche Gewalt als entsprungen aus der pontifikalen darstellte. Endlich rief das Pabstthum die Nationalitäten zu einer Vernichtung der politischen Einheit der Christen-

unberührt bleiben [317a]). Angenommen, Gregor VII. Vergleich

heit auf, namentlich Frankreich (Wachsmuth a. O. S. 254: „Die Dienstmannschaft der Kirche hat die antideutsche Politik Frankreichs vorbereitet“). Doch mit Untergrabung des Kaiserthums untergrub das Pabstthum den Romanismus überhaupt und bald war nicht nur eine Vielheit des politischen Lebens herrschend, sondern auch die kirchliche Einheit ward eine blos postulirte, und in der geschichtlichen Wirklichkeit entstand eine bleibende Kirchenspaltung. — Die Stufe des Rangstreits ist eine verschwindende, wenn das Schicksal der Christenheit im Ganzen und Großen betrachtet wird. Vgl. Gervinus, Einleitung in d. Gesch. d. 19. Jahrh., S. 22: „Wäre es möglich gewesen, daß sich Kaiserthum und Pabstthum friedlich geeinigt hätten, . . sie hätten der Idee der christlichen Gemeinschaft leicht ein großes Uebergewicht über die nationalen Entwickelungen gegeben . . Eine solche Gestaltung ward aber schon durch die Eifersucht jener beiden Gewalten vereitelt, die im Streben nach einer Oberherrlichkeit über alle christlichen Kronen und Reiche wetteiferten.“

317a) Die Glosse zu Ssp. Art. I, beantwortet die Frage, „ob der Babst höher sey, denn der Keyser“, fast wörtlich wie der Kurverein von Rense: „Das Reich hat man von niemand denn von Gott“ und setzt hinzu: „Were es, das der Keiser das Reich võ dem Babste hette, so möcht man in weltlichen Sachen sich berufen von dem Keiser an den Babst — das widerspricht Bapst Alexander . .“ „Sprich aber das jr yegklicher sein sunderlichen gewalt hab, dieweil das jr yegklicher ist, als er zu recht sein sol“ (Dresdner Ausg. 1554). Ferner die Gl. zu Ssp. III, 57 §. 1 entscheidet, der Pabst sei der Höchste in dem was die Seele und den Gottesdienst, der Kaiser in dem was den Leib und die Ritterschaft betreffe; Homeyer a. O, S. 252. — Anders nach dem Schwabenspiegel: Gott ließ „zwai swert hie vf ertriche. Do er ze himel fvr ze schirme der cristenhait. Div lech vnser herre sante peter beidiv einz von geistlichem gerichte. Daz weltlich swert des gerichtes daz lihet der babest dem chäiser. Daz geistlich ist dem babest gesetzet, daz er da mite richte“. (Landrecht, Vorw. §. 11, Ausg. des Frh. v. Laßberg, Tüb. 1840). — C. 9, 10, 11. Dist. XCVI; c 1, 2. Dist XXII; cap. 6 X de maior. et obed. I, 33. u. a. Zeugnisse mehr. — Ueber den Konflikt Friedrich Rothbart's mit Hadrian IV. wegen des Ausdrucks „beneficia“ s. Phillips a. O., §. 126, S. 175 f.; doch vgl. Gieseler a. O., Bd. II, Abth. II, S 80, Anm. g. u. S. 107 Anm. c., wo auch Gloss. ord. ad Auth. Coll. I, Tit. VI Praef. abgedruckt ist: „Ergo apparet, quod neque Papa in temporalibus neque Imperator in spiritualibus se debeant immiscere . . .“ — Ueber das Verhältniß von Reich u. Kirche

träfe zu, daß beide sich wie Leib und Seele verhielten[318]);

---

im Bilde der duo magna luminaria s. Innocenz III. in cap. 6. X de mai. et obed. I, 33. Gieseler a. O. in den Anm. S. 108, 109. — Bonifaz VIII. ging in Prätension und Hochmuth über alle früheren hinaus; so in seiner Bulle „Unam sanctam" (Extrav. Commun. 1. de mai. et ob. I, 8). „Igitur ecclesiae unius et unicae unum corpus, unum caput, non duo capita quasi monstrum" „In hac eiusque potestate duos esse gladios, spiritalem videlicet et temporalem evangelicis dictis instruimur". Ueber die Bulle Unam sanctam, vgl. Phillips a. O., §. 130, S. 256—258. — W. Drumann, Geschichte Bonif. VIII. (Königsberg 1852) Th. I, S. 215: „Kann ich nicht das römische Reich bei seinen Rechten schützen? ich bin Cäsar, ich bin Kaiser, rief B. vom Thron herab im Consistorium vor den fremden Gesandten, mit dem Schwert umgürtet, Constantins Diadem auf dem Haupt". — Vgl. Gieseler a. O., S. 199, Anm. p. Es bekam ihm indessen übel. Mit Frankreich allein wurde er nicht fertig und nun war es derselbe Bonifaz, welcher bei dem Kaiserthum — vergeblich — Hülfe suchte und den Nationen gegenüber die Weltmacht des römischen Kaisers hervorhob, wobei mancher Ausspruch, obwohl alle an Uebertreibung leiden, das Wesen der Sache genau bezeichnet. Drumannn a. O. Th. I, S. 119: Schreiben an König Adolf aus Anagni; S. 121: Bulle aus Anagni v. 18. Aug. 1296; Th. II, S. 78 fg.: Bulle v. 30. April 1303 für König Albrecht; S. 8): Rede im Consistorium an dems. Tage. Vgl. auch die Schreiben an die drei geistlichen Kurfürsten vom 13. April 1301, b. Gieseler a. O., S. 201, Anm. s. Weil er, ratione peccati, der Welt allein Gesetze vorschreiben wollte, (Drumann a. O., II, S. 262) unterlag er und zwar im Kampfe nicht mit dem Kaiserthum, sondern überwunden von der durch das Pabstthum selbst herangezognen Nationalität. Die Geschichte des Bonifaz ist typisch: das „Exil" des Pabstthums zu Avignon folgt auf dem Fuße. Und so schien sich die Weissagung des Bernhard von Clairvaux zu erfüllen: „Si utrumque simul habere velis, perdes utrumque" Gieseler a. O. S. 76, Anm. x. (aus Bernh.'s Schrift de consideratione II, 6). — Ranke, Päbste, Th. II, S. 183, s. über die Lehre des Bellarmin. Ebenda S. 189 und 190 Anm. 1. s. Pedro Ribadeneira gegen Machiavelli: „Das Reich der Erde, wie S. Gregorio sage, müsse dem Reiche des Himmels dienen." Vgl. auch über den Einfluß des Nationalismus Phillips a. O §. 134. S. 331 f.

318) Schon Thomas von Aquino: „Potestas secularis subditur

so konnte für das Reich Christi auf Erden, für das heilige Reich nicht Seele ohne Leib, nicht Leib ohne Seele — eines konnte nicht ohne das andre[319]) sein: und das ist hier entscheidend. Auch beruht ja — mit Dönniges in seinem deutschen Staatsrecht zu reden, — wenn man jenes Bild festhält, die Freiheit der Seele nicht in ihrer Feindseligkeit gegen den Körper, nicht in ihrer gewaltsamen Trennung von ihm, sondern in ihrer vernünftigen Vereinigung mit ihm. Die Nothwendigkeit der Verbindung beider spiegelt sich vielmehr in jenem Ausspruch Hildebrand's. Und so ist der geistliche Katholizismus: die „heilige römische Kirche“, der weltliche: das „heilige römische Reich.“ Ein Gott, ein Pabst, ein Kaiser[320]) — darin sprach sich die mittelalterliche Weltansicht aus.

Der Kaiser ist das weltliche Oberhaupt der Christenheit[321]). Seine Gewalt ist aber keine Territorialmacht.

---

spirituali, sicut corpus animae"; Ranke, a. O. S. 184. — Vgl. cap. 6. X de mai. et obed. I, 33.

319) Pabst Urban IV. schreibt den 31. August 1263 an König Richard: „Sacerdotium piumet tutum debet habere refugium Imperialem mansuetudinem cum sua veneratione coniunctam" in Raynald. Ann. eccl. ad a. 1263 §. 46. — Pabst Sixtus V. ruft, wie Lunardo Donato d. d. Rom 25. Nov. 1589 nach Hause meldet, den Gesandten Venedigs zu: „Es gibt noch einen Kaiser“. Ranke, Päbste, Th. II, S. 205 (vgl. das. Th. III, S. 340, 341). — Phillips a. O., S. 1: „Das Prinzip, daß von zwei Gewalten, der geistlichen und die Welt der weltlichen regiert werde, beruht an sich auf einer von Gott unmittelbar getroffnen Anordnung, nicht auf einer allmählig unter den Menschen entstandnen Vorstellung“. Wer aber, wie Phillips, die Personifizirung der weltlichen Gewalt in der Einheit des Kaiserthums auf solche „Vorstellung“ zurückführt, der legt auch der papistischen Einheit die Art an die Wurzel. Vgl. ferner Phillips a. O., S. 333.

320) Laurent, a. O., (Vorrede) S. VII.

321) In dem Schreiben der Kurfürsten an den Pabst Benedikt XII. v. J. 1338 heißt es: „tota Christianitas, ad cuius Regimen et defensionem idem (Sacrum Romanum) Imperium principaliter ordinatum dinoscitur". — Goldne Bulle, Kap.

Schon unter den Nachfolgern Ludwig des Frommen erscheint sie gelöst von dem irdischen Besitz und nicht mehr identisch mit der unmittelbaren Herrschaft über die vielen Königreiche Karl's. Sie wird ein Amt, eine Würde. Sehr bezeichnend und wahr ist deßhalb das dem Bulgarus zugeschriebne Wort, der Kaiser sei Herr der Welt, doch nicht „quantum ad proprietatem". Die Hoheit des Kaiserthums ist nicht nur im Rang erhabner, als die der Könige; sie ist von dieser im Wesen durchaus verschieden. Sie hebt die königliche Macht über die einzelnen Länder und Völker nicht auf: im Gegentheil sie erscheint als die Rechtsquelle dieser Macht. Welcher rechtlichen Natur und Art war denn dies dominium mundi, das auf der zweifelhaften Gewalt über die Stadt Rom [321a]) zu ruhen schien, das über alle Gewalten der Erde

---

2, §. 3: „temporale caput populo christiano"; §. 4: „temporale caput mundo seu populo Christiano Regem"; §. 5: „Rector s. temporale caput fidelium". — Im J. 1380 bejahte zu Prag Ubertus von Lampugnano in siegreicher Disputation die Frage: „Utrum omnes Principes, Reges et Populi quicunque Christum colentes sint de Imperio Romano'? — Pabst Pius II. schrieb dem Kaiser Friedrich III, im J. 1460: „. . cui omnes Gentes parere et subesse non dedignentur". R.-A. von Trier und Köln 1512, §. 4 nennt den Kaiser: „Rechter Vogt und Schirmherr der Christl. Kirchen." — Die Kaiserl. Wahl.-Kap. 1519 Art. I, §. 1. — R.-A. v. Speier, 1529 §. 1. Diese Stellen u. a. m. b. Pfeffinger, Vitr. ill. Th. I, 375 f. 378 f.

321a) „Wem gehört Rom?" Phillips a. O., §. 119, S. 59 f. Vgl. Dönniges a. O., S. 194 f., 405, 415 a. E., namentlich aber 490 — 499. — Epochemachend wurde das Jahr 1143, die renovatio senatus, die beabsichtigte Wiederherstellung der alten Republik. Vgl. Carl Hegel, Geschichte der Städteverfassung von Italien, Band II, (Leipz. 1847) Kap. 7. S. 291 f. Dies hatte zunächst die Bedeutung, daß von den beiden in Rom miteinander um die Stadtherrschaft kämpfenden Parteien, der päbstlichen und der städtischen, letztere siegte. Sofort handelte sich's aber um unendlich mehr als die Stadt, oder vielmehr um jene „Urbs", die gleich dem Orbis ist. Und gleichzeitig wandte die siegreiche Partei sich an den Träger der weltlichen Gewalt, nachdem gerade zu Rom die kaiserlichen Rechte seit Karl dem Kahlen völlig in Vergessenheit gera-

sich erhob, den Charakter der „Heiligkeit“ für sich in Anspruch nahm, das allen Christen Recht und Gerechtigkeit verhieß und den Weltfrieden verkündigte?

then waren. Vgl. auch Dönniges, a. O. S. 207, 499. Dem Kaiserthum bot sich in diesen Bestrebungen eine neue Handhabe. S. die Briefe des röm. Senats an Konrad III. b. Gieseler, Kirchengeschichte Bd. II, Abth. 2 (Aufl. 3, Bonn 1832) S. 70 f. Anm. h u. i: „et quidem regnum et imperium Romanorum, vestro a Deo regimini concessum, exaltare atque amplificare cupientes, et in eum statum, quo fuit tempore Constantini et Iustiniani, qui totum orbem vigore senatus et Populi Romani suis tenuere manibus, reducere“ „omni clericorum remoto obstaculo liberius, quam omnes fere antecessores vestri, dominari valebitis“. — Gefährlicher konnte dem Pabstthum kaum eine Lehre sein. Das alte Rom war als Typus der neuen Ordnung der Dinge von der Kirche selbst aufgestellt worden: jetzt sollte gegen die Kirche mit dem wiedererstandnen Rom Ernst gemacht werden. Auf das Entschiedenste bekämpfte daher die Kirche diese Versuche. Arnold von Brescia, der in seiner Glaubenslehre keineswegs (Gieseler a. O. Anm. f.) abwich, wurde zum Märtyrer jener Richtung, welche die Päbste zu Prädikanten zu machen drohte Und derselbe Kaiser, welcher ihn ausgeliefert hat, bemächtigte sich der wiedererwachenden Wissenschaft des römischen Rechts und stützte seine Gewalt auf Justinianische Satzungen. Nach römischem Recht, nach Constitutionen von Theodosius, Valentinian, Justinian gerichtet hatte schon Otto I., z. B. am 25. Dez. 966 über die Empörung Rom's wider Johann XIII. (s. Dönniges a. O., S. 416); aber als Grundlage der öffentlichen Gewalt, als Rechtsquelle der Befugniße des Kaiserthums erscheint das römische Recht erst nach 1143, erst unter dem Einfluß Werner's und seiner Rechtsschule und zu Gunsten des Kaisers Rothbart. Die Hohenstaufen gaben diese Grundlage des wirklichen Römerthums niemals auf und gerade das machte sie zu Todfeinden des Pabstthums. Aus dieser politischen Bedeutung des römischen Rechts erklären sich auch die Verbote der Beschäftigung mit demselben, welche der Geistlichkeit wiederholentlich: 1131, 1139, 1163, 1180, 1219, 1220—, jedoch vergebens eingeschärft wurden. Vgl. F. C. v. Savigny, Geschichte des römischen Rechts im Mittelalter (Ausg. 2, Heidelberg 1834) Th. III, S. 364 f. Seltsam genug: nach demselben römischen Recht hatte die Geistlichkeit gelebt; auf dasselbe römische Recht hatte u. A. Pabst Nicolaus I. sich berufen, als er in der Ehescheidungssache des König Lothar II. und der Königin Teutberga richtete; s. Dönniges a. O., S. 186. Aber hierin spiegelt sich die ganze Entwicklung. Ebenso, auf das alte Rom

Es war die kühne Konzeption eines Völkerrechts-Systems, wie es, wenn auch niemals ganz verwirklicht [322]), dennoch alle späteren Systeme und Surrogate von Systemen bis auf die Gegenwart an Großartigkeit überragte, welches von dem Christenthum, das zum allgemeinen Lebensprinzip bestimmt war, in der Erscheinungsform des Romanismus hervorgebracht wurde.

Den Religionen des Alterthums entsprachen die Staaten [323]). „Die Götter waren Staatsgötter; ihr Gebiet konnte nicht weiter reichen als das des Staats . . Politische Trennung des Volks hob daher die ursprüngliche, nationelle Einheit des Cultus auf . . Politische und religiöse Peregrinität deckten sich, wie umgekehrt politische und religiöse Gemeinschaft [324]) .. Die Gemeinschaft der Götter konnte erst nach einem völkerrechtlichen Vertrag eintreten [325])...“

---

gestützt, erhob sich die Hierarchie, bildete sich zu eigner Macht aus und setzte sich nun demselben Römerthum entgegen, d. h sie warf die Krücken hinweg, deren sie vorher sich bedienen mußte. — Mit den beiden Ordnungen des Romanismus, der weltlichen und der geistlichen, korrespondiren die „kaiserlichen“ und die „päbstlichen“ geschriebnen Rechte: das justinianische und das kanonische Recht.

322) Raumer, Geschichte der Hohenstaufen, Bd. IV, S. 63 f.: „Der Kaiser konnte jene Ansprüche niemals in den fremden Staaten geltend machen, wenn sie auch mehrere Male höflichst anerkannt wurden; und der Pabst breitete seine Macht mit ungleich größerem Erfolg über die ganze Christenheit aus. Dennoch wäre es übereilt, um deßwillen zu behaupten: die ganze Idee des Kaiserthums sei eine leere und nichtige gewesen“ Vgl. Dönniges a. O., S. 469 f. S. 474 f. Dem Ausdruck „völkerrechtlicher Staat“, S. 471 das., fehlt es an Präzision.

323) R. Jhering, Geist des römischen Rechts auf den verschiednen Stufen seiner Entwicklung, Th. I, (Leipz. 1852) S. 268 f. — Laurent a. O. (Vorrede) S. VIII: L'antiquité . . ne conçoit pas de lien de droit entre les nations; elle ne respecte que la qualité de citoyen et non celle d'homme .... l'antiquité borne l'égalité aux citoyens ...“

324) Jhering, a. O. S. 269. Karl Otfr. Müller, Prolegomena z. e. wissensch. Mythologie (Gött. 1825) S. 230 f, bes. S. 241., S. 245.

325) Ambrosch, Studien und Andeutungen im Gebiete des altrömischen Bodens und Cultus, Heft 1 (Breslau 1839) S. 178 bei Jhering

Das Christenthum, welches den einen Gott und Vater Aller offenbarte, entsprach nur einer allumfassenden Gemeinschaft. Die Weltreligion bedurfte nicht völkerrechtlicher Verträge, sich den Völkern mitzutheilen. Sie postulirte vielmehr im Prinzip das neue Völkerrecht [326]). Das Christenthum trat aber in der Gestalt des Romanismus auf. So empfing von diesem das christliche Völkerrecht sein erstes Gepräge. Es erhielt einen geistlich-weltlich gemischten Ausdruck in den beiden Ordnungen des Reichs und der Kirche, des Kaiserthums und des Pabstthums.

Das Kaiserthum ist demnach keine Staatsgewalt, sondern die völkerrechtliche Autorität über allen Staaten der Christenheit. Es hat nach Außen den Beruf der Ausbreitung des christlichen Glaubens, der realen Erfüllung des Katholizismus; nach Innen den der Aufrechthaltung des Weltfriedens, dem der Landfriede der einzelnen Länder anolog ist, d. h. der internationalen Rechtsordnung; und als Folge davon hat es Recht und Gerechtigkeit auf Erden zu verwalten. Sein Beruf ist unauflöslich verbunden mit dem der Kirche [327]), welche dasselbe des Zusammenhangs

---

a. O., Anm. 190. Vgl. auch Ihering ebenda: „der Kriegsfuß also gilt noch zu ihrer (L. 5 §. 2 D. d. capt. 49, 15) Zeit als das von vornherein gegebne völkerrechtliche Verhältniß; der Friede, pax, ist erst das Resultat des pacisci."

326) Laurent, a. O. S. IX. „La religion est la vie; les nations reposent sur une conception religieuse. C'est parceque l'antiquité était polytheiste, qu'elle n'a pas connu l'unité humaine; l'unité de dieu, fondement du Christianisme, entraîne comme conséquence nécessaire l'unité du monde intellectuel, l'association des peuples." Christian Friedr. Schlosser, Ständische Verfassung, ihr Begriff, ihre Bedingung. (Frankfurt a. M. 1817) S. 12): „Die Wege der Vorsehung mit den Nationen lassen nach Gründung des Christenthums keine abschließende Einzelheit zu."

327) Wie ein Pabst dem Kaiser schrieb: „Ecclesiae meae, cui Deus noster meum sacerdotium, vobis res humanas regentibus deputavit, nos cura constringit"; vgl. can. 1 Dist. XCVII.

mit dem Grunde seiner Gewalt versichert hält und ihm die Weihe gibt, der es dagegen seinen Arm leiht und dadurch, daß es seinen weltlichen Beruf erfüllt, förderlich wird und unentbehrlich ist.

Man hat von Verweltlichung des Christenthums gesprochen [328]). Sie war bis auf einen gewissen Grad unvermeidlich: wollte der christliche Gedanke die Welt durchdringen, so mußte er die Lebensform annehmen, worin das Ganze der Welt umschlossen ist. Das Christenthum mußte als Völkerrecht Gestalt gewinnen.

Im Romanismus ist dies geschehen [329]). Auch die

---

[328]) Just. Henning Böhmer, Ius eccles. Protest. (Ausg. 4, Halle 1738) Diss. praelim. d. suprema lege ecclesiastica §. 20, S. 15 führt Socrat. lib. VII hist. eccl. c. 7 über die Alexandrinischen Bischöfe an: „principatum quendam obtinuere et cuncta imperio agere coeperunt" und deßhalb c. 2: „cum episcopatus Romanus perinde atque Alexandrinus ultra sacerdotii fines progressus iam olim in dominationem degenerasset." Böhmer a. O., §. 21, S. 15 f., worin die sich steigernden Forderungen des Einheits-Prinzips geschildert sind —: „ut ipsa ecclesia speciem reipublicae induerit" §. 23, S. 18: „formam imperii ad modum regiminis civilis in ecclesia constituere"; §. 24, S. 19: „ecclesia schema politicum induit". — Doch nicht allein in äußerer Herrschaft und formaler Einheit bestand die Verweltlichung. Die christliche Kirche ging zeitweilen in lauter „Recht" auf. Daher konnte sich auch eine bestimmte Verfassung als divina institutio geltend machen. Diese Versteinerung der Religion in Recht übertraf die Gesetzesherrschaft des alten Bundes. Auf Kultus und Dogma war sie von Einfluß. Das juristische Wesen der Fiktion durchdrang die gesammte Lebensordnung. Die Begriffe der Rechtsverletzung, des Schadenersatzes, der Strafe trübten die Auffassung der Sünde, der Buße; bis zu der Lehre von den Sakramenten reichen Fiktionen. Und auf einer Fiktion beruht die Gesammt-Anschauung der Kirche als einer triumphirenden, vollendeten. Treffende Bemerkungen hierüber s. in (Abeken) Sendschreiben „Babylon und Jerusalem", Berlin 1851.

[329]) Das Kaiserthum ist der Friede. Im Sinne des eigentlichen Kaiserthums, dieses weltlichen Vikariats Christi (Ausspruch des Mainzers bei der Krönung Konrad des Saliers, wie Wippo Vita Conr. Sal. berichtet; Pfeffinger Vitr. ill. Th. I, S. 378; und wie es auch bei Franz II. und

allen Krönungen geheißen hat. Pütter Inst. iur. publ. S. 588, Anm. o), im Sinne der Stellvertretung des Friedefürsten auf Erden ist dies keine Phrase. Der Friede ist ein Rechtsbegriff; er bedeutet die volle Verwirklichung der Anforderungen des Rechts im Objektiven, wie der der Freiheit die Realisirung der Rechts-Idee im Subjektiven ausdrückt. Vollkommen verwirklicht ist die Rechtsordnung aber erst im Völkerrecht. Ihr Schlußstein ist der Weltfriede. Diesen handhaben Kaiser und Pabst in Gemeinschaft, letzterer nach der Seite der Religion und Sitte, ersterer in Ansehung bürgerlicher Moral und Gerechtigkeit. — — Karl d. Gr. nannte sich „pacificus imperator": s. das Schreiben an seinen Sohn Pippin vom Herbst 806 od. 807 b. Pertz, Monument. German. Leg. I, S. 150. — „Quum Deus a te multa requirat" sagte der Mainzer zu Konrad II., „hoc potissimum desiderat, ut facias iudicium et iustitiam ac pacem", vgl. Eichhorn, a. O. Th. II, S. 370, Anm. b. — Innocenz II. sagte mit Bezug auf Kaiser Lothar: „Wenn das geheiligte Ansehen der Päbste und die Kaiserliche Gewalt von wahrer Liebe zu einander durchdrungen sind, so muß Gott dem Allmächtigen dafür in Demuth gehuldigt werden, weil dann nur Ruhe und Frieden unter den christlichen Völkern emporblühen können"; Gervais, Polit. Gesch. Deutschl. unt. Heinr. IV. u. Lothar III, Bd. II, S. 148 bei Phillips, a. O., S. 173. — So sprach Friedrich Rothbart in seiner Thronrede auf dem Ronkalischen Reichstag am 14 Nov. 1158: „Cumque imperialis maiestatis hoc esse non ignoremus officinm, ut studio nostrae vigilantiae et poenarum metu improbi et inquieti coërceantur, boni subleventur atque in pacis tranquillitate foveantur . ." Hier sind freilich Landfriede und Weltfriede ununterschieden; doch unter den inquieti werden ohne Zweifel vor Allem die Fürsten und Herrscher verstanden und die pax gilt der ganzen Christenheit. Die Rede lautet ferner: „Nos tamen regium nomen habentes (d. h. als deutscher König, als Inhaber einer Staatsgewalt), desideramus potius legitimum tenere imperium et pro conservanda cuique sua libertate et jure, quam . . . imperandi officium in superbiam dominationemque convertere"; Pertz a. O. Leg. II, S. 110. — In einem Schreiben an den Pabst Gregor IX. vom 6. Juni 1230 nennen die Bischöfe von Salzburg und Regensburg den Kaiser die „animata lex in terris" (Pertz, Monum. Leg. II. S. 277), wie später 1312 Kaiser Heinrich VII. selbst seine Gewalt charakterisirt (Pertz, a. O., S. 526). Der Bruder Wernher in der Mitte des 13. Jahrh. wendet sich an den Pabst: „Dem Kaiser hilf sein Recht behaben; das hoehet dich und alle geistlich orden. Las zwischen dir und im nicht hasses borden: So wird der vride und der geloube stark und nimt nicht abe;" Gieseler a. O. Band II, Abth. II, (Bonn 1835) S. 147, Anm. 4 a. E. — Gregor IX. schreibt an Friedrich II. „Corona Imperii . . . . quae te omnibus Mundi potestatibus anteponit"; Pfeffinger a O., S. 378. — Raumer, Gesch. der Hohenst. Bd. V, S 62: "Sowie die ganze Christenheit, das nahm man an, ein untrennbares, in sich einiges und befreundetes Ganze unter der höchsten Leitung des Pabstes sei, so auch der Inbegriff aller weltlichen Staaten der Christenheit unter dem Kaiser". S. 63: "Sowenig der Pabst alle untergeordnete Wirkungskreise der Priester, Bischöfe, Erzbischöfe u. s. f. zerstören und alles unbedingt selbst beherrschen solle, sowenig der Kaiser. Aber, wo Streit, Hader Krieg unter den Staaten ausbreche, bedürfe man eines höchsten weltlichen Schiedsmanns, der, weit entfernt, nach altrömischer Kaiserweise alles selbständige Leben zu vernichten, alle Eigenthümlichkeit zu hassen, jenes vielmehr befördre und sich an dieser Mannigfaltigkeit erfreue. Nirgends hemmend, überall fördernd solle das Kaiserthum einwirken; und wer diese Ansicht, diese Hülfe verschmähe, gerathe zur gerechten Strafe in Hülflosigkeit oder wilde Fehde. . . Auch daraus, daß der Kaiser höchster Schutzherr der Kirche sei, gehe die Nothwendigkeit hervor, ihn über alle andre Herrschaften hinaufzusetzen und nach allen Seiten eine Wirksamkeit zuzustehen. . . Der Kaiser sei mithin der Urquell alles weltlichen Rechts auf Erden: durch ihn verwandle sich der Gewaltstand erst in einen Rechtsstand." — So wurden Böhmen u. Polen, durch kaiserliche Privilegien zu Königreichen erhoben; Pfeffinger, Vitr. ill. Th. I, S. 424. Hippolith. a Lapide, Part. I, cap. XVI, S. 297 bestreitet dies, schreibt aber seinerseits von Dänemark: „a Petro Daniae Principe, quem Fridericus Imperator ea lege, ut fiduciarium se Imperii Germanici profiteretur, fidelitateque et hominio Imperatori obligaretur, regio nomine ornavit, enormiter peccatum est" (denn: „sempiterna servitute .. etiam posteros constrinxit") — Privatrecht und namentlich Staatsrecht werden also abgeleitet aus dem christlichen Völkerrecht; die Fürsten werden in ihrer Gewalt vom Kaiser nicht beschränkt, sondern ihnen wird sie vom Kaiser verbürgt. — Aller Adel und alle Ritterschaft wurzelt im Kaiserthum; denn Adel und Ritterschaft sind nicht national, sondern christlich; ein unter allen Völkern anerkannter Rang konnte natürlich nur völkerrechtlichen Ursprungs sein, nur von dem heiligen Reich herrühren. Vgl. Eichhorn, a O., Th. II. S. 371, auch Anm. d. u. e. das. — Sismonde de Sismondi, hist. des républ. ital. du moy. age, Th. IV, S. 298: „aucun droit, aucun privilège, dont il ne fût l'arbitre et qu'il ne pût confirmer ou anéantir". — „In dem andern mal hat das reich ein panner, dar jnn stett ein Adler, den stet ein creutz vornan an der prust, das bezaichett das er sol fur all christenhait furen das creutz zur besserung allen leuten und sol stetiglich berait seyn, zu sterben fur dye christenhait das ist fur die heyligen Kirchen, wan er ist ein puckler und ein fridschilt der christenhait"; Weiske von dem Verhältniß des Lehnsystems zu dem der Hierarchie, a. O. S. 117, führt in der Anmerkung diese Stelle an; fast denselben Wortlaut finde ich in einer Glosse zum Sachsenspiegel (Leipz. Ausg. 1545), Buch III, Art. 60. — Pabst Urban IV. schrieb an König Richard (s. ob. Anm. 319 und nun die Fortsetzung): „ut Imperii Romani fastigium et eius culmen praesidens, specialis advocati et defensoris praecipui circa Ecclesiam gerat officium . . . et inimicis consternatis eiusdem in pacis pulchritudine sedeat populus Christianus et in requie opulenta quiescat." — In der Consistorialrede Bonifaz VIII. vom 30. April 1303 (s. ob. Anm. 317; Drumann, a. O., Th. II, S. 80; Pfeffinger Vitr. ill. I, 377) heißt der Kaiser: „monarcha omnium regum et principum terrenorum", gegen Frankreich aber: „nec insurgat hic superbia Gallicana, quae dicit, quod non recognoscit superiorem; mentiuntur, quia de iure sunt et esse debent sub Rege Romanorum et Imperatore". — Aeneas Sylvius, de ortu et auctoritate imperii Romani: „sicut in spiritualibus Romano pontifici singuli patriarchae primatesque ceterique praelati subiecti sunt — sic et Romano principi temporales quoslibet liquet esse subiectos. Etenim quis non videt et populos et principes omnes ab imperatore, qui mundi dominus est, recipere temporalia?. . Quum ratio ipsa naturalis ostendat, unum esse principem oportere, qui lites dirimat, justitiam administret, populos in pace custodiat ac temporalibus praesit omnibus manifestum est, huius muneris dignitatem Romano regi competere, quem diu constat in possessione eius fuisse". (Eichhorn, a. O. S. 372, Anm f.) Vgl. den Brief, welchen derselbe als Pius II. an den Kaiser 1416 geschrieben, b. Pfeffinger Vitr. ill. Th. I, 378. — In der Rede vor der Wahl Karl V. sagt Albrecht von Brandenburg, Erzbischof von Mainz: „Nulla difficilior deliberatio de ulla re humana incidere potest, quam de Imperatore eligendo. Nam ceteri Reges non sustinent hoc ingens onus extra Regna propugnandi. Noster Impera-

römische Kirche ist, wie das heil. römische Reich, eine völkerrechtliche Institution[330]). Das klerikale Prinzip[331])

---

tor eligitur: ut sit Dux publici consilii inter omnes Reges". Daher nennt er das Wahlkollegium: „summum consilium orbis terrarum", dem obliege, „saluti orbis terrarum consulere". — Im R.-A. von Speier 1529 §. 1, lautet es: „Ihr Kayserl. Mayestät als der Oberst, Haupt und Vogt der Christenheit". Auf demselben Reichstage zu Speier erhielt aber der Romanismus den Todesstoß: Denn von dorther schreibt sich der Name der Protestanten.

330) Die Wirksamkeit des Pabstthums in den weltlichen Händeln entspricht durchweg der völkerrechtlichen Hoheit, die ursprünglich bei dem Kaiser und dem Pabste gemeinschaftlich war und später von dem letztern allein geltend gemacht wurde. Vgl. u. A. die päbstlichen Regesten von **1245** bis **1314** bei Joh. Fr. Böhmer a. O., **S. 312 — 347**, wo die charakteristischen Beispiele recht in die Augen springen. — Daß der Finger des Pabstes Alexander VI., „mit welchem er den Meridian auf der Charte Amerika's zog und die Länder theilte, den Grenzstreit zwischen Spanien und Portugal in der neuen Welt schlichtete" (Phillips a. O., S, **330**, s. auch Anm. **28** das.), ist ein Akt des Völkerrechts, wie jene alte Vergabung Englands an Wilhelm den Erobrer, Preußens an den deutschen Orden; es fehlt wahrlich an Belegen nicht. — Doch ebenso völkerrechtlichen Charakters ist der ganze innere Bau der römischen Hierarchie. Ihn deutet an cap. I. d. mai. et obed. in Extrav. comm. I, 8: „Lex divinitatis est, Infima per media in suprema reduci; non ergo secundum ordinem universi omnia aeque ac immediate, sed infima per media, et inferiora per superiora ad ordinem reducuntur."

331) Die Entwicklung dieser eigenthümlichen Erscheinung auch nur in den Grundzügen darzustellen, würde das Maß der gegenwärtigen Abhandlung, das ohnehin schwer einzuhalten ist, vollends überschreiten. Ich beschränke mich daher auf die — anderweitig zu begründende — Bemerkung: Wie das Völkerrecht nicht mit dem einzelnen Individuum als solchem, sondern mit Völker-Individuen, mit Staaten sich vorzugsweise beschäftigt, so hat der Romanismus jenes System der Kleruskirche ausgebildet, worin der Laie keinen Platz findet. Das klerikale Prinzip ist ein Ausfluß des Völkerrechts, aber des christlichen, und zunächst entwickelt im Innern der einen, der religiösen Ordnung der Christenheit.

ihrer Verfassung ist rein völkerrechtlicher Art und ebendasselbe beherrscht die innere Ordnung des Kaiserthums [331a]).

Das Verhältniß des römischen Reichs zur römischen Kirche ist in dem Wort: „Advokatia“ ausgedrückt. Es bedeutet [332]), wie sich aus dem eben Erörterten ergibt, keineswegs den Schutz, welchen nach heutigen Rechtsbegriffen der Staat gewährt und welchen im Namen desselben der christlichen Kirche auch ein heidnisches Oberhaupt gewähren könnte, vielmehr die Summe von Pflichten und Rechten nach Außen und Innen, welche das römisch-katholische Völkerrechts-System dem Träger seiner höchsten Autorität in weltlichen Dingen, dem „brachium saeculare“ gegenüber der rein geistlichen Autorität desselben auferlegt und zugesteht. Advokatia ist im Grunde nur das nomen appellativum für das christliche Kaiserthum [333]). Daher bringt dieses Rechtsverhältniß mit sich, daß der Kaiser den Glauben der römischen Kirche bekenne. Es erfordert, daß, soweit die Gewalt des Kaisers reicht,

---

[331a]) Der ecclesia docens oder imperans entspricht auf politischer Seite der Begriff des „Reichs“: so heißt die Vereinigung der Reichsstände; der Reichstag wird „das unter seinem Oberhaupte versammelte Reich“ genannt. Zu der eigentlichen Bürgerschaft des Reichs gehört höchstens noch die Reichsritterschaft. Der ecclesia obediens („plebs sacerdoti adunata, et pastori suo grex adhaerens“ in Cyprian. Epist. 66.) entspricht dann der Begriff der Reichsmittelbarkeit. Denn unter diesen Einflüssen wurde der größte Theil der deutschen Nation zu einem politischen Laienstand herabgedrückt.

[332]) „Ein ganz mittelalterlicher Gedanke, einer völlig andern Zeit als der gegenwärtigen angehörig und dieser letztern mit keiner Faser verwandt“ s. O. Mejer, die deutsche Kirchenfreiheit und die zukünftige katholische Parthei, S. 124, cit. v. Rudelbach über Staatskirchenthum und Religionsfreiheit in der Zeitschrift für d. ges. luth. Theol. u. Kirche, (Leipzig) Jahrgg. 1852, Heft 3, S. 439.

[333]) Wie die Kurfürsten 1338 dem Pabste zugestehen, ist das heil. röm. Reich „principaliter ordinatum ad regimen et defensionem totius Christianitatis“; vgl. Anm. 321.

also in der weltlichen Lebensordnung der Christenheit kein Widerspruch sich geltend mache gegen Gottes Gebot, gegen die römische Kirche, gegen den Stuhl zu Rom. Und jenes Bekenntniß, wie diese Bestimmung des heil. römischen Reichs, das vas electum und corpus catholicum zu sein, den weltlichen Katholizismus darzustellen, haben in fast unabsehbarer Reihe Kaiser auf Kaiser und zuletzt Franz II durch den Krönungseid [334]) besiegelt.

§. 23.

Einwirkung des Romanismus auf die deutsche Staatsverfassung.

Das Völkerrecht-System des Mittelalters [335]) ist vor

---

334) Das Wesen dieses Eides braucht nicht so strenge bestimmt zu werden, wie dies im Corp. Iur. Can. geschieht — vgl. Cl. un. d. iureiur. II, 9; s. auch Phillips, a. O. §. 132 S. 281 f., bes. 285, 286 und §. 119 S. 58 f., §. 123 S. 125 f., bes. S. 131. Anm. 40. Die Verpflichtung des Kaisers, der römischen Kirche und dem päbstlichen Stuhl gegenüber, ist bindend genug. So schwor zu einer Zeit, wo das Pabstthum noch ziemlich hülfsbedürftig, ja erniedrigt war, Otto I. am 2. Febr. 962 dem Pabst einen körperlichen Eid, worin es heißt: „Sanctam Romanam ecclesiam et te rectorem ipsius exaltabo secundum meum posse“: Pertz, Monument. Leg. II, S. 29; vgl. auch Joh. Fr. Böhmer, Regesten v. 1246—1313, Vorrede, S. VI, Anm. 1.

335) Das Mittelalter umfaßt zwei wesentlich verschiedne Zeiträume. In der Entwicklung des Lehnwesens welches, hinausragend über alles Nationale, jenes große Reich der Christenheit unter Kaiser und Pabst erfüllte, ist der Abstand beider, dünkt mich, am auffallendsten. Dieses hat bekanntlich eine ideale und eine reale Seite. Im ersten Zeitraum des M. A. überwiegt die erste, im zweiten durchweg die zweite. Dies ist von Einfluß auf die ganze Gestalt des Lebens: In der ersten Hälfte des M. A. sind die Besitzverhältnisse deßhalb weit weniger wichtig, als die Hoheitsrechte und beide sind mehr und mehr abweichend von einander ausgebildet. In der zweiten Hälfte dagegen sind die realen Machtverhältnisse die Kriterien. Daher finden an der Scheide der Zeiträume plötzlich Auseinandersetzungen im großartigen Maßstabe statt, die z. B. ergeben, daß das Kaiserthum in wahrer Knechtsgestalt, der Cäsar als der eigentliche servus servorum Dei, — dagegen das Pabstthum, ursprünglich

innern Kämpfen zu vollem Dasein nie gelangt[336]. Aber sein Gedanke erfüllt die Weltanschauung ganzer Jahrhun-

---

ein angesehenes Bisthum, als das wahre dominium mundi, der Pabst als episcopus universalis und überdies als Landesherr erscheint. — Unter dem M. A. möchte hier insonderheit der erste Zeitraum, der vor allen realistischen Abrechnungen, zu verstehen sein: in dem zweiten, seit Rudolf I. etwa, ist jenes Völkerrechtssystem der Christenheit hauptsächlich als Element der deutschen Verfassung von Belang, freilich darin als das vorherrschende und den Charakter bestimmende. Später unter Heinrich VII, namentlich aber im Beginn der neueren Zeit (Gervinus Einleitung S. 30) wird jenes scheinbar abgestorbne Wesen wirksam und lebendig. Doch in ganz andrer Weise: Karl V. als Spanier repristinirt zwar die gesammte Weltanschauung des Romanismus, aber er sucht seinen kirchlich-völkerrechtlichen Kaiserberuf mittelst der äußerst realen, spanischburgundischen Hausmacht zu erfüllen.

336) Ranke, Päbste, Th. II, S. 190. „Niemals jedoch ist in unsrem Europa weder eine Macht, noch auch eine Lehre, am wenigsten eine politische, zu vollkommner Alleinherrschaft gelangt.“ Derselbe, a. O. Th. I. S. 61.“ Leugnen dürfen wir wol nicht, daß so sinnreich, mannigfaltig und tief die Hervorbringungen des M. A. auch sind, ihnen doch eine feudalistische und der Realität der Dinge nicht entsprechende Weltansicht zu Grunde liegt.“ — Raumer, Hohenstaufen, Th. V, S. 64: „Der Gedanke (des Kaiserthums) an sich erscheint inhalt- und folgenreich und behält auch ohne äußerliches Gelingen seine Bedeutung“. — Doch ist jenes System zu größrer Anerkennung durchgedrungen, als diejenigen zugeben können, welche das heil. röm. Reich als Universalstaat und das Kaiserthum als Staatsgewalt auffassen. Die Unabhängigkeit der einzelnen Staaten wurde noch im 15. Jahrh. auf keinen andern Rechtstitel, als den der Exemtion gegründet; vgl. Eichhorn, a. O., Th. II, S. 370 f. Anm. c. Von den zahlreichen Anerkennungen der völkerrechtlichen Oberhoheit des röm. Kaisers auf Seiten der andern Staaten zu verschiednen Zeiten: Einhard, Vita Caroli M. c. 15 u. 16, bespricht das Abhängigkeitsverhältniß des Königs von Gallicien und Asturien, sowie der Schottenkönige; Dönniges, a. O., S. 474, Anm. 1. S. das. über die Abhängigkeit Westfranken's, Burgund's, Dänemark's, Polen's, Böhmen's, Ungarns. — Boleslav v. Böhmen, wie Konrad v. Burgund begleiteten Otto I. auf mehrern Zügen; Dönniges a. O., S. 475, Anm. 1. — Ludwig von Frankreich erschien mehrmals vor Kaiser Otto's Gericht; Dönniges, a. O. — Ueber Heinrich II. v. England vgl. Raumer a. O., Th. II, S. 62. — Alfons

v. Neapel, der Zeitgenoß Friedrich III., der in seinem Staatsrath auf eine Beschwerde, daß er dem Kaiser den Vorrang zugestanden, den Ausspruch that: „Nos Reges omnes debemus Reverentiam Imperatori, tamquam Summo Regi, qui est caput et Dux Regum"; Pfeffinger Vitr. ill. Th. I, S 379. Noch als Franz I. von Frankreich um die Kaiserkrone warb, erklärten dessen Gesandte, nicht nur die europäische Christenheit, sondern „universus Terrarum orbis ac penitissime illius Nationes, Gentes, Populi" blickten auf die Kurfürsten des heil. Reichs „tamquam in sublimi quadam Arce atque speculo constitutos", ständen erwartungsvoll umher „intentis oculis arrectisque auribus" „explorantes, cui tantam rerum molem, cui totius orbis habenas sint credituri", „quem tantae dignitati tantisque administrationibus praefecturi"; Pfeffinger a. O., S. 379. Auch später räumte Franz I. (in einer Erwidrungsschrift gegen Karl V. b. Marquard. Freher., Script. rer. Germ., Straßburg 1717, Th. III, S. 425) ein, „ut Caesari nihilominus principem ea in expeditione locum non gravarer, ex officio cedere". — S. auch Eichhorn, a. O. §. 289, S. 370. — Bis 1806 hatte der röm. Kaiser unbestritten den Vorrang vor allen Mächten; sicher nicht um Deutschlands willen, sondern in Anerkennung und späterhin zum Gedächtniß einer Würde, die keiner andern Macht zu Theil geworden ist, der völkerrechtlichen Oberhoheit über die abendländische Christenheit. (Dieser Vorrang ist seit 1815 — gleichsam sede vacante — auf Oesterreich übergegangen.) Ihr allein stand ursprünglich, wie der Reichsapfel (unter dem Kreuze), so das Prädikat „Majestät" zu. Noch 1641 bemerkte der österreichische Direktorial-Gesandte im Fürsten-Rath, es wäre Herkommen, daß nur der Kaiser und der röm. König jenes Prädikat führen dürften, und daß es keinem Monarchen sonst gestattet würde. Andern Königen gestand der Reichstag die Bezeichnung „Königliche Würde" „Dignitas Regia" „Serenitas" zu; vgl. Pfeffinger a. O. S. 388. Und so wurde denn auch in dem Schreiben d. d. Regensburg 2. Juli 1641 dem Könige von Dänemark das Prädikat „Majestät" nicht ertheilt. — Ein praktischer Staatsmann der Gegenwart endlich hat uns neuerdings belehrt, daß die Majestät des römischen Kaisers noch in diesem Jahrh. Gehalt und Werth hatte. Seine Worte bieten überdies einen neuen Beleg für die völkerrechtliche Auffassung des heil. Reichs. Graf C. L. Fiquelmont in s. Schrift „Lord Palmerston, England und der Continent" (Wien 1852) sagt Th. I, S. 20: „die alte Förderativstellung Ungarns war in der That eine ganz andre geworden seit dem Augenblicke, als Kaiser Franz die deutsche

derte[337]); nur langsam ringen sich die Vorstellungen der aufeinanderfolgenden Geschlechter von ihm los. Er hinterläßt ferner in den Nationen, die sich abgesondert haben, das Bewußtsein der Gemeinschaft; der Nationalitätsbegriff des Alterthums ist für immer überwunden: der Begriff der Menschheit ward im Recht auf ewig sichergestellt.

Jenes System ist in der Weltgeschichte kenntlich auch an gewaltigen Veränderungen, die von ihm herrühren und die Folge des Strebens nach seiner Verwirklichung sind. Für seinen Gedanken opferten sich zwei Länder, zwei Völker. Wenn die Weltstellung wesentlich die Schicksale jedes Staates bedingt, so steht es doch einzig in seiner Art da, wie mit der Arbeit für eine Rechtsordnung, welche das Menschengeschlecht umfassen sollte, Deutschland und Italien sich zu Grunde richteten.

Das heilige römische Reich war eine ideale Macht wie die Kirche, zwar der Leib derselben, doch ein ätherischer Leib. — Frühe schon galt daher Italien als das Königreich, womit es ausgestattet sein sollte. Die lombardische oder italische Königskrone brachte das Kaiserthum zur Mitgift, als die römische Kirche sich entschloß, das römische Reich, an dessen Kraft und Geltung ihr gelegen sein mußte, zu stabiliren[338]) und als König Otto der Erste dasselbe

---

Reichskrone niedergelegt hatte. So schwach auch in frühern Zeiten das Band der Föderation zwischen den verschiednen Bestandtheilen der österreichischen Monarchie gewesen sein mochte, so war dennoch der Glanz, welchen die Krone Karls des Gr. zur Macht des Beherrschers der österr. Erbstaaten hinzufügte, so groß und der politische Einfluß, den sie ihm in Europa verlieh, so überwiegend, daß keines jener Länder den Gedanken zu hegen gewagt hätte, sich von einer Föderation loszureißen, welche durch ihr Oberhaupt ebenso glänzend, als mächtig durch ihre Größe war."

337) Von ihm ergriffen war der große Dante.

338) Phillips abweichende Ansicht a. O. §. 123 S. 117 f.

mit seinem Staate, dem ostfränkischen oder deutschen, bleibend vereinigte [339]).

Vor dieser Vereinigung erscheint Deutschland im Wesentlichen übereinstimmend mit dem westfränkischen und angelsächsischen Reich in seinem Innern eingerichtet [340]). Als Organ des römischen Katholizismus, als völkerrechtlicher Vorort der Christenheit, empfing es von dieser Sendung

---

339) Wachsmuth, Allgem. Culturgesch., Th. II, das Mittelalter (Leipzig 1852) S. 53, 252, 255 beklagt die Vereinigung Deutschlands mit dem römischen Kaiserthum als 'ein Unglück und die Hoheitsrichtung der drei größten Königsgeschlechter unsres Volks als Verirrung. — Auch Dönniges a. O., S. 408: „daß die Grundlage derselben (der Kaiserkrone) gerade das deutsche Königthum war, das kann in mancher Beziehung ein Unglück für unsern Staat genannt werden". Aber Dönniges bleibt bei dieser Betrachtungsweise nicht stehen: vgl. a. O. S. 212. — Entschieden verneint wird die Frage, ob nicht in dem für den nationalen Stolz des Deutschen demüthigenden Umschwung der Dinge am Beginn des 13. Jahrhunderts, wonach in Deutschland, das seit 3 Jahrhunderten das gebietende Wort in Europa gesprochen, das Pabstthum auch als weltliche Gewalt sich förmlich Gehorsam verschaffte, — eine Mahnung und heilsame Nothwendig'eit gelegen habe, „den Idealen Kaiserlicher Weltherrlichkeit zu entsagen und sich mit ungetheilter Kraft dem weniger glänzenden aber lohnenden Beruf des deutschen Königs hinzugeben?„ von Otto Abel, König Philipp der Hohenstaufe (Berlin 1852) S. 245 u. 246. Denn, sagt A., in dem römischen Kaiserthum sah das ganze Mittelalter „die Ehre und das Recht der deutschen Nation." — Raumer a. O. Thl. V, S. 61: „Auf dieser neuen Idee des Kaiserthums beruhte hauptsächlich der Reichthum des deutschen Lebens." — Franz Löher, Fürsten und Städte zur Zeit der Hohenstaufen, dargestellt an den Reichsgesetzen Kaiser Friedr. II. (Halle, 1846) S. 29, 30 macht u. a. die Bemerkung: „es wäre dem M. A. als ein Unsinn erschienen, dieses römische Kaiserthum mit einer andern, als der deutschen Nation zu vereinbaren."

340) Eichhorn, deutsch. St. u. R. Gesch. II, §. 287 f. S. 364 f.; leider verwischen sich in seiner Darstellung überhaupt Königthum und Kaiserthum, Deutschland und römisches Reich. Eine chemische Analyse thäte hier noth. Die Fortsetzung der deutschen Verfassungsgeschichte von Georg Waitz verheißt Abhülfe. — Der richtigen Ansicht läßt übrigens ihre volle Geltung das mehrfach erwähnte Werk von

und Lage das Gesetz seiner Entwicklung. Auf den deutschen Staat übertrug sich das Wesen des römischen Reichs[341]).

Vor Allem, unser Königthum ging in dem römischen Kaiserthum unter[342]). Nicht etwa nur in der Art, daß der höhere Titel den geringeren aufzehrte: vielmehr verlor sich die Staatsgewalt des Königs in der völkerrechtlichen Hoheit des Kaisers. Während die übrigen Staaten und Völker, immer fester und nationaler gegliedert, sich dem System des Romanismus nach dessen politischer Seite entzogen, blieb Deutschland und theilweise Italien für die Rechtssphäre des Dominus mundi[343]), d. h. als völkerrechtlich umschloßnes Gebiet übrig: die deutschen und einzelne italische Fürsten machten zuletzt den

---

Dönniges angedeihen; vgl. S. 1 – 5, 65, 66, 183 f., 402 f., 417 f., 454 f. S. 131 u. 443.

341) Das „heil. römische Reich deutscher Nation“ bedeutet im Grunde nur das „römische Reich“, insofern es der deutschen Nation, dem Königreich der Ostfranken zu Theil geworden ist. Aber in dem Grade, wie dieser Staat als ein Mittel zum Zweck des Kaiserthums erscheint und seine Verfassung sich nach den Bedürfnissen desselben umgestaltet, wird das deutsche Reich mehr und mehr wirklich zu einem römischen und ist endlich völlig identisch mit dem heiligen römischen Reich, sodaß jener Ausdruck dann die Verschmelzung oder, um eine moderne Redeweise zu brauchen, das „Aufgehen“ Deutschlands im heil. röm. Reich bezeichnet.

342) Phillips Kirchenrecht III, 1, §. 132, S. 287 f., vgl. Anm. 55; S. 283 das. — Noch heute begegnet man häufig der Meinung, als habe es jemals „Kaiser von Deutschland“ gegeben.

343) Raumer, Hohenstaufen a. O.: Der Gedanke des Kaiserthums wurde „durch die Art wie ihn Kaiser z. B. Friedrich I. und II. ergriffen, wenigstens innerhalb ihrer Staaten auch wirklich mehr oder weniger ins Leben gerufen“. Ders. spricht von dem „Reichthum des deutschen Lebens“ und bezeichnet die völkerrechtliche Zersetzung des deutschen Staatswesens durch den Romanismus m. d. W.: „Das Mannigfaltigste trat in einen großen Bund. Jedem sollte sein Recht, seine Eigenthümlichkeit bleiben“. — Dönniges a. O, S. 472 f., S. 477.

Bestand der christlichen Herrscher aus, die durch das christliche Völkerrecht unter Kaiser und Pabst geeinigt wurden. Das Staatensystem, welches über den Erdkreis reichen sollte, umfaßte schließlich nur noch Deutschland und so war dieses Deutschland aus einem Staate nahezu selbst ein Staatensystem geworden [344]).

Zur römischen Kirche trat folgeweise Deutschland in das Verhältniß des römischen Reichs. Zerrüttet durch das völkerrechtliche Element des Romanismus, wurde die deutsche Verfassung außerdem durch dessen kirchliches Element in eigenthümlichster Weise gestaltet [345]). Jenes System schuf sich in unsrem Staatsrecht eine seiner Doppelnatur entsprechende, seinen Doppelzweck erfüllende geistlich-weltliche Institution — das geistliche Fürstenthum. Dieses bildete die Seele der gesammten Ordnung der Dinge. Es versinnlichte das Wesen des Romanismus nach seinen beiden Seiten: der geistliche Fürst war ein Diener der Kirche und ein Großer des Reichs; dem Pabst und dem Kaiser war er gleiche Treue schuldig. Aber da zeigte sich auch, wie fast unauflöslich Deutschland an den Romanismus gebunden war: jener Fürst des römischen Reichs und Würdenträger der römischen Kirche war deutscher Landesherr.

Diese Einrichtung ist als der vorherrschende Theil der Reichsverfassung zu betrachten. — Drei geistliche Fürsten hatten das Kanzleramt des röm. Reichs über Italien, über Arelat und Gallien, über Deutschland. Dieselben drei nahmen Theil an der Wahl des deutschen Königs, römischen

344) Cl. Th. Perthes, das deutsche Staatsleben vor der Revolution (Hamburg und Gotha 1845) S. 14 f., S. 27 — 54.

345) Rationalistisch zu urtheilen: „verunstaltet“. — Dem Einfluß des klerikalen Prinzips zufolge war die deutsche Nation in Reichsunmittelbare und Reichsmittelbare, Deutschland in eine Germania imperans und eine Germania obediens zerfallen; diese Scheidung ist auch von der Reformation nicht bewältigt.

Kaisers; der eine von ihnen hatte die Leitung des Wahlgeschäfts. In seiner, des Mainzer Bischofs Hand lag die Führung aller Staatsgeschäfte des deutschen Königs: den Reichsminister, den Vicekanzler, ernannte nicht der Kaiser, sondern der Kurfürst von Mainz. Am Reichstag, in beiden höheren Kollegien [346], nahm das geistliche Fürstenthum eine besondre Bank ein. Im Direktorium des Fürsten-Raths wechselte mit Oesterreich, das übrigens auch auf der geistl. Bank [347] Platz genommen, das Erzstift Salzburg. Und den Kurfürsten-Rath, sowie den Reichstag im Ganzen leitete wiederum und unabhängig vom Reichsoberhaupte [348] der Mainzer.

So erscheint Deutschland durch und durch „verrömert [349]." Das nationale Wesen war überwuchert und bis zur Unkenntlichkeit entstellt. Das Königreich deutscher Nation in seiner dauernden Vereinigung mit dem heil. römischen Reiche war selbst, wie dieses, ein der römischen Kirche geheiligtes Gefäß, ein „corpus Romano-catholicum" geworden [350].

---

346) Der deutsche König hätte sich wie jeder andre König das Recht nie nehmen oder höchstens vorübergehend kränken lassen, seine Rathgeber sich zu wählen. Aber, wie das geistliche Fürstenthum, einzig in ihrer Art ist die Bestimmung der deutschen Verfassung, wonach ein einzelner Würdenträger des Reichs dem Staatsoberhaupte den Minister aufdrang. Den Schlüssel des Verständnisses bietet die Einordnung Deutschlands in das römische System, seine Unterordnung unter die Zwecke des heiligen Reichs. Die Einheit von Pabstthum und Kaiserthum erforderte die Garantie, daß Deutschlands erster geistlicher Fürst, der beiden Ordnungen gleichermaßen angehörte, das Heft in Händen hielt. Vgl. Walter, deutsche Rechtsgeschichte, §. 320, S. 365. Auch der Referendarius sowie das gesammte Kanzleipersonal wurde von dem Erzbischof v. Mainz angestellt, war also von diesem Prälaten abhängig.

347) Ebenso Burgund; aus äußern Gründen: weil auf der weltlichen Bank Baiern den ersten Platz behauptete.

348) Kais. W.-Kap. Art VIII, §. 6, 7, 8. XIV, §. 1 u. 2. vgl. Anm. 24.

349) Eine treffende Bezeichnung von A. F. Pott: vgl. Anm. 284.

350) Gervinus, Einleitung in die Geschichte des 19. Jahrhunderts

Abschnitt II.

Umgestaltung von Deutschland's Verhältniß zu dem römischen System.

§. 24.

Seit der Reformation und dem westfäl. Frieden.

Die Reformation im 16. Jahrh., welche von Deutschland ausging, leugnete nicht die Katholizität des Christenthums, aber mit entschiedner Kühnheit den römischen Katholizismus. Allerdings zunächst nur den geistlichen: aber Karl V., in dessen Brust der Romanismus als bewegendes Prinzip lebte, verstand, daß die Sache des römischen Kaiserthums von der des römischen Pabstthums nicht zu trennen war [351]). Der Passauer Vertrag und Augsburger Religionsfriede [352]) nahm dem Romanismus mitten in Deutschland, seinem unbestrittnen Machtgebiet, die Gemeingültigkeit: auf Grund dieser Verträge gab es Glieder des

---

(Leipz. 1853) S. 30. schildert den Zustand Deutschlands unter Friedrich III: „In Deutschland war jetzt der Friede (Rom's) mit dem Kaiserthum hergestellt und das Pabstthum hatte die Bedingungen geschrieben. Pius II. hatte dem Kaiser ein gemeinsames Interesse vorzuspiegeln gewußt (vergl. Anm. 328), mit dem Pabste den deutschen Landesfürsten und ihrem Verlangen nach kirchlichen und staatlichen Verbesserungen entgegenzustehen und den Bund zwischen Kaiser- und Pabstthum zum leitenden Gesichtspunkt der Kaiserl. Staatskunst zu machen; seit dieser Zeit wuchs der päbstliche Einfluß im Reich ins Unerträgliche. Auf den Reichstagen theilte der Kaiser sein Ansehen mit den römischen Legaten; des Pabstes Einkünfte in Deutschland schätzte Maximilian selbst auf das Hundertfache seiner eignen Bezüge; kein Zweig der Reichsverwaltung war vor den Eingriffen der Kirche sicher; der Druck der päbstlichen Gerichte und Auflagen war unduldbar geworden; die Ausdehnung der geistlichen Güter, der unveräußerlichen, war ins Ungeheure gestiegen“. — Vgl. Phillips a. O., S. 415.

351) Gervinus, a. O. S. 34—37. Vgl. Anm. 273 über Ranke.

352) Phillips, a. O. §. 134, S. 338; §. 139 u. 140, S. 414—461.

römischen Reichs, welche sich von Rom losgesagt hatten, ja deren Lossage gar ausdrücklich als rechtmäßig anerkannt war. Oder vielmehr Glieder des „römischen“ Reichs kann man die Fürsten und freien Städte, welche mit dem Protest gegen den Reichs-Abschied von Speier aufgetreten waren, strengegenommen nicht mehr nennen. Da zeigt sich seit Jahrhunderten einmal wieder ein vom römischen Wesen unterschiednes Deutschland[353]): denn jene

---

353) Gervinus, a. O. S. 39: „Was der deutschen Reformation diesen tiefen Hintergrund und die nachhaltig wirkende Kraft verlieh, die ganze Geschichte der Folgezeit zu gestalten, ... das war wesentlich der Gegensatz der romanischen und germanischen Volksnatur, der schon während des ganzen M. A., von den ersten Zeiten der Mischung der Stämme an, in den bedeutendsten geschichtlichen Erscheinungen zu Tage getreten war, aber jetzt erst über den Religionsspaltungen und mit dem Eintritt der neuen Zeit aus seiner größten Tiefe heraus zum Durchbruch kommen sollte.“ Vgl. S. 21 das. — Voll Bedeutung und reich an Folgen war auf der Kirchenversammlung von Kostnitz die Sonderung in Nationen. S. b. Gieseler, Lehrbuch der Kirchengeschichte, Band II. Abth. IV (Bonn 1835) S. 23 Anm. C: Donnerstag den 7. Februar 1415. Vgl. Phillips, a. O. S. 332. — Auf dem Concil zu Basel hatte die deutsche Nationalkirche einen wackern Anwalt an Georg von Heimburg; s. Wachsmuth, Allg. Culturgesch. Thl. II S. 269. — Nicht älter ist der Gebrauch, zu dem heil. röm. Reich hinzuzusetzen „Teutscher Nation.“ Das nationale Leben regte sich seither; in den Reichsgesetzen war nunmehr die Rede von dem „geliebten deutschen Vaterland“ und von der Nation. Vgl. u. a den R. A. von Worms 1495, R. A. von Regensburg 1500, R A. von Trier und Köln 1512. Vom Wormser Reichstage, am 9. Febr. 1521 schreibt Herzog Wilhelm von Baiern und nennt das „Reich der hohen deutschen Nation“ (Mittheilung aus Jörg's Buch über den Bauernkrieg, S. 8 — in der Kieler Allg. Monatsschrift, Juli 1852, S. 571.) — Mit dem Anfang der Reformation und Schritt für Schritt mit ihrem Vorwärtsdringen erweitert sich die Geltung des deutschen Wesens im römischen Reich. „Der Teutschen Nation Freyheit belangende“ ist die Ueberschrift von §. 6 des Passauer Vertrags vom 2. August 1552, worin es heißt, „daß auch ihre Keyserliche Majestät der Teutschen Nation, ihres geliebten Vaterlandes, wohl ergebrachte Libertet vnd Freyheit nach ihrem Vermögen

Protestanten sind und bleiben Stände von Deutschland, auch als erklärte Feinde jener mit dem Kaiserthum unauflöslich verbundnen geistlichen Gewalt.

Das Deutschnationale trat noch selbständiger hervor im westfälischen Frieden[354]). Der Einfluß dieses welthistorischen Grundvertrags auf die deutsche Verfassung ist ein doppelter, in sich widerspruchsvoller. Der bisherige Charakter der Reichsverfassung war ein kirchlich-völkerrechtlicher. Der westfälische Frieden hatte zur

---

zu erhalten zum höchsten geneigt sey", und worin der „Sachen des gemeinen Friedens Teutscher Nation" gedacht ist. Vgl. §. 7 das.; §. 16: „Wenn die römische Keys. Maj. dem heil. Reich Teutscher Nation, ihrem geliebten Vaterlande zu gut. . ." — Im Augsb. Relig.-Frieden vom 25. September 1555 f. §§. 1, 3, 4, 5, 7, 11, 13, 15; in §. 13: „die Teutsche Nation, unser geliebt Vatterland vor endlicher Zertrennung und Untergang zu verhüten". — Die so oft erwähnte „Nation" deutet allerdings auf keine Erhebung der Reichsmittelbaren, sondern immer nur auf den regierenden Theil der Nation, das eigentliche „Reich", den politischen Klerus — vgl. Phillips, a. O. S. 440 f. Doch der Fremdherrschaft der päbstlichen Regierung gegenüber (s. Phillips a. O., S. 415), im Gegensatze zum römischen Reich, von dem alles Nationalleben unterjocht worden, hat jener immer lauter wiederhallende stolze Name die Bedeutung „Deutschland" — Deutschland in seiner Unterscheidung vom Romanismus, worin es bis dahin aufgegangen war: das in Banden des heiligen römischen Reichs befangne und aus diesen Banden sich nach und nach erhebende deutsche Reich. — Jenen tieferen Sinn hatte die (bereits zu Speier 1529 angeregte) Verheißung einer „Nationalversammlung" in §. 25 des Religionsfriedens. Vgl. Moser, v. d. teutsch. Reichstägen Th. I S. 47: „Als ... der Kayser an. 1529 im R.-A. zu Speier §. 2 ersucht wurde, wegen der Religionssachen einen Reichs-Convent auszuschreiben, wurde es eine gemeine Versammlung aller Ständ Teutscher Nation und Anderer so darzu zu erfordern die Nothdurfft erheischen wird, genannt". Moser fügt hinzu: „Heutiges Tags hingegen wird dieser Fall sich wohl schwerlich weiter ereignen".

[354]) Joh. Gottfried von Meiern, Acta Pacis Westfalicae Th. I—IV, (1734 f.) J. St. Pütter, Geist des westf. Friedens (Göttingen 1795). Vgl. oben die Anm. zu den §§. 6 — 9, S. 42—68: §§. 17 - 19, S. 101 — 109.

Folge, daß die zwei Momente sich absonderten und daß, während das kirchliche zurückgedrängt, wenn auch lange noch nicht unterdrückt, das völkerrechtliche Moment nun erst vollends, obschon fortan gegensätzlich zum Romanismus und gemäß dem germanischen Individualisirtrieb, im öffentlichen Rechte Deutschlands herrschend wurde.

Die Gerechtsame des deutschen Königs zerbröckelten auf dem Friedenskongresse zu Münster und Osnabrück bis auf ein Geringes, dem nicht beizukommen war. Die Landeshoheit der Reichsstände vollendete sich zu einer Art von Staatsgewalt; das — wenn auch wesentlich eingeschränkte — Recht der Bündnisse, das ihnen zugesichert wurde, stellte sie fast in die Reihe der europäischen Mächte. Der Reichstag endlich, dessen Rechte über alle Gebühr des sonstigen Ständewesens erweitert wurden, verwandelte sich durch eine Einrichtung, ohne welche das evangelische Bekenntniß und zugleich der deutsche Bestand des Reichs kaum zu erhalten war, durch das Recht der itio in partes in einen völkerrechtlichen Kongreß, in eine Art von Bundestag [355]).

Dagegen den kirchlichen Charakter des Reichs schränkte der westfäl. Friede soweit ein [356]), daß der römische Katholizismus in Deutschland auf den Standpunkt und zu dem

---

355) Der westfälische Friede, welcher das heil. röm. Reich in seinen Grundvesten erschütterte, legte den Grund zu einem neuen Völkerrecht, wie denn Ludwig XIV. von Frankreich ihn einmal „la base de tous les traités" genannt hat. Deutschland aber, das in jenem System des M. A. die Krone getragen hatte, sollte der Märtyrer des neuen sein: denn die Bezeichnung für die tonangebenden Mächte im europäischen Staatenkreise war zunächst die von „Garanten" des westfälischen, des deutschen Friedens. Wie lange dies noch Bedeutung behielt, zeigt sich darin, daß Rußland, als es anhub, im europ. Staatensystem sich einzubürgern, mit Hülfe des Teschner Friedens den Versuch machte, sich nachträglich zu einem Garanten des westfäl. Friedens aufzuwerfen.

356) Phillips a. O., §. 141, S. 462 f. Walter, Kirchenrecht, (8. Ausg. Bonn 1839) §. 48, S. 87 f. §. 108, S. 221 f.

Namen einer Religions-Partei herabsank. War bisher das gesammte Reich und Deutschland in ihm ein Corpus Catholicum gewesen, so bildete fortan die Gemeinschaft derer, welche bei Rom verharrten, ein solches Corpus Catholicum, den römischen Kaiser zwar an der Spitze, dessenungeachtet gleichberechtigt der dem Romanismus feindseligen Partei, dem Corpus Evangelicorum.

Freilich diese Gleichberechtigung war nicht bis zur äußersten Folgerung durchgeführt: sie hatte ihre Grenzen an dem Grundcharakter des mit Deutschland vereinigten, heiligen römischen Reichs. Die erste Grenze errichtete das Reservatum ecclesiasticum des Religions-Friedens, vermöge dessen das geistliche Fürstenthum, dies gemeinsame Organ der beiden Lebensordnungen des römischen Systems, ein Theil der Verfassung blieb. Eine zweite Grenze, welche durch die erste zu wahrhaft entscheidender Bedeutung gedieh, setzte derselbe Art. V §. 1, welcher die Religions-Gleichheit als Regel aufstellte. Ich meine die berühmte Klausel „quatenus formae Reipublicae... conformis est." Die Kongreßverhandlungen verbreiten über den Sinn ein eignes Licht.

Die Römisch-katholischen[357]) hatten die „aequalitas exacta" zugeben mögen, sich aber gegen „mutua" gesträubt und, nicht genug daß sie dies Wort perhorreszirten, nun, um das Gegentheil davon zu bekräftigen, den Zusatz „quatenus" in Vorschlag gebracht[358]). So sollte denn die Religions-Gleichheit zwar statthaben — doch wie konnte sie wohl im römischen Reich eine ganz wechselseitige sein? Eine solche würde mit der „forma Reipublicae", mit dem Wesen des auf Deutschland verpflanzten heil. römischen Reichs unvereinbar gewesen sein. Folglich sollte die Gleich-

---

[357]) Zunächst die Kaiserlichen Gesandten.

[358]) Sog. Ultimat der Evangelischen, Osnabrück den 25. Febr. 1647; vgl. Meiern, westf. Friedenshandlungen, Th. IV, B. XXV, §. 13. S. 89, 99, 100. — Sog. Ultimat der Kaiserlichen, Osnabrück 5. März 1647; vgl. Meiern a. O., §. 16, S. 117 f.

heit zwar möglichst weitgehend, aber nur nicht solche sein, welche das römische Reich aufgelöst, von Deutschland abgelöst hätte. — Die Protestanten dagegen bestanden auf „mutua aequalitas", hatten, wenn dies zugegeben würde, kein Bedenken gegen „quatenus" und schlugen endlich, um dieser Klausel die Spitze völlig abzubrechen, den Einschiebsel „constitutionibus Imperii" vor, worunter offenbar der Passauer Vertrag und Religions-Friede gemeint war[359]. Zu Statten kamen ihnen auch die Worte „et praesenti conventioni" (nämlich conformis), welche nicht von ihnen, sondern von den Gegnern herrühren, die im Anfang gegen exacta wie gegen mutua aequalitas gewesen und nur solche Gleichheit hatten einräumen wollen, welche eben „praesenti conventioni conformis" wäre. Einen darauf eingehenden Vorschlag der Kaiserlichen Gesandten[360] am Kongreß nahmen die Protestanten[361], später die Römisch-katholischen[362] an — aber nicht in übereinstimmender Willensrichtung. Beide Theile verstanden unter der Klausel das ihnen Günstige und vermeinten, für alle Fälle gesichert zu sein.

Die Römisch-katholischen haben sich geirrt: sie versuchten umsonst, mittelst des „quatenus" Rom in Deutschland wiederherzustellen.

Doch auch die Protestanten waren im Irrthum und

---

359) Meiern a. O., §. 18, S. 132.

360) Vom 4. April 1647 bei Meiern a. O., §. 24, S. 181; den Evangelischen durch den Gesandten Vollmar übergeben am 10. April 1647, s. Meiern a. O., § 26, S. 204; von Seiten der Schweden am 14. Mai, s. Meiern a. O., Buch XXIX, §. 11, S. 536.

361) Der Evangelischen Erklärung schon vom 5. April 1647, b. Meiern a. O., Buch XXV, §. 25, S. 193.

362) Der Römisch-katholischen Annahme v. 7. Dez. 1647, Meiern a. O., Buch XXXII, §. 15, Nro. I. S. 821. — Evangel. Ultimat vom 10. Januar 1648 b. Meiern, S. 872, der Römischen vom 24. Januar b. Meiern, S. 922 und Konferenz Beider am 10. Febr., vgl. Meiern a. O., Buch XXXIII, §. 39, S. 1001. — Im Ganzen s. oben §. 6.

der protestantischen Wissenschaft ist der Beweis mißlungen, daß die Gleichheit beider Bekenntnisse bis zu dem Punkte durchgeführt worden, daß das Reichsoberhaupt zur evangelischen Kirche rechtlich in demselben Verhältniß eines Schirmherrn stünde, wie zur römischen Kirche [363]). Rom, das über Deutschland mit absoluter Gewalt regiert hatte, wurde durch den westfälischen Frieden, den es übrigens niemals anerkennen kann [364]), in dieser Gewalt nur beschränkt. Aber, ebensowenig, wie durch einen noch so weitgehenden Freiheitsbrief, welcher das constitutionelle Prinzip festhält, das Königthum aufgehoben wird, ebensowenig hörte das römische Reich in Deutschland mit der Einführung einer Parität auf, die mit der Klausel versehen ist, daß sie das Wesen der Verfassung unangetastet lasse [365]).

363) S. unter Andern Frid. Ludov. Weissmanni Diss. de Advocatia ab Imperatore Protest. eccles. non minus ac Romano-Cath. aequali iure praestanda in Gabriel Schweder Disputation. tom. II. (Eßlingen 1731) S. 700 f.; vgl. ob. Anm. 209. — Phillips a. O., S. 449. Walter, Deutsche Rechtsgesch. (Bonn 1852) §. 315, S. 360.

364) In der Bulle Zelo Domus Dei vom 20. Novbr. 1648, die zu Rom am 3. Januar 1651 förmlich bekannt gemacht wurde, erklärte Pabst Innocenz X. den westf. Fr. für nichtig. Eichhorn, deutsche Staats- und Rechtsgeschichte (4. Ausg., 1836) Th. IV, §. 524, S. 274. Phillips, a. O., S. 476. — Ferdinand III. verbot die Publikation in seinen Staaten und strafte den Buchhändler, der sie in Wien gedruckt, mit Gefängniß und schwerer Geldbuße; Phillips a. O., S. 477. Vgl. Walter, Kirchenrecht (8. Ausg.) S. 222, Anm. m. — Phillips, a. O., S. 463: „Die katholische Kirche als solche kann sich allerdings mit dem Begriffe des paritätischen Staates nicht aussöhnen, am wenigsten in dem Falle, wo die Obrigkeit selbst eine katholische ist.“ Am allerwenigsten folglich da, wo die Obrigkeit der römische Kaiser selbst war. — Beiläufig gesagt, Walter scheint in Betreff des paritätischen Staats abweichender Ansicht, wie sich dem Sendschreiben desselben an den preuß. Abgeordneten von Gerlach entnehmen ließ, welches die „deutsche Volkshalle“ veröffentlicht hat.

365) Das Verhältniß des westfälischen Friedens zu den Rechten und Pflichten des römischen Kaiserthums ist juristisch bildlich ausgedrückt ganz

Die Reichs-Verfassung seit dem westfäl. Fr. kann nicht treffender charakterisirt werden, als mit der freilich etwas ältern Bezeichnung, die man auf die Zeiten Max I. zurückführen darf, — „römisch-deutsch.“ Denn das ganz verschüttete Deutsch hatte sich zu einer gewissen Gleichstellung mit dem herrschenden Romanismus heraufgearbeitet. Aber der letztere lebte noch fort in den Grundgesetzen des Reichs, und das geistliche Fürstenthum wie das Kaiserthum[365a]) waren ihm dienstbar.

§. 25.

Seit dem Lüneviller Frieden.

Mit der französischen Republik kam der römische Kaiser, der advocatus ecclesiae, am 9. Febr. 1801 über eine allgemeine Säkularisation des gesammten reichsunmittelbaren wie mittelbaren Kirchenguts in Deutschland überein[366]). Der Friede von Lüneville hob das geistliche

---

genau das einer exceptio. Ein Blick in die Wahlkapitulation bestätigt dies. Jene Pflichten und Rechte sind keineswegs aufgehoben; sie bestehen in ihrem vollen Umfange: doch sind sie durch entgegenstehende Rechte der Protestanten, soweit dieselben reichen, für Deutschland außer Kraft gesetzt.

365a) Der kirchliche Beruf des Kaiserthums spricht sich u. A. noch in dem Schreiben aus, welches wegen Clemens XI. Bulle Unigenitus v. 1713, also in der Sache der gallikanischen Kirche, der römische Kaiser, der letzte Habsburger, an den Pabst erließ; s. Fr. Ludw. Weißmann in dessen (Anm. 209 u. 363) angef. Schrift bei Gabr. Schweder II. 701 Da heißt es: „Nous donc, en qualité de Chef suprême et temporel, d'Avocat de l'Eglise Universelle . . .“ S. weiter unten in Anm. 375a).

366) In einer Instruktion an den Nuntius zu Wien 1803 stand: „Nach den alten Decretalen habe die Ketzerei den Verlust der Güter nach sich gezogen; jetzt müsse die Kirche zusehen, daß ihre eignen Güter an die Ketzer vertheilt würden“. Dies erwähnt Ranke, Päbste, Th. III, S. 212. Nur bezweifle ich, daß 1803 zu Wien überhaupt ein päbstlicher

Fürstenthum auf. Der deutsche Reichstag — ohne Widerspruch der betheiligten geistlichen Reichsstände — gab am 9. März 1801 seine Zustimmung, welche Tags darauf die Kaiserliche Ratifikation erhielt.

Dies war die am tiefsten greifende Verfassungsänderung [367]), welche gedacht werden kann. Sie zerriß einen jahrtausendalten Verband. Es fragt sich, ob das römische Reich nicht damals aufgelöst wurde?

Manches spricht dafür. In dem Friedens-Vertrage [368]) findet sich der Ausdruck „römischer Kaiser" nirgend [369]); nur die vom Kaiser einseitig ausgestellte Ratifikation ent-

---

Nuntius sich befand. Vgl. w. u. den Hergang in Betreff des Breve vom 4. Juni 1803. — F. W. v. Lancizolle, Uebersicht der deutschen Reichsstandschafts- und Territorial-Verhältniße (Berlin 1830) S. XXXIX f. S. 75 f. — Phillips, a. O., §. 136, S. 381 f. Walter, deutsche Rechtsgeschichte (1852) §. 317, S. 362. — — Gegen den Lüneviller Frieden und den J. R. Schl. vom 27. April 1803 erhob der Pabst, jedoch erst beim Kongresse zu Wien förmlichen Protest; Walter, Kirchenrecht (8. Ausg.) §. 110 S. 229. In einer Note vom 17. Novbr. 1814 forderte der Nuntius Consalvi die Restitution des Kirchenguts; am 14. Juni 1815 erfolgte die feierliche Verwahrung in einer französisch verfaßten Note und einer in latein. Sprache geschr. offnen Urkunde; Phillips a. O., §. 143, S. 503.

367) Gervinus, Einleitung in die Gesch. des 19. Jahrh. S. 146: „Die Säkularisation der geistlichen Staaten und Güter in Deutschland versetzte dem weltlichen Arm der Kirche, der sich hier über fast 2000 Q.-M. und mehr als 3 Mill. Menschen erstreckt hatte, einen stärkern Schlag als selbst in der Reformation geschehen war. Wievieles von diesen Veränderungen hier und da auch wieder untergegangen ist, sie haben durch ihren tiefen Eingriff und ihre weite Ausbreitung die ganze Gesellschaft umgestaltet und der Geschichte der nächsten Zeiten ihren Charakter aufgedrückt".

368) Abgedruckt u. A. in Leist, Lehrb. des teutsch. St.-R. (2. Ausg. 1805), Anhang S. 3 f.

369) Man müßte denn des Kaiserlichen Bevollmächtigten Titel im Eingange der Urkunde: „Comte du saint Empire Romain" dahin rechnen.

hält ihn[370]). Dagegen wird das Reich durchweg, in der Einleitung, in den Art. 1, 2, 6, 7, 13, 18 das deutsche Reich, ferner in der Einleitung und den Art. 1, 2, 6, 7, 10, 19 ohne Zusatz das Reich, an keiner Stelle das „römische" genannt[271]). Diesem Reich entspricht der anonyme Kaiser. — Uebereinstimmend damit redet ein päbstliches Breve vom 4. Juni 1803, das über die deutsche Umwälzung Klage führt, von einem „Germanicum Imperium", nicht von dem heiligen römischen Reiche. — Doch dies sind Aeußerlichkeiten, wenn sie auch der Beachtung nicht unwerth erscheinen mögen; Symptome: mehr nicht.

Dagegen ist seinem sonstigen Gehalte nach das eben erwähnte Breve von entscheidendem Belang. Es wendet sich nämlich darin Pabst Pius VII. an den ersten Consul der französischen Republik und sucht die Vermittlung desselben in den kirchlichen Zuständen Deutschlands nach. Der französische Geschäftsträger Bacher theilte dasselbe durch eine Note vom 26. Januar 1804 dem Reichstage mit[372]).

Hier ist Form und Inhalt wichtig; nichts ist daran so gering, daß es übersehen werden dürfte.

---

370) Leist a. O., S. 26. „Nos Franciscus II. divina favente clementia electus Romanorum Imperator, semper Augustus, Germaniae . . Rex".

371) Gleich die Ueberschrift: „Traité de Paix entre Sa Majesté l'Empereur, le Corps Germanique et la République Française . ." In Art. I: „S. M. l'Empereur, Roi de Hongrie et de Bohême, tant en son nom, qu'en celui de l'Empire Germanique" . . In Art. X: „dans les états de sa dite Majesté ou de l'Empire."

372) Comitial-Corresp. 1804, Nro. 8. Regensburg 30. Januar Beilage C.: 1) die Note Bacher's v. 26. Januar j. J.; 2) das Breve dd. Rom, 4. Jun. 1803, gezeichnet Josephus Marotti, in latein. Sprache; die Abschrift ist von dem französ. Gesandten beglaubigt; 3) eine französ. Uebersetzung des Breve.

Deutschland, den Herd des Romanismus, galt es und der römische Bischof redete nicht den deutschen König unmittelbar an, sondern holte fremde Vermittlung ein.

Der römische Kaiser, dessen Stellung ihn zum Vermittler des päbstlichen Stuhls mit allen weltlichen Mächten wahrhaft eignete, ward übergangen.

Die französische Republik, deren Machtgebot den der Kirche geweihten Organismus in Deutschland und eben auch in Italien zerstört hatte[373]), war zur Mittlerin zwischen Rom und dem römischen Kaiser ausersehen.

Endlich forderte der Pabst von dem ersten Consul, den er wie sonst die Kurfürsten des heil. Reichs „carissime in Christo fili noster" anredete[373a]), diesen Dienst mit den verheißungsvollen Worten: „Tam perspecta sunt nobis tuae voluntatis studia erga nos, ut quotiescunque ope aliqua in rebus nostris indigemus, eam a te fidenter petere minime dubitare debeamus."

Quotiescunque! also nicht ausnahmsweise, sondern regelmäßig. Man verstünde sich übel auf den Styl der römischen Kurie, wenn man hier nicht zwischen den Zeilen die förmliche Lossage von dem Hause Oesterreich läse. Die kirchliche Sendung Deutschlands und seines Königs erachtet der Pabst für suspendirt oder gar für erloschen. Es ist nur ein erstes Mal, daß er den Consul Buonaparte anruft: aber gerade dies erste Mal betrifft Deutschland.

Noch ist die Sprache des Breve nicht die, welche der Pabst zu dem advocatus ecclesiae redet; aber unwillkürlich

---

373) Ranke, die röm. Päbste Th. III, S. 211 a. E., 212 f.

373a) Ueber den ursprünglichen Sinn dieser Anrede vgl. Dönniges a. O., S. 195. Um die höhere Stellung des Pabstthums und die Pflicht der Kaiser und Könige zum Gehorsam gegen dasselbe darzustellen, bediente sich zuerst Pabst Johann VIII. der Rechtsform der Annahme an Sohnes Statt. Ungefähr zu derselben Zeit galt übrigens Adoption als ein Ausdruck der lehensherrlichen Rechte über die Vasallen.

gemahnt sie an die Zeiten des „Patricius“ der Römer, denen mit der Weihnacht des Jahrs 800 die Kaiserzeit folgte. Des Wiener Hofes wird in einer Weise gedacht, wie vormals des byzantinischen.

Nimmt man die spätern karolingischen Pläne Napoleons hinzu, deren Flug das „Kaiserthum Oesterreich“, durch welches diese Würde zur bloßen Titulatur entadelt ward, kaum noch hemmen konnte, so gewahrt man, daß die Verbindung des römischen Reichs mit Deutschland nicht nur innerlich, sondern auch äußerlich bis zur Auflösung gelockert war.

Aber aufgelöst war sie nicht. —

In folgenden Institutionen überdauerte nach seiner kirchlichen Seite hin das heil. röm. Reich den Lüneviller Frieden.

1) Das Kaiserthum.

Es blieb nach wie vor dem Fr. von Lüneville ein Organ des Romanismus und dem Dienste der römischen Kirche geweiht. Zwar hat die Doktrin der Protestanten schon für frühere Zeiten den Satz aufgestellt, auch ein Evangelischer sei zum römischen Kaiser wählbar [374]). Er

374) Diese Frage kann hier nicht in gehörig eingehender Weise besprochen werden. Sie war bis 1806 Parteifrage: die protestantischen Rechtsgelehrten hielten sämmtlich einen Protestanten für wählbar; die römisch-katholischen leugneten dies sämmtlich. Die Reichsstände Augsburgischen Bekenntnisses scheinen aber der protestantischen Doktrin mißtraut zu haben: niemals ist ein Evangelischer auch nur als Kandidat aufgestellt worden, wozu mehrmals die Gelegenheit nahe genug lag. — Vgl. von römisch-katholischen Schriftstellern hauptsächlich Zallwein, principia iuris ecclesiastici universalis et particularis Germaniae (Augustae Vindob. et Oenoponti 1763), Th. III. S. 592 f. und Nik. Th. Gönner, teutsches Staatsrecht (Landshut 1804) §. 108 S. 125. Unter den Protestanten: J. J. Moser, Teutsches Staatsrecht, Th. II, Buch II, Kap. 3, §. 4—8, S. 323 f.; Th. X. B. III. Kap. 11. S. 24; Kap. 12, §. 2., S. 213 f. Joh. St. Pütter, Inst. iur. publ. (6. Ausg. 1802) §. 56 S. 60. Leist, Lehrbuch des Teutschen Staatsrechts (2. Ausg. 1805) §. 62

beruht aber auf einer völligen Verkennung des Wesentlichen im heil. röm. Reich und auf einer dreifachen Verwechselung: des römischen Kaiserthums mit dem deutschen Königthum[375]), der ursprünglichen Advokatia des Reichs[375a]) mit einem neuern Begriffe dieses Namens, welcher das Recht und die Pflicht eines Staats gegenüber den anerkannten Kirchen umfaßt, endlich — einer lex ferenda mit der lex lata.

Auch nach Aufhebung des geistlichen Fürstenthums im

S. 194. Schmalz, Handbuch des Teutschen Staatsrechts (1805) §. 121, S. 94. — Am ausführlichsten behandelt ist der Gegenstand in einem Gutachten, welches auf Anfrage eines Ungenannten (»auf Veranlassung einer auswärts geschehenen Wette«) Joh. St. Pütter Namens der Göttingischen Juristenfakultät im Novbr. 1783 erstattete. Man darf die rationes dubitandi mit Pütter verwerfen, ohne doch seinen rationibus decidendi beizupflichten. Abgedruckt ist das Gutachten in den von Pütter herausgegebnen „Auserlesnen Rechtsfällen aus allen Theilen der in Teutschland üblichen Rechtsgelehrsamkeit“ Band III, Theil 3 (Göttingen 1785) S. 788 — 794; vgl. ob Anm. 223.

375) Phillips a. O., §. 123 S. 121 f.

375a) S. ob. §§. 22 u. 23. — So erklärte Kais. Ferdinand III. in der von J. J. Moser gerühmten Instruktion an seine Gesandten beim westfäl. Kongreß dd. Linz 11. Januar 1646, worin er den Protestanten die gleichen Rechte zugestand: „Wüßten Wir nicht, was einem römischen Kaiser mehr von seinem tragenden Kayserl. Amt und munere advocatiae pro Ecclesia et Religione catholica solle übrig bleiben, denn die Catholischen hätten weiter keinen Richter, bei dem sie sich Schutz und Trostes erholen könnten“. Im Vorhergehenden nannte er sich bei der Erledigung der Reichs-Gravamina dreifach interessirt: 1. als des heil. röm. Reichs Oberhaupt und Iudex competens; 2. als Advocatus Ecclesiae et Sedis Apostolicae; 3. als Ertzherzog zu Oesterreich und ein Catholischer Mit-Stand im Reich ...“ Das war also, genau genommen: ein dreifach römisches Interesse. Gärtner, westf. Friedens-Cantzley (Leipz. 1735) Th. VII, S. 454 u. S. 443. — In der eigentlichen Advokatia lag u. A. das Recht des römischen Kaisers, eine allgemeine Kirchenversammlung zu berufen.

Lüneviller Frieden, wodurch das Reichsrecht wesentlich umgestaltet worden, bleibt es ein — nun freilich anomaler — Satz des geltenden öffentlichen Rechts, daß *der römische Kaiser der römischen Kirche angehören muß*, daß kein „Akatholik“ zum römischen Kaiser wählbar ist.

Entscheidend sind die Krönungs-Eide des Kaisers[376]. Wer durfte sie verändern? Höchstens das gesammte Reich. Hier aber lag einer der Fälle vor, wo ganz unzweifelhaft der Gebrauch des Ius eundi in partes jedem Beschlusse, falls überhaupt ein Beschluß die Grundlagen selbst hätte antasten dürfen, vorgebeugt haben würde. So wären immerhin jene Eide unverändert geblieben, die zu schwören einem Protestanten das Gewissen verwehrt.

Vor der Krönung nämlich beantwortet der Gewählte fünf Fragen[377], die ihm vorgelegt werden, einzeln mit: „*Ich will*“, sodann zusammenfassend *eidlich*. Die erste, zweite und fünfte Frage betreffen das Verhältniß zur Kirche; sie lauten:

1) „Wollen Sie den heiligen katholischen Apostolischen Glauben halten und durch gerechte Werke bewähren?“
2) „Wollen Sie ein getreuer Vorsteher (tutor) und Beschützer der heiligen Kirche und ihrer Diener sein?“
5) „Wollen Sie dem *Allerheiligsten Vater und Herrn in Christo, dem römischen Pabst und der heiligen römischen Kirche geziemende Folge leisten*[377a]?“

---

376) Ratio decidendi XVII des Göttinger Gutachtens: b. *Pütter*, Rechtsfälle, S. 793.

377) J. St. *Pütter*, Institutiones iuris publici (6. Ausg. 1802) §. 499, S. 586 u. S. 587, Anm. a.

377a) Die 5. Frage lautet in lateinischer Sprache: „Vis sanctissimo in Christo patri et domino, Romano pontifici et sanctae Romanae ecclesiae *subiectionem debitam et fidem reverenter exhibere?*“

Nach der Krönung schwört der Kaiser erst in lateinischer, darauf in deutscher Sprache [378]):

„Profiteor et promitto coram Deo et angelis eius, modo et deinceps legem et iustitiam pacemque sanctae Dei ecclesiae servare . .“

„Ich gelobe und verspreche vor Gott und seinen Engeln, daß ich jetzt und hinfüro das Gesetz und Gerechtigkeit, auch den Frieden der heiligen Kirche Gottes will halten und handhaben. .“

„Sanctissimo Romano Pontifici et ecclesiae Romanae caeterisque pontificibus et ecclesiis Dei condignum et canonicum honorem volo exhibere. .“

„Ich will auch dem Allerheiligsten Römischen Bischof und der Röm. Kirche, auch den andern Bischöfen und Dienern Gottes gebührende geistliche Ehre erzeigen. .“

„ea etiam quae ab imperatoribus et regibus ecclesiae et ecclesiasticis viris collata sunt et erogata, inviolabiliter ipsis conservabo et faciam conservari.“

„und diese Dinge, welche von Kaisern und Königen der Kirche und den geistlichen Männern verliehen sind, will ich ihnen ungeschwächt erhalten und erhalten zu werden verschaffen.“

Ferner war jeder Kaiser, seinem kirchlichen Beruf entsprechend, Kleriker, nicht Laie. Nach seiner Krönung fand er gegen Ableistung eines Eides Aufnahme als Kanonikus im Marienstift zu Aachen [379]). Ja, ganz abgesehen

---

378) Pütter, a. O. §. 500. S. 589. Anm. a. Auch bei Joh. Fr. Böhmer, Regesten des Kaiserreichs, 1246 — 1313 (Stuttgart 1844) S. VI, Anm.

379) Pütter, a. O., S 589, 590, Anm. b. Anton Faber Europ. Staats-Cantzley, Th II, S. 92 Der Kaiser wurde auch Kanonikus der Kirchen St. Peter und St. Johannis zu Rom, wie auch des Doms zu Köln. In der Beschreibung der Krönung des röm. Königs Josef I. am 26. Jan. 1690 findet sich der geleistete Kanonikatseid: „Nos Josephus divina favente clementia Romanorum Rex, Nostrae Ecclesiae Beatae Mariae Aquen-

von dieser besondern Sitte, welche freilich bis zuletzt strenge beobachtet ist, machte des geistlichen Amtes schon der Empfang der Krone theilhaftig. „Accipe coronam“ hieß es: per hanc te participem ministerii nostri non ignores“ [379a]). Und so nahm der Kaiser denn auch unmittelbar nach der Krönung das heil. Abendmahl in beiderlei Gestalt.

Endlich verpflichtete den Kaiser gegenüber der römischen Kirche, nach wie vor dem Lünev. Fr., der Eid auf die Wahlkapitulation. In Art. 1 §. 1 hat er gelobt, „die Christenheit, den Stuhl zu Rom, päbstliche Heiligkeit und christliche Kirche als derselben Advokat in gutem treulichen Schutz und Schirm zu halten.“ In Art. 1 §. 2: „insonderheit die Erz- und Bischöfe bei dem bisher ruhig beseßnen Umfang ihrer Erz- und Bisthümer, sowie ihrer Metropolitan- und Diöcesan-Gerechtsame, dort wo ihr ius Dioecesanum und ihre geistliche Gerichtsbarkeit nicht durch den westfälischen Frieden suspendirt ist, zu erhalten.“ Art. 1 §. 6 das. entkräftet diese Gelübde nicht [380]); denn der westf. Friede, den er ihnen gegenüber verwahrt, hatte die „forma Reipublicae“ unberührt gelassen, hatte das römische Reich nicht aufgehoben, das römisch-katholische Kaiserthum nicht evangelisirt. Ebensowenig rüttelte der Lünev. Fr. an dem Gelübde des §. 1, wenn er auch dem des §. 2 schnurstracks zuwiderlief.

II) Die geistliche Kurwürde des Erzkanzlers und Erzbischofs Primas von Deutschland [381]).

Trier und Köln waren erloschen. Der Stuhl des

---

sis Canonicus ad haec sancta Dei Evangelia iuramus eidem Ecclesiae fidelitatem et quod ipsa iura et bona eiusdem ab iniuriis et violentiis defensabimus et faciemus defensari.“ Vgl. darüber Pfeffinger, Vitr. ill. Th. I, S. 195 f.

379a) Pütter a. O., §. 499 S. 588, Anm. c.

380) Wie auch Art. XIV §. 5 der K. W.-K. durch die Einschränkung in Art. I, §. 6 nicht aufgehoben, sondern daneben in Geltung ist.

381) Jüngst. Reichs-Schluß v. 27. April 1803 §. 25 bei Leist a. O., im Anhang S. 47.

Winfried dagegen ward auf die Domkirche zu Regensburg übertragen, wozu die Bulle vom 1. Febr. 1805 die päbstliche Genehmigung ertheilte. So blieb denn Kurmainz, wenn auch unter andrem Namen, bestehen [382]). Ein Diener und Würdenträger der römischen Kirche, ihr Primas in Deutschland, behielt die wichtigen Attribute des deutschen Erzkanzleramtes bei. Dieser letzte geistliche Kurfürst leitete wie bisher die Kaiser- und Königswahlen, ernannte das Reichsministerium und die Kaiserliche Kanzlei, führte die — freilich nicht bedeutenden — Staatsgeschäfte des Reichs, hatte Sitz und Stimme im Fürsten-Rath und lenkte die Verhandlungen im Kurfürsten-Rath wie am gesammten Reichstag. Auch war er ausgestattet mit deutscher Herrschaft über Land und Leute, nämlich über die Fürstenthümer Regensburg, Aschaffenburg und die Grafschaft Wetzlar.

III) Die geistlichen Ritterorden [283]).

In den geistlichen Ritterorden des Mittelalters spiegelt sich dieselbe Weltanschauung, auf welcher das Consulat der Christenheit, Pabstthum und Kaiserthum, beruht [384]). Daß aber „Hoch und Deutschmeister“ und „Johanniter-Meister“, welche auf der geistlichen Bank des Fürsten-Raths Sitz und Stimme hergebracht haben, den Lünev. Fr. u. J. R. Schl. überdauerten, wurde durch Nebenrücksichten veranlaßt [384a]). Diese Beiden und der Erzkanzler als Fürst von Regensburg waren fortan im Fürsten-Rath vereinzelte, nach Art und Gestalt der neuen Reichsverfassung durchaus anomale Erscheinungen.

---

382) Hoff, das deutsche Reich vor der französ. Rev. und nach dem Lünev. Fr. Th. II, (1805) S. 63, 64.

383) J. R. Schl. §. 26, bei Leist, a. O. im Anhang S. 48.

384) Charakteristisch ist namentlich die Gestalt des Herman v. Salza, jenes Vermittlers zwischen Kaiser und Pabst, der in Preußen seinem Orden einen weiten geistlich-weltlichen Wirkungskreis, und so — mitten in der Nacht des Romanismus — der deutschen Welt eine große Zukunft eröffnete, deren Morgenroth vier Jahrhunderte später den Horizont gefärbt hat, deren Sonne noch erst aufgehen soll.

384a) Hoff, a. O., S. 64, 65.

Die Schlußfolgerung.

§. 26.

Franz II. war durch den auf die Wahlkapitulation, wie durch die bei der Krönung geleisteten Eide, ferner durch die empfangnen Weihen allerdings der römischen Kirche verpflichtet, wie nur irgend ein König der Deutschen *in seiner Eigenschaft als römischer Kaiser*. Daß die Einschränkung dieser Pflichten, wie sie der Religions- und namentlich der westf. Friede, somit die Wahlkapitulation selbst bedingte, dem Reichsoberhaupte nicht freistellte, zu einer Schmälerung der bestehenden Rechte des römischen Religionstheils und der römischen Kirche in Deutschland überhaupt seine Genehmigung zu ertheilen, unterliegt keinem Zweifel. Sogar Gerechtsame, welche einen gewissen Vorzug des römischen Bekenntnisses begründeten, hatten der Relig.- und westfäl. Fr., insoweit sie zur forma Reipublicae, zum Wesen des heiligen Reichs gehörten und nicht anderseits eine wirkliche Rechts-Ungleichheit herbeiführten, keineswegs aufgehoben: sie zu schützen und zu erhalten, war die Pflicht des römischen Kaisers. Dahin hätte füglich das „hergebrachte Stimmenverhältniß“ am Reichstage gerechnet werden können.

Daß Ketzer dort Sitz und Stimme behaupteten, oder vielmehr daß die protestantischen Stände, *reichsrechtlich* betrachtet, keine Ketzer waren [385]), ist die Frucht besondrer

---

385) Die (Anm. 82, 207 u. 375a angef.) Instruktion Ferdinands III. an seine Gesandten beim westf. Friedenskongreß d. d. Linz 11. Januar 1646 veranschaulicht das später festgesetzte Rechtsverhältniß aus dem Gesichtspunkte des römischen Kaiserthums: „Nun will es jetzt zur Zeit das Ansehen haben, daß . . die Iura Civilia et Canonica wegen der Geistlichen Ertz- und Stiffter durch den Rel.-Fr. längst bei Seite gesetzt, indem die Lutherischen und nunmehr auch die Calvinischen sub titulo et nomine Augustanae confessionis a *crimine haereseos* in effectu quoad

Verträge, besondrer reichsgesetzlicher Bestimmungen[386]). In Folge derselben darf die römisch-katholische Mehrheit, wie sehr auch die kirchlichen Postulate solches nahelegen, der Minderheit von „Akatholiken“ in ihren Rechten nicht zu nahe treten. Dagegen entspricht es durchaus dem Wesen des heiligen römischen Reichs, daß die Römischen den gesammten Reichstag beherrschen: und nichts widerspricht jener Institution mehr als die Majorität der Protestanten in allen drei Kollegien der Reichsversammlung.

So hätte der Kaiser sich mit Fug und Recht auf seine Pflichten gegen die Kirche berufen, als er der Neubildung des Fürsten-Raths, wodurch den „Akatholiken“ die Herrschaft über die ganze Reichsversammlung eingeräumt wäre, mit seinem Veto vom 27. April Einhalt that? So hätte er mit gutem Grunde die numerische Gleichstellung der Stimmen beider Konfessionen im Fürsten-Rathe, nachdem in den beiden andern Reichs-Räthen die Mehrheit eine evangelische geworden, vermöge des Rechtsverhältnisses zwischen römischem Reich und römischer Kirche für die „unüberschreitbare Grenze“ erklärt?

Hier ist noch einmal auf die Regel der Religions-Gleichheit in Art. V §. 1 des westfäl. Friedens zurückzugehen und eine Seite derselben in Betracht zu ziehen, von welcher bei Behandlung der vorigen Streitfrage noch Umgang genommen werden mußte. — Man darf zugeben, daß der westfälische Friede das römische Reich nicht aufgehoben habe; man wird ferner mit Recht bestreiten, daß das Verhältniß des römischen Kaisers zur evangelischen Kirche

---

usum temporalium bonorum et iurium absolvirt seyn, und daß auch wider sie die geistliche iurisdiction quoad Religionem gäntzlich suspendirt und eingestellt und consequenter daß sie als Cives et Status liberi Imperii Romani aller Iurium et Privilegiorum fähig seyn wie andre Catholische Reichsstände, nisi quatenus et in quantum aliquid de his expresse est exceptum“. Gärtner, westfäl. Friedens-Cantzley (Leipz. 1735) Th. VII, S. 460.

386) Vgl. Anm. 363.

seit jenem Grundvertrage genau dasselbe gewesen sei, wie das früherhin schon bestehende und fortdauernde zu der römischen Kirche. Doch wenn, namentlich in Sachen der Religion, bis dahin das Wesen und die Bestimmung des römischen Reichs, das vas electum der römischen Kirche zu sein, sich des deutschen Gemeinwesens ganz und gar bemächtigt gehabt, wenn bis dahin Deutschland beinahe nur als integrirender Theil des heiligen Reichs hervorgetreten war, so hat, wie oben ausgeführt wurde, die Reichsverfassung seit der Reformation, als deren Vorboten die Concilien des 15. Jahrh. zu erachten sind, und seit dem westf. Fr. einen gemischten, deutsch-römischen Charakter angenommen. Das bedeutet aber für die vorliegende Frage, daß das „Reich“ aufgehört hat, identisch mit dem römischen Reiche zu sein. Deutschland, dieser eigenthümlich gegliederte Staatskörper, erscheint nun zwar immer noch als ein Theil des heiligen Reichs: aber solcher Gestalt nicht mehr das ganze Deutschland, und auch der Theil desselben nur theilweise. Aus den beiden konzentrischen Kreisen, wie sich Deutschland und das römische Reich darstellten, sind zwei einander durchschneidende Kreise geworden; auch der Kreisabschnitt, welcher beiden gemeinsam ist, hat nicht mehr Einen und denselben, sondern zwei verschiedne Mittelpunkte. In der Reichsverfassung sind nun die römischen Bestandtheile von andern, dem Romanismus heterogenen, zu unterscheiden. Und hiernach beurtheilen sich alle die strengen Forderungen, welche das Wesen des römischen Reichs an jenes Deutschland wohl stellen durfte, das ihm völlig anheimgefallen war: aber nur mit Beschränkungen zu stellen berechtigt ist, seit Rom — auch für das römisch-katholische Deutschland — aufgehört hatte, der geistige Mittelpunkt zu sein. Wie schon gesagt, unzweifelhaft konnte die Majorität am Reichstage des Sacrum Romanum Imperium keine andre als eine römische sein, wenn selbst eine protestantische Minderheit mit dem Gedanken jener Ordnung der

Dinge sich vertrüge. Doch Deutschland war seit der Reformation auch wieder Deutschland geworden, wenn auch lange nicht in den vollen Besitz seiner nationalen Unabhängigkeit eingesetzt. Die Frage nach der Religions-Eigenschaft der Mehrheit der Stimmen am Reichstage war nicht mehr lediglich eine Frage des römischen Reichs. Mit Einem Worte: die Grundgesetze Deutschlands und vor allen jene von der römischen Kirche verworfnen Satzungen des Staatsvertrags von Osnabrück haben die Norm der Entscheidung abzugeben. Und so fällt diese Streitfrage mit der vorhin behandelten fast zusammen. Es handelt sich abermals um Art. V §. 1 des westf. Fr. Aber nicht, wie vorhin, um seine Deutung als Stimmen-Gleichheit oder Rechts-Gleichheit, sondern um die Bedeutung der Rechts-Gleichheit neben der Klausel, welche gegenüber allen möglichen Folgerungen aus jener Parität das Wesen des römischen Reichs aufrecht hält. Da wird nicht zu verkennen sein, daß, während einerseits strenge genommen aus dem römischen Reich die Forderung einer römischen Mehrheit am Reichstage, anderseits aus der Gleichheit der Rechte keineswegs die Unzuträglichkeit einer solchen und ebensowenig ein Anspruch der Evangelischen auf die Majorität der Stimmen auch nur in einem der drei Rathsversammlungen sich ergibt. Nur freilich, unvereinbar mit der Rechts-Gleichheit ist die Aufstellung der rechtlichen Nothwendigkeit jener römischen, der rechtlichen Unmöglichkeit einer protestantischen Mehrheit am Reichstage. Soweit reicht, wie Kommentatoren des Art. V §. 1 von Alters her behauptet haben, die juristische Tragweite jener Klausel nicht, daß sie geradeswegs aufhöbe, was sie beschränken soll. Folglich war die römische Mehrheit aufrecht zu halten und stand mit dem Geiste der Verfassung nicht im Widerspruch, bis die Protestanten ein Recht auf die Mehrheit der Stimmen erworben hatten. Dagegen mußte dann die evangelische Majorität, sosehr sie dem eigentlichen und unvermischten System des Romanismus zuwider ist, bei dem römischen Kaiser Anerkennung finden, und er durfte sie nicht auf eine Stimmen-Gleichheit herabdrücken, da er nur noch theilweise jenem höchsten Beruf leben und den strengen Pflichten des Kaiserthums nur noch insoweit genügen konnte, als die deutschen Grundgesetze, welche der römischen Ordnung der Dinge schroff gegenüber standen, für ihn aber ebenfalls bindend waren, ihn nicht fesselten.

Diese wichtige Frage, deren wissenschaftliche Erledigung bei den mannigfachen Gesichtspunkten, welche sie bietet, hier nicht angestrebt werden konnte, fällt übrigens für die vorliegende Streitfrage nicht sosehr ins Gewicht, als dies den Anschein gewann. Angenommen, die Römisch-katholischen hatten das unbestreitbarste Recht auf die Majorität am Reichstage — wenn schon nicht in jedem der drei Räthe; oder doch das Recht zu hindern, daß die Protestanten in allen drei Reichs-Räthen zur Herrschaft gelangten — ein Recht, welches von der Regel in Art. V. §. 1 des westf. Fr. nicht berührt, oder kraft der darin enthaltenen Klausel vielmehr bestätigt worden wäre: was folgt daraus für die Verpflichtung Franz II., vermöge des Rechtsverhältnisses zwischen Deutschland und Rom jenes Veto vom 27. April 1803 zu verfügen?

Dasselbe Kaiserliche Dekret, worin das fragliche Veto enthalten war, sanktionirte die unerhörteste Beraubung der römischen Kirche und die Aufhebung derjenigen Institution des Reichsrechts, welche dazu bestimmt gewesen, das System des Romanismus in der deutschen Verfassung zu verwirklichen, die Einheit von Reich und Kirche zu bewahren. Wie mochte das Reichsoberhaupt gleichzeitig zu der Tilgung des geistlichen Fürstenthums seine Genehmigung ertheilen und mit Berufung auf seine Pflichten gegen die Kirche der Reorganisation des Fürsten-Raths die Sanktion versagen? Während der Kaiser die unzweifelhaftesten Rechte Roms, deren Erhaltung er gelobt hatte, mit Füßen treten ließ, durfte er doch schwerlich, um den Protestanten die Majorität vorzuenthalten, sich auf seine dem Pabst und der römischen Kirche „heilig beschwornen Eide“ berufen? — Aber die beschwornen Eide tragen in sich den ausdrücklichen Vorbehalt, dessen Bestimmung sich schon aus allgemeinem Rechtsgrundsatz ergibt [387]), „soweit es in seinen (des Kaisers) Kräften steht.“ Da heißt es: „sofern mir Gott seine Hülfe verleiht [388])“, „mit gebührender Betrachtung göttlicher Barmherzigkeit [389])“; „soweit unser Herr Jesus Christus Hülfe, Stärke und Gnade verleiht [390]).“ Nicht ohne tieferen Grund wiederholt sich dieser Vorbehalt in wechselnder Ausdrucksweise sooft [391]). — Nun ist wohl zu unterscheiden: In Betreff der Säkularisationen ließ Frankreich in der That keine Wahl. Zu Rastadt bereits hatte sich die Reichs-Deputation lange genug gesträubt, bis endlich die Bevollmächtigten der Republik unumwunden erklärten, die Art und Weise der Entschädigung d. h. die Aufhebung des geistlichen Fürstenthums wäre ebenso wesentlich und unerläßlich, wie die Abtretung des linken Rheinufers [392]). Es überstieg des Kaisers Ver-

387) L. 185. D. d. R. J.

388) „Omnia praemissa, in quantum divino fultus fuero adiutorio fideliter adimplebo, sic me Deus adiuvet et sancta Dei Evangelia“ sind die Worte der Eidesformel, worin die fünf Antworten auf die Fragen vor der Krönung zusammengefaßt und bekräftigt wurden. Pütter, Inst. iur. publ. (1802) §. 499 S. 587 Anm. a.

389) „salvo condigno divinae misericordiae respectu, sicut cum consilio principum et fidelium regni atque meorum melius invenire potero“; so lautet es in dem Schwur, welcher nach der Krönung geleistet ward. Pütter a. O., §. 500, S. 589, Anm. a.

390) „Domino nostro Iesu Christo mihi praestante auxilium fortitudinem et decorum“ a. E. des in d. vor. Anm. gen. Eides.

391) Schon Otto I. schwor am 2. Febr. 962: „sanctam Romanam ecclesiam et te rectorem ipsius exaltabo secundum meum posse“ Pertz, Monum. Germ. Leg. II. S. 29; vgl. ob. Anm. 334.

392) Die Note der französ. Gesandten beim Rastadter Kongreß vom 15. März 1798: „La Députation de l'Empire se convaincra facile-

mögen, die Säkularisationen zu hindern; indem er darin willigte, brach er also nicht seinen Eid. — Dasselbe würde man haben sagen müssen, wenn Frankreich den Artikel IV der Pariser Abkunft vom 26. Dezbr. 1802 [393]) in der Art wie Baiern und Brandenburg ausgelegt und die Ratifikation des ganzen R.-D.-Schlusses zur Bedingung gemacht hätte. Da jedoch die Republik dem dahin zielenden Verlangen ihrer deutschen Anhänger nicht willfahren mochte [394]), so bestand auch kein Zwang für das Reichsoberhaupt, die Neubildung des Fürsten-Raths zu sanktioniren. Brachte daher die Ratifikation dieses Plans wirklich eine neue Verletzung der Rechte der römischen Kirche mit sich, allerdings dann verletzte der Kaiser, wenn er darin willigte, seine Pflichten gegen Rom und brach seinen Eid; zu jenem Veto, an dessen Ausübung er nicht behindert wurde [395]), war er dann allerdings vermöge des Rechtsverhältnisses von Reich und Kirche verbunden.

Ueberdies war die Aufhebung des geistlichen Fürstenthums nicht gleichzeitig mit dem Veto gegen die Neubil-

---

ment que cette base (der Säkularisationen) n'est pas moins nécessaire que celle déjà adoptée sur les limites". Die fernere v. 27. März nennt dies Entschädigungsprinzip „un mode depuis longtems prévu et annoncé, et dont chaque membre de la Députation ne peut au fond de sa conscience se dissimuler la justice et la nécessité", „un mode d'indemnité, sans lequel il est impossible qu'elle s'opère." Darauf Annahme dieser Basis in dem Gutachten der Reichsdeputation v. 4. April. Von diesem G.-A. sagt die französ. Note v. 8. April: „En reconnaissant la nécessité des sécularisations.. et en adoptant le principe, la députation de l'Empire.." — Dem Bericht der Reichsfriedens-Deputation zu Rastadt an die Reichsversammlung sind in den Reichstags-Akten der Göttinger Bibliothek die sämmtlichen Rastadter Verhandlungen in offiziellem Abdrucke beigefügt, was ich auch als Nachtrag zu Anm. 3 bemerkt haben will.

393) S. ob. Anm. 55.

394) S. §. 4, S. 36.

395) L. 194. D. d. R. J.

dung des Fürsten-Raths, sondern bereits mit der Ratifikation des Lüneviller Friedens erfolgt. Als dem Kaiser der Hauptschluß der Reichs-Deputation vom 25. Febr. mit dem Antrage der Reichsstände vom 24. März unterbreitet wurde, gehörte jenes der Kirche zugefügte Unrecht der Vergangenheit an. Es galt nur die Ausführung des nicht mehr zu Aendernden. Da war eben zu erwägen, daß nicht bei dieser Ausführung eines geschehenen Unrechts ein neues begangen würde. Ein solches neues Unrecht sah der Kaiser[396]) in §. 32 des Hauptschlusses, dessen Inhalt obenein weder durch die Ausführung des Entschädigungsgeschäfts bedingt, noch überhaupt mit demselben zusammenhängend erschien.

Der Grund, aus welchem die Verpflichtung des Kaisers zu dem Veto vom 27. April vermöge des Rechtsverhältnisses zwischen Reich und Kirche nichtsdestoweniger zu verneinen ist, liegt aber anderwärts.

Die Rechte des römischen Religionstheils, welche der Inhalt von §. 32 des Deputations-Schlusses zweifelsohne verletzte, waren am 27. April, als das reichsoberhauptliche Veto sie fristen wollte, schon längst außer Kraft gesetzt. Der Plan der Neubildung des Fürsten-Raths enthielt keine neue, sondern nur die Konsequenz einer bereits vollzognen Rechtsverletzung. Diese frühere und wirkliche Kränkung der Rechte bestand in nichts Andrem, als in der allgemeinen Säkularisation, deren nothwendige Folge — wenn auch nicht das bestimmte Zahlenverhältniß des §. 32, so doch — eine völlige Umgestaltung des Stimmenverhältnisses beider Religions-Parteien am Reichstage war. Läge, wie hier vorausgesetzt werden darf, darin ein Unrecht, daß die Rathsversammlung des römischen Reichs von einer Mehrheit protestantischer Stände beherrscht würde, so gehörte am 27. April, als der Kaiser sein Veto gebrauchte, auch dieses »Unrecht« der Vergangenheit an. Die

396) Ersichtlich aus dem Hofdekret v. 30. Juni.

Mehrheit der Evangelischen am Reichstage schreibt sich nicht erst von dem Vorschlage des Ausschusses in §. 32, sondern von dem Lüneviller Frieden her. Sie war reichsschlußmäßig begründet mit dem Augenblicke, daß Kaiser und Reich diesen Vertrag ratifizirten. — Dies ist zu erweisen.

Auf der weltlichen Bank des Fürsten-Raths hatten die Protestanten mit Anbeginn der Kirchenverbesserung die Majorität[397]. Bei Eröffnung des Reichstags von 1653 und 1654 war die weltliche Bank des Fürsten-Raths beinahe ganz protestantisch[398]. Nun hob der Friede von Lüneville die geistliche Bank des Fürsten-Raths bis auf drei Stimmen völlig auf; oder, genau genommen[399], er bestimmte die Vertheilung der nach Abtretung des linken Rheinufers übrigen Stimmen der geistlichen Bank an die der Mehrheit nach evangelischen Erbfürsten. Die Folge konnte keine andre sein[400], als daß, nachdem die geistlichen Fürsten, mit deren

---

397) (Fahnenberg) Kritische Betrachtungen S. 5: „Im Reichsfürsten-Rath behielten zwar die katholischen Stimmen das Uebergewicht. Dieses hatten sie aber der zahlreichen geistlichen Fürstenbank allein zu danken; denn es waren . . . die mehrsten weltlichen Fürsten sowie der größere Theil der Reichsgrafen der neuen Lehre beygetreten."

398) (Kauffmann) Beitrag zur Geschichte der Viril-Stimmen im Reichsfürsten-Rath, Deutschland 1804, §. 242, S. 160. Auf der weltlichen Bank wurden damals acht römisch-katholische, dagegen vierzig evangelische Stimmen geführt. — Vgl. ob. S. 75 und Anm. 147 das., S. 76, Anm. 148. Den 8 waren freilich von der geistlichen Bank die an sich weltlichen St. von Oesterreich und Burgund, aber dafür den 40 protestantischen die beiden St. der Querbank beizuzählen (Magdeburg und Lübeck; denn Osnabrück unterlag damals dem turnus catholicus; s. w. u. Anm. 403 u. 404).

399) J. R. Schl. §. 32, letzt. Abschnitt, Satz 4: „die Stimmen der säkularisirten Fürstenthümer bleiben an ihrer alten Stelle, sodaß die zwey Bänke (latera) können beybehalten werden. ."

400) Woher plötzlich diese Majorität der Protestanten an der gesammten Reichsversammlung entstanden, war nicht nur den Kaiserlichen,

Hinzunahme die Minderheit der römisch-katholischen Erbfürsten vorher überwogen hatte, bis auf drei weggefallen waren, die stets vorhandne Mehrheit der weltlichen Fürsten augsburgischen Bekenntnisses ungehemmt hervortrat.

---

sondern größtentheils den Zeitgenossen ein Räthsel. So behauptete das Kaiserl. Hof-Dekret vom 30. Juni, „daß auch in der Vollziehung der friedensschlußmäßigen Indemnisations-Basis kein nothwendiger Grund zur Abänderung des bisher im Fürsten-Rathe bestandnen Stimmen-Verhältnisses lag. . .“ Ferner (wodurch man unwillkürlich an die Contradictio in adiecto des Gutachtens der Rastadter Deputation vom 4. April 1798 erinnert wird, dergemäß die Säkularisation „mit allen denjenigen Maßregeln und beschränkenden Vorsichten“ durchgeführt werden sollte, „welche zu Erhaltung der Constitution des teutschen Reichs in jeder Hinsicht... wesentlich erforderlich seien“!): „Teutschland war nicht mit sich im Kampfe um die Verfassung; deren Erhaltung in religiöser und politischer Hinsicht ward vielmehr als Bedingniß und beschränkende Maasregel bei Berichtigung des Entschädigungswerks aufgestellt.“ — So fragt das Reskript des Staats-Vicekanzler's, Reichsgrafen v. Kobenzl dd. Wien, 10. Novbr 1803 (s. Comit-Corr. 1803 Nro. 77, Regensb. 8. Dezbr. Beilage B., vgl. oben Anm. 41): „Welches Recht, welche billige Veranlassung hat der protestantische Religionstheil, um zu verlangen, daß der katholische, statt einer bisherigen Stimmenmehrheit sich künftighin mit der mindern Stimmenzahl begnügen soll?“ „Nach der Stipulation des Lünev. Fr. konnten die zu entschädigenden Reichsstände nur soviel neue Stimmen in Anspruch nehmen, als sie mit ihren Besitzungen am linken Rheinufer verloren hatten; da sich nun hierunter nur eine einzige protestantische Fürstenstimme befand, so würde es ebenso leicht gewesen sein, als es billig war, ein solches Stimmenverhältniß im Fürsten-Rath herzustellen, welches sich dem vorhin bestandnen soviel genähert hätte, als es mit dem Entgang des linken Rh.-Uf. vereinbarlich sein konnte, immerhin aber mit Beybehaltung der katholischen Stimmenmehrheit. Nachdem aber die Reichs-Deputation in ihrem Vorschlage von diesem Grundsatze dergestalt abging, daß hieraus ein ebenso außerordentliches als willkürliches Mißverhältniß in Ansehung dieser Stimmen zum Nachtheil des katholischen Religionstheils entsprang, so hat der Kaiser sich nach Pflicht und Gewissen gezwungen gesehen. . . .“ „Der zu Ende gegangne Krieg war kein neuer Religionskrieg, wie jener, den der westf. Fr. endigte; es sind nicht neuerdings ganze Länder und Völker vom katholi-

Das Stimmenverhältniß, das bis an die Grenze des Möglichen zu erhalten der Kaiser mit seinem Veto beabsichtigte, war vor dem 27. April 1803 untergegangen. Um die Majorität der Evangelischen am Reichstage zu hintertreiben, hätte die Säkularisation rückgängig gemacht werden müssen. Widerstritt die Zulassung einer Mehrheit der Protestanten am ganzen Reichstage den Pflichten des Kaiserthums gegenüber der Kirche, so war doch, nachdem durch die allgemeine Säkularisation des Lünev. Friedens solche Majorität begründet worden, die Erfüllung jener Pflichten durch das neue entgegenstehende Recht des evangelischen Religionstheils zu einer reichsrechtlichen Unmöglichkeit geworden.

schen Glaubensbekenntniß zum protestantischen übergegangen. In dem ganzen deutschen Reiche zur Rechten des Rheins ist das Verhältniß der Zahl unter den deutschen Katholiken und Protestanten, so zu sagen, um keinen Mann verrückt worden, und obschon die Mehrheit der ersten durch den Verlust des linken Rh.-Uf. im Verhältniß geschwächt wurde, so besteht sie dennoch immer mit einem beträchtlichen Uebergewicht über das Verhältniß der protestantischen Länder und Völker, und insofern besteht also auch noch immer die Ursache, wegen welcher der westf. Fr. die Mehrheit der Stimmen dem katholischen Religionstheil beließ, nämlich: die wirkliche Ueberlegenheit desselben über den protestantischen . . ." u. s. w. — Das Votum Oesterreich's im Fürsten-Rath vom 18., Böhmen's im Kurfürsten-Rath vom 21. Novbr. 1803 bemerkte: „Von solch einem großen Verlust an den Reichstagsstimmen, als derjenige ist, welcher den katholischen Religionstheil im Reichsfürsten-Rath betroffen hat, liefert aber die Reichsgeschichte kein Beispiel." — In einer Eingabe, welche Fahnenberg als Komitial-Gesandter des Fürsten von Salm-Salm d. d. Regensburg 3. Novbr. 1803 an die Reichsversammlung richtete, äußerte dieser unermüdliche Kämpe die Ansicht: „So billig es ist, das Latus Evangelicorum wegen der verlornen Mömpelgardischen Stimme zu entschädigen, ebenso billig wird es wohl auch sein, dem katholischen Religionstheil den weit beträchtlicheren Verlust an der Stimmenzahl zu ersetzen" (s. Comit.-Corr. 1803 Nro. 67. Regensb. 7. Novbr. Beilage A.). — So stellte Fürstenberg am 2. Dezbr. im Fürsten-Rathe den Satz auf, es könnte dem katholischen Religionstheile, welcher durch die Abtretung des linken Rhein-Ufers 15 Stimmen, dahingegen der pro-

Denn nun konnte der Kaiser sie nicht anders erfüllen, als indem er bestehende Rechte der Protestanten antastete. Da verordnet aber Art. I §. 10 der Wahlkapitulation, worauf ein nicht minder feierlicher Eid verpflichtete, das Reichsoberhaupt solle Rom gegenüber nur insoweit verbunden sein, als diese kirchlichen Pflichten dem Religions- und westf. Frieden nicht widerstreiten, sowie den Kurfürsten augsb. Konfession und deren gesammten Religionsverwandten im Reich an ihren Rechten keinen Abbruch zufügen [401]).

Daher war, wie durch die Regel der Religions-Gleichheit in Art. V §. 1 des westf. Fr., so durch das Rechtsverhältniß des römischen Reichs und folglich Deutschlands zur römischen Kirche eine Verpflichtung des Kaisers zum Veto vom 27. April 1803 keineswegs begründet.

testantische nur eine verloren hätte, nicht verübelt werden, „wenn er auch für diese 14 mehr verlorne Stimmen . . . eine Entschädigung in Anspruch nimmt.“ „Diese Ansprüche“ heißt es weiter, „werden aber um so begründeter, wenn man erwägt, daß durch die vollzognen Säkularisationen ihm noch 9 Stimmen entzogen, dem protestantischen Theil mit den Ländern, worauf sie haften, zugetheilt und die 2 prälatischen Kuriatstimmen ganz erloschen sind.“ — Wirttemberg, das bei der Abstimmung im Kurfürsten-Rath und im Fürsten-Rath vom 14. Nov. auf die Prinzipienfragen und somit auch auf die muthmaßliche Ursache dieser Umgestaltung des Stimmenverhältnisses von allen Ständen augsburg. Bekenntnisses am gründlichsten einging, führte dieselbe durchweg auf die Abtretung des linken Rhein-Ufers zurück. — Vgl. (Haas) Betrachtungen über die Virilstimmen im Reichsfürsten-Rath und den §. 32 des R.-D.-H.-Schl. vom 25 Febr. 1803, S. 18 f. In diesem Punkte leidet an derselben Unklarheit Com.-Corr. 1803 Nro. 54 Regensb. 18. Juli, wiewohl die darin gegebne Besprechung des Kaiserl. Hof-Dekrets vom 30. Juni die Andeutung enthält, das nachträgliche Verlangen nach einem Ebenmaß in der Austheilung der Entschädigungslande komme zu spät, die Bestätigung für diese Weise der Entschädigung und Vertheilung sei von Seiten des Kaisers und des Reichs erfolgt: denn freilich der Grund wird nicht angegeben.

401) Vgl. oben §. 2 S. 21.

Theil II.

Der Streit zwischen Kaiser und Reich über die Rechtmäßigkeit der Zusammensetzung des Fürsten-Raths auf Grund des Reichsschlusses vom 27. April 1803.

Vierte Streitfrage.

Ueber die Religionseigenschaft der auf Erbfürsten augsburgischen Bekenntnisses im J. R. Schl. v. 1803 übergegangnen Stimmen der säkularisirten Stifter.

Uebersicht.

§. 27.

Nach Maßgabe des Lüneviller Friedens entschädigte der jüngste Reichsschluß [402]) mittelst Vertheilung der ehemals geistlichen, nunmehr säkularisirten Staaten für ihre wirklichen oder fingirten Verluste, welche die Abtretung des linken Rheinufers zur Folge gehabt, weltliche Fürsten und unter diesen auch evangelische Reichsstände. Die Stimmen im Fürsten-Rath, welche auf jenen Landen ruhten, waren

[402]) Eigentlich schon an einer höheren Stelle wäre zu bemerken gewesen, daß die gewöhnliche, und wie zuzugestehen ist, gleich 1803 be-

mit Ausnahme von zweien bisher römisch-katholisch gewesen. Nur die Stimme von Lübeck [403]), das vorhin ein evangelisches Bisthum und fortan auch dem Namen nach ein weltliches Fürstenthum war [404]), hatte zu den Evangelischen —

liebte Methode, den Deputations-Schluß vom 25. Februar statt des Reichsschlusses vom 27. April zu citiren, ungenau, wo nicht gar unrichtig ist. Mit demselben Rechte, wie für jene Verfassungsnormen die außerordentliche Reichs-Deputation, konnten für die neuste Kodifikation des preußischen Strafrechts die Kommissionen der beiden Kammern, deren Arbeiten obenein unverändert angenommen wurden, oder für das deutsche Wechselrecht die Leipziger Konferenz als die gesetzgebenden Körper bezeichnet werden. Nun kommt hinzu, daß von dem Reichsgrundgesetze, welches man meint, während man den Deputations-Hauptschluß nennt, in einem sehr wesentlichen Punkte, dessen der erste Theil dieser Schrift gedachte, die Vorlage des Ausschusses vom 25. Febr. abweicht, daß nämlich der §. 32, welcher Gesetzeskraft erhielt, ein durchaus andrer ist, als der §. 32 des Deputations-Schlusses, aus welchem das Kaiserliche Veto den größten und wichtigsten Bestandtheil ausschied. — Der Sprachgebrauch: „neuster“ oder „jüngster Reichsschluß“ ist bereits von Zeitgenossen der Entstehung dieses Fundamentalgesetzes, z. B. von Gönner (T. St. R. §. 418, S. 698; §. 421, S. 704 u. s. w.) angenommen und hat für die Folgezeit den anderweiten Sinn erhalten, darauf hinzudeuten, daß, wie der Reichsabschied von 1654 der letzte Reichsabschied, so das Reichsgrundgesetz vom 27. April 1803 der letzte Reichsschluß in dem (mit A. F. Pott zu reden) verrömerten Deutschland gewesen ist. Dem „J. R. A.“ entspricht der „J. R. Schl.“

403) Auf der geistlichen Querbank, oder vielmehr der Querbank zwischen Geistlichen und Weltlichen (westfäl. Fr. Art. V, §. 22; vgl. Pütter, Geist des westf. Fr., Göttingen 1795, S. 416) stimmte Lübeck bis zum J. R.Schl., und zwar an 49ter Stelle des Fürsten-Raths zwischen der 4. und 5. Stimme der alternirenden weltlichen Fürstenhäuser, welche die 42., 44., 46. u. s. f. bis 64. Stelle des F.-R. einnahmen.

404) Die Veränderung, welche mit Lübeck in Folge des Lünev. Fr. vorging, ist genau dieselbe, welche das Erzstift Magdeburg im 17. Jahrhundert betroffen hatte. Magdeburg war für die Lebenszeit des damaligen evangelischen Erzbischofs ein protestantisches geistliches Fürstenthum wie Lübeck und hatte mit diesem sowie mit Osnabrück, nachdem hier bei dem Tode des Bisch. Franz Wilhelm 1662 der turnus evangelicus eingetreten war, im Fürsten-Rathe seinen Platz auf der Querbank.

die von **Osnabrück**, welches gleichfalls aufhörte, Bisthum zu sein, und mit Kurbraunschweig vereinigt wurde [405]), abwechselnd zu den Protestanten und den Römischen gezählt [406]).

Es fragte sich nun nach der **Religionseigenschaft** jener Stimmen [407]), einschließlich der von Osnabrück [408]).

Doch hatte **Brandenburg** im westf. Fr. Art. XI §. 6 (vgl. Art. XI §. 7). die Anwartschaft darauf erhalten. Als August von Sachsen am 4. Juni 1680 starb und Brandenburg von dem Erzstift Besitz ergriff, trat Art. XI §. 11 des westf. Fr. in Kraft: Magdeburg wurde ein Herzogthum. — Seine Stimme im F.-R. ging aber auf die weltliche Bank über, während 1803 die von Lübeck auf der geistlichen blieb.

405) J. R. Schl. §. 4.

406) W. Fr. Art. XIII §. 6.

407) Das Kaiserl. Hof-Dekret vom 30. Juni erklärt, daß es iuris controversi sei, ob die Religionseigenschaft der reichsständischen Stimmen sich nach der Religion des Landes, oder nach der Religion des Landesherrn bestimme. Daß **weder** die eine, **noch** die andre Norm angebracht sei, wie bereits im J. 1803 (s. w. u. Anm. 411) argumentirt ist, konnte der Kaiserl. Hof umsomehr übersehen, als die gestellte Alternative seinem Interesse günstig, dem protestantischen gefahrdrohend war. Das Hof-Dekret fordert den Reichstag auf, durch Entscheidung dieser Rechtsfrage „sein Verdienst um die deutsche Verfassung zu erhöhen.“ Die Höfe hatten wenig Neigung, darauf einzugehen, am wenigsten der Hof von München; vgl. **Comit.-Corresp.** 1803 Nro. 54 Regensb. 18. Juli. **Wirttemberg** aber nahm den Handschuh auf (f. Anm. 400) und gab in der Sitzung beider höhern Kollegien vom 14. Novbr. eine für den Kaiser möglichst unerwünschte Antwort. Der Sinn jener Forderung trat mit den Protesten der Kaiserlichen Gesandten gegen die Rechtmäßigkeit der Zusammensetzung des Fürsten-Raths zu Tage; vgl. §. 1, bes. Anm. 25, S. 11 und §. 2, S. 24 dieser Schrift.

408) Auf die Erklärung Oesterreichs im Fürsten-Rath am 14. Novbr., daß der Kaiser „die Aufrufung der auf säkularisirten geistlichen Reichslanden radizirten Stimmen“ nur „geschehen lasse“ (vgl. Anm. 25 und 26, sowie **Com.-Corr.** 1803 Nro 73 Regensb. 21. Novbr. Beilage B., S. 7.), ward in der Sitzung des F.-R. vom 18. Nov. von **Bremen** (Kurbraunschweig) entgegnet: „Schmeichle sich, daß die Erzherzoglich Oesterreichische Abstimmung vom 14. d. nicht dahin gemeint gewesen sei, als

Blieben sie römisch-katholisch, blieb für Osnabrück der Turnus? Oder verstärkten die sämmtlichen Stimmen der Lande, welche an protestantische Fürsten gelangten, das Latus Evangelicorum [409])?

Die Wissenschaft ertheilte die verschiedenartigsten Antworten und begründete dieselben noch verschiedenartiger. Die Fürsten augsburgischen Bekenntnisses aber bevollmächtigten einfach mit Führung der neu erworbnen Stimmen evangelische Gesandtschaften. Da der Kaiser ihnen die Berechtigung hierzu bestritt und diese Weise der Vertretung

---

wenn die seinem Allerhöchsten Kommittenten mit dem säkularisirten Hochstift Osnabrück zugefallne Stimme auf irgend eine Weise suspendirt werden könne, sondern daß Allerhöchstderselbe in dem fortwährenden ungestörten Besitz gedachter Stimme stets verbleiben werde." Was Oesterreich hierauf zur Begütigung und scheinbar im Einverständniß mit Obigem aussprach: "hat (man) übrigens wohl nicht daran denken können, daß die fürstlich Osnabrücksche Stimme, bei der bekanntlich noch turnus evangelicus obwaltet, den übrigen geistlichen Stimmen könne beigezählt werden" — formulirte gerade recht bündig die Streitfrage. (Comit-Corr. 1803, Nro. 74. Regensb. 28. Novbr. Beilage B., S. 26.) Denn der Grund, weßhalb Oesterreich die Sache Osnabrücks von der jener andern ehemals geistlichen Stimmen zu trennen suchte, versetzte eben diese Sache in dasselbe Provisorium, welches den andern beigelegt wurde. Hiermit ist angedeutet, weßhalb die Untersuchung sich auch auf die Religionseigenschaft der Fürsten-Rath-Stimme von Osnabrück und auf die Frage zu erstrecken hat, ob der Turnus noch fortdauerte, welchen der §. 4 des J. R. Schl. allerdings nicht ausdrücklich aufgehoben hatte.

409) Com-Corr. 1803 Nro. 66 Regensb. 20. Okt. Darin heißt es u. A.: "Von Seiten der Kais. Minister wird der Grundsatz aufgestellt, daß nicht eher über die Admission der im §. 32 des Dep.-Haupt-Schl. vorgeschlagnen, theils zu readmittirenden, theils neu einzuführenden Stimmen eine Deliberation Statt finden könne, bevor nicht die im Kaiserl. Hofdekrete v. $\frac{\text{30. Juni}}{\text{8. Juli}}$ d. J. aufgeworfne Frage (nach der Religions-Eigenschaft) erörtert worden, weil die Entscheidung dieser Frage erst ein sichres Resultat des dem einen oder dem andern Religionstheile durch Annahme der vorgeschlagnen neuen Stimmen erwachsnen Vortheils oder Nachtheils . . geben könnte."

für unrechtmäßig erklären ließ, so gewann die Streitfrage noch die weitre Bedeutung, daß sie die Rechtmäßigkeit der Zusammensetzung des Fürsten-Raths überhaupt in Zweifel stellte [410]), was freilich das Reichsoberhaupt, wie die fernerhin zu behandelnde Streitfrage zeigen wird, auch von andrer Seite versuchte [410a]).

Eine befriedigende d. h. wissenschaftliche Lösung der Frage nach der Religionseigenschaft der bezeichneten Stimmen des Fürsten-Raths hat mannigfache Voraussetzungen. Den Mittelpunkt bildet die Untersuchung in Betreff des Prinzips, wonach sich die Religionseigenschaft der Reichstags-Stimmen d. h. insonderheit der Virilstimmen des Fürsten-Raths, entscheidet [411]). Daran schließt sich eine ganz spezielle und eine andre allgemeinere Betrachtung an. Die spezielle behandelt den rechtlichen Einfluß, welchen der Umstand, daß jene säkularisirten Stifter an protestantische Fürsten übertragen worden, in Betreff der Religionseigen-

---

410) Vgl. ob. Anm. 26.

410a) S. d. Einleitung zu dieser Schrift.

411) Während die Frage bei dem Reichstage schwebte, erschien eine erschöpfende Abhandlung über diesen Gegenstand, die Erstlingsarbeit eines jungen Juristen, Heinrich Karl Jaup: „Commentatio iuris publici de religionis qualitate votorum virilium in comitiis imperii universalibus (Gießen 1803), welche sich einer allgemeinen Anerkennung zu erfreuen hatte. In Regensburg, an die Gesandtschaften vertheilt, fand sie so günstige Aufnahme, daß die Grundsätze, welche sie vertheidigte, z. B. in das Wirttembergische Votum vom 14. Nov. beinahe vollständig übergingen. Auch in der Gelehrtenwelt erregte sie Aufsehen und u. a. Vielen (z. B. Gött. Gel. 1804 St. 114.), deren Lob ihr zu Theil wurde, urtheilte damals Gönner in s. Jurist. Archive IV, 2, S. 240, daß er nie etwas Gründlicheres über diesen Gegenstand gelesen habe, worin alle Ansichten so konzentrirt, so in das hellste Licht gestellt und mit einem so reichen Schatze von Belesenheit und Sachkenntniß geschmückt gewesen wären“. — Der gütigen Vermittlung des Herrn Professor Dr. Röder in Heidelberg (meines verehrten Lehrers a. d. J. 1844 u. 45) verdanke ich den Gewinn dieser werthvollen Schrift.

schaft der auf ihnen ruhenden Stimmen ausübte. Die allgemeinere sucht den eigentlichen Charakter der Reichsstandschaft zu ermitteln.

Letztere bildet ihrer Natur nach den Ausgangspunkt. Ist die eigentliche Beschaffenheit des Rechts auf Sitz und Stimme am Reichstage, besonders der Virilstimmen im Fürsten-Rath herausgestellt, so ward für die Untersuchung über das Prinzip, wonach die Religionseigenschaft der fürstlichen Virilstimmen zu bemessen ist, die Grundlage gewonnen. Den Schlußstein bildet dann die Anwendung des gefundnen Prinzips auf den besonderen Fall der ehemals geistlichem Entschädigungslande. Folgeweise wird für den Streit zwischen Kaiser und Reich über die Rechtmäßigkeit der Zusammensetzung des Fürsten-Raths auf Grund des J. R. Schl. zu erwägen sein, inwiefern diese auf Protestanten übertragnen Stimmen der säkularisirten Stifter in Ansehung ihrer Religionseigenschaft d. h. als evangelische Stimmen rechtmäßig geführt worden.

Abschnitt I.

Von der innern Beschaffenheit der Reichsstandschaft.

§. 28.

Die Virilstimmen der Erbfürsten.

Das Gedächtniß an die Beamtenstellung der deutschen Fürsten war seitt der zweiten Hälfte des 13. Jahrhunderts erloschen [412]). Erblichkeit hatte die Umwandlung der Reichs-

412) Herman Johann Friedrich Schulze, das Recht der Erstgeburt in den deutschen Fürstenhäusern und seine Bedeutung für die deutsche Staatsentwicklung (Leipzig 1851), S. 230, 310. — Ueber die „Vorgeschichte“ der Reichsstandschaft — wenn ich so sagen darf — vgl. Dönniges, das deutsche Staatsrecht und die deutsche Reichsverfassung bis auf d. 12. Jahrhundert (Berlin 1842) S. 524 f.

ämter in Landesherrschaften ermöglicht und vermittelt. Auf alle Glieder der Beamtenfamilien übertrugen sich die Amtstitel und sämmtliche Inhaber der Fürstenwürde hatten, an Reichstagen Theil zu nehmen, ein persönliches Recht [413]).

Nach und nach veränderte sich die Gestalt der Reichsversammlung. Den ersten Anstoß gab die goldne Bulle Karl IV., indem darin die Vorrechte der sieben Wahlfürsten geordnet und befestigt, auch vermehrt wurden: die reale Grundlage der Reichsstandschaft gewann Bedeutung, zunächst für das weltliche Kurfürstenthum. Nach und nach sonderten die Kurfürsten sich von den übrigen Ständen ab; mit dem 15. Jahrh. war die Scheidung vollzogen [414]). — Noch ein andrer folgenreicher Umstand trat im 15. Jahrh. ein: zur bessern Regelung der Verhandlungen kam bei dem Reichstage die Zählung der Stimmen auf [415]). Dadurch wurde bewirkt, daß nicht mehr alle Mitglieder, sondern, wie bei den Kurfürsten aus andrem Anlaß früher schon der Fall gewesen, ausschließlich die Häupter der Fürstenfamilien abstimmten.

Dieser Umschwung erfolgte, bevor in Primogeniturordnungen oder auf minder energische Weise [416]) der Grundsatz der Untheilbarkeit der Fürstenthümer die Oberhand gewonnen hatte. Ihm stand vielmehr die neue Begründung

---

413) Pütter, Histor. Entwicklung (1788) Th. II, S. 346. Vgl. Jaup, Commentatio de religionis qualitate votorum S. 41, Anm. b.

414) Die erste gesetzliche Anerkennung des kurfürstlichen Herkommens, einen „sondern Rath“ zu haben, findet sich in dem R.-A. v. 1544 §. 25; vgl. Leist, Lehrbuch des T. St.-R. (2. Ausg., 1805) §. 74, S. 228 Anm. 3. Ausdrückliches darüber, sosehr die kurfürstlichen Rechte von ihr hervorgehoben sind, enthält Karl V Wahlkapitulation noch nicht. — S. die neueste W.-K. Art. III, §. 13, Art. XXX, §. 3.

415) K. Fr. Eichhorn Deutsche Staats- u. Rechts-Gesch. (4. Ausg. Göttingen 1834) Th. III, §. 435 S. 332.

416) Schulze, Recht d. Erstgeburt §. 3 u. 4, S. 5—7; § 40, S. 320 — 331.

der Reichsstandschaft zuvörderst im Wege[417]). Theilungen der Länder und Abzweigungen in verschiedne selbständige Linien vermehrten die Zahl der regierenden Herrn, somit der Stimmen, zu welchen ein fürstliches Haus am Reichstage berechtigt war. Die Erhöhung des politischen Einflusses in den allgemeinen Angelegenheiten Deutschland's gab einen Beweggrund mehr für solche Theilungen ab. Vollends hinderte diese Rücksicht die dauernde Vereinigung mehrerer Reichslande, da der gemeinsame Landesherr doch nur Eine Stimme führte[418]).

Hier ist zu verweilen. — Die Reichsstandschaft hatte aufgehört, ein persönliches Recht der Fürsten zu sein. War das Land etwa Subjekt derselben geworden[419])? Gewiß nicht: sonst würden Theilungen nicht die Zahl der Stimmen vermehrt, Vereinigungen sie nicht vermindert haben. Der Fürst hatte daher nicht als Vertreter des Landes, nicht auf Grund der Landeshoheit[420]) die Reichsstandschaft. Wie bestimmt sich aber das Subjekt, dessen Interesse jene Theilungen mit sich brachte, dessen politischer Einfluß durch eine Mehrzahl von Reichstagsstimmen, welche von verschiednen regierenden Herrn geführt wurden, sich geltend machte? Was ist es, das über diesen regierenden Herrn, diesen

---

417) Schulze, Erstgeburt §. 42, S. 341.

418) J. J. Moser, Staatsrecht Th. XIII, Buch III, Kap. 62 §. 22, S. 431, Nro. 3. — Die Mahnung des R.-A. v. Speier 1570 §. 173: „daß das Reich an Gliedern und Stimmen gestärkt werde“ fand mißverständlich Anklang.

419) Leist, a. O. §. 71, S. 219. Schwankend äußert sich Pütter, Hist. Entwicklung Th. II, S. 349: für die spätere Zeit ist P. entschieden der Ansicht, das Land sei der wahre Träger der Reichsstandschaft; s. w. u. Anm. 433.

420) Dies ist ebenfalls ausgeschlossen durch den Einfluß von Theilungen und Vereinigungen auf die Zahl der Stimmberechtigten. Landeshoheit und Reichsstandschaft sind überhaupt scharf auseinanderzuhalten. — Vgl. Moser St.-R. Th. IV, B. 3, Kap. 5, §. 23 S. 297. Jaup a. O., §. 14, S. 37. Anm. u. Leist, a. O. §. 71, S. 219 u. 220.

Reichsständen zu stehen und den eigentlichen Ausschlag zu geben scheint?

Es ist das fürstliche Haus. Kein Rechtsbegriff ist — wenigstens für Deutschland — wichtiger geworden.

Die frühen Anfänge der Geltung des Hauses halfen die Aemter des Reichs in Landesherrschaften umformen. Denn Erblichkeit, welche den Uebergang bildete, bedeutet nichts Andres, als daß statt der einzelnen Persönlichkeit, deren Nachfolger im Amt mit ihr außer Zusammenhang ist, sich die Familie darin festsetzt. —

Schwer zu sagen ist, ob der Begriff des fürstlichen Hauses auf öffentlicher oder privater Rechtsgrundlage beruht [420a]). Vortrefflich paßt hieher, was Ihering (Geist des römischen Rechts, §. 13 S. 165) von den römischen Geschlechtern sagt: Einerseits gibt die politische Funktion der Familie ihr auch in privatrechtlicher Beziehung eine eigenthümliche Gestaltung, die wiederum auf das Vermögen zurückwirkt. Anderseits aber influirt die privatrechtliche Natur dieses Verhältnisses auf den Staat selbst und die ganze politische Gesinnungsweise.

Von jenen Aemtern her haftete auf der Herrschaft über Reichslande noch ein Schatten ihres öffentlichen Charakters. Aber die Eigenschaft eines Privatguts überwog mehr und mehr [421]); sogar das Kurfürstenthum heißt an einer Stelle der goldnen Bulle „patrimonium.“ Dennoch hatte dieses Privatgut in den Händen des fürstlichen Hauses von Anbeginn politischen Zweck und politische Bedeutung; von gewöhnlichem Privateigenthum unterschied es sich ganz er-

---

420a) Hier gilt, was Dönniges a. O. in dem Vorwort sagt: „Wo wir von ständischen Rechten handeln, durchdringen sich beide (Staatsrecht und Privatrecht) dergestalt, daß man sie nicht scheiden kann, noch soll.“

421) Vgl. die vorzügliche Ausführung bei Schulze, Erstgeburt, §§. 33—36, S. 228—251.

sichtlich: das Haus-Interesse war mit den Geschicken Deutschlands innig verwoben [422]). Die fürstlichen Häuser waren [422a]) reichsständische Häuser.

Ihre reale Grundlage, der Besitz eines reichsunmittelbaren Fürstenthums, mochte noch so patrimonial und privatrechtlich aufgefaßt werden, wie es nur immer in den Ländertheilungen sich kundgab, das regierende Haus war nicht mehr zu trennen von seinem öffentlich-rechtlichen Beruf. Daher erklären sich jene Theilungen nicht blos als Folgerungen der privatrechtlichen Eigenschaft der Territorien, sondern auch als Ausflüsse eines staatsrechtlichen Prinzips. Sie wurden vollzogen freilich ohne Rücksicht auf das Wohl des Landes; aber die dabei beobachtete Rücksicht auf das Wohl der Individuen war, wie der bald nach 1582 eintretende Umschlag ergibt, nicht stärker, als die Bezugnahme auf den Einfluß des fürstlichen Hauses am Reichstag und im Reiche. Die Häupter der verschiednen Linien, welche für die Bruchtheile die Stimmen führten, hatten die Reichsstandschaft aus eignem Recht, aber dieses Recht charakterisirt sich dadurch, daß seine Inhaber eben Häupter der Linien des Einen fürstlichen Hauses waren, und daß die Stimmen zusammengenommen dieses Hauses reichsständische Macht bildeten.

Sobald nun in der Geschichte des Reichstags der Wendepunkt eintrat, welcher seit J. J. Moser's Vorgang [423])

---

422) Am ehesten ließe sich die Nobility von England als Analogie herbeiziehen; doch die Pairie, wozu Deutschland das Material besaß, wäre, wenn dieses nicht zu Souveränitäten hätte herhalten müssen, ohne Gleichen in der übrigen Welt gewesen.

422a) Damals noch ausnahmelos.

423) In den „Moseriana" (Leipzig 1739) Stück I, Ursprung und Grund der jetzigen Stimmen auf des Teutschen Fürsten-Raths weltlicher Bank S. 1—43; vgl. ob. Anm. 33. Moser Staats-Recht Th. XXXIV S. 281, 285, 287—297. — Eine abweichende Ansicht, wonach der Reichstag v. 1653 u. 1654 normgebend sein soll, vertheidigt Kauffmann in s.

auf die Versammlung der Stände zu Augsburg 1582 gesetzt zu werden pflegt, d. h. seitdem Namen und Zahl der Reichstags-Stimmen feststand, sodaß weder die Theilung eines Landes dem Gesammthause neue Stimmen gewährte, noch die Vereinigung mehrerer Länder die Stimmen der verschiednen Linien oder Häuser einschmolz — drang der Grundsatz der Untheilbarkeit unaufhaltsam durch[424]). Hierin lag noch kein Sieg der Staats-Idee, wenigstens nicht ein unmittelbarer, sondern vor Allem vollendete sich darin der staatsrechtliche Begriff des reichsständischen Hauses, mittelbar also freilich die beschleunigte Entwicklung jener höheren Idee. Wie vor 1582 das Interesse der Fürstenhäuser im Einklang mit patriarchalischer Familiensitte die Theilungen begünstigt hatte, so war es der Glanz und die Macht des Hauses[425]), welche seit 1582 die energischen Mittel zur Kon-

---

Beitrag zur Geschichte der Virilstimmen im R.-F.-R. (1804), bes. §. 2 und in der Anm. das.

424) Schulze, Erstgeburt, S. 344: „Schon das 16. Jahrhundert beginnt, reicher an Primogeniturordnungen zu werden; die umfassendsten Hausgesetze dieser Art fallen ihrer Mehrzahl nach in das 17. u. 18. Jahrhundert" . . „in dem 15. und der ersten Hälfte des 16. Jahrh. erfolgen Untheilbarkeitsbestimmungen nur sehr vereinzelt. Erst im 17. Jahrh., besonders während und nach dem dreißigjähr. Kriege, beginnt die Blüthezeit der Primogeniturordnungen". — Ob man Moser zufolge den Reichstag v. 1582 oder mit Kauffmann den von 1653 u. 1654 als Normativ annimmt, in beiden Fällen stimmen die Angaben mit der oben entwickelten Ansicht.

425) Schulze, Erstgeburt §. 43, S. 347 f. Vgl. das. die Primogeniturordnungen von Weimar (1724), Schwarzburg (1713), Mecklenburg (1707), doch auch die von Schulze unter anderweite Gesichtspunkte gestellten Urkunden: das Testament Wolfgang's v. Zweibrücken (1568), Julius von Braunschweig's (1582), die Prim.-Ordnungen von Nassau-Dillenburg (1662), Sachsen-Gotha (1685), Hohenlohe (1717). — Karl Fr. v. Moser in seiner Schrift „der Herr und der Diener" S. 36 fragt, ob sich die Unterthanen dabei besser befänden, seit „die Sorge um den sog. Flor der Häuser" zum unabänderlichen Prinzip gemacht, daß nur Einer im Lande der Herr sein soll; s. bei Schulze, a. O., S. 343.

zentrirung und untheilbaren Erhaltung der Fürstenthümer, namentlich die Einführung von Primogeniturordnungen erheischte. Hier löste sich der Begriff des Hauses von dem der bloßen Familie augenscheinlich ab: denn, während früherhin des Hauses Macht, Glanz und Bedeutung im Reich dem Privatvortheil der einzelnen Glieder, der Liebe des Vaters zu seinen Kindern und überhaupt den Rücksichten leiblicher Verwandtschaft neben= wo nicht gar untergeordnet war, so wurden nun die patriarchalischen Interessen der natürlichen Familie dem politischen Beruf des Hauses geradeswegs geopfert[426].

Diesen Charakter tragen sowohl die Anordnungen, durch welche nach und nach die Primogenitur eingeführt worden, als auch jene Maßnahmen und Einrichtungen, welche dazu den Uebergang gebildet haben —: Beschränkung in der Anzahl der regierenden Herrn[427], Einsetzung einer gemeinsamen Regierung[428], Direktorium des Aeltesten[429], Bestimmung der Nachgebornen für den geistlichen Stand[430], Verbot der Ehe für die Nachgebornen[431], Erschwerung der Vermählung u. s. f.[432].

---

426) Nicht etwa das Interesse des Hauses dem des Staates, was Schulze, der überhaupt die natürliche Familie von der juristischen, der politischen, von dem „Hause" nicht unterscheidet, in der mehrfach erwähnten ausgezeichneten Schrift annimmt. In der Kette seiner Schlußfolgerungen fehlt nur dieses eine Mittelglied. Jedoch s. das. S. 311, 312 und namentlich 347. — Vgl. w. u. Anm. 432.

427) Schulze, Erstgeburt, S. 321.

428) Schulze, a. O., S. 323.

429) Schulze, a. O., S 324.

430) Schulze, a. O., S. 326.

431) Schulze, a. O., S. 328.

432) R. Ihering, Geist des römischen Rechts auf den verschiedenen Stufen seiner Entwicklung, Th. I, (Leipzig 1852) S. 190 u. 191: „Im ältern römischen Recht hat sich die Familie von ihrer natürlichen Basis, der Blutsverwandtschaft, weit entfernt. Blutsverwandtschaft ist hier eine so ziemlich gleichgültige Thatsache geworden; die civilen Verwandten, die

Am meisten ausgeprägt ist er aber in der rechtlichen Stellung, welche fortan das Haupt eines Hauses gegenüber den Gliedern desselben einnimmt: da sind die natürlichen Ordnungen der leiblichen Verwandtschaft überschritten und durchkreuzt; noch heute zu Tage übt der regierende Fürst nicht als Staatsoberhaupt, sondern als Repräsentant des Hauses jene weitgehende Autorität, und das Haus-Interesse ist abgesehen vom eigentlichen Familien-Interesse wie vom Staats-Interesse, wenn auch nicht immer in Kollision mit beiden, als ein für sich bestehendes wahrzunehmen[432a]).

So ist nun der Fürst, welcher auf Grund ungetheilter Herrschaft am Reichstage Sitz und Stimme, oder in Folge der Wiedervereinigung der Herrschaften verschiedner Linien mehrere Stimmen führt, juristisch betrachtet zwar durchaus nicht bloßer Repräsentant, sondern selbständig berechtigt. Aber das Recht, dessen Träger er ist, hat weder einen reinpersönlichen, noch einen territorialen Charakter. Letzteren gewinnt mit Ausbildung der Staats-Idee mehr und mehr das Thronfolgerecht, wenn auch nicht ohne Beimischung eines andern Elements. Dagegen die Reichsstandschaft empfängt auch fernerhin ihr Gepräge von dem Begriffe des fürstli-

---

Agnaten haben die Blutsverwandten, die Cognaten in den Hintergrund gedrängt .. Woher diese scheinbare Härte? Sie war eine Consequenz der formalistischen Behandlung des Verwandtschaftsverhältnisses, die durch die politische Funktion desselben in der Gentilverfassung nothwendig gemacht wurde. Indem die Familie eine politische Corporation wird, nimmt sie nothwendigerweise Bestandtheile in sich auf, legt sich Beschränkungen auf, die ihrem ursprünglichen Wesen, der Einheit des Bluts und der Liebe, fremd sind. Es bereitet sich damit eine Spaltung, die Möglichkeit eines Auseinanderfallens der natürlichen und juristischen Familie vor...“ S. im Ganzen über die Gentilverbindung („die Gens, eine Familie im Großen und ein Staat im Kleinen“) und den Einfluß auf das gesammte Recht: Ihering, a. O., §. 14, S. 168—192.

432a) Das sog. Privat-Fürsten-Recht als solches ist meistentheils über Bord geworfen, — vielleicht mit Unrecht.

chen Hauses, als dessen Haupt der regierende Fürst Subjekt dieses politischen Rechts, Träger der Reichsstandschaft ist.

Es könnte scheinen, als würden auf dem Reichstage, wenn auch früher keineswegs, so doch seitdem Anzahl und Namen der daselbst zu führenden Stimmen feststanden, die Länder vertreten[433]). Doch ist, bei äußrer Aehnlichkeit mit einer solchen Veränderung der Beschaffenheit der Reichsstandschaft, die wirklich vorgegangne Modifikation wohl davon zu unterscheiden. Nur die Zahl der Stimmen, nicht das Prinzip der Stimmführung bestimmte sich, wie man annimmt, im J. 1582. Damals befestigte sich im Wege des Reichsherkommens nur, welche fürstlichen Häuser, oder welche Zweige eines Gesammthauses als selbständige hinsichtlich des Rechts auf Sitz und Stimme am Reichstag gelten sollten. Die Häuser oder Linien, welche in der Aufrufsordnung verzeichnet, also gleichsam in das goldne Buch von Deutschland eingetragen waren, sind dadurch für das Reich verewigt: wenn sie nun auch ausstarben, so dauerte doch ihr Name fort, so wurden ihre Stimmen am Reichstag doch unter ihrem Namen nach wie vor aufgerufen.

433) Dieser Ansicht sind: Georg Jakob Friedrich Meister, Versuch einer Bestimmung der Grundsätze wonach die Religionsbeschaffenheit der teutschen Reichstagsstimmen am richtigsten zu beurtheilen ist (Gött. 1780) §. 10, S. 40 f.; Häberlin, (Scheidemantel) Repertor. des teutsch. Staats- und Lehn-R., Th. IV, S. 648 (vgl. Jaup, a. O., §. 26, S. 71 Anm. h); J. St. Pütter, Hist. Entwicklung, Th. II, S. 346—350. Desselben Inst. iur. publ. (Ausg. VI, Gött. 1802) §. 37, S. 40. — Dagegen: Karl Freiherr v. Eberstein, Abhandlung aus dem teutschen Staatsrecht von der Religions-Eigenschaft sowohl der Viril- als Kuriat-Stimmen (Mannheim 1784) §. 17, S. 34. Jaup a. O., §. 14, S. 37 f. §. 26, S. 72 u. 73, Anm. n. S. das. Joh. Christ. Majer, teutsche Staats-Constitution Bd. I, §. 67, S. 158. Auch J. J. Moser (z. B. Von d. teutsch. Reichs-Ständen Buch I, Kap. 1.) ist der Ansicht, das Land sei nur eines der Requisite der Reichsstandschaft. Ebenso Gönner, T. St.-R. (Landshut 1804) §§. 135 u. 136, S. 174 f. 177 f. — Insoweit die vota comitialia als realia zu betrachten sind, sagt Jaup, a. O. Anm. n, wurden sie es nicht erst 1582.

Umgekehrt, diejenigen Linien eines Hauses, welche seit jener Ordnung der Verhältnisse des Reichstags durch Theilungen entstanden waren, sind für das Reich als selbständig berechtigte nicht vorhanden [434]. — Das Land kommt auch fernerhin nur als Requisit der Reichsstandschaft in Betracht. Nicht nur beweisen weder die goldne Bulle Karl IV. in ihrem XX. Kapitel, noch der R. A. v. 1548 in §. 46, noch der J. R. A. §. 197, noch die Kaisserl. Wahl-Kapitulation Art. I §. 5 das Gegentheil, sondern die Bestimmungen über die Aufnahme neuer Mitglieder in den Fürsten-Rath, welche die Wahlkapitulationen seit 1653 und der J. R. A. enthalten, verdeutlichen dies vielmehr. Ihnen gemäß soll Niemand, dem es an reichsunmittelbarer Begüterung fehlt, zu Sitz und Stimme zugelassen werden. Irgendwelche reichsunmittelbare Herrschaft, sofern sie nur einigermaßen steuerfähig ist, genügt. Daß nun die wenigsten Gebiete, wie Hohenzollern [435], wie ferner Schloß und Stadt Gradisch, außer welchen der Fürst von Eggenberg nichts Unmittelbares besaß, — wie Schloß Sternsee und Städtchen Neustadt, woraus die reichsunmittelbare Begüterung von Lobkowitz bestand [436], hinreichten, ist nicht das Charakteristische daran. Immerhin konnten am Reichstage die Länder vertreten sein, wenn die Vertretung als ein Produkt geschichtlicher Entwicklungen auch ungleichmäßig war. Nur hätte dann nach dem Prinzip verfahren sein müssen, daß

434) Hieraus ergibt sich u. A., wie begründet der Widerstand war, welchen der Einführung von Emporkömmlingen in den Fürsten-Rath die altfürstlichen Häuser entgegensetzten. Diese Einführung verlieh ein Recht, dessen die seit 1582 (resp. seit Mitte des 17. Jahrh.) entstandnen Linien altfürstlicher Häuser entriethen und welches eigentlich gar nicht neu zu erwerben war, sondern von Alters hergebracht sein mußte.

435) (Fahnenberg) Krit. Betr., S. 51 a. E.

436) Auch wurden etliche Güter, z. B. 1614 die um 20000 fl. verkauften Theile der Herrschaft Brandis, nämlich Vaduz und Schellenberg noch erst zu einem Fürstenthum erhoben und als solche vom Reichstag anerkannt, um als Ausstattung zu dienen. Vgl. Krit. Betr. S. 56 u. 57.

gewisse Länder, gleichviel ob sie, ihrer Wichtigkeit und Größe nach, diesen Vorzug verdienen, das Recht auf Sitz und Stimme beanspruchen durften, daß folglich die Reichsstandschaft ertheilt würde, nicht weil der in den Fürstenstand Erhobne irgendwelche, sondern weil er eine bestimmte reichsunmittelbare Besitzung nachgewiesen hat. Aber, auf welchen Territorien die neue Stimme „radizirt" werden sollte, war nicht nur völlig gleichgültig: die Beweggründe bei der Ertheilung der Reichsstandschaft, wie sie für eine große Reihenfolge von Fällen in Kaiserlichen Dekreten und andern Aktenstücken des Reiches vorliegen, waren überdies ganz abweichende, wobei die Länder gar nicht oder nur als Maßgabe des Machtverhältnisses in Betracht kamen[437]). Diese Beweggründe waren nur ausnahmsweise persönliche, wie bei Piccolomini, Eggenberg, Lobkowitz, Thurn und Taxis, Mindelheim[438]). In allen Fällen

---

437) Bei Thurn und Taxis tritt nur am unzweideutigsten heraus, daß die Reichsstandschaft nicht als Vertretung der Länder aufzufassen ist: diese Stimme konnte höchstens das Oberpostmeister-Amt vertreten, da reichsunmittelbare Begüterung gar nicht vorhanden war. Allerdings ist dieser Fall ein durchaus anomaler (vgl. ob §. 15): indessen das Anomale lag darin, daß jenes Reichsamt als Reichs-Gut gelten sollte. Dagegen wirft gerade dieser Fall ein grelles Licht darauf, was das Reichs-Gut, dessen Thurn und Taxis entbehrte, bei der Qualifikation zu bedeuten hatte. Denn wenn auch ungenügend, so völlig heterogen war das Amt keineswegs. Es bildete als ein Mannlehen des Reichs die bleibende Grundlage für die Macht und zwar die mit dem Reiche verwachsne Macht des fürstlichen Hauses Thurn und Taxis. Mehr hat für die regelmäßige Qualifikation auch die reichsunmittelbare Begüterung nicht zu bedeuten, als eine dauernde Grundlage des Machtverhältnisses abzugeben, welche von Wohl und Wehe des Reiches untrennbar ist.

438) Die Herrschaft Mindelheim in Schwaben hatte eine „Vertretung" im Fürsten-Rathe weder gehabt noch beansprucht; denn sie war bis zum J. 1705 nicht einmal reichsunmittelbar, sondern stand unter bairischer Hoheit. Als Deutschland dem Herzog von Marlborough sich dankbar erwies und der Kaiser ihn in den deutschen Fürstenstand erhob (Dekret vom 28. Aug. 1704 und vom 14. Novbr. 1705), wurde, damit

aber, wo solche persönliche Rücksichten obwalteten, liegt eine gewisse Anomalie vor. Regelmäßig entschied das ehrwürdige Alter und der Glanz des zu erhebenden Hauses, wohl auch sein Verdienst um das Reich. So ward 1753 u. 1754, als Schwarzburg zu Sitz und Stimme im Rath der Fürsten gelangen sollte, die lange Reihe von Ahnen und namentlich hervorgehoben, dieses Haus habe dem Reich einen Kaiser gegeben[439]. Nirgend, bei der

---

er im Reichsfürsten-Rathe zu Sitz und Stimme gelangte, die Herrschaft Mindelheim in ein Reichsfürstenthum verwandelt (Dekret v. 17. Nov. 1705) und nun die Einführung des neuen Fürsten durch das Kais. Dekret v. 20. Mai 1706 befürwortet, durch Reichsgutachten vom 13. Sept. zugestanden, endlich durch d. Kais. Kommiss.-Dekret v. 3. Nov. 1706 beschlossen und am 22. d. M. vollzogen. Doch der Friede von Baden dd. 7. Septbr. 1714 setzte den (mit Einwilligung der Kurfürsten vom 27 Nov. 1705) am 29. April 1706 geächteten Kurfürsten v. Baiern in den frühern Stand ein. Der Herzog von Marlborough wurde abgefunden. Mindelheim kam wieder an Baiern: aber ohne die Reichsstandschaft, welche darauf radizirt worden. Die Stimme „Mindelheim" im Fürsten-Rath ging nicht auf Baiern über, sondern erlosch. Vgl. Pfeffinger, Vitr. ill., Th. II, S. 559—565; s. ob. Anm. 191a.

439) Der Fürsten zu Schwarzburg Schreiben an die Reichsversammlung vom 2. u. 8. Mai 1753 nebst kurzgefaßten . . Gründen, nach welchen . . dargethan wird, daß . . das fürstliche Haus Schwarzburg . . nicht übergangen werden mag; bei Faber, Europ. St.-Cantzley (Frankf u. Leipz. 1755), Th. 107, S. 6 u. 9. Kais. Kommissions-Dekret dd. et dict. 6. März 1754; b. Faber, a. O. S. 20 f., bes. S. 22. — S. auch Fahnenberg's Fürwort zu Gunsten der Häuser Croy, Salm-Krautheim, Fugger-Babenhausen, Waldburg, Metternich, worin immer das Alter und die Vornehmheit des Geschlechts hervorgehoben wird; Krit. Betr., S. 52—56. Die Eingaben an die Reichsversammlung von Croy d. d. Dülmen 20. Okt. 1803, von Wittgenstein d. d. Berlenburg 25. Okt. 1803, von Hohenzollern-Sigmaringen d d. Regensburg 6. Nov. 1803 (Com.-Corr. 1803, Nro. 69, Regensb. 14. Nov. Beilagen A, B, C), von Khevenhüller-Metsch d. d. Reg. 15. Nov. 1803, von Metternich d. d. Ochsenhausen 11. Nov. 1803 (Comit.-Corr. 1803, Nro. 73, Regensb. 21. Novbr. Beil. C und D) bezeugen dieselbe Grundanschauung — So machte Hohenzollern auf dem Reichstag

Aufnahme von Ostfriesland sowenig wie bei der Einführung von Thurn und Taxis, war von Land und Volk die Rede.

Als die Reichsstandschaft — namentlich seit Permanenz der Reichsversammlung — nicht mehr von den Inhabern persönlich ausgeübt, als der Reichstag nach und nach einem völkerrechtlichen Kongreß, einer Konferenz von Ministern verschiedner Staaten, und dem nachherigen Bundestag ähnlich wurde, blieb die innere Beschaffenheit des reichsständischen Rechts davon unberührt. Sie prägte sich vielmehr noch deutlicher aus, in Recht und Sitte. In der Sitte: denn die Geschichte des Reichstags lehrt, daß der Komitialgesandte zwar das Interesse des Landesherrn, jedoch keineswegs das allgemein staatliche der Länder und Völker, aber auf der andern Seite nicht reinpersönliche sondern allgemeinere Anliegen wahrzunehmen hatte d. h. die Interessen des fürstlichen Hauses und eben des Fürsten in der Eigenschaft als Haupt des Hauses. — Im Recht: denn einen strenge genommen repräsentativen Charakter hat das Reichsrecht den Komitialgesandten nicht zugestanden[440]).

Der Umstand endlich, daß auf dem Reichstage von 1667 die Stände den Satz aufstellten, ihre Unterthanen wären verpflichtet, die Kosten der Komitialgesandtschaft aufzubringen, daß dieser Satz am 19. Juni 1670 die Kaiserl. Genehmigung erhielt, mag das Bedenken erregen, ob nicht hierin der Charakter der Reichsstandschaft als einer Vertretung

---

v. 1653 zum Beweise für die Vollwichtigkeit seiner Reichsstandschaft am $\frac{\text{26. März}}{\text{5. April}}$ geltend: „Sey ebenfalls (wie Nassau) kein neues Haus, sondern vor vielen hundert Jahren im Reich gewesen. Es sey das kur- und fürstliche Haus Brandenburg daraus entsprungen“. (Kauffmann) Beitrag zur Gesch. d. Viril-St., §. 26, S. 17. — Vgl. „des Grafen v. Nassau-Saarbrücken Vorstellung pro admissione in dem Fürsten-Rathe“ v. J. 1653 b. Meiern, Regensb. Reichstagshandlungen v. J. 1653. 54, Buch I, §. 10, Nro. 1, S. 51 f.

440) Th. Schmalz, Handbuch des teutschen Staatsrechts (Halle 1805) §. 199, S. 160.

der Länder von Kaiser und Reich anerkannt worden. Indessen dies Bedenken wird durch eine genauere Prüfung jenes Hergangs gehoben. Die Landesherrn suchten damals das allgemeine Besteuerungs-Recht über ihre Länder von Reichs wegen zu erwerben. Der Kaiser legte sein Veto dagegen ein. Die Genehmigung des Landes sollte daher zur Erhebung von Steuern nach wie vor nicht umgangen werden. Da statuirte er aber als einzigen Ausnahmefall den der Kosten für die Komitialgesandtschaft: gerade weil dieser das Reich und die Stände des Reichs als solche, nicht als Landesherrn, also nicht das Land und die Landstände anging. Wäre das Land am Reichstage vertreten gewesen, so hätte der Kaiser die Ausnahme nicht gemacht. Sie bestätigt vollends die hier vertheidigte Ansicht.

Daß die Reichsstände nicht ihre Lande repräsentirten, gab noch im letzten Zeitraume des heil. röm. Reichs gegenüber jener durch edle Beweggründe irregeleiteten Doktrin Pütter's das Votum Wirttemberg's in der Sitzung des Kurfürsten- wie des Fürsten-Raths vom 14. Novbr. 1803 zu erkennen [441]).

Ebensowenig aber ist die Reichsstandschaft für eine dem Landesherrn zustehende, reinpersönliche Berechtigung zu erachten.

In einer Reihe von Fällen, welche die Geschichte der fürstlichen Virilstimmen aus ältern und neuern Zeiten uns überliefert, spricht sich der Charakter der Reichsstandschaft, widersprechend den beiden gleichwenig zutreffenden Auffassungen, als bestimmt durch den Begriff des fürstlichen Hauses, welcher ihr zu Grunde liegt, unzweideutig aus.

Wenn im Vertrage mit Karl V. v. J. 1542 Lothringen als ein unabhängiger Staat anerkannt war, so konnte dieses Herzogthum nicht weiter am deutschen Reichstage „ver-

---

441) Comitial-Correspondenz 1803, Nro. 73, Regensb. 21. Novbr. (Bericht II), Beilage A., S. 7 und Beilage B., S. 15.

treten« sein: der Vertrag aber setzte fest, daß das Haus Lothringen für die Grafschaften Nomeny und Pont-a-Mousson vom Reiche Belehnung empfangen und — somit auch ferner in der Eigenschaft eines reichsständischen Hauses — die ihm zuständige Stimme unter dem neuen Aufrufe »Nomeny« an der alten Stelle fortführen sollte. Daß der Beitrag zu den Reichslasten auf 2/3 eines kurfürstlichen angesetzt wurde, zeigt, wie es sich keineswegs um die beiden Grafschaften handelte; um Lothringen, dessen Landesherr als Souverän anerkannt worden, konnte es sich noch weniger handeln: der Beitrag entsprach aber der Würde des erlauchten Hauses. Ferner, als im Wiener Frieden vom 18. Novbr. 1738 Lothringen und Nomeny französisch wurden[442]), willigte das Reich darein, daß dem Hause Lothringen die Stimme Nomeny bliebe[443]).

Der Cessionsvertrag der Burggrafen von Meißen vom J. 1546, worin dem Kurhause Sachsen die burggräflichen Lande abgetreten wurden, behielt dem burggräflichen Hause die Reichsstandschaft vor. Hier war also das Land unter andrer Herrschaft und das reichsständische Recht zeigt sich in seiner Verschiedenheit sowohl von einem Rechte des Landes, als auch von einem reinpersönlichen des Landesherrn. Dies zeigt sich vollends darin, daß, als das Haus der Burggrafen erlosch, die Stimme dieses Hauses keineswegs auf das Kurhaus Sachsen überging, vielmehr dieses sich Jahrhunderte hindurch um die burggräfliche Stimme Meißen bewarb, auf welche freilich kein Haus einen gegründetern Anspruch hatte.

Herzog Friedrich von Sachsen-Gotha traf im J. 1680 mit seinen vier Brüdern die Uebereinkunft, »daß Gotha vi Commissionis perpetuae die Reichs-Vota der Sachsen-

442) Pütter, Historische Entwicklung, Th. I, S. 459.

443) Pütter, a. O., Th. II, S. 445; s. darüb. noch w. u. bei Streitfrage V.

Gothaischen Hauptlinie führen, jedoch in der Vollmacht derer jüngern Gebrüdern gedacht werden sollte [444]).“

Der Reichsschluß vom 26. April 1715 ertheilte [445]) die Genehmigung dazu, daß Herzog Ludwig Rudolf von Braunschweig-Blankenburg für seine Lebenszeit im Fürsten-Rathe die Stimme von Grubenhagen führte. Landesherr von Grubenhagen war der Kurfürst von Braunschweig-Lüneburg; dieser überließ seinem Bruder, dem Herzog von Blankenburg, keineswegs die Regierung jenes Fürstenthums. Die Uebertragung der Fürsten-Rath-Stimme bedeutete daher, daß der Blankenburger die Linie Grubenhagen, eine von jenen seit 1582 im Herkommen des Reichs verewigten, am Reichstage vertreten sollte [446]).

Der Kurfürst Karl Ludwig von der Pfalz hatte gleichermaßen auf dem Reichstage von 1653. 54 mittelst Kaiserlichen Dekrets vom 30. Januar durchgesetzt, daß er im Fürsten-Rathe zur Führung der Stimmen von Lautern und Simmern zugelassen wurde. Beide Fürstenthümer hatten indessen nicht den Kurfürsten, sondern einen Oheim desselben zum Landesherrn [447]).

---

444) Moser, St. R., Th. IX, B. 3, Kap. 5, §. 18, S. 285.

445) In Folge des Kaiserl. Kommiss.-Dekr. v. 10. April j. J.

446) Moser, V. d. Teutschen Reichsständen, S. 270.

447) Moser a. O. Man würde sehr fehlgreifen, wollte man Karl Ludwig von der Pfalz für Lautern und Ludwig Rudolf v. Braunschweig für Grubenhagen als Personalisten bezeichnen (wie Gönner T. St. R. §. 136, S. 177, Anm. a, mit ebensowenig Fug und Recht von Nomeny für die Zeit vom Wiener Frieden bis zum J. R. Schl. vorgibt). Regelmäßig führt allerdings der Inhaber der Stammgüter die Stimme dieses Namens am Reichstage; doch in der Eigenschaft als Mitglied des Hauses, welchem die Linie angehört Dieselbe Eigenschaft wohnte jenen Fürsten bei. Wären sie als Personalisten anzusehen, so hätte die Stimme von Lautern resp. Grubenhagen (wenn auch nicht auf einen Reichsmittelbaren oder gar Ausländer, so doch) auf ein andres Fürstenhaus übertragen werden können. Das wäre jedoch unausführbar gewesen. Denn dem Kaiser verwehrte die Wahlkapitulation in Art. I §. 6, die nur

Zum Ersatz für Erbansprüche auf Güstrow erhielt im Jahre 1701 die Linie Mecklenburg-Strelitz die Fürsten-Rath-Stimme von Ratzeburg.

Bei dem Streit über die Stimmen Bruchsal und Ettenheim [447a]) wurden diese in der Sitzung des Fürsten-Raths vom 14. Novbr. 1803 u. A. von Oesterreich als die „dem Kurhause Baden" zugedachten Stimmen bezeichnet.

Unzweideutig ist endlich das folgende Beispiel. Die Minister der sog. vermittelnden Mächte hatten der Note vom 31. Januar 1803, worin sie der Reichs-Deputation den Plan einer Neubildung des Fürsten-Raths vorlegten, ein Verzeichniß der bisherigen und der neu zu ertheilenden Stimmen beigefügt [448]). Dieses enthielt eine Rubrik, worin diejenigen, welchen die fürstliche Stimme zustand oder verliehen werden sollte, namhaft gemacht waren: sie trug die Ueberschrift — „Maisons."

Es darf also wohl angenommen werden, daß die Erbfürsten weder als Personalisten, noch als Vertreter ihrer Länder, vielmehr als Häupter von reichsständi-

---

Einer Linie eines Hauses verliehene, durch deren Aussterben erloschne Stimme zu prorogiren d. h. auf eine andre Linie desselben Hauses, welches daher diese Stimme „nicht hergebracht" haben konnte, zu übertragen; vgl. Gönner T. St. R. (1804) §. 136, S. 182; Leist, Lehrbuch des T. St. R. (1805) §. 72, S. 225. Folglich umsomehr auf ein andres Haus. — Der Vorgang mit Simmern und Lautern (Moser redet nur von letzterem) ist übrigens verwickelter, als er bei Moser erscheint; vgl. Meiern, Regensb. Reichstagshandlungen v. J 1653 und 54 (Leipzig 1738), Buch I, §. 7, S. 45 — 48; §. 12, S. 56; §. 13, S. 66; §. 14, Nro. I, S. 75: s. namentl. das Memorial der Pfalz-Simmern'schen Gesandten pro sessione et voto, worin der Anspruch des Landesherrn von Simmern und Lautern auf Sitz und Stimme erörtert ist, b. Meiern a. O., S. 45 f.

447a) S. w. u. Streitfrage V.

448) Comit.-Corresp. 1803 Nro. 10, Regensb. 7. Febr. Beil. E; vgl. w. u. die Anm. 608 und 638.

schen Häusern das Recht auf Sitz und Stimme am Reichstag hatten. In mannigfacher Beziehung, besonders aber bei Bestimmung der Religionseigenschaft der Reichstagsstimmen zeigt sich die juristische Bedeutung dieser innern Beschaffenheit der Reichsstandschaft [448a]).

§. 29.

Die Virilstimmen der geistlichen Fürsten.

Die geistlichen Fürsten hatten die Reichsstandschaft nicht auf Grund ihrer geistlichen Würde [449]), nicht als

---

448a) Bei der Ertheilung der Kurwürde an das Haus Braunschweig-Lüneburg, bei der Erhebung des Hauses Brandenburg zur Königswürde, namentlich aber bei der Annahme der Kaiserwürde (d. h. einer neuen, mit dem echten Kaiserthum nur dem Namen nach verwandten) von Seiten des Hauses Oesterreich ist der Begriff des Hauses nicht zu übersehen. Die pragmatische Verordnung Franz II. vom 11. August 1804 empfängt nur aus ihm das richtige Verständniß. — S. auch J.R.-Schl. §. 33, worin dem „Gesammthause Nassau“ das unbedingte privilegium de non appellando ertheilt ist. — Unter unzähligen Belegen für die Werthschätzung des erörterten Rechtsbegriffs höchst bezeichnend ist ein „Pro Memoria“ von Hessen-Darmstadt in Sachen des Direktorial- und Kreisausschreib-Amts im oberrhein. Kreise, welches die Com.-Corr. 1804, Nro. 58 Regensb. 30. Juli, Beil. B, mittheilt; es ist ohne Datum, auch nicht diktirt; es beginnt m. d. W.: „Schon lange war das Haus Hessen, wegen Beträchtlichkeit und Ausdehnung seiner Lande, seiner Verdienste um Deutschlands Verfassung und die Erhaltung der Ruhe und Ordnung im oberrhein. Kreise zum vorzüglichen Anspruch auf ein Direktorial- und Kreisausschreib-Amt berechtigt. Diese Qualifikation wurde auch bereits im J. 1695 in einem unterm 8. Febr. zur Marburg zwischen den Häusern Hessen, Nassau, Waldeck, Solms und Wittgenstein abgeschlossnen Vertrag dahin anerkannt. .“ — Von großem Einfluß auf die Entwicklung des Reichsrechts war der Umstand, daß Reichsstände fremde Kronen trugen Aber nur diejenigen Reichsstände, welche nicht für ihre Person, sondern für ihr Haus zu solcher ausländischen Würde gelangten, übten jenen Einfluß. Die „status reges“ freilich, d. h. aber die reichsständischen und gleichzeitig souveränen Häuser halfen die Reichsverfassung zerrütten.

449) Moser, Staats-Recht, Th. XIV, B. 3 Kap. 3, §. 3, S. 490.

persönliches Recht. Denn sonst hätten während der Sedisvakanz diese Stimmen ruhen müssen. Das war aber nicht der Fall.

Ebensowenig repräsentirten die geistlichen Reichsstände ihre Territorien am Reichstage. Denn sonst hätte während der Erledigung des Thrones die Landschaft für jene Vertretung Sorge zu tragen gehabt. Auch dies fand aber nirgend statt.

Die Regierung in der Zwischenzeit führte das Domkapitel. Dasselbe ernannte und beglaubigte dann auch die Komitialgesandtschaft.

Zwar gehörten die Domkapitel gemeinhin zur Landschaft; doch bildeten sie jedenfalls ganz eigenthümliche Faktoren derselben. Die Regierung aber während der Sedisvakanz führten die Kapitel in einer andern Eigenschaft, nämlich als Theilhaber an der Staatsgewalt der Territorien, durchaus nicht vermöge der Landstandschaft.

Die Domkapitel stellen das Dauernde in den Verfassungen der geistlichen Lande dar, wie sie denn auch ein darin überall wiederkehrendes und denselben nothwendiges Element sind [450]).

Es fragt sich, was die Stabilität dieser Verfassungen ausmacht? Ohne Zweifel ist es die Stiftung, das geistliche Stift, worauf als einer unwandelbaren [451])

---

450) So haben einerseits die Domkapitel (und oft nur die Minderheit in denselben) der Evangelisirung einen unübersteiglichen Damm entgegengeworfen, nachdem der geistliche Landesherr und der größte Theil des Landes der neuen Lehre gewonnen waren. Anderseits, wo das Domkapitel einstimmig zu derselben sich bekannte, war jedenfalls für die Reformation der Sieg entschieden.

451) Solange der Bildungsprozeß unabgeschlossen war, welcher zu Wittenberg und Worms im 16. Jahrhundert begonnen hatte, mag einem Uebergange geistlicher Fürsten zu dem neuen (oder eigentlich uralten) Bekenntniß die Berechtigung weder zu- noch abgesprochen werden: mit dem Augenblick aber, daß die neuen Lebensverhältnisse sich rechtlich gestalteten,

Grundlage das geistliche Fürstenthum beruht [452]).

Das Domkapitel repräsentirt das Hochstift. Und so bildet das Stift für die geistlichen Virilstimmen das Analogon des reichsständischen Hauses für die Erbfürsten. Wie der weltliche Landesherr in seiner Eigenschaft als das Haupt eines fürstlichen Hauses oder einer dem Reichsherkommen gemäß selbständig berechtigten Linie, so ist der Bischof [453]) als prodominus des Hochstifts [454]) Träger der Reichsstandschaft [455]).

---

muß man einräumen, daß die noch bestehenden Stifter aller Willkür jeweiliger Inhaber zu entheben waren, daß ein Recht, die Substanz zu verändern, diesen nicht zustand. So wurden die geistlichen Staaten Deutschlands zu einem eisernen Bestande der römischen Kirche, der freilich im Laufe der Zeiten nicht ungeschmälert blieb, endlich bis auf die letzte Spur getilgt wurde. Der sog. geistliche Vorbehalt bildet die Rechtsquelle für den bleibenden Religionscharakter der Güter und der Reichstagsstimmen der römischen Kirche bei den Deutschen. Allgemein anerkannt wurde diese Rechtsquelle jedoch erst im westfälischen Frieden, indem hier der gleiche Grundsatz auf evangelische Stifter Anwendung fand. Es genügt aber keineswegs, die rechtliche Nothwendigkeit, daß die Reichstagsstimmen der römisch-katholischen Bisthümer römisch-katholisch blieben, auf den geistlichen Vorbehalt zurückzuführen. Dieser selbst bedarf der Begründung und findet sie, meines Erachtens, in der oben entwickelten Beschaffenheit der Reichsstandschaft geistlicher Fürsten.

452) Jaup, a. O. §. 14, S. 37 Anm. u; s. das. die verschiednen Auffassungen von A. J. Schnaubert, Adam v. Reiber einerseits, von Biener, Joh. Chr. Majer, Leist anderseits.

453) Dasselbe gilt natürlich von dem Erzbischofe, dem Fürst-Abte, dem gefürsteten Probste, dem Administrator des Hochmeisterthums des deutschen Ordens (dem sog. Hoch- und Deutschmeister), dem Großprior des Johanniter-Ordens deutscher Zunge (dem sog. Johanniter-Meister).

454) Beziehentlich: des Erzstifts, der Abtei, der Probstei, des Hochmeisterthums, der deutschen Johanniter-Stiftung.

455) Die Säkularisation tilgt die Eigenschaft eines geistlichen Fürstenthums: sie hebt daher auch die Domkapitel auf. So vernichtet sie das Stift und folglich die Substanz der geistlichen Reichsstandschaft. Die auf dem Territorium haftende Stimme, wenn das reichsständische Recht nicht überhaupt erloschen ist, nimmt einen neuen Charakter an. Woher

Ein in der Reichsgeschichte berühmter Fall bestätigt diese Auffassung. Das ganze Gebiet des Erzbischofs von Bisanz war im Frieden von Nymwegen (5. Febr. 1679) vom Reiche getrennt und an Frankreich abgetreten[456]. Des Erzstiftes war darin aber nicht gedacht. Dies hatte zur Folge, daß der Name Bisanz im Verzeichnisse der Virilstimmen des Fürsten-Rathes blieb, und daß bis zu der Umgestaltung der Verfassung durch den Lünev. Frieden und J. R. Schl. die Reichsstandschaft von Bisanz fortdauerte. An eine Vertretung des Landes ist nicht zu denken; der Erzbischof in Person, wiewohl er den Titel „Prince du St. Empire" nicht aufgab, war französischer Unterthan: dem Erzstifte wurde Sitz und Stimme im Fürsten-Rath offen gehalten und zwar unmittelbar nach dem Erzstifte Salzburg, also vor sämmtlichen Bisthümern des Reichs.

Abschnitt II.

Von der Religionseigenschaft der fürstl. Virilstimmen.

§. 30.

Bisherige Formulirung des Grundsatzes.

Neben den ausgesprochnen Rechtssätzen, sagt ein geistreicher Romanist, gibt es noch latente Rechtssätze und die ausgesprochnen selbst enthalten nicht immer eine adäquate

aber sind die Kriterien für diesen zu entnehmen? Das muß der konkrete Fall ergeben; denn an einer eignen, der so fortgesetzten Reichsstandschaft innewohnenden Norm, wonach die Beschaffenheit einer solchen Stimme zu beurtheilen wäre, fehlt es durchaus.

456) Die Grafschaft Burgund (die sog. Freigrafschaft, franche Comté), worin Bisanz (Besançon) liegt, gehörte zum Burgundischen Kreise. Sie besaß der König von Spanien unter der Hoheit des Reichs. Die ehemalige Reichsstadt Bisanz war aber schon 1651 spanisch geworden, nämlich der Krone Spanien als Landstadt vom Reich überlassen. Da-

Formulirung. Die Differenz zwischen dem einfach geltenden und dem formulirten Recht ist aber schwerlich irgendwo größer, als bei der für unser Reichsrecht und die vorliegende Kontroverse über den Fürsten-Rath bedeutungsvollen Frage nach der Religions-Eigenschaft der Reichstagsstimmen [457]).

mals war das Erzstift, welches dort seinen Sitz hatte, nicht an Spanien übertragen; vielmehr beutete letzteres die Reichsstandschaft des unter seinem Einfluß stehenden Erzbisthum's zu seinem Vortheil aus. Nun fiel 1679 die ganze Freigrafschaft und die Stadt Bisanz an Frankreich. Mit Pütter, histor. Entwicklung, Th. II, (1788) S. 288 f., vgl. Meiern, Regensb. R. T. H. v. 1653 u. 54 (Leipz. 1738) Buch V, §. 10, Nro. IV, S. 731.

457) Die Untersuchung über den Fürsten-Rath dürfte, wie es den Anschein hat, auch die Kuriatstimmen nicht außer Acht lassen. Demnach hätte von der innern Beschaffenheit auch der geistlichen und weltlichen Gesammtstimmen des Fürsten-Raths im vorigen Abschnitt gehandelt sein müssen: daraus würde die darin begründete Auffassung der Reichsstandschaft den Gewinn gezogen haben, daß manchem aus der Natur der Kuriatstimmen leicht zu erhebenden Einwande begegnet, und durch Erläuterung dieser Natur, welche nicht so durchaus von dem Wesen der Virilstimmen abweicht, die Haltbarkeit jenes Prinzips verstärkt wäre. Ferner müßte hier von der Religions-Eigenschaft der vier Gesammtstimmen die Rede sein, welche die reichsgräflichen Häuser im Fürsten-Rathe führten, wobei der berühmte fränkisch-westfälische Streit nicht hätte unerörtert bleiben können. Indessen die reichsrechtliche Kontroverse von 1803, womit sich diese Abhandlung beschäftigt, berührt die Sache der Kuriatstimmen nicht. Mit diesen war in Folge des Lüneviller Friedens zwar ebenfalls eine durchgreifende Veränderung vorgegangen. Die beiden Stimmen der rheinischen und der schwäbischen Prälatur hatten aufgehört. Innerhalb des westfäl. Grafen-Vereins fand eine lebhafte Bewegung statt und provisorisch konstituirte sich unter Leitung des Fürsten Metternich eine fünfte Kurie der in Schwaben entschädigten römisch-katholischen Mitglieder, ein westfälisch-schwäbischer Grafen-Verein römischer Konfession. Hier stand aber in Frage nur, ob Kaiser und Reich diese Kurie durch Ertheilung einer eignen Stimme anerkennen würden. Die Rechtsfragen, welche zu jener Zeit das Dasein des Fürsten-Raths erschütterten, handeln lediglich von den Virilstimmen desselben. Die nähere Angabe der letzteren in der Aufschrift dieser Blätter war weder erforderlich, noch wäre sie

Dies gilt indessen nicht von den geistlichen Stimmen, für welche der westfälische Friede auf Grund des Reservatum ecclesiasticum, das fortan beiden Bekenntnissen eine Grenze setzen sollte, und gemäß der Beschaffenheit der geistlichen Reichsstandschaft unzweideutig, wenn auch nicht ausdrücklich die Norm gab [458]).

Der Grundsatz, wonach die Religionsbeschaffenheit der weltlichen, insonderheit der fürstlichen Stimmen sich zu richten hätte, erfuhr wechselvolle widerstreitende Fassungen, während ein durchaus gleichmäßiges Herkommen ununterbrochen und ohne Fehlgriff ihn Jahrhunderte hindurch zur Anwendung brachte. Sogar ein Reichsschluß [459]) war vorhanden, welchem der die ganze Observanz beherrschende juristische Gedanke zu Grunde liegt, worin derselbe jedoch den adäquaten Ausdruck nicht gewonnen hat. —

Römisch-katholische Stände beschwerten sich 1758 in der zweibrück'schen Sache [460]), das Corpus Evangelicorum wäre wandelbar in seinen Grundsätzen betreffs der Religionseigenschaft; beide Religionstheile hätten in einem

---

zutreffend gewesen, da die Sache der Virilstimmen eben damals die Summe der Streitfragen über den Fürsten-Rath ausmachte. — Ueber die Gründung einer fünften Grafen-Kurie benachrichtigt Comit.-Corr. 1805, Nro. 63, Regensburg 5. August und Beilage A. daselbst: 1) die Akten der westfälischen Grafenversammlung röm.-kath. Theils zu Wien 6. März, 29. April, 6. Mai 1805; 2) Deliberanda zu dem auf den 15. Juli 1805 nach Ochsenhausen vertagten Convent des provisorischen westfälisch-schwäbischen Grafen-Vereins; — ferner Comit.-Corr. 1806, Nro. 18, Regensb. 27. Febr. und Beil. A., welche die Eingabe der westfälisch-schwäbischen Grafen-Kurie von Seiten des Fürsten Metternich als Direktor und der Gräfin Auguste Sternberg als Condirector, d. d. Wien 29. Januar, d. dict. Regensb. 20. Febr. 1806 mittheilt.

458) Westf Fr., Art. V, §§. 14 u. 15: in Betreff Osnabrück's Art. XIII, §. 6. — Jaup a. O., §. 20, S. 55. Vgl. ob. §. 29 und Anm. 451 das.

459) Ueber den Reichsschluß vom 6. Septbr. 1708 s. w. u.

460) J. J. Moser, Von den Teutschen Reichstägen, Th II, Kap 31, §. 41, S. 50.

Reichs-Gutachten von 1666 sich dahin geeinigt, daß das Bekenntniß des Landesherrn den Ausschlag geben sollte: seither aber wäre von den Protestanten aus Nützlichkeitsgründen der Satz aufgestellt, „daß mit Bestellung der Stimmen sich nach der im Lande die Oberhand habenden Religion zu richten seye,“ und gleichwohl wollten die ausburgischen Konfessionsverwandten diese Norm da, wo sie zu Gunsten der Römischen ausschlüge, nicht gelten lassen. — Allerdings bezeugt J. J. Moser (Von der teutschen Religions-Verfassung, S. 352, 353): „man behauptet von seiten des Corporis Evangelicorum, daß, weil die Stimmen auf dem Lande haften, diese aber nach dem anno normali evangelisch bleiben müssen, so stehe einem Catholisch werdenden Herrn nicht einmal frey, sich vom Corpore zu trennen.“

Als dagegen im Hof-Dekrete vom 30. Juni 1803 der Kaiser in Ansehung der Religionseigenschaft der Reichstags-Stimmen von der Reichsversammlung ein Weisthum einholte und die Frage stellte, ob die Religion des Landesherrn oder die des Landes bestimmend sei[461]), gaben die protestantischen Stände, soweit dieselben überhaupt auf jene Prinzipienfrage sich einließen[462]), zu Protokoll, das Bekenntniß des Landesherrn allein entscheide[463]). Abwei-

---

461) Vgl. ob. §. 2, S. 24.

462) Die meisten und mächtigsten protestantischen Höfe, doch auch der von München, wiesen ihre Gesandtschaften an, von der Prinzipienfrage ganz Umgang zu nehmen. Der kurbrandenburgische Bevollmächtigte, der in dieser verfänglichen Sache selbst Schweigen beobachtete, rieth denen, welche darüber votiren wollten, das Bekenntniß des Landesherrn für normgebend zu erklären und die offenkundigen Widersprüche im Herkommen auf besondre Verträge zurückzuführen. Comit.-Corresp. 1803, Nro. 63 Regensb. 19. Septbr.

463) Im Fürsten-Rath am 14. Novbr.: Lübeck und Holstein-Oldenburg, Nassau-Hadamar- und Siegen, Nassau-Siegen-Dillenburg und Diez; am 2. Dez.: die Wetterauischen und die Fränkischen Reichsgrafen; am 16. Dez.: Holstein-Glückstadt. Vgl. Comit.-Corresp.

chend hiervon, und wie mir scheint, ohne selbst um die Abweichung zu wissen, setzte Wirttemberg die Bestimmung der Religionsbeschaffenheit der Reichstags-Stimme in das Ermessen des Landesherrn[464].

Diese Auffassungen und Erklärungen aus dem 17., dem 18. und endlich unsrem Jahrhundert widersprechen einander offenbar. Politische Rücksichten spielen hinein: die eigentliche Ursache jenes Widerspruchs aber war das Unvermögen, den Rechtssatz, auf welchen es ankam, zu formuliren. Hier lag eine namhafte Aufgabe der deutschen Rechtswissenschaft vor. Mannigfach waren die Versuche der Lösung[465].

1803 Nro. 73 Regensb. 21. Nov. Beil. B.; Nro. 74 Regensb. 28. Nov. Beil. B.; Nro. 77 Reg. 8. Dez. Beil. A.; Nro. 79 Reg. 12. Dez. Beil. D.; Nro. 82 Reg. 19. Dez. Beil. A.; s. auch C.-C. 1803 Nro. 51 Reg. 18. Juli.

464) Die betreffende Stelle lautet: „Was sodann die von Sr. Kais. Maj. in dem allergnädigsten Hofdekrete am Schlusse noch erwähnte Frage betrifft: ob die Religionseigenschaft der reichsständischen Stimmen sich nach der Religion des Landes oder nach der Religion des Landesherrn richte, so wird dieselbe durch das schon berührte Reichsherkommen ihre Erledigung dahin erhalten, daß ein Reichsstand, welcher entweder nach der dießfalls aufgestellten, vollen Religions- und Gewissensfreiheit zu der andern, von der Religion seines Landes verschiednen Religion übergeht, oder in ein Land verschiedner Religion sukzedirt, auch die volle Befugniß habe, mit seinen reichs- und kreistägigen Stimmen sich dem Religionstheil seines persönlichen Religionsbekenntnisses anzuschließen, wenn er sich nicht entweder aus eigner freier Bewegung oder vermöge eingegangner Verträge oder ausgestellter Religions-Reversalien entschließt, auch in Zukunft auf die Seite des mit der Landesreligion übereinstimmenden Religionstheils seine Stimme abzugeben.“ Votum von Kurwirttemberg im Kurfürsten-Rath am 14. Nov., vgl. Com.-Corr. 1803, Nro. 73, Regensb. ²1. Nov., Beil. A., S. 7; Votum von Wirttemberg und Ellwang im Fürsten-Rath an demselb. Tage, vgl. Comit.-Corresp. a. O., Beil. B., S. 14 u. 15.

465) Einer erschöpfenden Beurtheilung der verschiednen Versuche darf ich hier nicht Raum geben. Heinrich Karl Jaup in seiner Commen-

1. Die Religion des Landes bildet die Norm:

Die Reichsstandschaft haftet auf dem Lande. Dieses wird beim Reichstage vertreten. Zu seinen wichtigsten Interessen gehört die Religionssache. Das Entscheidungsjahr bestimmt die Landesreligion; der westfäl. Friede Art. V §§. 29, 31 und 33 sichert deren ungekränkte Uebung. Eine Beeinträchtigung der Religionsübung läge darin, wenn die Religionseigenschaft der Reichtagsstimme die Religion des Landes verleugnen würde.

So argumentirten namentlich Pütter[466]) und Meister[467]); ihnen schlossen sich Häberlin[468]) und Leist[469]) an. Sie beriefen sich dafür auf das Herkommen, wiewohl namentlich Häberlin zugab, dasselbe stimme mit der Theorie nicht völlig überein[470]).

Die Grundlage dieser Lehre ist zugleich die Wurzel ihres Irrthums. Die Reichsstandschaft ist in dem Sinn, welchen jene Rechtsgelehrten ihr unterlegten[471]), niemals

---

tatio, S. 69 f. polemisirt gründlich und mit bestem Erfolg. Der von J. vertheidigten eignen Ansicht von der Bestimmung der Religionseigenschaft kann ich zwar nicht beipflichten: doch kommt unter den hiergenannten diese der meinigen am nächsten.

466) Joh. St. Pütter, Historische Entwicklung der Staatsverfassung des teutsch. Reichs (Aufl. 2., Gött. 1788) Th. II, S. 347 f.; eine der schwächsten Partieen in Pütter's Schrift. S. desselb. Institut. iur. publ. §. 37. S. 40.

467) Georg Jakob Friedrich Meister, Versuch einer Bestimmung der Grundsätze, wonach die Religionsbeschaffenheit der Reichstagsstimmen am richtigsten zu beurtheilen ist (Göttingen, 1780). Die oben charakterisirte Auffassung hat in dieser Schrift unstreitig ihren geschicktesten Anwalt.

468) Häberlin, Handb. des teutschen Staatsrechts (1797) Th. I, §. 37.

469) Leist, Lehrb. des teutsch. St.-R. (2. Aufl. 1805) S. 220. Jaup a. O., §. 3, S. 8, Anm. g.

470) Häberlin, a. O. S. 170.

471) Meister a. O., §. 9, S. 28 f. §. 10, S. 40 f. Pütter a. O., S. 349. Vgl. oben Anm. 433.

Realrecht gewesen. Ferner streiten Wissenschaft und Herkommen wider die Vermengung von Religionsübung des Landes und Religionseigenschaft der Reichstagsstimme [472]). — Für Beides, für jene Deutung des reichsständischen Rechts, wie für dieses Durcheinanderwerfen hat die bezeichnete Doktrin nur politische Gründe [473]). Sie erklärt es für unwürdig, daß Land und Leute ein bloßes Requisit ausmachen sollten, setzt aber dabei völlig aus den Augen, daß der Charakter der Reichsverfassung einmal so und nicht anders beschaffen war, daß überdies die Territorien und das Reich gesonderte Sphären ausmachten, es daher nicht Wunder nehmen darf, wenn in dem Rechtskreise des Reichs Land und Leute der Reichsstände nur als Beiwerk Bedeutung hatten. Jedenfalls beweist ein Räsonnement nichts gegen geltendes Recht. Wäre ferner, sagt man, die Religion des Landes nicht maßgebend für die Religions-Eigenschaft der Stimme am Reichstage, so könnte jener von dorther sogar Gefahr erwachsen, da durch die eigne Stimme die Macht der Gegenpartei verstärkt würde [473a]). Diese Deduktion einer wahrscheinlichen Gefahr ist erstens nicht unbedingt zutreffend und zweitens rechtlich irrelevant. —

---

472) Meister a. O., §. 9, S. 32 u. 33, §. 10, S. 43.

473) Jaup, a. O., §. 26, S. 79: Quae igitur, ut ex territorii religione votorum qualitatem aestimandam esse demonstrent, allegant, nonnisi aequitatis et convenientiae rationibus nituntur . ."

473a) Meister will allerdings den Charakter der Reichstagsstimme nicht „unter den der Religionsübung anhängenden Rechten mitverstanden wissen;" aber er meint, beim „Buchstaben des Gesetzes" nicht stehen bleiben zu dürfen, sondern die Verfügung des westf. Friedens in Betreff der Religionsübung „nach der Absicht und in ihrem vollen Umfang" betrachten zu müssen. Und so bezeichnet Meister als Grund, weßhalb das Entscheidungsjahr der Religionsübung auch über die Eigenschaft der Reichstagsstimmen entscheidet: „weil die den Unterthanen und folglich auch dem Lande hier ertheilten Rechte nicht in ihrer vollen Maasse und unverrückt bleiben, wenn das Verhältniß der Stimme auf dem Reichstage verändert

Endlich ist aber „die Religion des Landes“, wie Jaup erwiesen hat [474]), oder die „herrschende“, „vorwaltende“ Religion des Landes ein Begriff, dem es an sichern juristischen Kriterien durchaus fehlt und der nur in Verbindung mit den Normen in Betreff der Religionsübung die nöthige Konsistenz zu gewinnen vermag. Von einem Lande, worin mehrere Konfessionen rezipirt sind, ist oft gar nicht zu sagen, welches Bekenntniß vorwiege. Man wird zur Annahme gemischter Territorien gedrängt und auch da fehlt es an allen zuverlässigen Kennzeichen [475]). Ueberdies müßte der Landesherr mehrer Territorien, deren Religion von einander abweicht, zu beiden Religionstheilen gehören [476]). Daß dies aber nur unter ganz besondern Voraussetzungen rechtlich möglich war, hängt mit dem von den Anhängern dieser Lehre verkannten Charakter der Reichsstandschaft zusammen.

Der nachfolgenden historischen Prüfung des hier zu formulirenden Grundsatzes ist aufbehalten, darzulegen mit wie geringem Recht zu Gunsten der bezeichneten Doktrin das Herkommen angerufen worden [477]), wie vielmehr die An-

---

wird, und dadurch das Wohl des Landes, in Bezug auf Religion, insofern es namentlich mit der allgemeinen Reichsverfassung im genauen Zusammenhange steht, in etwas zu leiden gar leicht in Gefahr gesetzet wird“; a. O. §. 10 S. 44 u. 45.

474) Jaup a. O., §. 26, S. 80 u. 81.

475) Klüber, Einleitung zu einem neuen Lehrbegriff des teutschen Staatsrechts (Erlangen 1803) S. 88, Anm. f.; vgl. bei Jaup a. O., Anm. b.

476) Vorausgesetzt, daß er für sie mehre Stimmen führt. Vgl. Jaup a. O. S. 81.

477) Namentlich auf die Fälle mit Kursachsen, Wirttemberg, Hessenkassel, deren w. u. zu gedenken sein wird, nahm die gen. Doktrin Bezug. In allen drei Fällen waren indessen die Verhältnisse durch ausdrückliche Verträge geordnet. Genau genommen würde keiner derselben hieher gehören, da es sich eben darum handelt, welcher Grundsatz im Zweifel, wo es an dergl. Festsetzungen fehlt, Platz greife. Doch ganz von der Hand weisen lassen sich diese vertragsmäßigen Anordnungen nicht. Das Rechtsbewußtsein äußert sich auch in den Sätzen, welche durch ausdrückliche Dispositionen

nahme, daß die Religion des Landes maßgebend sei, durch dasselbe geradeswegs verwehrt ist[478]).

II. Die Religion des Landesherrn gilt als maßgebend:

Die Reichsstandschaft, obwohl der Besitz eines reichsunmittelbaren Landes zu ihren Erfordernissen gehört, ist ein persönliches Recht. Sitz und Stimme führen die Erbfürsten aus eignem Rechte. So richtet sich die Religions-Eigenschaft der Reichstagsstimme nach dem persönlichen Bekenntnisse des Reichsstandes. Den Fürsten ist überdies durch den Religions- und westfäl. Frieden Gewissensfreiheit verbürgt; diese würde geschmälert sein, wenn nach einem Religionswechsel oder bei der Nachfolge in ein Territorium, dessen Reichstags-Stimme dem andern Religionstheil bisher zugezählt worden, der Fürst verhindert wäre, der Partei seines persönlichen Bekenntnisses am Reichstage sich anzuschließen.

Auch diese Meinung geht von einer einseitigen Auffassung der Reichsstandschaft aus; aber sie nähert sich in ihrem Irrthum mehr der Wahrheit. In Betreff der Gewissensfreiheit eröffnet sie den langen Reigen mißbräuchlicher Berufungen auf diesen gründlich falschverstandnen Rechtsbegriff. Sie vermengt, ähnlich hierin der ersten Ansicht, die Religionsübung — zwar nicht des Landes, doch des Landesherrn — mit der Religionseigenschaft der Reichstagsstimme. Auch hier dienen zur Unterstützung politische Argumente, nicht Rechtsgründe.

---

aufgestellt sind; für die Erkenntniß des Rechts leisten Rechtsgeschäfte bedeutenden Vorschub. Am wenigsten aber zu billigen ist, wenn man, wie Eberstein in seiner Abh. von der Religionseigenschaft (Mannheim 1784) §. 25, S. 55 f., aus dem Inhalte der Verträge deduzirt, das Gegentheil desselben würde Rechtens gewesen sein ohne die vertragsmäßige Festsetzung, und so zu beweisen meint, daß die Rechtssätze, welche durch besondre Uebereinkunft gesichert sind, ohne solche Uebereinkunft der Begründung entbehrt und unmöglich gegolten hätten.

478) Die schlagendste thatsächliche Widerlegung bietet die Nachfolge der Linie Neuburg in die Pfalz v. J. 1685. Doch davon s. w. u.

Das Herkommen widerstreitet der Annahme, daß die Religion des Reichsstandes entscheide, allerdings weniger, da in den meisten Fällen, was schon Jaup anerkannt hat, die Reichstagsstimme derselben Religions-Partei zugezählt wird, welcher der Landesherr persönlich angehört — freilich aus einem andern Grunde, als weil er ihr angehört.

Kaum auseinanderzuhalten ist die genannte Meinung, welche namentlich J. A. Mertens[479]) vertreten hat[480]), mit der ihr verwandten folgenden.

III. Das Ermessen des Landesherrn bestimmt die Religions-Eigenschaft der Reichstagsstimme:

Die Reichsstandschaft ist ein weder reinpersönliches, noch ausschließlich reales Recht; in Ansehung nämlich ihrer Grundlage real, in Ansehung des berechtigten Subjektes persönlich[481]). In Folge dessen ist aber der Landesherr keineswegs als Vertreter des Landes, sondern aus

---

[479]) J. A. Mertens, von dem Religionsverhältniß der deutschen Reichstagsstimmen (Wien 1784 und Freiburg im Br. 1789) war mir nicht zugänglich; ich mußte mich auf Berichte verlassen. Vgl. Jaup, a. O., §. 2, S. 6, Anm. c; §. 3, S. 8, Anm. h; bes §. 25, S. 69 f. S. auch Leist, Lehrb. d. T. St.-R. (1805) § 71, S. 220, Anm. 7, der ihn aber nur als Gegner nennt und zwar neben Jaup; die Polemik des letztern richtet sich aber gegen die Meinung Leist's wie gegen die von Mertens.

[480]) Joh. Christ. Majer, Teutsche Staatskonstitution (Hamburg 1800) Th. 1, §. 27; vgl. desselben Teutsches geistl. Staatsrecht (Lemgo 1773), Th. 1, Kap. 5, Abschnitt 2, §. 71. — Weitere Vertreter dieser Ansicht nennt Jaup a. O., §. 3, S. 8, Anm. h.

[481]) Jaup, a. O., §. 26, S. 73: „Suffragia statuum imperii ratione fundamenti realia sunt, non personalia"; S. 75: „ratione subjecti non realia sunt, sed personalia". Auf einen Ausspruch von G. G. Titius, specim. jur. publ. R. G., B. 3, Kap. 1. §. 36: „quod ius suffragii personae utique inhaereat, nemini tamen competat, nisi qui in patrimonio immediato ius territoriale exerceat" stützt sich Jaup a. O. S. 75. Anm. p.

eignem Rechte Reichsstand[482]). Eine Religionsveränderung des Fürsten ändert an diesem, seinem eignen Rechte nichts. Auch die Reichsstandschaft des andersgläubigen Vorgängers erwirbt der Nachfolger als eignes Recht, also losgelöst von dem Bekenntnisse des frühern Inhabers. Denn die Verschiedenheit der Religion darf keine Rechtsungleichheit und der Wechsel des Bekenntnisses keine Schmälerung des Rechts bewirken[483]). Ueber sein reichsständisches Recht verfügt der Fürst nach freiem Ermessen[484]); und dieses freie Ermessen — vorausgesetzt eine Bekenntnißverschiedenheit zwischen Land und Landesherrn — ist es allein, welches die Religionseigenschaft der Reichstagsstimme regelt. Besondre Verträge können dies Ermessen einschränken[485]); im Zweifel d. h., wenn der Landesherr sich nicht über die Religionseigenschaft der Stimme entscheidet[486]), wird sein Bekenntniß maßgebend. Die Religionsübung aber, festgesetzt nach dem Normaljahr, berührt dieser Grundsatz über die Reichsstandschaft nicht[487]).

Dieser dritte Versuch, das angewandte betreffende Recht zu formuliren, wurde v. J. J. Moser[488]), Freiherrn Karl v. Eberstein[489]), Heinrich Karl Jaup[490]) gemacht.

---

482) Jaup a. O. §. 14, S. 39.

483) Jaup a. O. S. 41.

484) „pro lubitu" Jaup a. O., §. 15, S. 44.

485) Jaup a. O. §. 21, S. 56.

486) Jaup a. O., §. 15, S. 43.

487) Jaup a. O. §. 44, S. 42, Anm. d.

488) J. J. Moser, T. St.-R., Th. VIII, B. III, Kap. 3, §. 7, S. 495; Derselbe von d. teutsch. Reichs-Ständen, Buch I, Kap. 3, §. 7, S. 25.

489) Karl Frhr. v. Eberstein, Abhandlung aus dem Teutschen Staats-Rechte, von der Religions-Eigenschaft, sowohl der Viril- als Kuriat-Stimmen auf teutschen Reichstägen (Mannheim 1784). Von demselben war 1782 eine lat. Diss. de qualitate religionis votorum in Comitiis erschienen, die sich nach des Verf. Eingeständniß hauptsächlich gegen die (mehrmals im Ob. angef.) Schrift von Meister gerichtet hatte.

490) Jaup, a. O., bes. §§. 13—24, S. 35—69.

Aeußerlich betrachtet, läßt sich dagegen wenig einwenden, wie denn diese Lehre auch auf die richtigen Resultate herauskommt. Aber sie entbehrt der innern Begründung; ihr fehlt es an einer eigentlichen ratio iuris. Der Grund davon liegt in der mechanischen Auffassung der Reichsstandschaft. Eine wesentliche Voraussetzung der aufgestellten Regel mußte, meines Erachtens, erst zum wissenschaftlichen Bewußtsein kommen.

Nach freiem Ermessen bestimmt der Fürst die Religions-Eigenschaft der Reichstagsstimme. Wohlan, ist dies Ermessen, wenn auch frei, zugleich ein völlig willkürliches? Zeigt sich nicht in der Art und Weise, wie die Landesherrn die Religions-Eigenschaft der Stimmen ordneten, ein Grundsatz? in der scheinbaren Regellosigkeit eine Regel?

Jaup [491]) räumt der Ansicht derer, welche die Religion des Landesherrn für die Norm halten, — einer Ansicht, welche mit der seinigen in den äußern Ergebnissen sich so nahe berührt, wie diese mit der hier zu entwickelnden — bereitwillig ein, daß die Religion des Landesherrn sich meistens der Reichstagsstimme mitgetheilt habe. Mit Recht fragt er aber nach der juristischen Ursache, sich mit der bloßen Thatsache nicht begnügend. Ich möchte nun einen Schritt weiter gehn und einerseits einräumen, daß das Ermessen des Landesherrn meistens oder vielmehr immer entscheidend gewesen, anderseits aber mit dieser bloßen Erscheinung im Recht mich nicht begnügen, vielmehr das Wesen derselben genauer untersuchen [492]). Und, irr'

---

[491]) Jaup, a. O, §. 25, S. 70.

[492]) Die Erscheinung einfach hinzunehmen, ist übrigens nicht ohne Gefahr: eine weitergehende Untersuchung ihrer innern Gründe daher auch von praktischem, d. h. für die Rechtsgeschichte praktischem Interesse. Denn, wenn ohne Weiteres und abgesehen von tieferen Bezügen das Ermessen des Landesherrn die Religions-Eigenschaft der Stimmen festsetzt, so ist nicht abzusehen, weßhalb er nicht auch in dem Falle, wo keine Verschiedenheit zwischen seinem Bekenntniß und der sog. Landesreli-

ich nicht, so läßt sich das Prinzip nachweisen, aus welchem die Landesherrn ihre Befugniß ableiteten, doch auch nach Maßgabe dessen sie zu verfahren hatten. Derselbe Grundsatz macht sich da geltend, wo die Religionseigenschaft der Reichstagsstimme unabhängig von jeweiligem Ermessen der Inhaber durch Verträge festgesetzt worden [493]).

---

gion besteht, der Reichstagsstimme die von beiden abweichende Eigenschaft beilegen darf. Jaup allerdings beschränkt die ganze Untersuchung auf die Verschiedenheit des Bekenntnisses, läßt sogar die geschlossnen Verträge beim Aufhören dieser Verschiedenheit cessiren. („Tacite illis, quae tunc conventa sunt, conditio inesse videtur religionis diversitatis inter principem ac territorium existentis, qua sublata illorum etiam cessat vis" Jaup a. O. §. 21. S. 59, Anm. g.) Aber ein juristischer Grund, das Prinzip so zu begrenzen, ist nicht ersichtlich. Im Gegentheil zeigt sich dabei, daß dieses Prinzip, wenn es der rechtlichen Sphäre, welche die Abhandlung Jaup's beschrieben haben will, entsprechen soll, noch einer innern Schranke selbst bedarf. Auch wird der so vortrefflich dort in dem polemischen Theil zersetzte Begriff der Landesreligion hier unwillkürlich als Moment wiederaufgenommen. Wenn sich aus der durch das Normaljahr des westf. Fr. geordneten Religionsübung nicht für das Land ein Bekenntniß als Landesreligion mit juristischer Bestimmtheit herleiten läßt, so wird nicht bestimmter anzugeben juristisch möglich sein, wann diese Landesreligion und das Bekenntniß des Fürsten verschieden oder gleich sind.

493) Noch andre Kriterien, welche man aufgestellt hat, sind kaum der Erwähnung werth. So sollte die Religionseigenschaft der Reichstagsstimme sich danach regeln, ob ihr bisheriger Inhaber zum Corpus Evangelicorum oder zu den Römisch-katholischen sich gehalten. Aber es ist ja gerade die Frage, ob der Nachfolger andern Bekenntnisses oder der bisherige Inhaber nach einem Konfessionswechsel aus dem Corpus austreten dürfe oder gar müsse. Es liegt darin eine petitio principii. — Ferner sollte das Bekenntniß des Reichstags-Gesandten, welcher die Stimme führt, den Ausschlag geben. Meister a. O. §. 3, S. 8 f. (Pütter, histor. Entw. Th. II, S. 350 wird von Jaup a. O §. 29, S. 85, Anm. k nicht mit Recht hieher gezählt). Einmal ist es, wie z. B. 1803 bei der Führung der auf säkularisirten Stiftern ruhenden Stimmen, gerade bestritten, welchem Bekenntniß und hier, ob nicht dem römischen der Gesandte anzugehören habe. Ferner aber steht nichts im Wege, daß ein Gesandter eine Stimme von abweichender Reli-

§. 31.

Neuer Versuch der Formulirung.

Entscheidend für alle bisherigen Versuche war die Auffassung der innern Beschaffenheit des reichsständischen Rechts. Am verwandtesten dem Ergebniß der vorausgeschickten Untersuchung über dieselbe war die Ansicht Jaup's von der Reichsstandschaft, ebenso wie der folgende Versuch einer Formulirung dem seinigen am nächsten kommen wird. An jene Ansicht darf daher angeknüpft werden.

Den gemischten Charakter der Reichsstandschaft verkannte Jaup nicht. Seine Auffassung der beiden Elemente desselben ist jedoch eine mechanische. Zutreffen kann aber nur eine organische. — Ratione fundamenti, sagt

---

gionseigenschaft führe, wenn der Landesherr ihn dazu bevollmächtigt. Herzog Gustav Samuel v. Zweibrücken bestellte im J. 1728 einen Gesandten römischen Bekenntnisses; Christian IV. v. Zweibrücken trug im J. 1750 die Führung seiner Stimme dem Kurpfälzischen — röm.-kath. — Gesandten auf, was schon bedenklicher war, da dieselbe Persönlichkeit nun mit beiden Religionstheilen votiren sollte. Vgl. Eberstein, a. O., §. 20, S. 43 u. 44, Anm. 48. Ein Römisch-katholischer führte die Stimme von Kurbrandenburg im J. 1754 und substitutionsweise im J. 1801; ebenfalls ein Römischer die Stimme von Kurbraunschweig im J. 1790; ferner die Stimme der Fränkischen Grafen um 1743. Auf der andern Seite war ein Protestant im J. 1685 eine Zeitlang Vertreter der römisch gewordnen Kurstimme der Pfalz, und ebenso substitutionsweise 1801. Endlich vertrat ein Evangelischer die Stadt Köln in den Jahren 1674, 1676, 1680, 1686, 1688 u. 1754. Vgl. über diese Fälle Jaup a. O., §. 29, S. 86 — Eine dritte Ansicht, welche unterschieden wissen wollte zwischen einem Religionswechsel des Herrschers und der Nachfolge eines Andersgläubigen, ist zwar nichts weniger als eine Lösung und mit Recht tritt Jaup a. O., §. 27, S. 82 f., doch auch Meister a. O., §. 11, S. 46 f. (welchen Jaup a. O., Anm. d. zum Anhänger derselben macht, während er nur die — wirklich vorhandne — Spur dieser Distinktion im Herkommen nachwies) ihr entgegen. Aber eine Ahnung der Wahrheit wohnt darin und zur Formulirung des maßgebenden Grundsatzes leistet sie Vorschub.

Jaup, ist das ius comitiale ein reale: ratione subiecti dagegen ein personale. Dabei übersieht er eine wesentliche Voraussetzung, deren Hinzunahme beide Thesen widerlegt, indem sie nämlich darthut, wie die Reichsstandschaft ratione fundamenti nicht lediglich real und ratione subiecti nicht rein persönlich war.

Die Güter im Reich, welche die Grundlage ausmachen, sind Stammgüter und zwar entweder ursprünglich und ihrer Geschichte nach, oder durch juristische Fiktion und nach Maßgabe ihrer reichsrechtlichen Bestimmung. Die eigentliche Reichsstandschaft der Erbfürsten ruht auf den Herrschaften ihrer Häuser. Die neue Erwerbung oder gar die Kreirung eines Fürstenthums war die Folge einer Ausdehnung des Begriffs; und so stand denn auch bis zuletzt eine unübersteigliche Schranke zwischen den altfürstlichen und den neufürstlichen Geschlechtern, obwohl unter letztern das reichsständische Recht einer Minderheit [494]) ebenfalls auf Stammgütern beruhte. — Man könnte, logisch betrachtet, diese Grundlage füglich eine reale nennen; doch ist diese Bezeichnung dem Mißverständniß ausgesetzt, als ob auch nur „ratione fundamenti" das Territorium oder, wie man wohl sagen darf, der deutsche Einzelstaat in Betracht käme. Das ist keineswegs der Fall, trotzdem daß das Land die Kosten der Reichstagsgesandtschaft zu tragen hat [495]). Der Gedanke einer Vertretung des Landes von Seiten des Landesherrn beim Reichstage schleicht sich mit dieser Bezeichnung unwillkürlich ein; und der ist als ein völlig geschichtswidriger von der Hand zu weisen. Die

---

494) Nassau, Ostfriesland, Waldeck, Schwarzburg. Vor Allem würde hier Aremberg zu nennen sein, wenn dieses Haus nicht richtiger zu den Altfürstlichen zu zählen wäre; vgl. Pütter, Instit. jur. publ. (6. Ausg. 1802) §. 98, S. 100, Anm. c.

495) S. ob. §. 28, S. 213 u. 214; Meister a. O., S. 31, Anm. sieht in dem Ausschluß der Reichstagskosten von der landständischen Steuerbewilligung einen Beleg für seine Auffassung der Reichsstandschaft.

für jeden Reichsstand erforderliche Begüterung trägt die besondre Eigenschaft, das Erbgut eines reichsständischen Hauses zu sein.

Auf der andern Seite ist der Inhaber der Reichsstandschaft selbständig, aber nicht in dem Sinne reinpersönlich berechtigt, als könnte er schalten und walten „pro lubitu" mit jenem Inbegriff politischer Rechte. Vielmehr ist er Subjekt der Reichsstandschaft in seiner Eigenschaft als das Haupt eines reichsständischen Hauses resp. einer für sich berechtigten Linie solchen Hauses.

Das Lebensprinzip der eigenthümlich organisirten, durchaus nicht einfachen Natur des reichsständischen Rechts ist der Begriff des Hauses, welcher auf der einen Seite dem Besitze des Territoriums ein persönliches Gepräge verleiht, sodaß in Ansehung der Reichsstandschaft das Land nicht als deutscher Einzelstaat, sondern als Hausgut erscheint, — auf der andern Seite dem Inhaber von Sitz und Stimme am Reichstag einen allgemeinern Charakter ertheilt, sodaß er jenes ihm zustehende Recht als Haupt des Hauses übt.

Hierin erblicke ich das Prinzip, wonach die Religions-Eigenschaft der Reichstagsstimmen der Erbfürsten zu bemessen war, ja wonach sie während einer Reihe von Jahrhunderten wirklich bemessen worden ist. Der zu formulirende Rechtssatz wäre demgemäß folgender:

Die Religionsbeschaffenheit der fürstlichen Virilstimme richtet sich nach dem religiösen Bekenntniß des reichsständischen Hauses, dessen Haupt dieselbe führt.

Daraus ergibt sich, daß

I. der reinpersönliche Religionswechsel des Reichsstandes keine Veränderung in der Religionseigenschaft der Stimme hervorbringt;

II. der Uebertritt des Hauses zu einem andern Bekenntniß die Religionseigenschaft der Reichstagsstimme verändert;

III. die Nachfolge einer neuen Linie oder eines neuen

Hauses von abweichendem Bekenntniß einen Wechsel in der Religionseigenschaft der Stimme bedingt.

Das Ermessen des Landesherrn hat hier einen weiten Spielraum, weßhalb auch, wie schon oben bemerkt worden, die äußern Resultate wol ungefähr dieselben sind, wie bei der Theorie von Jaup. Aber diese ausgedehnte Befugniß steht ihm in seiner Eigenschaft als Haupt des Hauses zu, worin sie gleichzeitig ihre Schranke findet. Ausgeübt wird sie jedoch nicht in der regellosen Ertheilung eines beliebigen Religionscharakters an die Reichsstandschaft, sondern in der allerdings freien, wenn auch nicht völlig willkürlichen Bestimmung, inwiefern die betreffende Angelegenheit als eine rein persönliche, oder als Sache des Hauses resp. einer Linie desselben zu gelten habe.

1) Im Fall eines Religionswechsels.

Im Zweifel hängt es vom Ermessen des regierenden Fürsten ab, zu verfügen, daß der Religionswechsel ein rein persönlicher sei. Geschieht dies — ausdrücklich oder stillschweigend — so behält die Reichstagsstimme ihre frühere, nunmehr von dem Bekenntnisse des Landesherrn abweichende Religionsbeschaffenheit. Erklärt dagegen der regierende Fürst seinen Uebertritt für eine Sache seines Hauses resp. der einzelnen Linie[496]), so ist er durch den Widerspruch von Agnaten in der Regel nicht verhindert, die Stimme seines Hauses resp. der Linie der andern Religions-Partei

496) Christian August von Pfalz-Sulzbach trat 1655 zur römischen Kirche über; seinen 1659 gebornen Sohn ließ er in derselben Kirche erziehen; die ganze Linie Sulzbach war fortan röm.-kath. Vgl. Pütter, histor. Entw., Th. II, S. 338. — Dieses Beispiels geschieht hier Erwähnung (wie noch einiger andrer in den folg. Anm.) deßhalb, weil im nächsten §. das Herkommen nur in Betreff der fürstlichen Virilstimmen zu erörtern ist, folglich diese Vorgänge darin keine Stelle finden. Pfalz-Sulzbach nämlich hatte nicht Reichsstandschaft; sogar die Landeshoheit, mit welcher jene nicht nothwendig verbunden, welche jedoch ihrerseits die Voraussetzung derselben ist, war bestritten, bis der Vergleich mit Pfalz-Neuburg v. 15 Jan. 1656 sie einräumte.

zuzuführen. Einer solchen Auffassung seines Uebertritts können aber Hausgesetze, Familienverträge [496a]), Landesverträge, Reversalien, welche den Landständen ausgestellt worden, Verträge mit dem Vorgänger, oder endlich Verträge mit dem Corpus Evangelicorum entgegenstehen. — Umgekehrt kann thatsächlich eine ganze Linie das Bekenntniß verändern und ihr Haupt dessenungeachtet aus freier Bewegung die Stimme am Reichstage dem andern Bekenntnisse überlassen, indem er den Bekenntnißwechsel der Linie im Vergleich zu dem Gesammthause als einen persönlichen angesehen wissen will und das Bekenntniß des Hauses als das bestimmende anerkennt. Diese Auffassung kann auch Verträgen zu Grunde liegen, welche den Fall vorsehen, daß ein vorläufig rein persönlicher Uebertritt die Religionsänderung eines ganzen Zweiges des Gesammthauses zur Folge habe.

2) Im Fall der Nachfolge einer Linie oder eines neuen Hauses von abweichendem Bekenntniß.

Im Zweifel hängt es von dem Ermessen des andersgläubigen Nachfolgers ab, wie die Reichstagsstimme, nämlich ob sie nach wie vor als die Stimme jenes verblichnen Hauses [497]), oder fortan als die des regierenden betrachtet werden, und ferner ob das Bekenntniß der Linie für sich oder ob das des Gesammthauses den Ausschlag geben soll. Aber auch hier kann durch Verträge [498]) und andre

[496a]) So schlossen die Gebrüder Grafen von Löwenstein am 10. Oktbr. 1611 einen Vertrag zur Aufrechthaltung der Augsburgischen Konfession, Eberstein, a. O., §. 29, S. 58.

[497]) So hatte Wirttemberg die Herrschaft Justingen überkommen, u. betrachtete den Antheil, welcher dem ausgestorbnen Hause an der Kurie und Kuriatstimme der schwäbischen Reichsgrafen zustand, auch insofern als fortwährend, daß es die Stimme Justingen im schwäbischen Kreis und schwäbischen Grafenverein als eine römisch-katholische führen ließ. Vgl. Jaup, a. O., §. 2, S. 7. Umgekehrt wurde die Stimme der evangelischen Grafen v. Eberstein als evangelische fortgeführt auch von den badischen Nachfolgern römischen Bekenntnisses.

[498]) Nach dem Tode des Grafen Ludwig Gottfried zu Hohenlohe-

ausdrückliche Festsetzungen das Ermessen eingeschränkt sein. — —

Einen leisen Anklang an die hier versuchte Formulirung enthält das Votum von Nassau in der Sitzung des Fürsten-Raths vom 14. November 1803, welches die Entscheidungs-Norm zwar im Bekenntnisse des Landesherrn suchte, doch als vorzügliches Beispiel diejenigen Fälle bezeichnete, „wenn eine andre Linie eines fürstlichen Hauses zur Regierung gekommen[499]).“

Deutlicher bezeugt ein fürstliches Votum aus früherer Zeit[499a]) das Rechtsbewußtsein, dessen wissenschaftliche Fassung im Obigen angestrebt wurde. In der Sitzung des Fürsten-Raths vom 17. August 1653 hielt Braunschweig-Wolfenbüttel dafür, daß es noch ungewiß wäre, ob die Stimme von Jülich „bey vorgehendem Vergleich oder

---

Pfedelbach und Langenburg sollten seine Länder an die römisch-katholischen Linien Schillingsfürst und Bartenstein übergehen. Daher schloß Graf Ludwig am 10. Novbr. 1710 zu Oehringen einen Erbvergleich mit jenen, wonach dieselben auf bloßes Rel.-Privat-Exercitium eingeschränkt und das evangelische Bekenntniß seine Geltung behaupten sollte. Das Corpus Evangelicorum übernahm 9. Juni 1723 dafür die Garantie. Schauroth, Sammlung der Conclus. Corp. Ev. Th. I, S. 789; vgl. Eberstein a. O., §. 32, S. 74. — Ein ferneres Beispiel bietet ein Vorgang im Hause Nassau; Eberstein, a. O., §. 29, S. 59. Die fürstlich Nassau-Saarbrück'sche Linie hatte d. d. Saarbrück 25. März 1779 eine Religions-Assekuranz-Akte für künftige Fälle der Religions-Aenderung errichtet, welche durch das Corpus Evangelicorum am 3. Septbr. 1779 garantirt und vermöge deren die evangelische Religionseigenschaft dieser Linie gesichert war. Damit aber diese Sicherung vollständig würde, bedurfte es des Beitritts der erbberechtigten Nebenlinien Weilburg und Usingen, welche sonst im Sukzessionsfall die ganze Akte hätten umstoßen können. Dieser Beitritt erfolgte d. d. Maestricht 7 Juni und Biberach 17. Juni j. J. Jetzt erst war die ganze Linie Saarbrücken dem Augsburgischen Bekenntniß, wenn man so sagen darf, angetraut.

499) Com.-Corr. 1803 Nro. 73, Regensb. 21. Nov. Beil. B. S. 22.

499a) Meiern, Regensb. Reichstagshandlungen d. J. 1653 u. 1654, Buch III, §. 8, Nro. I, S. 413.

Decision dieser oder jener Religion zufallen würde." Der damals schwebende Erbfolgestreit ließ es aber ungewiß, ob das römisch-katholische Haus Neuburg oder das protestantische Haus Brandenburg in Zukunft jene Stimme führen sollte und bisher war dieselbe dem römisch-katholischen Religionstheil beigezählt gewesen. Folglich ging Braunschweig bei diesem Votum davon aus, daß die Religionseigenschaft der Stimme Jülich sich nach dem Bekenntniß des regierenden Hauses zu richten hätte. Demgemäß hieß es darin weiter ausdrücklich, jene Stimme müßte zu den römisch-katholischen gehören, „wenn das Jülichische votum auf ein Catholisches Haus fallen würde" — oder „vice versa."

In der juristischen Literatur ist, meines Wissens, diese Ansicht einmal, doch nur als Axiom aufgestellt[500]), und ohne die entsprechende Würdigung des Charakters der Reichsstandschaft.

Der Versuch neuer Formulirung hat aber, ehe der gewonnene Grundsatz irgend welche Geltung beanspruchen darf, die Feuerprobe zu bestehen, inwiefern ihm das Herkommen der Jahrhunderte in unsrem Reich entspricht oder widerstreitet.

§. 32.

Historische Prüfung des Grundsatzes, daß für die Religionseigenschaft der fürstlichen Virilstimmen das Bekenntniß des reichsständischen Hauses maßgebend sei.

1) Wolfgang Wilhelm von Pfalz-Neuburg bekannte sich seit 1614[501]) zur römischen Kirche. Seinen Uebertritt

500) Theod Schmalz, Handb. des Teutsch. St.-R. (Halle 1805) §. 213, S. 172. Die durchweg compendiarische Fassung dieses Buchs gestattete keine Begründung. Aber auch der obige Versuch konnte nur eine Skizze bieten.

501) Pütter, Histor. Entw. Th. II, S. 336. — Meister a. O.,

betrachtete er nicht als einen persönlichen; dies zeigt sich darin, daß er seinen 1615 gebornen Sohn Philipp Wilhelm sogleich in demselben Bekenntniß erziehen ließ[502]). Die Stimme Pfalz-Neuburg im Fürsten-Rathe galt alsbald für römisch-katholisch: die Linie Neuburg gehörte seit 1614 zu dem römischen Religionstheil[503]).

2) Julius Heinrich Herzog von Sachsen-Lauenburg, bereits römisch geworden, folgte seinem protestantischen Bruder August 1656 in der Regierung; auch sein Sohn Julius Franz trat über. Die ganze Linie galt als römisch-katholisch und die Reichstagsstimme Lauenburg trennte sich von dem Latus Evangelicorum, bis mit dem Tode jenes Julius Franz das Haus ganz ausstarb und Land und Reichsstandschaft an ein protestantisches Haus, Braunschweig-Lüneburg fielen[504]). Da wurde jene Stimme wiederum protestantisch.

3) Im Jahre 1651 ging Herzog Johann Friedrich von Braunschweig-Lüneburg zum römischen Bekenntniß über. Er erhielt im Vertrage vom 2. Sept. 1665 die Fürstenthümer Calenberg, Grubenhagen und Göttingen[505]). Zwar stellte er den Landständen in Betreff der Religionsübung Reversalien aus, doch ohne Bezug auf die Reichstagsstimme. Die Stimmen Calenberg und Grubenhagen schieden aus dem Corpus Evangelicorum[506]); das Haus Braun-

---

§. 13, S. 50 u. Jaup a. O., §. 7, S. 20 nennen das Jahr 1613: dies ist das Jahr seiner Vermählung mit einer römisch-katholischen Fürstin; dagegen im J. 1614 kam er zur Regierung.

502) Pütter, a. O.

503) Auf dem Reichstage von 1653 u. 1654, als das Verzeichniß der Stände beider Bekenntnisse angefertigt wurde, welche nacheinander zur Visitation des Kammer-Gerichts deputirt werden sollten, wurde Pfalz-Neuburg unter die Römisch-katholischen gesetzt; Pütter a. O. S. 347.

504) Jaup a. O., §. 11, S. 26.

505) Pütter, Teutsche Reichshistorie, Th. II, §. 278, S. 809.

506) Meister, a. O., §. 13, S. 51. Jaup a. O., §. 8, S. 27.

schweig-Lüneburg blieb evangelisch; aber jener Uebertritt galt nicht als ein reinpersönlicher, sondern die Linien Calenberg und Grubenhagen hätten, wenn Johann Friedrich nicht ohne männliche Nachkommen gestorben wäre, seiner Entscheidung gemäß als römisch-katholische gegolten.

4) Christian Ludwig von Mecklenburg-Schwerin ging 1663 zur römischen Kirche über und gab diesem Religionswechsel alsbald eine weitere, als bloß persönliche Bedeutung. Er trennte sich vom Corpus Evangelicorum. Seinetwegen wurde das Deputations-Schema von 1654, worin Mecklenburg-Schwerin unter den Evangelischen stand, abgeändert. Mecklenburg wurde nun in die erste Klasse der Römischen gestellt und an die frühere Stelle gesetzt: „ein evangelischer Stand.“ Doch jene Deputation trat nie zusammen und bald nahm Mecklenburg-Schwerin, da das Fürstenhaus in seinen übrigen Gliedern bei der gereinigten Lehre verblieb, die alte Stelle auf Seite der Protestanten wieder ein.

5) Die Simmern'sche Linie des Pfälzer Hauses besaß die Kurpfalz und die Fürstenthümer Simmern und Lautern. Sie war evangelisch und sowohl die Kurstimme, als die beiden Stimmen im Fürsten-Rath gehörten zum Corpus Evangelicorum. 1685 starb sie aus und die seit 1614 römisch-katholische Linie Neuburg kam zur Herrschaft [508]. Sofort wurden die Stimmen der Kurpfalz und von Simmern und Lautern ohne Widerrede, ja unter Anerkennung der Evangelischen [509], römisch-katholisch [510].

---

507) Meister, a. O. S. 52 u. 53. Jaup a. O., S. 26.

508) Der hallesche Vertrag war noch nicht unterzeichnet. Eberstein a. O. §. 32, S. 73.

509) Dies zeigte sich, als das Corpus Evangelicorum das Verlangen nach einem neuen evangelischen Condirectorium im oberrheinischen Kreise (statt Kurpfalz) unterstützte: ihm galt demgemäß Kurpfalz nicht mehr für protestantisch. Vgl. Jaup a. O., §. 11, S. 28

510) Pütter, histor. Entw. Th. II, S. 347. Meister, a. O., §. 12, S. 41. Eberstein, a. O., S. 74. Jaup a. O., S. 27 f.

6) Herzog Gustav Samuel von Zweibrücken [511]) war als nachgeborner Prinz 1696 zur römischen Konfession übergetreten; das war also gewiß eine reinpersönliche Sache. Als er 1718 zur Regierung kam, stellte er zu Gunsten der Religions-Uebung Reversalien aus. Der Reichstagsstimme geschah nicht Erwähnung. Aber sie blieb evangelisch und zwar nicht auf Grund der Reversalien, sondern weil der Herzog die Annahme des römischen Bekenntnisses von seiner Seite als etwas Persönliches und nicht als Sache seines Hauses ansah. Im J. 1721 wurden Zweifel in ihm rege und er enthielt sich der Ausübung seines reichsständischen Rechts bis 1728. Dann aber entschied er sich, dem persönlichen Bekenntnisse die weitere Bedeutung zu vindiziren, und seine Stimme am Reichstag wurde den römischen beigezählt.

7) Der Vorgang mit Kursachsen ist einer der wichtigsten [512]). Der Kurfürst Friedrich August, welcher am 28. Mai 1697 das Bekenntniß seiner Väter aufgab, ertheilte seinen Landen, wie der Nachfolger von Moritz wol anders kaum vermochte, am $\frac{\text{27. Juli}}{\text{6. August}}$ j. J. eine Religionsversicherung [513]). Hierin ward erklärt, diese Religionsänderung sei eine reinpersönliche Sache; der Kurprinz bleibe evangelisch; und der Herzog zu Sachsen-Weißenfels [514]) werde mit einem evangelischen Geheimen-Rathskolleg für alle Religions- und Kirchensachen Sorge tragen. Daß der Kurprinz später [515]) dennoch ebenfalls

---

511) Meister a. O., S. 51, Pütter a. O, S. 339. Jaup a. O. §. 12, S. 34.

512) Daß hier durch ausdrückliche Festsetzung die Verhältnisse geordnet worden, schmälert nicht, sondern erhöht die Wichtigkeit. Denn jene Religionsversicherung von 1697 dient selbst als Zeugniß für die Geltung des im Obigen vertheidigten Grundsatzes.

513) Pütter, a. O., Th. II, S. 353 f.

514) Uebereinkunft v. 1. u. 5. Febr.; Pütter, a. O., S. 354.

515) Insgeheim 1712, öffentlich 1717.

übertrat, ändert an dem Sinne jener Erklärung nichts. Es ist eben dieser, daß das Haus Sachsen bei der augsburgischen Konfession verbleibe. Denn der Herzog von Weißenfels, welcher evangelisch blieb, gehörte einer Linie desselben Hauses, einer Nebenlinie der Albertinischen Linie an [516]): die Berufung auf ihn bedeutet also, daß nicht einmal die Kurlinie fortan als römisch-katholische gelten solle. Nachdem nun auch diese protestantischen Nebenlinien weggefallen sind, hat vermöge jener Religionsversicherung sich der Charakter nicht verloren, welcher dem Uebertritt der sächsischen Fürsten ursprünglich beigelegt worden [517]). Er galt, obschon die ganze Familie später zur römischen Kirche gehörte, als ein rein persönlicher. Die Kurlinie selbst war eine evangelische geblieben, wie denn auch das Direktorium des Corpus Evangelicorum ihr nicht genommen wurde. Sie und vollends das Gesammthaus Sachsen standen immerfort an der Spitze der Bekenner des evangelischen Glaubens. Dies ist der Grund und wahre Sinn der fortwährend evangelischen Eigenschaft der Reichsstandschaft des Kurhauses Sachsen.

8) Anton Ulrich Herzog von Braunschweig-Wolfenbüttel [518]) wurde 1710 römisch-katholisch. Aber nur für seine Person. Die Söhne blieben evangelisch. Die Linie Wolfenbüttel wie das Gesammthaus Braunschweig wurden von diesem Uebertritte nicht berührt und so veränderte sich

---

516) Kurfürst Johann Georg I. († am 8. Okt. 1656) hatte 1652 ein Testament u. 1653 noch ein Kodizill nach römisch-rechtlichen Grundsätzen auf den Rath seines Geheimsekretärs Burchard Berlich errichtet und darin Weißenfels, Merseburg und Naumburg (Zeitz) von der Kur getrennt u. jüngern Söhnen zugetheilt. Pütter, Reichshistorie, Th. I, §. 257, S. 776.

517) Meister a. O., §. 14, S. 53 f.; Pütter, hist. Entw. Th. II, S. 339 u. 353 f.; Eberstein a. O., §. 31, S. 63 f.; Jaup a. O., §. 11, S. 29.

518) Jaup a. O., §. 12, S. 30 u. 31; auch Anm. b das.

auch nicht die Religions-Eigenschaft der Wolfenbüttler Stimme im Fürsten-Rath.

9) Der 1712 erfolgte Religionswechsel Karl Alexander's von Wirttemberg, welcher am Reformationsfeste des Jahrs 1733 zur Regierung kam, hatte denselben Charakter, wie der Vorgang im Hause Sachsen[519]). Hier wurde durch Reversalien auch die Reichstagsstimme den Evangelischen gesichert. Der Gedanke war, wie bei Kursachsen, daß ein Uebertritt des regierenden Hauses zur römischen Kirche nicht erfolgt war.

10) Als die römisch-katholische Linie Nassau-Siegen 1743 ausstarb und Oranien sukzedirte[520]), so ging die von Oranien miterlangte Stimme von Hadamar, weil nunmehr ein protestantisches Haus sie führte, zum Latus Evangelicorum über, während sie bis dahin als die Stimme eines römisch-katholischen Hauses zu den Römischen gezählt hatte.

11) Mit der Bekenntniß-Aenderung des Erbprinzen Friedrich von Hessen[521]) hat es ähnliche Bewandtniß wie bei Sachsen und Wirttemberg. Sie galt als reinpersönlich. Die Assekurations-Akte des Prinzen[522]) bekräftigte nur, daß das hessische Fürstenhaus bei dem Glauben Philipp des Großmüthigen beharrte.

12) Als Herzog Christian IV. von Zweibrücken 1758 in den Schoß der römischen Kirche aufgenommen wurde,

---

519) Meister a. O., S. 56. Pütter a. O., S. 340. Jaup a O., S. 32; Garantie des Corp. Evang. v. 12. Juni 1734; Landtags-Abschied dd. Stuttgart 18. April 1739; Kaiserl. Bestätigung durch Karl VII. und Joseph II.

520) Meister a. O., §. 12, S. 50. Jaup a. O., S. 31.

521) Seit 1749 insgeheim, seit 1754 öffentlich.

522) Jaup, a. O., S. 33. Ausdrücklich wurde darin auf Kursachsen und Wirttemberg Bezug genommen. Vgl. den Landtags-Abschied, dd. Kassel 11. Januar 1755 und die Garantie des Corp. Evang. — Jaup a. O., S. 34.

nachdem schon 1746 ein andrer Prinz seines Hauses, der Vater des spätern Herzogs, vorgegangen war, entbrannte der heftige Streit über die Religions-Eigenschaft der Stimme Zweibrücken. Denn, namentlich solange der Herzog keine Entscheidung traf, erschien es als zweifelhaft, ob die Linie Zweibrücken vom augsburgischen Bekenntniß abgewichen sei, oder nur einzelne Mitglieder derselben. Bis 1769 war ein Prinz des Hauses noch evangelisch: Wilhelm von Birkenfeld wechselte damals erst seinen Glauben [523]). Jetzt endlich, 1771, entschloß der Herzog sich, die Stimme, welche bis dahin geruht hatte, als römische auszuüben, womit entschieden war, daß die Linie Zweibrücken als solche römisch-katholisch geworden [524]). Und so erscheint Zweibrücken in einem Konferenz-Protokoll der Römisch-katholischen vom 5. August 1775.

13) Nach dem Aussterben der römisch-katholischen Linie Baden-Baden im J. 1771 fiel das Land an die evangelische Linie Durlach [525]). Die Stimme von Baden-Baden im Fürsten-Rath, die bis dahin römisch-katholisch gewesen, war fortan evangelisch.

§. 33.

Der Reichsschluß vom 6. September 1708 als Bestätigung.

Das Reichs-Gutachten vom 30. Juni 1708 [526]), welches am 6. Sept. j. J. vom Kaiser genehmigt wurde [527]),

523) Pütter, Hist. Entw., Th. II, S. 341.

524) Meister a. O., §. 14, S. 58. Jaup a. O. S. 34.

525) Jaup a. O., S. 35, Anm. o; der im J. 1765 mit dem präsumtiven Nachfolger eingegangne Vertrag des letzten Markgrafen v. Baden-Baden, August Georg, erwähnte der Religionseigenschaft der Stimme nicht.

526) J. J. Moser, Teutsches Staats-Recht, Th. XXXIII, Buch 3, Kap. 160, §. 40, S. 195 f.

527) Moser, a. O., §. 43, S. 197 f. Pfeffinger, Vitr. ill, Th. I, S. 1030. Schauroth, Sammlung der conclus. Corp. Evang. Th. III, S. 953.

setzte fest, daß im Kurfürsten-Rathe Mainz eine zweite Stimme, ein votum supernumerarium [528]) zu führen hätte, falls zu einer Zeit, da die protestantische Kur Braunschweig-Lüneburg noch bestünde, die Kurpfalz an eine evangelische Linie käme. Vorausgesetzt hat dieser Reichsschluß also, daß die Stimme der Kurpfalz, sobald das regierende Haus evangelisch wäre, aufhören würde, römisch-katholisch zu sein. Darin liegt aber, wenn auch unausgesprochen, die volle Bestätigung des Rechtssatzes über die Religionsbeschaffenheit der Virilstimmen, welchen zu formuliren hier der Versuch gemacht ist.

I. Die Religion des Landes gilt nicht als maßgebend: denn sonst bliebe die Stimme der Kurpfalz römisch-katholisch und der Reichsschluß wäre überflüssig — oder vielmehr sie würde 1685 nicht römisch geworden, sondern dem Latus Evangelicorum erhalten sein.

II. Das persönliche Bekenntniß des Landesherrn gilt ebensowenig als normativ. Denn sonst würde der Reichsschluß, dem es darauf ankam, für jeden möglichen Fall, daß die Stimme der Pfalz im Kurfürsten-Rathe zu den Evangelischen überginge, Vorsorge zu treffen, nicht ausschließlich den Fall des Uebergangs an eine evangelische Linie des Kurhauses ins Auge gefaßt haben.

III. Das Bekenntniß des regierenden Hauses gibt allein den Ausschlag. Und zwar ist der Reichsschluß nicht darauf einzuschränken, daß eine neue Linie der damals regierenden Neuburg'schen nachfolgte, sondern erstreckt sich ebensowohl auf den Fall einer Religionsänderung des Hauses Neuburg: ein Fall, welchen ausdrücklich zu statuiren Gründe der Schicklichkeit, sittliche Beweggründe, welche das Wesen des Rechts nahe berühren und durchdringen, allerdings verwehrten. Ausgesprochner Maßen ist von Kaiser und Reich verordnet: das votum supernumerarium der

---

528) Vgl. ob. §. 14, S. 87.

Römisch-katholischen soll in Kraft treten, sobald die Kurpfalz an eine evangelische Linie kommt. Dies würde sich erfüllt haben können 1) durch die Nachfolge der Linie Zweibrücken, falls diese das augsburgische Bekenntniß beibehalten hätte, 2) durch einen Konfessionswechsel der regierenden Linie Neuburg. Diese beiden Fälle sind es daher, in welchen die Stimme der Kurpfalz evangelisch geworden wäre.

So bekräftigt der Reichsschluß vom 6. Sept. 1708 den Rechtssatz, daß die Religions-Eigenschaft der Reichstagsstimme eines fürstlichen Hauses sich nach dem religiösen Bekenntniß dieses Hauses richtet.

Die Schlußfolgerung.

§. 34.

Die ehemals geistlichen Lande, welche durch den J. R.-Schl. an weltliche Fürsten zu deren Schadloshaltung vertheilt wurden, kommen bei der Untersuchung über die nunmehrige Religions-Eigenschaft der auf ihnen haftenden Stimmen des Fürsten-Raths nach zwei Seiten in Betracht:

I. als säkularisirte Stifter,

II. als Entschädigungslande weltlicher Fürstenhäuser.

I. Die Reichsstandschaft der geistlichen Fürsten beruhte [529]) auf der Stiftung, dem geistlichen Stift. Die Religions-Eigenschaft der Reichstagsstimme war unveränderlich, wie die der Stifter in Gemäßheit des westfälischen Friedens. Die Säkularisation [530]) vernichtete die Stiftung und somit die Substanz der Reichsstandschaft. Die Länder,

529) Vgl. ob. §. 29.

530) S. Anm. 455.

auf welchen dieselbe haftete, hatten, nachdem sie säkularisirt worden, in sich selbst keine Norm der Entscheidung, wonach die Religions-Eigenschaft der Stimmen, wonach überhaupt irgend welche reichsständische Berechtigung zu beurtheilen gewesen wäre.

II. Entschädigt wurden durch den J. R.-Schl. nicht etwa deutsche Staaten, sondern (abgesehen von den drei geistlichen Reichsständen) deutsche Fürstenhäuser. Denn, wenn z. B. das ganze Gebiet von Aremberg [531]) im Lüneviller Frieden von Deutschland losgerissen worden und nun hier der Ersatz in Rede steht, so war das zu entschädigende Aremberg eben kein andres, als das herzogliche Haus. Die Ersatz-Qualität allein würde zur Folge haben, daß die neu erworbnen Stimmen am Reichstag das Bekenntniß der Häuser anzunehmen hätten, welche zu entschädigen jene Lande bestimmt waren.

Einerseits ist daher der Grund, weßhalb die bisherige Religions-Eigenschaft der auf jenen Landen radizirten Stimmen nothwendig beibehalten werden müßte, mit der Säkularisation beseitigt; anderseits scheint es die Natur des Entschädigungs-Geschäfts mit sich zu bringen, daß die Stimmen der Ersatzlande von den neuen Erwerbern die Religionseigenschaft empfangen. Ferner entbehrt die ehemals geistliche Reichsstandschaft jeder eignen Maßgabe zu einer neuen Bestimmung der Religionseigenschaft: dagegen ist das religiöse Bekenntniß des Fürstenhauses maßgebend für die Religionseigenschaft der Stimmen solcher Länder, welche das Haus erwirbt. Verträge oder andre Festsetzungen stehen nicht im Wege. Folglich entscheidet sich die Religionsbeschaffenheit der Stimme der ehemals geistlichen Fürstenthümer, welche durch den J. R.-Schl. an

---

531) Hoff, das deutsche Reich, Th. I, (1801) S. 187 u. 179. Den Ersatz bestimmte der J. R. Schl. v. 27. April 1803, §. 3.

weltliche Fürstenhäuser zu deren Entschädigung vertheilt sind, nach der Religion der nunmehr daselbst regierenden Häuser.

Als äußerliches Ergebniß stellt sich heraus:

1) Die Stimmen der neun römisch-katholischen Stifter, welche an Erbfürsten augsburgischer Konfession mit den Landen, auf denen sie ruhen, übertragen worden[532], haben mit der Säkularisation aufgehört, römisch-katholische Stimmen zu sein, und sind gemäß dem Bekenntniß der regierenden Häuser, welchen sie zum Ersatze dienten, evangelisch geworden.

2) Die Stimme des Bisthums Osnabrück, welches dem evangelischen Hause Braunschweig-Lüneburg zugetheilt worden, hatte mit der Säkularisation aufgehört, dem Turnus zu unterliegen, welcher mit dem durch den westf. Fr. der geistlichen Stiftung ertheilten Charakter zusammenhing, und gehörte fortan, wie das regierende Haus, zum Corpus Evangelicorum. — Als daher das Direktorium des Fürsten-Raths in der Sitzung vom 18. Novbr. 1803 die Stimme von Osnabrück als evangelisch zwar anerkannte, doch nur auf Grund des obwaltenden turnus evangelicus[533], so befand dasselbe sich im Irrthum über Thatsachen und Recht. Wäre nämlich von einem Turnus noch überhaupt die Rede gewesen, so müßte damals der römisch-katholische eingetreten sein: denn der bisherige evangelische Bischof, der Herzog von York, hatte die Regierung in Folge des J. R.-Schl. niedergelegt. Bereits hatte Georg III. als weltlicher Fürst von Osna-

---

532) Hildesheim, Paderborn, Münster an das Haus Brandenburg (J. R. Schl. §. 3); die Reste von Speier und Straßburg (beide unter veränderter Bezeichnung, worüber w. u. m.), sowie Konstanz an das Kurhaus Baden (J. R. Schl. §. 5); Fulda und Corvey an das Haus Nassau-Oranien (J. R. Schl. §. 12); Ellwangen an das Kurhaus Wirttemberg (J. R. Schl. §. 6).

533) Vgl. ob. Anm. 408. — Comit.-Corr. 1803, Nro. 74. Regensburg 28. Novbr. Beil. B, S. 27.

brück Besitz ergriffen. Der Gesandte, mit welchem das Direktorium damals stritt, war von keinem Bischof bevollmächtigt, sondern hatte sich beim Reichs-Direktorium als Repräsentant Georg III. legitimirt. Und als solcher führte er die nunmehr reinprotestantische Stimme von Osnabrück.

3) Die Stimme des Bisthums Lübeck veränderte ihre Religionsbeschaffenheit zwar äußerlich nicht. Dennoch, genauer betrachtet, zeigt sich darin kein geringerer Umschwung. Als Stimme des evangelischen Hochstifts war sie der Möglichkeit, zu den römisch-katholischen gezählt zu werden, enthoben. Mit der Säkularisation hörte dieses Verhältniß ebenso völlig auf, wie bei den römisch-katholischen Hochstiftern jenes von entgegengesetzter Wirkung. Daß die Stimme Lübeck evangelisch blieb, ist dem Umstande zu verdanken, daß das Haus Oldenburg, welchem das Bisthum nunmehr als weltliches Fürstenthum angehörte, ein evangelisches war. Sie würde, wenn ein römisch-katholisches Haus den Erwerb Lübeck's gemacht hätte, nicht, wie bisher nothwendigerweise evangelisch geblieben, vielmehr römisch-katholisch geworden sein [534]).

So hatten die deutschen Fürsten augsburgischen Bekenntnisses im J. 1803 das volle Recht, die Stimmen der ihnen zum Ersatz übertragnen ehemals geistlichen Länder als *evangelische* Stimmen im Fürsten-Rathe zu führen.

534) Genau dieselbe Bewandtniß, wie mit der Stimme von Lübeck hat es mit den Stimmen römisch-katholischer Hochstifter, welche der J. R. Schl. an Fürstenhäuser römisch-katholischen Bekenntnisses übertragen hatte. Scheinbar veränderte keine den Religionscharakter und dennoch ging mit demselben eine tiefgehende Umwandlung vor. Römisch-katholisch in ihrer Eigenschaft als Stimme des Hochstifts, war sie es mit Nothwendigkeit. Diese Nothwendigkeit aber hatte nun aufgehört. Wäre Trient, statt an das Haus Oesterreich, an ein protestantisches Fürstenhaus übergegangen, so würde die Stimme Trient protestantisch geworden sein. Daß diese Stimmen römisch-katholisch blieben, hatte keinen andern Grund, als daß die Fürsten-Häuser, denen sie zufolge des J. R. Schl. gebührten, sich zur römischen Kirche bekannten.

Wenn aber der Kaiser damals aus der Rechtsunsicherheit in Betreff der Religionseigenschaft jener Stimmen gegen die Rechtmäßigkeit der Stimmführung im Fürsten-Rath folgerte, so darf die letztere wenigstens in dieser Beziehung nicht mehr beanstandet werden. Denn in Betreff jener Stimmen ist Rechtssicherheit hergestellt. Mit Gewißheit läßt sich behaupten, daß die Fürsten-Rath-Stimmen Hildesheim, Paderborn, Münster, Konstanz, Bruchsal (statt Speier), Ettenheim (statt Straßburg), Fulda, Corvey und Ellwangen, welche bis zum J. R.-Schl. römisch-katholische Stimmen gewesen, daß die Fürsten-Rath-Stimme Osnabrück, welche von beiden Bekenntnissen abwechselnd geführt worden, daß die Stimme des frühern Bisthums Lübeck in ihrer Eigenschaft als Stimme eines protestantischen Hauses — nunmehr dem Latus Evangelicorum angehörten.

Fünfte Streitfrage.

Ueber die Vollgültigkeit der von Erbfürsten in Folge des Lüneviller Friedens erworbnen, auf säkularisirten Stiftern haftenden Reichsstandschaft.

Uebersicht.

§. 35.

Die Reichsgesetze geben Auskunft über die nothwendigen Erfordernisse zur gültigen Führung einer Virilstimme im Fürsten-Rath [535]). Welches dieser Erfordernisse fehlte den Stimmen der geistlichen Stifter, deren Säkularisation der Lüneviller Friede verhängt, deren Uebergang an Erbfürsten der J. R.-Schl. vom 27. April 1803 geregelt hatte? Das Verfahren der Fürstenhäuser, welche, sobald Kaiser und Reich über den Hauptschluß der Deputation Entscheidung getroffen, sich in den Besitz der auf jenen Stiftern haftenden Reichsstandschaft setzten, ihre Gesandten zur Führung auch dieser neu erworbnen Stimmen bevollmächtigten und im Fürsten-Rath seit dem 14. Novbr. [536]) von solchen Rechten ohne Weiteres Gebrauch machten, erklärte die österreichische Direktorial-Gesandtschaft für unrechtmäßig.

---

535) J. R. A. §. 197. Kais. Wahl.-Kapit. Art. I, §. 5, Art. XXII, §§. 1, 2. Vgl. Pütter, Inst. jur. publ. (1802) §. 240, S. 251 f. Gönner, Teutsch. St.-R. (1804) §. 136, S. 177 f. Leist Lehrbuch des T. St.-R. (1805) §. 72, S. 222 f.

536) S. ob. Einleitung, §. 1.

Der Kaiser that der Ausübung jener reichsständischen Befugnisse zwar keinen Einhalt; in seinem Namen ward erklärt er wollte sie „geschehen lassen". Er erkannte jedoch die Vollberechtigung zum Gebrauch jener Stimmen nicht an und knüpfte dieselbe an die vorherige Erfüllung gewisser Bedingungen. Welcher Bedingungen?

An der realen Grundlage gebrach es nicht. Die betreffenden Stiftslande waren Immediatfürstenthümer, worauf seit Jahrhunderten Stimmrechte radizirt gewesen.

Der Matrikular-Anschlag zu den Kosten des Kammergerichts und andern Lasten des Reichs bedurfte nicht erst einer Berichtigung, da der J. R.-Schl. vom 27. April 1803 in den §§. 86, 87, und 88 das Nähere darüber festgesetzt hatte [537].

Die Angehörigkeit an einen gewissen Kreis im Reiche war nicht minder unzweifelhaft, indem laut Bestimmung des J. R.-Schl. §. 82 f. [538]) die Entschädigungslande den bisherigen Kreisverband beibehalten, und gemäß dem J. R.-Schl. §§. 85 und 88 die Trümmer des kur- und oberrheinischen Kreises unter gemeinsamer Leitung des Kurerzkanzlers und Kurhessen's einstweilen einen neuen Verband bilden sollten.

Die neuen Erwerber der Reichsstandschaft waren ohnehin Reichsstände und Inhaber andrer Virilstimmen des Fürsten-Raths; keinem dieser Häuser mangelte die fürstliche Würde.

Die Einwilligung der Kurfürsten, Fürsten und Stände des Reichs war in dem Reichs-Gutachten vom 24. März 1803 ganz ausdrücklich und zwar nicht nur in Betreff dieser, sondern auch zur Aufnahme einer großen Zahl völlig neuer Stimmen, sowie zur Einführung einer neuen Aufrufordnung, eben zu einer durchgreifenden Neubildung des Fürsten-Raths ertheilt worden.

---

537) Bei Leist a. O., im Anhang, S. 74 u. 75.

538) Leist a O., Anhang S. 72.

Auch die Einwilligung der Bank[539]), um deren Stimmen es hier sich handelt, fehlte keineswegs. Die Stimmen der säkularisirten Stifter sollten nach dem Vorschlage der Reichsdeputation[540]) bis auf weitere Verfügung des Fürsten-Rathes der geistlichen Bank verbleiben. Die geistlichen Fürsten aber, deren Länder und Reichsstandschaft auf Erbfürsten übergehen sollten, hatten, bis der Deputationsschluß Gesetzeskraft erhielt, ihr volles reichsständisches Recht[541]). Sie konnten daher an der Abstimmung über den Deputationsschluß theilnehmen und gegen seine Bestimmungen Widerspruch erheben. Formell standen alle Mittel und Wege des Reichsrechts ihnen zu Gebot. Jedoch unterblieb jedweder Widerspruch. Die Gesandtschaften der zu säkularisirenden Hochstifter wurden bei der Abstimmung als „abwesend" aufgeführt[542]):

---

539) K. W.-K. Art. I, §. 5; s. ob.

540) Dep.-Schl. §. 32, Abschnitt III, Satz 4; bei Leist im Anhang S. 55. S. darüb. w. u.

541) Die Minister der sog vermittelnden Mächte hatten in ihrer Note vom 3. u. 4. Dezember 1802 verlangt, die Stimmen der zu säkularisirenden Stifter sollten suspendirt werden. Dieses Verlangen blieb ausnahmsweise unbeachtet, wie sich aus den Protokollen des Fürsten-Raths vom 7. Jan. bis 24. März 1803 herausstellt

542) So: Bamberg, Würzburg, Worms, Eichstädt, Speier, Straßburg, Konstanz, Hildesheim, Paderborn, Freisingen, Passau, Trient, Brixen, Basel, Münster, Chur, Fulda, Kempten, Berchtesgaden, Weißenburg, Stablo, Corvey, Schwäbische Prälaten. — In der Form abweichend, im Wesentlichen übereinstimmend verhielten sich diejenigen geistlichen Reichsstände, welche keine Gesandten am Reichstag hatten, indem der Vermerk im Protokoll, „vacat", in der Wirkung dem „abest" und keineswegs dem „cessat" gleichkommt; so: Bisanz, Augsburg, Ellwangen, Prüm. Ferner Lüttich und die Rheinischen Prälaten, welche „sich der Abstimmung enthielten"; endlich Mömpelgard, das keinen Auftrag hatte, „an dieser Stelle abzustimmen." Fürsten-Raths-Protokoll vom 7. Jan. 1803, vgl. Com.-Corr. 1803, Nro. 2. Regensburg 10. Januar, Beil. C. — Im Eingang derselben Sitzung machte das Direktorium des Fürsten-Raths die schuldige Anzeige erfolgter Legitimation der Bevollmächtigten von sechs Stiftern, über deren Säkularisation eben abzustimmen war (Brixen, Freisingen,

somit war ihre stillschweigende Zustimmung dem Reichsherkommen gemäß zu präsumiren. Die drei geistlichen Fürsten [543]) indessen, deren Erhaltung beantragt worden, stimmten ausdrücklich für den Deputationsschluß [544]), also für die Aufnahme jener Fürstenhäuser auf der geistlichen Bank.

Der Kaiserlichen Genehmigung erwähnt zwar als eines Erfordernisses der Wortlaut der Reichsgesetze nicht: aber aus dem einfachen Grunde, weil jene Bestimmungen nur den Zweck hatten, das sonst unbeschränkte Recht des Reichsoberhaupts einzuschränken, von gewissen Erfordernissen abhängig zu machen. Ueberdies hat in der Regel der Kaiser bei Ertheilung der Reichsstandschaft die Initiative. So erklärte mit vollem Recht in der Sitzung des Fürsten-Raths vom 14. Novbr. 1803 der Direktorial-Gesandte [545]), daß wider Willen oder auch nur ohne vorhergehende Bewilligung des Kaisers Niemand zu Sitz und Stimme im Fürsten-Rath gelassen werden dürfe.

Fehlte den weltlichen Fürsten etwa zur Führung jener

Speier, Weißenburg, Worms, Konstanz), sowie des für die schwäbischen Prälaten. Also waren jene Stimmrechte wirklich in Uebung und weder erloschen noch suspendirt. — An der Abstimmung über die eigne Säkularisation betheiligten sich Osnabrück und Lübeck.

543) Hoch- und Deutschmeister, Johannitermeister und Regensburg, als dessen „provisorischer Besitzer" damals der Kurerzkanzler im Fürsten-Rathe die Stimme führte.

544) Johannitermeister am 17. Jan. (Comit.-Corr. 1803 Nro. 5, Regensb. 20. Jan., Beil. A, S. 14) und am 11. März (Com.-Corr. 1803, Nro. 20, Reg. 14. März, Beil. B, S. 48); Regensburg und Hoch- und Deutschmeister am 14. März (Com.-Corr. 1803, Nro. 21, Regensb. 17. März, Beil. B, S. 58 und 59). —

545) Comit.-Corr. 1803, Nro. 73, Regensb. 21. Novbr., Beil. B, S. 8. — Eine ähnliche Erklärung hatte in der Sitzung des Fürsten-Raths vom 21/31. Dez. 1653 der österr. Direktorial-Gesandte Vollmar abgegeben. Vgl. darüb. Meiern, Regensp. Reichstagshandl., Buch V, §. 13, Nro. 5, S. 761, wo jedoch das Datum fehlerhaft angegeben ist.

Stimmen der säkularisirten Stifter die reichsoberhauptliche Genehmigung? War diese nicht in dem Kais. Kommissionsdekret vom 27. April ertheilt?

Dies leugnete, jenes behauptete das Direktorium des Fürsten-Raths [546]). Vorgegeben wurde von demselben, die gesammte Stimmen-Angelegenheit wäre von dem Kaiserl. Veto betroffen worden. Entgegnet ward anderseits, nur die neuen Stimmen hätte jenes Dekret zu weiterer Berathung ausgeschieden.

Es fragt sich daher zuvörderst nach dem Umfange des Veto vom 27. April 1803. Ergibt sich aus dieser Untersuchung, daß die gesammte Stimmensache der reichsoberhauptlichen Sanktion entbehrte, so hatten allerdings jene Fürsten eigenmächtig und ohne Recht die Stimmen der säkularisirten Stifter geführt.

Zeigt es sich dagegen, daß nur die neuen Stimmen damals gemeint gewesen, so wird ferner zu erörtern sein, ob die bezeichneten Stimmen des Fürsten-Raths nach Grundsätzen des Reichsrechts als neue zu betrachten und deßhalb dem Veto unterworfen waren oder nicht. Als neue Stimmen endlich würden sie nicht allein der Kaiserl. Zustimmung zur vollen Gültigkeit, sondern auch zu rechtmäßiger Ausübung noch einer besondern Introduktion bedurft haben. Wenn aber jene Stimmen erweislich als hergebrachte zu betrachten sind, so bleibt es auch zweifelhaft, ob die neuen Erwerber, ohne förmlich introduzirt zu sein, von dem ihnen dann allerdings zustehenden Rechte Gebrauch zu machen befugt waren. — —

Eine besondre Bewandtniß hat es mit den Stimmen Bruchsal und Ettenheim. Diese beiden und die Stimme

---

546) Comit.-Corresp. 1803, Nro. 74, Regensb. 28. Novbr. Beil. B. S. 26.

547) Comit.-Corresp. 1803 Nro. 73; vgl. Anm. 545.

548) Ebendas. S. 23. „Direktorium: der Aufruf Ettenheim und

von Konstanz sollten auf Kurbaden übergehen. Am 21. August 1803 hatte das Reichsdirektorium die Vollmacht des Grafen Görz, der auch die Stimmen der Häuser Brandenburg und Nassau-Oranien führte, „zu den neu überkommnen Badenschen Stimmen" legitimirt. Die Unbestimmtheit der Ausdrucksweise in dieser Legitimation ist um so auffallender, da bei allen übrigen ohne Ausnahme die neuerworbnen Stimmen einzeln aufgeführt, so z. B. bei Baiern „Bamberg, Würzburg, Augsburg, Freisingen, Passau, Kempten" ausdrücklich genannt sind. Das Reichsdirektorium scheint in diesem Falle Bedenken gehabt zu haben, welche bei keiner der Stimmen säkularisirter Stifter aufgestiegen waren. Indessen war die Legitimation des kurbadischen Gesandten für eine Vielheit von Stimmen, also nicht etwa für Konstanz allein vollzogen. Und so dankte, nachdem bereits die beiden andern Stimmen von dem Direktorium des Fürsten-Raths Widerspruch erfahren hatten, Konstanz für die Anzeige „der vollzognen Legitimation zu den Sr. Kurf. Durchl. nunmehr zugekommnen und zustehenden neuen Stimmen", somit nicht zu der einen allein.

Die Stimmen von Bruchsal und Ettenheim sind Stimmen säkularisirter Stifter. Insofern gilt von ihnen dasselbe wie von Konstanz und allen übrigen, worüber der erste Abschnitt der Untersuchung dieser letzten Streitfrage handeln soll. Die Schwierigkeit, welche eine besondre Erörterung der beiden Stimmen nöthig macht, liegt in zwei besondern Umständen, die bei denselben noch hinzukommen.

Die Namen Bruchsal und Ettenheim sind der Aufrufsordnung gänzlich unbekannt. Sie sollen aber nur neue Bezeichnungen für die alten Stimmen Speier und Straßburg, jene neubenannten sollen mit diesen althergebrachten

---

Bruchsal ist ganz neu, und den ältern Reichstagsakten ebensowenig als den staatsrechtlichen Abhandlungen bekannt, bedarf daher erwähntermaßen der reichsoberhauptlichen Bestätigung".

Stimmen identisch sein. Aber vollends sind von den Stiftslanden Speier und Straßburg auf das Kurhaus Baden nur „die Reste“ zum Ersatz übertragen und auf diesen Resten sollen nun die Stimmen Bruchsal und Ettenheim haften.— Es fragt sich also einmal, ob die Stimmen von Speier und Straßburg fortdauern, ruhend auf jenen Ueberresten der Territorien? ob es dieselben Stimmen sind, jene neuen und diese alten? Ferner bedarf es einer Auseinandersetzung, inwiefern der neue Aufruf einer althergebrachten, fortdauernd gültigen Stimme sich ohne weitere Förmlichkeit Eingang am Reichstage verschaffen darf?

Das Direktorium des Fürsten-Raths unterschied daher die Sache aller übrigen Stimmen säkularisirter Stifter und die jener beiden in der Art, daß es die Ausübung der letzteren nicht einmal, wie die der übrigen, „geschehen lassen“ wollte, sondern dem Kurbadischen Gesandten die Führung der Stimmen Bruchsal und Ettenheim geradeswegs verwehrte.

Waren diese beiden dennoch aktive, vollgültige Stimmen des Fürsten-Raths?

Abschnitt I.

Von der Rechtsbeständigkeit der Stimmen der in Folge des Lüneviller Friedens säkularisirten Stifter im Allgemeinen.

§. 36.

Umfang des Kaiserl. Veto vom 27. April 1803.

In der Sitzung des Fürsten-Raths vom 18. Novbr. 1803 gab der österreichische Direktorial-Gesandte zu erkennen, „daß die in dem Kaiserlichen Hof-Dekret von der reichsoberhauptlichen Ratifikation ausgeschiedne Stimmensache alle und jede Fürsten-Raths-Stimmen, sie seyen unter neuem Namensaufruf in Anregung gekommen oder an weltliche Fürsten übergegangen, in sich begreife [549]).“

Das Kaiserliche Hof-Dekret vom 30. Juni war der eigentliche Gegenstand der Verhandlungen: seiner gedachte die Verlaßnehmung vom 22. August [550]); beinahe sämmtliche Abstimmungen [551]) bezogen sich im Eingang auf dasselbe.

Sein Wortlaut widerspricht der obigen Auffassung nicht: „Zu Folge des am 27. April des laufenden Jahrs erlaßnen Kaiserl. allergnädigsten Kommissions-Ratifikations-Dekrets ward der Gegenstand der Stimmen im Reichs-Fürsten-Rath einsweilen von der reichsoberhauptlichen Genehmigung noch ausgeschieden und einer weitern Reichsberathschlagung . . vorbehalten.“

Die Absicht dieses Dekrets geht demnach unzweifelhaft dahin, den Gegenstand der Stimmen nach seinem ganzen Umfang als unentschieden, somit von der schließlichen Entscheidung des Kaisers abhängig erscheinen zu lassen. Es fragt sich, ob es bei Erlaß des Dekretes vom 30. Juni noch in der Macht des Reichsoberhaupts gestanden hat, der Stimmensache in jenem Umfang sich zu versichern.

Das Juni-Dekret bezieht sich ausdrücklich auf das Kommissions-Dekret vom 27. April zurück, worin erklärt

---

549) Comit.-Corresp. 1803 Nro. 74; vgl. Anm. 546.

550) Comit.-Corresp. 1803 Nro. 62 Regensb. 25. Aug. Beil. C. An erster Stelle enthält die Verlaßnehmung (d. h. Tagesordnung): „Das Kais. Hofdekret vom 8. Juli, den von der allerhöchsten Genehmigung des Deputations-Hauptschlusses noch ausgeschiednen Gegenstand der Stimmen in dem Reichsfürsten-Rath betreffend.“

551) Z. B. das Votum von Baiern am 14. Novbr.: „Ueber das in Vortrag gestellte Kais. allerhöchste Hofdekret vom 30. Juni ist diesseitige Gesandtschaft angewiesen, sich dahin zu äußern. .“ vgl. Com.-Corr. 1803, Nro. 73, Regensb. 21. Novbr., Beil. B, S. 3. Anders beginnen die Vota von Magdeburg und Wirttemberg; s. Comit.-Corresp. a. O. S. 4 und S. 13.

ist, — „daß, nachdem die Bedenken, welche von Sr. Kaiserl. Majestät bei Gelegenheit der in frühern Deputations-Vorschlägen gemachten Anträge zur Vermehrung der Virilstimmen im Reichs-Fürsten-Rathe geäußert wurden, durch die spätern Vorschläge keineswegs gehoben worden sind, Se. Kaiserl. Maj. Sich . . gemüssigt sehen, Ihre Ratifikation über diesen Gegenstand einsweilen zu suspendiren und Sich vorzubehalten, durch ein unverzügliches ferneres Kommissions-Dekret die Erstattung eines weitern Reichs-Gutachtens . . zu verlangen.“

Von der Kaiserlichen Genehmigung wurden hierin also nur diejenigen Bestandtheile des Reichsdeputations-Hauptschlusses vom 25. Febr. ausgenommen, welche eine Vermehrung der Virilstimmen im Fürsten-Rathe beantragten. Der ganze sonstige Inhalt, auch soweit er über Stimmen des Fürsten-Raths verfügte, war von jenem Veto nicht betroffen, sondern hatte durch die reichsoberhauptliche Sanktion auf Grund des Reichs-Gutachtens vom 24. März Gesetzeskraft erlangt. Dieser sonstige Inhalt war mit dem 27. April geltendes Recht geworden. Als solches fand ihn das Juni-Dekret vor und folglich konnte der Kaiser in diesem die beabsichtigte Aenderung keineswegs treffen. Die Stimmensache war zum großen Theil reichsschlußmäßig erledigt; nur diejenigen Stimmen, durch welche der Fürsten-Rath einen Zuwachs erhielt, bildeten den Gegenstand weiterer Berathschlagung [552]) und unterlagen in der Folge

---

552) Ohne Zweifel mit Absicht drückte sich das Reichsdirektorium bei spätern Gelegenheiten weniger allgemein, wie bei der Verlaßnehmung vom 22 August aus. So namentlich in dem Direktorial-Vortrage, womit am 9. Januar die Reichstags-Verhandlungen des Jahrs 1804 eröffnet wurden. Darin hieß es: „Es wurde beliebt, daß über den ersten Punkt, die Einführung der neuen Stimmen in den Reichsfürsten-Rath betreffend. . .“ Ferner: „Ueber den ersten Punkt, die Einführung der neuen Stimmen in den Fürsten-Rath betreffend, sind auch zur festgesetzten Zeit die Protokolle zum Abstimmen wirklich eröffnet worden, und in den

der Entschließung des Reichsoberhauptes. Mit andern Worten: das Veto vom 27. April hat nur die neuen Stimmen des Fürsten-Raths ausgeschieden.

Der §. 32 des Hauptschlusses der Reichsdeputation [553]) beginnt mit den Worten: „Neue Virilstimmen in dem Reichs-Fürsten-Rath erhalten. . . .“ Dieser §. scheint daher der von dem Veto betroffne Theil jenes Gesetzvorschlags zu sein. In der That tragen bei den weitern Verhandlungen fast alle Abstimmungen der Höfe, welche die Kaiserl. Genehmigung für den gesammten Deputations-Schluß vom 25. Febr. und das R.-G.-A. vom 24. März nachsuchen [554]) auf Ratifikation des §. 32 an.

Außerhalb des §. 32 findet sich allerdings in dem D.-H.-Schl. keine ausdrückliche [554a]) Verordnung über eine Vermehrung der fürstlichen Stimmen. Und insofern trifft jener Ausdruck zu. Doch innerhalb des §. 32 ist wohl zu unterscheiden zwischen den Vorschlägen zur Vermehrung der Virilstimmen im Fürsten-Rath und anderweiten

---

beiden höhern Kollegien stehen nur noch wenige Stimmen zurück.“ Com.-Corr. 1804 Nro. 3, Regensb. 12. Januar Beil. A. Mit besondrem Nachdrucke ist der Gegenstand der Berathung in derselben ausführlichen Bezeichnung zweimal genannt. Wie der Kaiserliche Hof über diesen Direktorial-Vortrag ungehalten war, berichtet Com.-Corr. 1804, Nro. 5 Reg. 19. Januar. — Ebenso unzweideutig äußerte sich das Direktorium des Kurfürsten-Raths bei Eröffnung der Verhandlungen am 14. Nov.: „es treffe die Ordnung zuerst das Kais. allergnädigste Hofdekret v. 8. Julius d. J., über die Aufnahme neuer Virilstimmen in den Reichs-Fürsten-Rath. .“ Com.-Corr. 1803 Nro. 73, Regensb. 21. Nov. Beil. A.

553) Bei Leist Lehrb. d. T. St.-R. (1805), Anh. S. 52.

554) Z. B. Magdeburg am 14. Novbr. „welchemnach Ihro Kais. Maj. in einem zu erstattenden Reichs-Gutachten wiederholt zu ersuchen wären, daß Allerhöchstdieselben auch dem §. 32 des oft angeregten Dep.-Schl. und den darinnen festgesetzten Virilstimmen die reichsoberhauptliche Bestätigung und Ratifikation zu ertheilen geruhen möchten.“ Com.-Corr. 1803 Nro. 73 cit. Beil. B, S. 5.

554a) Vgl. den folg. §.

Bestimmungen. Diese letztern, weil das Kaiserliche Veto nur die Vermehrung der fürstlichen Stimmen, keineswegs etwa den §. 32 als solchen suspendirt hat, gehören vielmehr zu den ratifizirten Bestandtheilen des Deputations-Schlusses. D. h. ein Theil des §. 32 ist in den jüngsten Reichs-Schluß übergegangen, hat Gesetzeskraft erlangt.

Von einigen dieser Bestimmungen ist mit Leichtigkeit zu entnehmen, wohin sie gehören; bei andern ist es erst im Weg einer tiefer eingehenden Untersuchung zu ermitteln. Der §. 32 enthält drei Abschnitte. Der erste hebt mit den vorhin genannten Worten an; aber dem Veto unterliegt weder er allein, noch er im Ganzen.

Freilich besteht der erste Abschnitt aus einem Verzeichnisse der als „neu“ angegebnen Stimmen des Fürsten-Raths. Doch unter diesen finden sich die Stimmen von Aremberg und Salm [555]), welche sogar von Oesterreich

555) Mit der Losreißung des linken Rhein-Ufers vom Vaterlande hatten die Häuser Aremberg, Salm, Dietrichstein ihre gesammten Lande verloren. Anfänglich schien es, als würde die Reichsstandschaft derselben deßhalb erlöschen; vgl. (Fahnenberg) Ueber die Fortdauer der überrhein. Reichstags-Stimmen, am 24. März 1801, S 6 und 16. Doch die Minister der sog. vermittelnden Mächte trafen darüber anderweite Verfügung. In einer Note vom 3. u. 4. Dezbr. 1802 bestimmten sie „Sont à admettre provisoirement et comme votes personels jusqu' à ce que leur droit de Vote soit transféré régulièrement sur les terres données en indemnité, savoir: au collège des Princes 1) le duc d'Aremberg, 2) les princes de Salm-Salm, 3) le prince de Dietrichstein“. Sodann in der Note vom 18. Januar 1803 werden in dem „Etat des voix“ die Stimmen von Salm und Aremberg aufgeführt als „voix conservées et transportées“ u. s. w. In der fernern Note vom 31. Januar 1803 und der ihr beigegebnen Stimmen-Uebersicht erscheinen die Stimmen der drei Häuser nicht als „caduc“, sondern als fortdauernd. Nichtsdestoweniger kamen Aremberg und Salm in den §. 32 des Deput.-Schl. unter die oben angef. Ueberschrift: „neue Virilstimmen im R.-F.-R.“ Dietrichstein dagegen fehlt in dem Verzeichniß und votirte im Fürsten-Rathe nach wie vor. Die Stimme

unangefochten blieben und als alte Stimmen allgemeine Anerkennung fanden. Ferner gehören zu denselben die Stimmen von Bruchsal und Ettenheim, deren Alter und Gültigkeit hier einer besondern Erwägung [556]) aufbehalten ist.

Den zweiten Abschnitt des §. 32 nimmt „die Aufrufsordnung sowohl der alten als der neuen Stimmen im Reichs-Fürsten-Rath“ ein. In ihr ist der Abschluß der Neubildung des Fürsten-Raths gegeben, welche die auswärtigen Mächte auf Ansuchen ihrer deutschen Bundesgenossen angeordnet und wogegen der Kaiser sich seines Rechts, nein zu sagen, bedient hatte. Zur Voraussetzung dient ihr, daß das ganze Projekt ins Leben getreten sei, welches eben vereitelt war. Mit der einfachen Weglassung der neuen Stimmen ist nämlich diese neue Aufrufsordnung nicht zu retten. Denn sie beobachtet den bisher befolgten Grundsatz, mit einer weltlichen Stimme und einer geistlichen (oder ehemals geistlichen) abzuwechseln. Die Hinwegnahme der neuen Stimmen zerstört sie. — So

---

des Hauses Aremberg steht als seine „auf diesseitige Lande versetzte“ Stimme an 16ter Stelle jenes Verzeichnisses. An 17. Stelle daselbst steht Salm-Salm; dies jedoch aus dem triftigen Grunde, weil es bisher mit Salm-Kirburg eine gemeinschaftliche Stimme gehabt hatte und nun jede dieser Linien eine besondre d. h. beide zusammen eine neue erhalten sollten. — Aber, obwohl in dem Verzeichniß neuer Stimmen enthalten, haben Aremberg (am 9. Dezbr. 1803), und Salm (am 14. Nov. j. J.), ohne Widerspruch des Direktoriums zu erfahren, im Fürsten-Rath votirt. Folglich entscheidet die Stellung in §. 32 und unter jene Ueberschrift an sich keineswegs und das Kaiserliche Veto hat nicht den ganzen ersten Abschnitt des §. 32 außer Kraft gesetzt: sonst wäre Aremberg und wohl auch Salm zur Ausübung der Reichsstandschaft nicht befugt gewesen. — Uebrigens war der österreichische Gesandte von Fahnenberg am 31. Oktober 1803 durch das Reichs-Direktorium als Bevollmächtigter von Salm legitimirt worden.

556) S. w. u. Abschnitt II.

erklärte denn in der Sitzung des Fürsten-Raths vom 14. Novbr. 1803 das österreichische Direktorium, es glaube, „den altherkömmlichen Aufrufzettel noch beybehalten zu müssen, weil die fürstliche Stimmensache noch nicht gänzlich berichtiget“ sei. Es erfolgte weder damals noch bei den spätern Fällen [557]), worin die alte Aufrufsordnung angewandt wurde, von irgend einer Seite Widerspruch.

Der dritte Abschnitt des §. 32 zerfällt in 7 Sätze. Sie beziehen sich zwar auf die vorhergehende Aufrufsordnung, welche keineswegs Gesetzeskraft erlangt hat, und so scheint es, als wären die darauf bezüglichen Sätze gleichfalls von dem Veto berührt. Doch, wie die Aufrufsordnung alte und neue Stimmen zusammenfaßte und deßhalb das Schicksal der letztern theilen mußte, so beziehen jene Sätze sich auf die alten und auf die neuen Stimmen. Die Folge davon ist aber hier eine andre: insoweit nämlich darin von den neuen Stimmen die Rede ist, gilt von ihnen dasselbe, wie von der Aufrufsordnung; was sie dagegen in Betreff der alten Stimmen verfügen, das unterliegt dem Veto vom 27. April nicht, sondern hat Gesetzeskraft erhalten.

---

557) In der Sitzung des Fürsten-Raths vom 7. Januar 1805 erklärte das Direktorium, es werde sich „des altherkömmlichen Aufrufszettels wiederholt bedienen, weil die über die neue gesetzliche Organisation des hohen Reichs-Fürsten-Raths angefangne Berathschlagung zu dem erwünschten Ausgange noch nicht gelangt ist.“ Comit.-Corresp. 1805 Nro. 5 Regensb. 17. Januar, Beil. C, S. 2. Ferner ist in den Sitzungen vom 28. Januar, 4. März und 17 Juni das Protokoll nach dem „altherkömmlichen Aufruf eröffnet worden. Vgl. Com.-Corr. 1805 Nro. 15 Reg. 4. Febr. Beil. B; Nro. 24 Reg. 14. März Beil. C; Nro. 53 Regensb. 24. Juni Beil. B.

558) Der 6te lautet: „Die Fürsten, welche für ihre verlornen Stimmen neue erhalten, behalten den Rang ihrer vorigen Stimmen.“ Der 7te: „In Gemäßheit der hier (d. h. in der neuen Aufrufsordnung) zu Grunde gelegten Strophe werden nun auch die 9 übrigen Strophen eingerichtet.“

Von den neuen Stimmen handeln aber nur die beiden letzten Sätze, der 6te und 7te; folglich bilden die Sätze 1—5 einen Theil des J. R.-Schl. Und zwar einen nicht unwichtigen, indem gerade sie die Direktiv-Normen für die Auffassung des Rechtszustandes abgeben [559]), welcher mit dem 27. April 1803 im Fürsten-Rathe Platz gegriffen hat.

Das Kaiserliche Veto berührt daher von dem Deputations-Schlusse nur den §. 32 und umfaßt von diesem den größern, noch genauer festzustellenden Theil des ersten Abschnitts [560]), den zweiten Abschnitt, und den 6ten und 7ten Satz des dritten [561]).

---

559) Vgl. den folg. §.

560) Das Beispiel von Salm ist für die Bemessung, wieweit das Kaiserl. Veto sich, namentlich auch innerhalb des ersten Abschnittes von §. 32 erstrecke, besonders lehrreich. Ueber Salm verordnet §. 32. zweierlei: die Versetzung der hergebrachten Reichsstandschaft dieses Hauses auf die in §. 3 ihm angewiesnen Entschädigungslande — dies geschieht nicht einmal ausdrücklich; ferner die Verleihung von zwei Stimmen statt einer. In dieser letztern Disposition ist eine „Vermehrung" der Virilstimmen enthalten: sie ist daher von dem Veto betroffen. Dagegen die Versetzung der Stimme Salm auf die neuen Lande, wofür außerhalb des §. 32 keine Bestimmung existirt, die daher allein aus dem §. 32 zu entnehmen ist, wurde von dem Veto nicht berührt, sondern reichsschlußmäßig. Das Haus Salm führte daher nicht die zwei Stimmen, welche der Dep.-Schl. ihm zugedacht, aber die versetzte gemeinschaftliche Stimme auf Grund jenes in den Reichsschluß übergegangnen Bestandtheils von dem ersten Abschnitte des §. 32.

561) Demzufolge besteht der J R. Schl. vom 27. April aus einer ebensogroßen Anzahl von §§., wie der Deputations-Schluß vom 25. Febr. Der §. 32 des ersten entspricht dem §. 32 des letztern, doch ist er kürzer, da das Veto Bestandtheile davon ausgeschieden hat. In ihm finden sich nicht drei Abschnitte, wie in jenem Entwurfe, sondern zwei. Der eine derselben trifft Vorkehrung über einige alte Stimmen des Fürsten-Raths (Aremberg, Salm u. a. m.) während der zweite die von dem Veto nicht betroffnen fünf ersten Sätze aus dem dritten Abschnitte des Entwurfs enthält.

§. 37.

Sind die Stimmen der säkularisirten Stifter reichsrechtlich als alte oder als neue zu betrachten?

Ergab sich, daß das Veto vom 27. April nur die Sache der neuen Stimmen im Fürsten-Rathe zu weitrer Berathung ausschied und nicht einmal den ganzen Inhalt des §. 32 außer Kraft setzte, so bleibt über den Umfang jener Willenserklärung des Kaisers doch ein erhebliches Bedenken. Wie sind nämlich die Stimmen der säkularisirten Stifter reichsrechtlich anzusehen? als alte oder als neue Stimmen des Fürsten-Raths? Würde diese Frage dahin beantwortet, daß die neuerworbne Reichsstandschaft, welche auf den ehemaligen Stiftslanden ruhen soll, für neu zu erachten ist, dann fände sich, daß jenes Veto, wiewohl außerhalb des §. 32 von Vermehrung der Virilstimmen nicht die Rede ist, sich dessenungeachtet über den §. 32 des Deputationsschlusses hinaus erstreckte: dann gehörten die Stimmen der säkularisirten Stifter allerdings zu den noch unerledigten, von Kaiserl. Genehmhaltung noch abhängigen; und vor Ertheilung dieser, ja vor einer förmlichen Introduktion wären sie den aktiven und vollgültigen Stimmen des Fürsten-Raths nicht beizuzählen.

Die geistliche Reichsstandschaft gebührt den Prälaten, welche im Fürsten-Rathe Sitz und Stimme haben, nicht um ihrer Würde willen, auch nicht als ein ihren Territorien, vielmehr als ein den Hochstiftern zukommendes Recht [561a]). Das Teritorium konnte ganz [562]) oder theilweise [563]) von Deutschland losgerissen werden, der Thron des geistlichen Fürsten eine Weile leer stehn und die Stimme im Fürsten-Rathe dennoch ohne Unterbrechung fortgeführt werden. Mit

---

561a) S. ob. §. 29.

562) Das Beispiel von Bisanz.

563) Das Beispiel von Straßburg; s. darüb. w. u. m.

der Säkularisation des Stifts ist aber jenes reichsständische Recht im Wesentlichen zerstört. Einer besondern Festsetzung bedarf es daher, wenn die Stimme des säkularisirten Stifts fortdauern und nunmehr als die eines weltlichen Fürstenhauses ausgeübt werden soll. Mithin liegt die Annahme nicht fern, daß die Reichsstandschaft jener Stifter mit ihrer Säkularisation erloschen war, und daß die Stimmen, welche auf den nunmehr weltlichen Fürstenthümern haften, reichsrechtlich betrachtet, neue Stimmen sind.

Der Beweis für das Gegentheil soll im Folgenden geführt werden.

1) Aus den Verhandlungen der fremden Minister mit der Reichs-Deputation.

Bei der eigenthümlichen Art und Weise, wie zur Seite der außerordentlichen Reichs-Deputation das Ausland sich unsrer deutschen Dinge annahm, dienen die Noten der Minister der sog. vermittelnden Mächte für den größtentheils aus Diktaten derselben entstandnen Dep.-Schluß als Mittel der Interpretation. Oft ergibt sich allein aus ihnen der wahre Sinn und die ursprüngliche Absicht einer Bestimmung. So wird hier durch Herbeiziehung jener Verhandlungen und Vorschriften die Säkularisation und ihr Verhältniß zu den Stimmrechten der ehemaligen Stifter charakterisirt.

Der Note vom 31. Januar 1803 [564]), worin die fremden Gesandten den Plan einer vollständigen Neubildung des Fürsten-Raths mittheilten, war ein Schema der Reichstagsstimmen beigefügt, welches für die vorliegende Frage von Wichtigkeit ist. Dasselbe hatte drei Rubriken. Die erste führte die bisherigen Stimmen des Fürsten-Raths in der althergebrachten Reihenfolge auf: bei denjenigen Stimmen, welche als erloschen angesehen werden sollten, stand

564) Comit.-Corresp. 1803 Nro. 10 Regensb. 7. Febr. Beil. E. Die mit der Note des französischen Gesandten vom 31 Januar gleichlautende des russischen datirt vom 1. Februar.

der Zusatz „caduc“; bei denen, welche eine höhere Stelle im Aufruf einzunehmen bestimmt waren, „promû“; bei denen, welche weiter herunterrücken sollten, „à reculer“: die Namen aller dieser waren eingeklammert. In der dritten Rubrik, parallel mit den eben erwähnten besonders angezeichneten Stimmen, fanden sich einmal diejenigen neuen Stimmen, welche zum Ersatz der erloschnen ertheilt werden, dann solche, die, ohne Beziehung zu den erloschnen, nur deren Stelle einnehmen — theils alte, welche den Platz wechseln sollten, theils neue. Endlich die Mittelrubrik füllten die Namen der Häuser, denen entweder die fortdauernden Stimmen der ersten, oder die neuen oder an eine neue Stelle versetzten der dritten Reihe zukamen. Hier ist also z. B. die Stimme von Burgund als erloschen aufgeführt (erste Rubrik) und an ihrer Stelle dem Hause Oesterreich (zweite Rubrik) eine für Steiermark (dritte Rubrik) angewiesen. Ferner ist Bisanz als caduc aufgeführt (erste Reihe) und der hohe Platz dieses Erzstifts der Stimme von Regensburg (dritte Reihe), welche der Kurerzkanzler (zweite Reihe) erhielt, eingeräumt.

Dagegen ist die Stimme von sämmtlichen säkularisirten Stiftern in erster Rubrik nicht als erloschen, vielmehr als fortdauernd angegeben; in der zweiten Rubrik daneben stehen die Namen der Fürstenhäuser, welche sie erwarben und jene dritte Reihe ist an allen diesen Stellen leer gelassen.

Es unterliegt hiernach keinem Zweifel, daß die Minister der vermittelnden Mächte die Fortdauer der Stimmen der säkularisirten Stifter und die völlige Identität dieser bisher geistlichen mit der nunmehr auf weltlichen Fürstenthümern haftenden Reichsstandschaft im Auge hatten. —

Die Note vom 31. Januar ferner, der obiges Schema beigefügt war, brachte die in §. 32 des Deput.-Schlusses übergegangne Aufrufordnung und jene sieben Sätze, wovon der vierte verordnet: „Les votes des Principautés sécularisées sont maintenues à leur ancienne place", bestimmte also ausdrücklich die Fortdauer der Stimmrechte der aufgehobenen Stifter. —

Endlich hatten schon in der Note vom 3. und 4. Dezbr. 1802 die fremden Minister [565]) unter den bisherigen Stimmen diejenigen, welche zu streichen (qui sont à rayer), von denen, welche zu suspendiren und von denen, welche provisorisch beizubehalten wären, unterschieden. Weder zu den ersten noch zu den letzten rechnet ihr „Etat des votes" die Stimmen der an weltliche Häuser übergehenden säkularisirten Stifter; sie verlangten nur eine provisorische Suspension, „jusqu'à ce que les nouveaux possesseurs soient en mesure de les exercer." Auch hierin liegt daher die Annahme, daß jene Stimmen ununterbrochen fortdauern.

II. Aus dem Hauptschlusse der Reichsdeputation vom 25. Febr.

Der §. 41 des Hauptschlusses [566]) verweist auf §. 32, in welchem „versehen" sei, „wie die geistlichen Stimmen künftig geführt werden." Daß hierunter nicht nur Regensburg und die beiden Ritterorden gemeint sind, zeigt der angeführte §. 32.

Der vierte Satz im dritten Abschnitte desselben [567]) bestimmt: „Die Stimmen der säkularisirten Fürstenthümer bleiben an ihrer alten Stelle, so daß die zwei Bänke (latera) können beibehalten werden, wenn es das fürstliche Kollegium rathsam findet." Sie bleiben, werden also nicht etwa neu gestiftet; — ferner behalten sie ihre alte Stelle; sogar die Eintheilung in eine geistliche und weltliche Bank soll Bestand haben. Deutlicher kann die Fortdauer jener Stimmen, ihre Identität mit den neuerworbenen Stimmen der weltlichen Häuser nicht ausgedrückt werden.

565) Comit.-Corresp. 1802 Nro. 81, Regensb. 9. Dezbr. Beilage B.

566) Leist a. O., Anhang S. 59.

567) a. O., S. 55.

Doch §. 32 gibt noch einen fernern Beleg. Der sechste Satz bestimmt, daß die Fürsten, welche für ihre verlornen Stimmen neue erhalten, den Rang ihrer vorigen Stimmen behalten. Wenn die Stimmen der geistlichen Entschädigungslande nach dem Sinne des Hauptschlusses neue wären, so hätte dieser sechste Satz auch von ihnen gesprochen. Er redet aber deßhalb nicht von ihnen, weil dies im fünften Satze geschieht. Dieser verfügt: „Die Fürsten, welche Stimmen, die auf den ehemals geistlichen Landen haften, auszuüben haben, erlangen dadurch keinen höhern Rang, als sie vorher hatten", wobei der erwähnte vierte Satz, daß die geistlichen Stimmen im Aufruf ihren Platz behalten sollen, zu ergänzen ist. Schon die Zusammenstellung dieser drei Sätze lehrt, daß die fraglichen Stimmen im D.-H.-Schl. als alte Stimmen gelten.

In den J. R.-Schl. sind der vierte und fünfte, doch nicht der sechste Satz übergegangen; aber der Sinn des fünften Satzes bleibt innerhalb des Reichsgesetzes derselbe, welchen im Deputationsschluß jener sechste Satz deuten half.

III) Aus der althergebrachten Aufrufsordnung.

Die Aufrufsordnung ist unverändert geblieben, trotzdem daß der Fürsten-Rath, obschon der Versuch der Neubildung fehlschlug, in Folge des Lüneviller Friedens radikal umgestaltet wurde. Aus ihr ist deßhalb am ehesten zu ersehen, welche Stimmen erloschen sind und welche fortdauern. Als erloschen bezeichnet dieselbe, wie sie bis zum letzten Athemzuge des heiligen Reichs in Uebung blieb, die Stimmen der geistlichen und weltlichen Fürstenthümer des linken Rheinufers, sodann jene schweizerischen, burgundischen, ja norditalischen Stimmen, die bis dahin immer noch aufgerufen worden waren.

Ganz anders verhält es sich mit ihr in Betreff der säkularisirten Stifter, welche als Entschädigungsländer auf weltliche Fürstenhäuser übertragen sind. Dasselbe Reichs-gutachten vom 24. März, worin der Uebergang der bisher geistlichen Stimmen auf Erbfürsten zu reichsoberhauptlicher Genehmigung und reichsschlußmäßiger Festsetzung gebracht wurde, entstand unter Mitwirkung des Fürsten-Raths, dessen aktive Mitglieder noch die geistlichen Reichsstände waren. Dieselben Stimmen sind auch bei Eröffnung der Verhandlungen, wie vor dem 27. April aufgerufen. Kein Zeitpunkt findet sich, wo eine dieser Stimmen vom Aufrufzettel gestrichen gewesen wäre; keine hat auch nur einen Augenblick aufgehört. Die Kontinuität dieser Reichsstandschaft ist, soweit die althergebrachte Aufrufsordnung des Fürsten-Raths Rede stehen soll, nirgend unterbrochen. — —

Sind die Stimmen der geistlichen Entschädigungslande demnach als alte Stimmen des Fürsten-Raths anzusehen, so ist ihre Sache durch das Veto vom 27. April nicht von dem Reichsschluß ausgeschieden, somit ihr Uebergang auf die zu entschädigenden Erbfürsten reichsschlußmäßig geworden.

§. 38.

War die Förmlichkeit der Introduktion ein fehlendes Erforderniß?

Die Admission einer Stimme war von ihrer Introduktion nach Gesetz und Herkommen des Reichs unterschieden [568]). Wenn Kaiser und Reich in die Aufnahme gewilligt hatten, so durfte der Inhaber der rechtlich völlig festgestellten Reichsstandschaft von seinem Rechte nicht eher Gebrauch machen, als bis die Förmlichkeit der Einführung in den Fürsten-Rath

568) In der Sitzung des Fürsten-Raths vom 5/15. Oktober 1653 hob der Salzburgische Direktorial-Gesandte diesen Unterschied mit Bezug auf den Fürsten-Rath-Schluß desselben Tages, der nur von der Admission handelte, besonders hervor. (Kauffmann) Beitrag zur Gesch. d. Viril-St. §. 103 S. 66. — Der J. R. A. §. 197 handelt im Eingange von den „mit der Churfürsten und Stände Einwilligung in Fürsten-Rath aufgenommenen, aber . . nicht introducirten Fürsten.“

stattgefunden hatte [569]). Sie wurde eingeleitet durch ein Kaiserliches Dekret, das nicht an den Reichstag, sondern an das Reichs-Direktorium gerichtet war; sodann erfolgte die feierliche Einführung, die Zuweisung eines bestimmten Platzes in der Versammlung, sowie der Stelle in der Reihenfolge der Abstimmung; endlich erhielt das Reichs-Erb-Marschall-Amt Befehl, der Aufrufsordnung die fürstliche Stimme an bezeichneter Stelle einzuverleiben und daselbst ihren jedesmaligen Aufruf zu veranlassen.

Es ließe sich denken und das Direktorium des Fürsten-Raths hat es ausgesprochen, daß der Uebergang jener Stimmen zwar der Ratifikation des Kaisers nicht entbehrte, daß jedoch die neuen Erwerber sich eigenmächtig in den Besitz der ihnen übertragnen Rechte gesetzt hätten, ohne, wie Gesetz und Herkommen geböten, abzuwarten, daß der Kaiser ihre Introduktion anordnete.

Widerlegt ist diese Ansicht durch die Analogie der im westfälischen Frieden säkularisirten Stifter [570]). Die Stimmen von Bremen, Verden, Halberstadt, Minden, Schwerin, Ratzeburg, Hersfeld, Camin waren nicht nur an weltliche Fürstenhäuser übertragen, sondern auch von der geistlichen Bank ausgeschieden. Der weltlichen Bank sollten sie nunmehr angehören; da hätte sich wol gar deren Zustimmung als fehlendes Erforderniß bezeichnen lassen. Obenein war in Betreff ihrer Stellen in der Aufrufsordnung nur über Bremen [571]) Verfügung ge-

569) Den Rheinischen Prälaten war durch Uebereinstimmung von Kaiser und Reich am 3. Oktob. 1641 eine eigne Stimme zuerkannt: aber die Einführung derselben veranlaßte erst ein Kaiserl. Dekret vom 28. März 1654. Vgl. Meiern Regensb. R. T. Handl. Buch VII, §. 20, Nro. II, S. 1133.

570) Westf. Fr, Art. X § 7, XI §. 1, XI §. 4, XII §. 1, XV §. 2, XI §. 5. Vgl. Pütter, Geist des w. Fr., S. 146 f. 166 f. 172 f. 185 f. 217 f.

571) Es sollte den 5ten Platz auf der weltlichen Bank erhalten; vgl.

troffen. Das wirklich praktische Interesse förmlicher Einweisung kam also bei denselben in Frage. — Ferner behielten Lübeck und Magdeburg [572]) zwar ihren geistlichen Charakter bei; doch für sie und Osnabrück [573]) war die neue Einrichtung der Querbank getroffen worden. — Auf dem ersten Reichstage nach dem westf. Fr., räumte ein Kaiserl. Dekret vom 30. Januar 1653 die Ausübung der Stimmen von Lautern und Simmern dem Kurfürsten von der Pfalz ein [574]). Den westfälischen und niedersächsischen Grafen vermittelte ein besondres Dekret des Kaisers an Kurmainz vom 17/27. Januar 1654 die Introduktion [575]). Ueber Zulassung und Einführung der von Oesterreich begünstigten neuen Fürsten ward heftig gestritten und endlich auf Kaiserl. Befehl Salm, Dietrichstein, Piccolomini, Auersberg in feierlicher Sitzung vom 2/12. Febr. 1654 eingeführt [576]). Aber an das Erforderniß einer Introduktion jener Fürstenhäuser [577]) für die neuerworbnen Stimmen der säkularisirten Länder wurde nicht gedacht; jene Stimmen wurden als alte Stimmen des Fürsten-Raths behandelt und ohne Weitres in Ausübung gebracht. Nicht einmal eine Einführung Schweden's, des neuen Reichsstandes, war für nöthig befunden, da die Stimmen von Bremen und Verden und die eine von Pommern im Fürsten-Rath althergebrachte waren. Auch störte die unmittelbare Gültigkeit jener reichsständischen Rechte der

---

w. Fr. Art. X §. 9. Aber noch am 14. Novbr. 1803 wurde darüber im Fürsten-Rathe zwischen Bremen und Bamberg gestritten; s. ob. §. 1, S. 12.

572) Westf. Fr., Art. XI §. 6, XIV §. 1. Vgl. Pütter, Histor. Entw. Th. II, S. 69.

573) Westf. Fr., Art. XIII §§. 1, 3, 5, 6.

574) Meiern, Regensb. R. T. H., Buch I, §. 7 Nro. II S. 47.

575) Meiern, a. O., Buch VI §. 12, Nro, I S. 858 f.

576) Meiern, a. O §. 27, Nro. IV, S. 967 f.

577) Schweden für Bremen und Verden; Brandenburg für Halberstadt, Minden, Camin; Mecklenburg für Schwerin und Ratzeburg; Hessenkassel für Hersfeld.

Umstand keineswegs, daß über die Rangordnung der säkularisirten Stifter mancherlei Irrungen stattfanden [578]). Brandenburg in seiner Eigenschaft als Fürst von Halberstadt und Minden verlangte in der Sitzung des Fürsten-Raths vom 11. Okt. 1653 die „Assignirung eines gebührenden Orts [579])“. Diesem Verlangen entsprach ein Kaiserl. Dekret vom 5. Mai 1654, am Schlusse des Reichstags [580]), auf welchem jene Stimme fortwährend in Uebung gewesen.

Von den durch den J. R.-Schl. vom 27. April 1803 säkularisirten Stiftern gilt dasselbe, daß die darauf haftenden Stimmen ohne vorherige Introduktion vollgültig geführt werden durften, umsomehr, da sie ihre Eigenschaft als geistliche Stimmen behielten und ihre Stelle im Aufrufe nicht veränderten. — —

Von dieser Rechtsansicht war 1803 das Reichsdirektorium ausgegangen und bei der Legitimation der Vollmachten, welche zu seinen Befugnissen gehörte, in Gemäßheit derselben verfahren [581]). Die sämmtlichen Vollmachten zur Führung jener geistlichen Stimmen waren für legitimirt erklärt. Einen so legitimirten Reichstags-Gesandten, sagt Pütter [582]), muß der Prinzipal-Commissarius d. h. der Stellvertreter des Kaisers dafür anerkennen.

Freilich, wenn das Reichsdirektorium für völlig neue Stimmen, welche noch der Genehmigung des Kaisers entbehrten oder denen andre wesentliche Erfordernisse fehlten, die Legitimationen vollzogen hätte, da würde sein Verfahren zweifelsohne wirkungslos gewesen sein. Aber den Zweifel, ob die von Kaiser und Reich auf neue Inhaber grundgesetzlich übertragnen, alten Stimmen des Fürsten-Raths noch einer Introduktion bedurften, schnitt diese Handlungsweise des

---

578) Meiern, a. O., Buch IV, §. 6, S. 498 f.

579) Meiern, a. O, B. IV, §. 20, Nro. I, S. 579.

580) Meiern, a. O., B. VII, §. 20, Nro. I, S. 1132.

581) S. ob. §. 1, S. 11.

582) Histor. Entwicklung, Th. II, S. 268.

Reichsdirektoriums völlig ab, zumal da dieselbe den Vorgang des Reichstags von 1653 u. 1654 und die Analogie der im westfäl. Fr. säkularisirten Stifter für sich hatte.

Von den geschehenen d. h. nicht mehr rückgängig zu machenden Legitimationen hatte das Direktorium des Fürsten-Raths pflichtschuldige Anzeige zu machen. Der österreichische Direktorialgesandte versuchte indessen den Legitimationen in Bezug auf die geistlichen Stimmen einen provisorischen Charakter beizulegen. Dazu war er aber durchaus nicht berechtigt [583]). Auch eine Legitimation provisorischer Art war zwar reichsrechtlich nicht undenkbar. Noch am 6. Jan. 1803 hatte sich ein Bevollmächtigter des Kur-Erzkanzlers als provisorischen Besitzers von Regensburg legitimirt und im Fürsten-Rath war davon Anzeige gemacht worden [584]). Das mußte dann jedoch ganz ausdrücklich geschehen: dafür zu präsumiren war unzulässig.

Nicht provisorisch, sondern definitiv waren die Gesandten der Erbfürsten zur Führung der neu erworbnen Stimmen beglaubigt und hatten sich als solche legitimirt. Dafür mußte sie jetzt der Kaiser selbst anerkennen.

Und so dankten sie sämmtlich im Fürsten-Rathe für die Anzeige der vollzognen Legitimation, wie z. B. der Badische Gesandte „zu den Sr. Kurfürstl. Durchlaucht nunmehro zugekommenen und zustehenden neuen Stimmen." So aber auch „für die gefälligst gemachte Anzeige seiner vollzognen Legitimation" sagte ein Gesandter Dank, von dem dieses am wenigsten zu erwarten gewesen wäre

---

583) Vgl. die Anm. 25. und 26. — Mittelbar gestand das Direktorium des Fürsten-Raths selbst dieses ein, indem es in der Sitzung vom 14. Novbr. zu erkennen gab, es erhalte „das Verzeichniß der vollzognen Legitimationen von dem hochlöblichen Reichs-Direktorium, dem also allein die Nichtvollständigkeit der Anzeige, wenn sie sich wirklich vorfinden sollte, zuzuschreiben wäre." Comit.-Corr. 1803 Nro. 73 Regensb. 21. Novbr, Beil. B., S. 15.

584) Com.-Corr. 1803 Nro 2, Regensb. 10. Januar Beil. C.

— der Vertreter der an das Haus Oesterreich übertragnen Stifter Trient und Brixen.

Ein Kaiserliches Dekret d. d. Wien 10. Novbr. 1803 hatte den österreichischen Gesandten von Fahnenberg mit der Führung der „fürstlich Trient- und Brixnerischen“ Stimmen bevollmächtigt [585]; als solcher war auch er vom Reichs-Direktorium und zwar nicht provisorisch, sondern definitiv, und an dem nämlichen 14. November mit den Uebrigen für legitimirt erklärt worden.

Aber noch überraschender ist der Inhalt jenes Ernennungsdekrets. „Wir“ u. s. w., heißt es darin, „nachdem Uns durch die am 26. Dezbr. v. J. mit den vermittelnden Mächten abgeschloßne Convention und den R.-D.-H.-Schl. vom 25. Febr. die Hochstifter Trient und Brixen mit allen ihren reichsständischen und andern Prärogativen als Entschädigung . . zugetheilt, auch von Uns in Folge dessen wirklich in Besitz genommen worden sind. . . .“ Also die Reichsstandschaft von Trient und Brixen ist als eine fortdauernde dem Hause Oesterreich mit jenen Ländern zugetheilt und in Folge dessen ist auch sie wirklich in Besitz genommen, demgemäß eben jene Ernennung Fahnenberg's zum „fürstlich Trient- und Brixnerischen“ Comitialgesandten erfolgt. Daraus ist zu ersehen, daß dieselbe Ansicht, welche die übrigen Fürstenhäuser und das Reichsdirektorium geleitet hat, auch die Handlungen des Kaiserhauses bestimmte. Und derselbe Gesandte, welcher das Direktorium des Fürsten-Raths versah und in dieser Eigenschaft die Gültigkeit der sämmtlichen Stimmen säkularisirter Stifter von einer neuen Kaiserlichen Genehmigung

585) In den „Römisch-Kaiserlich privilegirten Regensburger Historischen Nachrichten“, einer dortigen Zeitung hatte Fahnenberg die für ihn als Comitial-Gesandten von Brixen und Trient bestimmten „Kredentialien“ veröffentlicht. Ich fand das Zeitungsblatt zufällig unter andern Reichstags-Akten der Göttinger Bibliothek, den daselbst sog. Regensburger Relationen.

abhängig machte oder doch an das fehlende Erforderniß förmlicher Introduktion knüpfte, hatte übernommen, die Stimmen von zwei dieser Stifter zu führen und übte diese reichsständischen Rechte wirklich aus — am 18. Novbr. 1803, ohne die Einführung von Trient und Brixen in den Fürsten-Rath abzuwarten.

Endlich, trotz alledem, zugegeben, daß jene Stimmen nicht eher geführt werden durften, als bis ihre Introduktion stattgefunden, so stellt sich heraus, daß dieselben sich dann in einem rechtlichen Verhältniß hätten befinden müssen, welches aus andern Gründen sicherlich nicht stattgefunden hat. Wenn nämlich anerkannt wird, daß jene Stimmen alte Stimmen waren, und dennoch die Introduktion als ein Erforderniß gelten sollte, so stünden sie genaugenommen in dem Verhältnisse von Stimmen, deren Readmission beschlossen ist und deren Wiedereinführung nun erforderlich wird. Die Readmission setzt jedoch ein Cessiren der Reichsstandschaft voraus. Cessirt aber haben, wie bereits aus der Aufrufsordnung nachgewiesen worden, diese Stimmen des Fürsten-Rathes nicht. Folglich, wie eine Readmission der hier in Rede stehenden Stimmen des Fürsten-Raths weder erforderlich ist, noch überhaupt rechtlich möglich wäre, ebenso ist die Introduktion derselben, die nur eine Wiedereinführung sein könnte, nach Gesetz und Herkommen des Reichs weder erforderlich, noch möglich [586]).

---

586) Welchen Vortheil versprach sich von dieser Politik der Kaiserl. Hof? Von den säkularisirten Stiftern waren zwölf an römisch-katholische, nur neun (Bruchsal und Ettenheim miteingerechnet) an evangelische Häuser übergegangen. In Folge jener Politik hätten drei Stimmen mehr auf Seiten der Römischen ihre Wirksamkeit im Fürsten-Rath eingebüßt, als auf Seite der Protestanten. Das Stimmenverhältniß wäre für Erstere daher noch ungünstiger geworden. Nimmt man dazu, daß der Wiener Hof davon ausging, die sämmtlichen Stimmen der säkularisirten Stifter wären römisch-katholische, so erscheint jene Politik noch unüberlegter und dem Verfahren in Betreff der Religionseigenschaft sogar

Abschnitt II.

Die Stimmen Bruchsal und Ettenheim.

§. 39.

Die Fortdauer der Stimmen Speier und Straßburg.

Als in der Sitzung des Fürsten-Raths vom 14. Novbr. an Speier und darauf an Straßburg die Reihe kam, wurde von jeder dieser Stimmen bemerkt: „cessat" d. h. sie ist erloschen[587]. Sofort protestirte „interloquendo" d. h. außer der Ordnung sprechend der badische Gesandte[588]: Bekanntlich wären die diesseits des Rheins gelegnen, vormals Hochstift-Speierischen Lande mit der Residenz Bruchsal, und von dem ehemaligen Hochstift Straßburg sämmtliche diesseitige Lande, worauf nur allein zeithero die Reichsstandschaft ruhte, mit allen ihren Rechten und namentlich mit den darauf haftenden Stimmrechten an das Kurhaus Baden zur Entschädigung übergegangen; die beiden Stimmen Bruchsal und Ettenheim wären nicht neu kreirte, sondern solche Stimmen, die auf vormals geistlichen Landen gehaftet und ihrem nunmehr weltlichen Besitzer zuständen; mithin dürften solche jetzt schon zur Ausübung gebracht werden. Die österreichische Direktorial-Gesandtschaft dagegen behauptete einen Unterschied dieser Stimmen von den übrigen der vormals geistlichen Lande; sie wären neue, dem Hause Baden zugedachte Stimmen; die von Speier und

---

widersprechend. — Aber die Hauptabsicht war, dem Kaiser die Entscheidung über eine möglichst große Anzahl von Stimmen aus irgendwelchen, wenn auch abweichenden, ja widersprechenden Gründen in die Hand zu spielen. Je mehr Stimmrechte noch zu reguliren waren, desto dringender wurde die Neubildung des Fürsten-Raths und um so eher konnte das Reichsoberhaupt hiefür die Bedingungen vorschreiben.

587) Comit.-Corresp. 1803 Nro. 73 Regensb. 21. Novbr. Beilage B, S. 7 und 9

588) Ebenda, S. 7 und 8.

Straßburg wären erloschen: neue Stimmen aber könnten ohne ein Gutachten beider höhern Kollegien und ohne die Einwilligung des Reichsoberhaupts nicht in Gebrauch kommen.

Mit einer ausführlichen Rechtsverwahrung trat Baden in der Sitzung des Fürsten-Raths vom 2. Dezbr. hervor [589]). Darin ist der Nachweis versucht, daß das reichsständische Stimmrecht auf dem Besitze von Reichslanden und zwar auf dem ganzen Lande und auf einem Theile desselben beruhe, daß keine gewaltsame Abreißung einzelner Theile, wäre darin selbst die Hauptstadt belegen, das Stimmrecht schmälere oder auslösche: zum Belege wird der Vorgang des hier in Rede stehenden Straßburg aus dem Ende des 17. Jahrh. in Erinnerung gebracht.

So oft übrigens Speier und Straßburg bei dem Namensaufruf als erloschen bezeichnet wurden, wiederholte Baden an der betreffenden Stelle seinen Widerspruch: an der Stelle von Konstanz aber votirte dann der Gesandte regelmäßig für die mehrern neu erworbnen Stimmen [590]), also für Konstanz, Bruchsal und Ettenheim. —

---

589) Comit.-Corresp. 1803 Nro. 77 Regensb. 8 Dezbr. Beilage A, S. 39 und 40.

590) So am 14. Novbr. 1803, s. Comit.-Corr. 1803 Nro. 73 Reg. 21. Nov. Beil. B, S. 9 und 10; am 7. Januar 1805, s. Comit.-Corr. 1805 Nro. 5, Regensb. 17. Januar Beil. C, S. 4; am 28. Januar 1805, s. Com.-Corr. 1805 Nro. 15, Reg 4. Febr. Beil. B, S. 7, 8 u. 9; am 4. März 1805, s. Com.-Corr. Nro. 24, Reg. 14. März Beil. C, S. 5; endlich am 17. Juni 1805, s. Com.-Corr. Nro. 53, Reg. 24. Juni Beil. B, S. 6 und 7. — Am Ende einer jeden solchen Sitzung, worin Baden gegen das Cessat der Stimmen Speier und Straßburg Protest erhoben und dann bei Konstanz auch für Bruchsal und Ettenheim votirt hatte, reprotestirte das Direktorium des Fürsten-Raths. — Mit der Erklärung des österreichischen Direktoriums am Schluß der Sitzung vom 14. Nov., die gar nicht in das Protokoll kam, wahrscheinlich weil sie „nicht das Gepräge der erforderlichen Kaltblütigkeit bei so wichtiger Geschäftsverhandlung getragen", hatte es eine

Der Grundsatz, daß die Reichsstandschaft in Folge der Losreißung einiger Theile des Ländergebiets, worauf die Stimme ruht, weder aufhöre noch sonst geschmälert werde, stand reichsverfassungsmäßig fest. Noch in der Sitzung des Fürsten-Raths vom 3. Februar 1804 sprach das Votum von Hessen-Darmstadt aus, dies wäre „durch die Reichsgesetze klar entschieden[591]). — Die Hauptstadt eines Landes erscheint allerdings im Reichsrecht bis in die letzten Zeiten als ein wesentlicher Bestandtheil des Territoriums. Noch §. 87 des J. R.-Schl. vom 27. April 1803 setzt bei Vertheilung eines Reichslandes an mehrere Entschädigungsberechtigte den Besitz des Hauptorts in den rechtlichen Wirkungen dem des größern Theils gleich, indem er den Besitzer des einen wie des andern für die Reichslasten des ganzen Landes aufkommen läßt[592]). Indessen auch der Verlust der Hauptstadt ändert an dem reichsständischen Rechte nichts. Dafür spricht das von Kurbaden angeführte Beispiel von Straßburg[593]). Im Frieden von Ryswick 1697 war das ganze am linken Rheinufer gelegne Gebiet mitsammt der Residenz des Fürstbischofs, der am 20/30. Septbr. uns geraubten Reichsstadt Straßburg, an den Raubstaat in aller Form Rechtens abgetreten. Gleichwohl erlosch die Reichsstandschaft keineswegs, sondern, im Besitze der am rechten Ufer des Rheines belegnen Landestheile, führte der Bischof an der bisherigen Stelle der Aufrufsordnung im Reichs-Fürsten-Rathe die Stimme Straßburg.

Die Anwendbarkeit dieses Grundsatzes hat aber eine Grenze. Die Natur der Sache verwehrt, ihn ins Unendliche auszudehnen. Er hört auf, maßgebend zu sein, wo der Rest

---

eigenthümliche Bewandtniß; vgl. Comit.-Corr. 1803 Nro. 72, Reg. 21. Novbr.

591) Com.-Corr. 1804 Nro. 12 Regensb. 9. Febr. Beil. B, S. 66.

592) Leist a. O., im Anhang S. 74 f.

593) Pütter, Histor. Entw., Th. II S. 299 f.; vgl. S. 293 das.

eines Reichslandes nicht mehr hinreicht, um zur Führung einer Reichstagsstimme gemäß dem J. R. A.. und der Kais. Wahl-Kapitulation [594]) als Qualifikation zu dienen. Doch wie bestimmt sich diese Grenze? Wie groß muß ein Territorium sein, um zur Reichsstandschaft zu qualifiziren? Wie gering darf der Rest sein, um die Fortdauer des Stimmrechts zu bewirken?

In zahlreichen Fällen unterliegt es keinem Zweifel, daß die Reichstagsstimme fortdauert. So wurde von den Entschädigungslanden z. B. das Hochstift Münster an die Häuser Brandenburg, Oldenburg, Aremberg, Croy, Looz-Corswaren, Salm vertheilt [595]). Aber der brandenburgische Antheil (zu welchem obenein der Hauptort gehörte) war so überwiegend, daß die Reichsstandschaft des bisherigen Stifts ohne Frage dem Hause Brandenburg zukam.

Man sollte denken, das Erlöschen der Reichsstandschaft wäre wenigstens in dem Falle nicht zu bezweifeln, daß von dem Reichslande nichts übrig bleibt. Indessen, so absurd jetzt die Ansicht erscheinen mag, an einflußreicher Stelle d. h. in der unmittelbaren Umgebung des Reichsoberhaupts wurde nach dem Lüneviller Frieden die Fortdauer der überrheinischen Stimmen, auch diejenigen eingerechnet, deren Land und Leute insgesammt an Frankreich abgetreten war, allen Ernstes statuirt [596]).

Diesem letzten Projekt, welches nicht lange festgehalten wurde, stand jedoch nicht allein der Wille der mächtigen Republik [697]), sondern auch ein Satz der Reichsverfassung ent-

---

594) Vgl. Anm. 264.

595) J. R. Schl. §. 3; s. Leist a. O, S. 35.

596) (Fahnenberg) Ueber die Fortdauer der überrheinischen Reichstags-Stimmen, am 24. März 1801.

597) Fahnenberg, über die Fortdauer, S. 21: „Endlich könnte man vielleicht noch die Besorgniß erregen, daß die Republik Frankreich es übel nehmen, wohl gar für eine Contravenzion des Reichsfriedens halten möchte, wenn die mehrerwähnten überrheinischen Reichstagsstimmen

gegen, nämlich der, daß es auf dem deutschen Reichstag in der Regel keine Personalisten gebe. Ja, die Projektenmacher hatten sich nicht verhehlt, daß sie eine Abweichung von der Regel zur Sprache brachten.

Somit wären zwar die beiden äußersten Enden, aber eine eigentliche Grenze noch nicht bezeichnet.

Die Reichsgesetze lassen hier im Stich; dagegen ertheilt das Reichsherkommen den erforderlichen Aufschluß. In einer Reihe von Fällen nämlich, wo jene Grenzbestimmung schwierig war oder wo mehr dafür sprach, daß die Reichsstandschaft erlöschen müßte, haben in Betreff derselben jedesmal Kaiser und Reich ausdrückliche Verfügung getroffen. Es ist allerdings nicht als bewiesen anzunehmen, daß in allen diesen Fällen, wenn die ausdrückliche Festsetzung nicht beliebt wäre, die Reichstagsstimmen aufgehört haben würden: doch mit Sicherheit ist zu entnehmen, daß in keinem dieser Fälle die Fortdauer unbedenklich und außer Zweifel war.

Die Natur solcher ausdrücklichen Verfügungen von Kaiser und Reich wird übrigens von denen nicht ganz richtig verstanden, welche an jeden Reichsschluß den Maßstab der modernen Gesetzgebung legen und ihn dem in Uebereinstimmung mit der Volksvertretung erfolgten legislatorischen Akt eines konstitutionellen Staatsoberhaupts ohne Weiteres an die Seite stellen. Ein solcher Reichsschluß war oft ein bloßes Weisthum. In zweifelhaften Fällen legte der Kaiser den Kurfürsten und Ständen des Reichs eine Frage, was eigentlich Rechtens sei, also über geltendes Recht

---

noch fortwährend unter ihrer vorigen Benennung im Fürsten-Rath aufgerufen würden. Diese Furcht ist aber augenfällig übertrieben. Die franz. Regierung kann und wird dagegen, ohne sich lächerlich zu machen, nichts einwenden können, sobald es ihr nur begreiflich gemacht wird, aus welchen erheblichen Gründen. . . ." Diese Wohlweisheit erhielt ihren Denkzettel durch die Note Frankreichs und Rußlands vom 3. und 4. Dezbr. 1802. Vgl. auch Anm. 614.

des Reiches vor [598]); der Reichstag beantwortete dieselbe mit einem Gutachten und dieses wurde durch reichsoberhauptliche Sanktion reichsschlußmäßig.

Danach sind namentlich die hier gemeinten Festsetzungen über die Fortdauer reichsständischer Rechte zu beurtheilen. Nichts ist dem Geiste der Reichsverfassung fremder, als daß die Fortdauer eines ius singulare — und als solches galt das Stimmrecht — von einem Beschluß der Reichsstände abhängig sein sollte. Davon ganz verschieden ist es aber, wenn die Fortdauer selbst zweifelhaft erscheint und Kaiser und Reich nunmehr den Ausspruch thun, daß die Zweifel nichtig sind, daß die in Rede stehende Reichsstandschaft von Rechtswegen fortdauert.

Ein solcher Ausspruch betraf im 17. Jahrh. die Stimme Bisanz [599]). Das Reichs-Conclusum vom 10/20. Dezbr. 1653, welches dem Kaiserl. Diplome vom 5. Mai 1651 [600]), mittelst dessen die Stadt Bisanz der Krone Spanien überlassen war, die Zustimmung ertheilte, doch gleichzeitig die Reichsstandschaft des Erzbischofs vorbehielt, ist nicht die Rechtsquelle dieser Reichsstandschaft für die Folge gewesen. Völkerrechtlich zwar — gegenüber Spanien und seit dem Nymweger Frieden gegen Frankreich — wurde so, nachdem die Kaiserliche Sanktion hinzutrat, reichsschlußmäßig jenes Stimmrecht sichergestellt. Sonst aber wurde nur der Zweifel, ob dasselbe, nachdem alles Landgebiet verloren war, fortdaure, durch den Ausspruch von Kaiser und Reich abgeschnit-

---

598) Ein solches Weisthum forderte der Kaiser über die Religions-Eigenschaft der Reichstags-Stimmen im Hof-Dekrete vom 30. Juni 1803. Selbst die Form der Frage findet sich darin. Vergl. ob. die vierte Streitfrage u. w. unt. den Anhang dieser Schrift.

599) Meiern, Regensb. R. T. Handl., Buch V §. 10, Nro. 4, S. 731.

600) Nicht, wie Pütter Histor. Entw., Th. II, S. 289 angibt, erst 1652.

ten: er war ein reichsrechtliches Weisthum für die Reichsstandschaft von Bisanz.

Die erwähnte Grenze wurde damals übrigens keineswegs überschritten; jene Stimme war und blieb eine geistliche; das Erzstift bildete die Substanz dieses Rechts. Der Zweifel entstand eben darüber, ob der Verlust des gesammten Landgebiets das Erzstift und folglich die Reichsstandschaft unangetastet lasse.

Einen andern derartigen Ausspruch thaten Kaiser und Reich im 18. Jahrh. mit Bezug auf das Haus Lothringen. Die reichsunmittelbaren Besitzungen dieses Hauses schmolzen mit dem Wiener Frieden auf einen unscheinbaren Rest ein. Die Markgrafschaft Nomeny selbst, wovon die Stimme der Lothringer im Fürsten-Rathe den Namen trug, ging an Frankreich verloren. Dies war einer der zweifelhaftesten Fälle und gewiß sprach mehr gegen als für die Fortdauer der Stimme Nomeny. Vor Abschluß des Friedensvertrags stellte daher das Reichs-Oberhaupt in dem Kommissions-Dekret $\frac{\text{d. d. 25.}}{\text{d. dict. 26.}}$ März 1736, worin die Friedens-Präliminarien mit Frankreich vom 3. Okt. 1735 vorgelegt wurden[601]), die Frage nach der Fortdauer jener Stimme und das Ansinnen, daß derselben, wie sie dem Hause Lothringen bei der allgemeinen Reichsversammlung „gebühre“ „einiger Abbruch nicht geschehe“[601a]). Am 18. (d. dict. 19.) Mai 1736 kam darauf das Reichs-Gutachten zu Stande, „daß es dem Herzog unbenommen sein und bleiben solle, sein von undenklichen Zeiten her bei Reichs- und Kreistägen hergebrachtes Stimmrecht unter dem bisherigen Aufruf Nomeny wegen dero noch übrig bleibenden unmittelbaren teutschen Reichslanden unabbrüchig ein als andern Weg zu continuiren und fortzusetzen[602]).“

601) Pachner v. Eggenstorf, Vollständige Sammlung aller Reichsschlüsse seit 1663 (Regensburg 1717) Th. IV, S. 491 f.

601a) Pachner, a. O, S. 494.

602) Pachner, a. O., S. 500. Das Gutachten bezog sich auf das

Und dieses Gutachten wurde durch die Kaiserliche Sanktion[603]) am 18. Juni j. J. reichsschlußmäßig.

Wie verhielt es sich nun mit den Ueberresten von Speier und Straßburg?

In Betreff Straßburgs scheint die Frage leicht zu erledigen. Die dem Kurhause Baden übertragnen Theile des Bisthums waren genau dieselben, worauf die Reichsstandschaft von Straßburg seit dem Ryswicker Frieden radizirt gewesen. Dabei darf jedoch nicht übersehen werden, daß die Säkularisation dieses Stifts in der Mitte liegt und daß nicht eben dasselbe, was von jenem galt, nun auch von dem neuen weltlichen Fürstenthum zu gelten hatte. Somit stand es mit der Fortdauer der Stimme Straßburg nicht günstiger als mit der von Speier.

Allerdings spricht der Umfang des Ländergebiets dafür, daß die erforderliche Qualifikation nicht mangelte. Doch ebenso von ungefähr ließe sich über die Reste des Bisthums Basel, die gleichfalls an Baden gekommen, deren Fürsten-Rath-Stimme dieses jedoch nicht beanspruchte, und über die Reste des Bisthums Worms urtheilen. Daß letztere zur Qualifikation der Reichsstandschaft ausreichten, beweist sogar der Umstand, daß auf Grund derselben der Plan der Reichsdeputation dem Hause Hessen-Darmstadt, welchem das Gebiet übertragen war, die Stimme Starkenburg zugedacht hatte. Im Fürsten-Rath erklärte Darmstadt sogar[604]), daß es, wenn Baden, was nicht in

ganze Friedenswerk. — Was am 2. Dezbr. 1803 in der Sitzung des Fürsten-Raths der Gesandte von Oesterreich von einem Wiederaufleben der Stimme Nomeny sagte, paßte zwar damals in den Kram seiner Deduktion, beruht aber auf einer thatsächlichen Unrichtigkeit, da gerade die Fortdauer jener Stimme und zwar vor dem Wiener Frieden d. h. ehe sie erlöschen konnte, von Kaiser und Reich ausgesprochen wurde.

603) Pachner, a. O., S. 501.

604) In der Sitzung vom 3. Febr. 1804: vgl. Anm. 591.

Abrede gestellt werden sollte, berechtigt wäre, die Stimmen Bruchsal und Ettenheim für Speier und Straßburg zu führen, alsbald sich auch in Besitz der Stimme Starkenburg für den ihm angehörigen Rest von Worms setzen würde.

Weßhalb sollten daher die Stimmen von Basel und Worms erloschen sein, die von Speier und Straßburg fortdauern?

Aus der vorhergehenden Untersuchung, welche die Grundlage dieser Erörterung ausmacht, ist herüber zu nehmen, daß die Säkularisation an und für sich das Aufhören der Stimmen jener Stifter hätte zur Folge haben müssen, daß jedoch reichsschlußmäßig der Uebergang der Stiftslande sammt allen anhängenden, somit auch der reichsständischen Rechte auf Erbfürsten zu deren Entschädigung für den Verlust andrer Lande resp. Stimmrechte, folglich die Fortdauer jener Stimmen des Fürsten-Raths festgestellt wurde.

Was nun Basel betrifft, so war allerdings der Ueberrest des Gebiets, welchen Baden erwarb, von so geringem Belang, daß dieses selbst keinen Anspruch erhob, und, wie auch aus der Presse jener Zeit ersichtlich ist, man das Erlöschen der Reichsstandschaft allgemein voraussetzte.

In Beziehung auf Worms würden allerdings Bedenken erwachsen, wenn nicht die ausdrückliche Verfügung der Reichsdeputation, wonach auf den Rest von Worms eine neue Stimme radizirt werden sollte, ganz außer Zweifel gestellt hätte, daß die Stimme von Worms als erloschen galt.

Und ist nicht genau dasselbe von Speier und Straßburg zu sagen? — Auch auf die Reste dieser Stifter sind, wie es den Anschein hat, neue Stimmen radizirt, eben die fraglichen von Bruchsal und Ettenheim. Diese stehen [605] an der neunten Stelle jenes Verzeichnisses „neuer Virilstimmen" im ersten Abschnitte des §. 32, während unweit

[605] Leist, a. O., S. 53 des Anhangs.

davon, an der zwölften, sich die dem Hause Hessen zugedachte Stimme Starkenburg vorfindet.

Die Stellung selbst, wie bereits ausgeführt und namentlich an dem Beispiel von Aremberg [606]) dargethan ist, beweist an sich nicht, daß diese Stimmen wirklich neu kreirte sind. Was bewei denn aber, daß sie nicht neu kreirt sind? daß nicht eben die Schaffung der neuen Stimmen Bruchsal und Ettenheim gegen die Fortdauer der alten Stimmen Speier und Straßburg Zeugniß ablegt?

1. Die Vorverhandlungen der Reichsdeputation mit den Gesandten der sog. vermittelnden Mächte.

In der Stimmen-Uebersicht, welche der Note vom 3. und 4. Dez. 1802 beigegeben war [607],) gehören die Stimmen Speier und Straßburg zu denen, „qui sont à rayer" d. h. welche erlöschen sollen. Im Kurfürsten-Rath sollen Mainz, Köln und Trier aufhören; ebenso im Fürsten-Rath unter andern auch jene beiden. Hier ist unverkennbar ein Unterschied gemacht zwischen den Stimmen dieser und der völlig auf dem rechten Rhein-Ufer belegenen Stifter. Von Mainz ist indessen schon dort gesagt: „Mais attendu que l'Electeur Archi-Chancellier est réconstitué ex iure novo, sans rien perdre de ses attributions, son vote doit rester actif et être appelé à l'avenir par son nouveau titre."

Im weitern Verlauf ist aber, wahrscheinlich nach Maßgabe dieser Anordnung über Mainz, den Stimmen Speier und Straßburg eine ganz andre Stellung eingeräumt worden. Die Stimmen-Uebersicht, welche der Note vom 31. Januar 1803 angefügt war [608]), beweist auf das Deutlichste die Absicht der fremden Minister, die Reichs-

606) S. ob. §. 36 und Anm. 555 das.

607) Comit-Corresp. 1802 Nro. 81, Regensb. 9. Dezbr. Beil. B. (s. Anm. 565).

608) Comit.-Corresp. 1803 Nro. 10, Regensb. 7. Febr. Beil. E. (s. Anm. 564).

standschaft von Speier und Straßburg fortdauern zu lassen, nur unter andern Namen. In der ersten Rubrik[609]) findet sich an der 19ten Stelle, d. h. an derjenigen, welche Speier in der alten Aufrufsordnung einnahm, Bruchsal; es steht nicht daneben der Vermerk „caduc“, wie bei den erlöschenden, sondern der Beisatz „pour Spire“. Ebenso ist an der 21ten Stelle, d. h. der dem Stifte Straßburg im Fürsten-Rath gebührenden, Ettenheim und daneben ebensowenig der Vermerk caduc gesetzt, sondern die Worte „pour Strasbourg“. In der zweiten Rubrik ist bei beiden das Haus Baden genannt, auf welches diese Stimmen übergehen. Die dritte Rubrik ist, wie bei allen übrigen Stimmen der säkularisirten Stifter, die nicht erlöschen sollen, leer gelassen, was bei denen die aufhören sollen, nirgend der Fall ist. Dagegen Worms an der 13ten, Basel an der 41sten Stelle sind als erloschen, caduc, bezeichnet. Die 13te d. h. Wormser Stelle ist aber keineswegs etwa der Stimme Starkenburg, sondern einer ganz andern, nämlich der dem Kurhause Sachsem zugedachten neuen Stimme Meißen eingeräumt, während für Starkenburg an der 92sten der Platz angewiesen ist, welchen die erloschne Stimme von Portia eingenommen hatte. Auch steht hier Starkenburg in der dritten Rubrik, welche die neuen oder neu versetzten Stimmen enthält und die Ueberschrift führt: „remplacement des votes caducs et votes supplémentaires“ — Bruchsal und Ettenheim dagegen stehn in der ersten, worin ausschließlich althergebrachte, fortdauernde Stimmen verzeichnet sind. Folglich ist ein „remplacement“ auf Speier und Straßburg nicht für anwendbar erachtet d. h. ihre Fortdauer vorausgesetzt.

II. Der Deputationsschluß selbst.

Auf Verlangen der fremden Minister und mit Zustimmung des Kaiserlichen Bevollmächtigten hatte die Reichsdeputation am 16. Dezbr. 1802 für die ersten 47 §§. des Hauptschlusses

---

609) Vgl. ob. §. 37.

einen französischen Text für den authentischen erklärt. Daher geben hier französische Worte den Ausschlag.

Nun ist es für den ersten Anschein auffallend, bei der Erwähnung der Stimmen Bruchsal und Ettenheim zwar die Bestimmung, daß sie für Speier und Straßburg gelten sollen, diese aber mit andern Worten, als in jener Note vom 31. Januar ausgedrückt zu finden. Es heißt nämlich: „Bruchsal au lieu de Spire", „Ettenheim au lieu de Strasbourg" — nicht wie dort: „pour." Daraus leiteten die Kaiserlichen bestimmte Folgerungen ab. So meinte der österreichische Direktorialgesandte [610]) in der Sitzung des Fürsten-Raths vom 2. Dezbr., daß „der Ausdruck: statt Straßburg — statt Speier wenigstens ebensoviel als caduc bedeute, indem an die Stelle noch existirender Dinge keine andern gesetzt zu werden pflegten."

Doch jenes „au lieu de" bedeutet erweislich genau dasselbe, wie das frühere „pour." Denn die Veranlassung, weßhalb dieses nicht beibehalten wurde, liegt ziemlich auf der Hand. In jener Note vom 31. Januar standen die Namen der Stimmen und die der Häuser in verschiednen Reihen nebeneinander. Dagegen im Deputations-Schluß wurden beide durch ein Satzgefüge verbunden. Der Ueberschrift in §. 32: „de nouveaux votes virils au Collège des Princes sont accordés, savoir . .", entsprach, daß der Name des Fürsten, dem die Stimme zu Theil werden sollte, im Dativ, also mit à aufgeführt wurde, z. B. „au Margrave de Bade." An den Namen des Fürsten und an das aus der Ueberschrift zu ergänzende Wort „vote", Stimme, reihte sich dann der Name des Landes,

---

610) Comit.-Corresp. 1803 Nro. 77, Regensb. 8. Dez. Beil. A, S. 41. Vorher hatte der österr. Gesandte vorgegeben, für Speier und Straßburg wäre der Ausdruck „caduc" in jener Note der vermittelnden Mächte gebraucht worden; vgl. Com.-Corr. a. O., S. 40. Hierüber eines Bessern belehrt, stellte Fahnenberg obige Ansicht auf.

worauf die Stimme radizirt war. Dies geschah mittelst einer Präposition. Die dafür geeignete war aber „pour“; denn man sagt: „un vote pour Spire“, eine Stimme für Speier. Nun hieß es also: „au Margrave de Bade pour Spire.“ Da war füglich nicht ein zweites pour einzuschalten; sonst wäre der Sinn völlig verdunkelt worden — „pour Bruchsal pour Spire.“ Deßhalb mußte die eine Präposition verändert werden und man wählte „au lieu de“, was obenein anzudeuten schien, daß Bruchsal in der Aufrufsordnung den Platz von Speier einnehme. Der Markgraf von Baden erhielt demgemäß die Stimme „für“ Speier; „statt“ Speier aber sollte sie Bruchsal heißen.

Nicht zu verwechseln ist aber Folgendes: Das Kurhaus Baden hat die Reste der Stifter Speier und Straßburg für erlittnen Verlust als Entschädigung zugewiesen erhalten, also auch die beiden Stimmen dieser Stifter. Wenn es ferner heißt, daß für oder statt Speier und Straßburg nunmehr Bruchsal und Ettenheim aufgerufen werden sollen, so liegt hierin nicht wiederum eine Entschädigung — etwa dafür, daß die Stimmen jener Stifter erloschen wären, sondern lediglich ein von solchem Ersatz völlig verschiedner Wechsel der Benennung derselben fortdauernden Stimmen [611]).

---

611) Dieser Verwechselung machte sich der Wirttembergische Gesandte schuldig und verwirrte dadurch die Sache von Bruchsal und Ettenheim ganz ungemein. Zum Ersatz für Mömpelgard hatte der R.-D.-H.-Schl. an Wirttemberg u. A. (§§. 6 u. 31) drei neue Stimmen: für Teck, für Zwiefalten, für Tübingen zugedacht; s. §. 32, Abschnitt I, Nro. 10. Diese waren von dem Kaiserlichen Veto betroffen, daher nicht rechtskräftig geworden. Als nun Baden in der Sitzung v. 14. Novbr. 1803 den Anspruch machte, die Stimme Bruchsal „für“ Speier, Ettenheim „für“ Straßburg zu führen, so erhob sich der Wirttembergische Gesandte, sobald bei Mömpelgard bemerkt wurde: „cessat“, um die Stimme Teck — „für“ Mömpelgard zu gebrauchen. Die Comit.-Corresp. 1803 Nro. 70, Regensb. 17. Novbr. bemerkt dazu: „Es ist einleuchtend, wie wenig dieser Anspruch am gehörigen Ort angebracht war, wo sich

Bruchsal und Ettenheim d. h. Speier und Straßburg bewirken ebensowenig eine Vermehrung der Virilstimmen im Fürsten=Rathe, wie Aremberg. Daher sind sie von dem Kaiserlichen Veto nicht betroffen. Somit hat ihr Uebergang auf das Haus Baden die reichsoberhauptliche Sanktion erhalten,ist reichsschlußmäßig geworden. Es gilt folglich von ihnen, was von den übrigen Stimmen der säkularisirten Stifter auseinandergesetzt ist — bis auf den neuen Aufruf.

§. 40.

Der neue Aufruf.

Der österreichische Direktorialgesandte hatte in der ersten Hitze des parlamentarischen Kampfes am 14. Novbr. sich zu der Behauptung verstiegen, die Stimmen Bruchsal und Ettenheim wären noch nicht einmal ratifizirt. Auf die mehrmalige Entgegnung Baden's, diese Stimmen wären keine neu kreirten, erwiderte der Gesandte bereits einlenkend: „der Aufruf Ettenheim und Bruchsal ist ganz neu und den ältern Reichstags=Akten ebensowenig als den staatsrechtlichen Abhandlungen bekannt; bedarf daher erwähntermaßen der reichsoberhauptlichen Bestätigung.“ Am

---

die Reichsversammlung eben erst mit der Berathung über die Einführung der in Antrag gebrachten neuen Viril=Stimmen beschäftigte. Diese sonderbare Forderung veranlaßte daher sowohl von Wirttembergischer als österreichischer Seits die nachdrücklichsten Pro= und Reprotestationen.“ Den Wirttemb. Gesandten überzeugten später seine Kollegen von der Unzulässigkeit seines Anspruchs und er sprach darauf den Wunsch aus, daß seine Verwahrung, aber auch der vom Direktorium ertheilte derbe Verweis aus dem bereits vollzognen Protokoll entfernt würde. Das Direktorium erließ in Folge dessen ein „Circulare an sämmtliche Mitglieder des fürstlichen Collegii“, ob diesem Wunsche nachzugeben sei. Die Majorität war dafür und das Protokoll wurde nachträglich verändert. Comit.=Corresp. 1803 Nro. 70 Regensb. 21. Novbr. (vgl. Anm. 590).

Ende der Sitzung erklärte das Direktorium, es sähe die abgelegten neuen, den ältern Reichstags-Akten nach ihrem Namensaufruf ganz unbekannten Stimmen als nicht geschehen an [612]). Als am 18. Novbr. Baden „noch feyerlicher gegen die Behinderung der Ausübung der zwei nicht neu kreirten, sondern nur nach dem Lüneviller Frieden eine neue Benennung erhaltner Stimmen" sich verwahrte, wandte sich die österreichische Antwort namentlich gegen den „noch zur Zeit nicht stattfindenden Aufruf ganz neu benamster Stimmen [613])." — Endlich in der Sitzung vom 2. Dezbr. beschränkte sich Oesterreich in seiner Opposition gegen die Führung jener Stimmen auf den Umstand der neuen Namen [614]). Für erloschen erklärte der Direktorialgesandte nicht mehr die Stimmen der säkularisirten Stifter Speier und Straßburg, sondern lediglich ihren Aufruf, ihre Benennung. Sein jetziges Argument war, ein solcher veränderter Aufruf alter Stimmen dürfte nicht ohne Kaiserliche Genehmigung Eingang finden. Dabei bezog der Gesandte sich auf das Reichsherkommen; er erinnerte nämlich an den Vorgang von Lothringen-Nomeny und einen Fürsten-Rath-Schluß vom 9. Dezbr. 1709. Er wollte damit beweisen, daß in solchen Fällen die Sache zuvor reichsschlußmäßiger Erledigung bedürfe.

Aber seine Belege waren nicht glücklich gewählt. Bei

612) Comit.-Corresp. 1803, in der oft angef. Nro. 73, Beil. B. S. 23.

613) Comit.-Corresp. 1803 Nro. 74 Regensb. 28. Novbr. Beil. B. S. 26.

614) Comit.-Corresp. 1803 Nro. 77 Regensb. 8. Dezbr. Beil. A. S. 40 und 41. In der österreichischen Entgegnung hieß es: „Dieses Erlöschen geht aber hier nur auf den alten Aufruf, weil dieser, sowenig als die von den jenseitigen Rheinlanden vorhin geführten Titel beibehalten werden dürfen." (vgl. Anm. 597).

dem öfter erwähnten Fall von Romeny [615]) handelte es sich, gerade umgekehrt, wie bei Speier und Straßburg, um eine Fortdauer der Reichsstandschaft unter dem bisherigen Aufruf.

Im Jahre 1709 wurde, wie der österreichische Gesandte am 2. Dezbr 1803 angab, festgesetzt, „daß einem der ersten reichsständischen Höfe die Führung einer neuen bereits quoad quaestionem an reichskonstitutionsmäßig beliebten Stimme nicht zu gestatten seye, weil die Sitz- und Aufrufsordnung erwähnter neuer Stimme und andre in dergl. Fällen üblichen Solennien noch nicht berichtigt waren.“ Diese österreichische Angabe ist keine sonderlich treue, wenn man den geschichtlichen Hergang mit ihr vergleicht. Jener reichsständische Hof war Brandenburg; jene neue Stimme war die von Mörs [616]). Die quaestio an war in Betreff derselben nichts weniger als reichskonstitutionsmäßig entschieden. Im Gegentheil: weder der Kaiser noch der Kurfürsten-Rath, sondern lediglich der Fürsten-Rath hatte seine Zustimmung ertheilt, als Brandenburg sich in Besitz dieser Stimme zu setzen suchte, wovon jener Schluß vom 9. Dezbr. abmahnte. Ferner galt es bei Mörs eine völlig neue Stimme. Für sie war noch erst ein Platz in der Versammlung, eine Stelle in der Aufrufsordnung zu bestimmen [617]). Dieses Beispiel ist daher nicht zutreffender als das erste.

---

615) S. ob. Anm. 601—603; vgl. (Fahnenberg) Ueber die Fortdauer der überrhein. Reichstags-Stimmen, S. 17.

616). Die Fürstenthümer Mörs und Lingen kamen aus der Erbschaft des großen Oraniers durch Friedrich Wilhelms I. Vergleich mit dem Miterben Nassau-Diez im J. 1732 an Preußen; vgl. K. Fr. Eichhorn, deutsche Staats- und Rechts-Geschichte (1836) Th. IV. §. 598, S. 620.

617) (Schelhaß) Pragmatische Geschichte der deutschen Reichstags-Verhandlungen von dem neusten Dep.-Haupt-Schl. bis gegen d. Ende d. J. 1804 (Regensburg 1805), S. 104. Hier ist auch in getreuer

Welche „Solennien" waren denn bei Bruchsal und Ettenheim zu berichtigen? Sie nahmen im Fürsten=Rathe die längst bekannten Plätze von Speier und Straßburg ein; beim Aufruf sollte an der 19. Stelle Bruchsal für Speier, an der 21sten Ettenheim für Straßburg votiren. Wenn an eine förmliche Einführung der Stimmen säkularisirter Stifter überhaupt, wovon im vorigen Abschnitt gehandelt ist, nicht zu denken war, so ist der neue Aufruf dieser beiden Stimmen kein hinreichender Grund, jenes Erforderniß zu stellen. Denn ein bloßer Aufruf, sei er noch so neu, der bloße Name kann nicht noch erst introduzirt werden.

Dennoch hat der am 14. Novbr. von dem Direktorium des Fürsten=Raths ausgesprochne Grundsatz, daß ein den Reichstags=Akten völlig unbekannter Aufruf ohne Kaiserliche Genehmigung in die althergebrachte Stimmordnung nicht Eingang finden darf, seine volle Richtigkeit. Die Genehmigung des Kaisers fehlt aber auch den neuen Namen der alten Stimmen Speier und Straßburg, fehlt auch dem Aufrufe Bruchsal und Ettenheim keineswegs.

In §. 32 des Deputations=Schlusses vom 25. Febr. war dieser neue Aufruf beantragt; den ganzen R.=D.=Schl., somit auch ihn hatte das Reichs=Gutachten vom 24. März bestätigt. Eine „Vermehrung der Virilstimmen des Fürsten=Raths" ist in der Wiedertaufe jener alten Stimmen des Fürsten=Raths nicht enthalten. Daher wurde dieser neue Aufruf auch nicht von dem Kaiserlichen Veto betroffen. Folglich gehört er zu den vom Reichsoberhaupt sanktionirten Theilen des R.=D.=H.=Schl. und Reichs=Gutachtens, ist in den J. R. Schl. mitübergegangen und bildet einen integrirenden Theil von §. 32 desselben. Die

Uebereinstimmung mit den Quellen der Hergang in Betreff Bruchsal's und Ettenheim's erzählt: eines Urtheils über den Rechtspunkt enthält sich der Berichterstatter.

neuen **Namen** sind demnach von **Kaiser und Reich** genehmigt und das Reichsdirektorium [618]) hatte die Schuldigkeit, in der althergebrachten Aufrufsordnung die reichsschlußmäßige Veränderung anzubringen, daß an 19ter Stelle Bruchsal, an 21ster Stelle Ettenheim aufgerufen würde.

Eine Analogie, wenn es es deren etwa bedarf, bietet der Vorgang von Mainz im Kurfürsten-Rath. Daß hierbei noch eine Uebertragung der Reichsstandschaft auf andre Territorien, wie bei Aremberg, Salm und Dietrichstein, hinzukam [618a]), daß ferner bei dem unauflöslichen Verhältnisse, welches die goldne Bulle [619]) zwischen den Kurhäusern und den Kurlanden angeordnet hat, solche Uebertragung noch bedenklicher als bei Fürsten-Rath-Stimmen erscheint, werde nur beiläufig erwähnt. In Betracht kommt, daß der Name „Kurmainz“ und zwar aus denselben Gründen, wie die von Speier und Straßburg erlöschen, und die als fortdauernd betrachtete Stimme des Erzkanzlers über Germanien, der obenein mit Trier's und Köln's Ausscheiden [620]), der einzige Kanzler des heil. röm. Reichs war, fortan unter

---

618) Nicht das Direktorium des **Fürsten-Raths**. Wenn daher dieses am Schlusse der Sitzung vom 4. März 1805 zu Protokoll gab: „Hierbei müsse Direktorium in Beziehung auf die von der fürstlich Badenschen Gesandtschaft interloquendo vorgebrachte Verwahrung wiederholt bemerken, wie **es in seiner Macht nicht** stehe, an diesem namentlichen Aufruf irgendwas zu ändern, und ohne höhere und respective allerhöchste Verfügung statt Speier: Bruchsal und statt Straßburg: Ettenheim zu benennen“, so hatte die Bemerkung darin ihre Richtigkeit, daß jene Aenderung des Aufrufs der „**höheren**“ d. h. reichserzkanzlerischen, aber nicht darin, daß sie einer „**allerhöchsten**“ d h. reichsoberhauptlichen Verfügung bedurfte. — **Comit.-Corresp.** 1805 Nro. 24, Regensb. 14. März, Beilage C, S. 8.

618a) **R.-Schl.** §. 25; **Leist**, a. O., S. 47 des Anhangs.

619) G. B. Karl's IV., Kap. 25.

620) Noch der 12te geheime Artikel des Vertrags von Campo-Formio hatte die Erhaltung von Trier und Köln vorausgesetzt, ja deren Schadloshaltung zugesichert.

der neuen Bezeichnung „Kurerzkanzler“ aufgerufen werden sollte. Wie die neuen Namen Bruchsal und Ettenheim in §. 32, so war dieser neue Name für Kurmainz in §. 25 des R.-D.-H.-Schlusses verzeichnet. Auf das Schärfste wurde dieser neue Name von den neuen Kurwürden, welche der J. R. Schl. kreirte, auseinander gehalten. Diese bedurften noch des Kaiserl. Hof-Dekrets vom 19. August und der feierlichen Einführung in den Kurfürsten-Rath vom 22. Aug. 1803. Gerade bei dieser Gelegenheit fungirte das „Kur-Erzkanzlerische“ Reichsdirektorium.

Sogar der Augenblick läßt sich bei Kurmainz nachweisen, wo der neue Name nicht nur rechtskräftig wurde, sondern auch ausdrücklich von Seiten des Reichsoberhaupts als rechtskräftig anerkannt ist. Das Kommissions-Dekret vom 27. April, wodurch der Reichs-Deputations-Schluß zum Reichs-Schluß erhoben wurde, wodurch also der ganze Inhalt mit Ausnahme seiner Bestimmungen über Vermehrung der fürstlichen Virilstimmen Gesetzeskraft erhielt, trägt die Aufschrift: „dem Hochlöblichen Kurerzkanzlerischen Reichs-Directorio anzuhändigen [621]).“ Und so konnte denn Kurmainz dasselbe Dekret, kraft dessen sein neuer Name reichsschlußmäßig ins Leben trat, nicht mehr durch die „Mainzische“, sondern mußte es durch die „Kurerzkanzlerische“ Gesandtschaft zur Diktatur bringen. Gleichzeitig aber mit dem neuen Namen Kurerzkanzler statt Kurmainz erlangten die neuen Bezeichnungen für Speier und Straßburg volle Rechtskraft — dieser alten Stimmen neue Namen in der Aufrufsordnung des Fürsten-Raths: die Stimmen Bruchsal und Ettenheim.

---

621) Comit.-Corresp. 1803 Nro. 34, Regensburg 2. Mai Beilage A.

Das Ergebniß.

§. 41.

Die Stimmen der säkularisirten Stifter, welche der J. R. Schl. auf Erbfürsten übertragen hatte, erwiesen sich als unmittelbar aktive, vollgültige Stimmen des Fürsten-Raths. Die Führung derselben von Seiten ihrer neuen Erwerber war durchaus unabhängig von irgendwelchen Entschließungen des Reichsoberhaupts.

Der offenkundigen Absicht des Kaiserlichen Hofes, die gesammte Angelegenheit der Virilstimmen des Fürsten-Raths als unerledigt erscheinen zu lassen und in den staatsrechtlichen Streit, der über die Neubildung jenes Kollegiums, scheinbar zwischen beiden Religions-Parteien, in der That jedoch zwischen Kaiser und Reich entbrannt war, hineinzuziehen, standen reichsrechtlich unbesiegbare Hindernisse entgegen.

Mit dem 27. April, da das Reichsoberhaupt in jenem Kommissions-Dekrete dem Gesetz-Entwurf der Deputation und dem Gutachten der Stände des Reichs zu einem geringen Theil sein Veto entgegensetzte, größtentheils jedoch die Sanktion ertheilte, nahm das öffentliche Recht Deutschlands eine neue Gestalt an. Der damals gegründete Rechtszustand war durch kein Kaiserliches Machtgebot, auch nicht durch das Hof-Dekret vom 30. Juni rückgängig zu machen.

Und so war jede Hinderung oder Beschränkung der fürstlichen Häuser in dem Gebrauch der durch den J. R. Schl. erworbnen Stimmen säkularisirter Stifter — **Bruchsal** und **Ettenheim** einschließlich, — wie am 18. Novbr. 1803 Baiern im Fürsten-Rath zu Protokoll erklärte [622]: eine **Suspension geltender Stimmrechte**, somit eine **Verletzung der beschwornen Wahlkapitulation** [623]), ein **Verfassungsbruch**.

---

622) Comit.-Corresp. 1803 Nro. 74 Regensb. 28. Novbr. Beilage B, S. 27.

623) K. W. K., Art. I, §. 3.

Schlußbetrachtung.

Ausgangspunkte der Untersuchung.

§. 42.

Rückblick.

Der Uebermacht einer unaufhaltsamen Entwicklung des öffentlichen Rechts mußte der römische Kaiser sich beugen, als er abwehren und hintertreiben wollte, was im Jahr 1803 die nothwendige Folge gegebner Voraussetzungen war. Die Aufhebung des geistlichen Fürstenthums, welche der Lüneviller Frieden angeordnet und der J. R. Schl. vollzogen hatte, brachte im Fürsten=Rath, somit in allen drei Kollegien des Reichstags die Stimmenmehrheit der Protestanten zu Wege. Vergebens sträubte sich das Reichsoberhaupt gegen diese mit seiner Einwilligung unabwendlich gewordne Niederlage des Romanismus.

Zwar den Plan einer Neubildung des Fürsten=Raths, welchen Frankreich und Rußland in §. 32 des R.=D.=Schl. vom 25. Febr. vorgeschrieben, vereitelte sein Veto [604]. Die Berechtigung dazu fehlte nicht [605]; doch eine Verpflichtung und überdies eine gedoppelte wurde mit Unrecht jener Willenserklärung zu Grunde gelegt. Gleichzeitig hatte sich hierbei der Kaiser auf das Lebensgesetz des römischen Systems, die Zwei=Einigkeit von Reich und Kirche [626], und auf das Grundgesetz des deutschen Protestantismus, den westfälischen Frieden [627] berufen.

---

624) Theil I dieser Abhandlung.

625) Erste Streitfrage.

626) Dritte Streitfrage.

627) Zweite Streitfrage.

Unterblieb aber auch jene Reorganisation, welche das Ausland gewollt und worauf die betheiligten Fürsten sich längst gewisse Rechnung (ohne den Wirth) gemacht, so offenbarte die Herrschaft der Evangelischen über den gesammten Reichstag sich nun doch als vollendete Thatsache. Ein Produkt der Rechtsentwicklung, die ja freilich durch allerlei Zuthun von Kaiser und Reich, von Freund und Feind gefördert war, — aber wider Willen des Kaisers, wider Willen der sog. vermittelnden Mächte, wider Erwarten Aller abschloß, nahm der Fürsten-Rath in Folge des Lüneviller Friedens und auf Grund des J. R. Schl. eine wesentlich neue Gestalt an. Sie war dem Romanismus nachtheilig, dem Protestantismus günstig.

Einen zweiten fruchtlosen Streit begann darob das Reichsoberhaupt [628]). Der in der Burg zu Wien mißliebigen Ordnung der Dinge suchten die Hofjuristen des Kaisers den Charakter der Rechtmäßigkeit zu entziehen. Die Religionseigenschaft einer großen [629]), die Vollgültigkeit einer noch größern Zahl fürstlicher Stimmen [630]) ward in Zweifel gezogen. Es war aber keine Aussicht, selbst wenn dieser Angriff ebenso gelang, als er fehlschlug, das Unmögliche möglich und die protestantische Majorität zur Minderheit zu machen, oder auch nur eine Stimmengleichheit im Fürsten-Rathe durchzusetzen.

Den somit evangelisirten Reichstag in seiner freilich längst gelähmten Thätigkeit vollends zu hemmen, war hierauf im Werk [630a]). Die Neubildung des Fürsten-Raths im Sinne des Romanismus sollte für ihn die Vorbedingung allen ferneren Wirkens abgeben. Es gewann den Anschein, als wäre wenigstens dieser Versuch geglückt. Nur hielt es Niemand noch der Mühe werth, genauer Acht zu haben.

---

628) Theil II dieser Abhandlung.

629) Vierte Streitfrage.

630) Fünfte Streitfrage.

630a) Comit.-Corresp. 1804 Nro. 5 Regensb. 19. Januar.

Auch dieser Versuch mißglückte. Der Reichstag mit protestantischer Majorität fristete sein kümmerliches Dasein auch fernerhin; jener Fürsten-Rath, worin das Uebergewicht der Evangelischen weit stärker, als vor Zeiten das der Römischen gewesen war, faßte eine Reihe von Beschlüssen, deren allerdings keiner verdient, daß man ihm ein Gedächtniß stifte. Die von dem Kaiser in dem letzten Rechsstreite des heiligen römischen Reichs bekämpfte Form jener Institution erhebt in der That wohlbegründeten Anspruch auf Geltung. Sie war die rechtmäßige Gestalt des Fürsten-Raths auf der letzten Stufe seiner Entwicklung innerhalb der römisch-deutschen Reichsverfassung.

§. 43.

Der Fürsten-Rath auf Grund des J. R. Schl. vom 27. April 1803.

Dem Plan einer Reorganisation des Fürsten-Raths, welchen §. 32 des R.-D.-H.-Schl. aufstellte, ist eine unverhältnißmäßige Beachtung zu Theil geworden. Er war weder der einzige, noch der jüngste Entwurf. Denn mit Rücksicht darauf, daß er nicht zur Ausführung kommen sollte, wurden mehrfache anderweite Vorschläge zur Sprache gebracht. Nämlich [631]) römisch-katholischer Seits

---

631) Comit.-Corresp. 1803 Nro. 73 Regensb. 21. Novbr. Beil. B, S. 18—20; Nro. 74 Regensb. 28. Novbr. Beil. B, S. 29. und 30; Beilage C, S. 11 und 12; Nro. 79 Regensb. 12. Dezbr., Beilage D, S. 17; Beilage E, S. 44 und 45, S. 49 und 50, S. 54; Nro. 82 Regensb. 19. Dezbr, Beil. A, S. 62—61; Comit.-Corresp. 1804 Nro. 17, Regensb. 23. Febr., Beilage A, S. 26, 27; Nro. 20, Reg. 5. März, Beil. A. S. 72. — (Fahnenberg) Krit. Betrachtungen üb. d. neue Organisation des Reichs-Fürsten-Raths, März, 1805, S. 47 bis 62. — Das Protokoll sowohl des Kurfürsten- als des Fürsten-Raths vom 12. Dezbr. 1803 fehlt in der Göttinger Sammlung; doch wird dieser Mangel reichlich aufgewogen durch den Bericht in Comit.-Corr. 1803 Nro. 80 Regensb. 15. Dezbr. Daraus erhellt, daß in beiden

im Kurfürsten=Rathe: von Böhmen am 21. Novbr., Salzburg am 9. Dezbr., dem Erzkanzler am 12. Dezbr., ferner im Fürsten=Rath: von Salm am 14. Novbr., Oesterreich (gleichlautend mit Böhmen) am 18. Novbr., Salzburg (wie im Kurkolleg), Hoch= und Deutschmeister und Lobkowitz am 9. Dezbr., Regensburg (gleichlautend mit dem Kurerzkanzler) am 12. Dezbr., Lichtenstein am 16. Dezbr. 1803, endlich von der Presse im März 1805 — protestantischer Seits von Kurbraunschweig am 20. Febr. und im Fürsten=Rathe von Bremen und den übrigen Stimmen des Hauses Braunschweig=Lüneburg am 2. März 1804.

Während aber jener Entwurf sogar in die Lehrbücher des deutschen Staatsrechts überging [632]), findet sich nirgend ein glaubwürdiges und richtiges Verzeichniß der aktiven Stimmen [632a]), nirgend eine wissenschaftliche Darstel=

Reichs=Räthen an jenem 12. die Protokolle zu keinem andern Behuf eröffnet wurden, als um den großartigen Plan einer Neubildung des Fürsten=Raths aufzunehmen, der zur Vermittlung aller obschwebenden Differenzen und in Ausdrücken, die darauf berechnet waren, nirgend anzustoßen, von Seiten Dalberg's vorgelegt wurde. Mit der gewöhnlichen Prätension trat dieser Allerwelts=Vermittlungs=Vorschlag auf, und befriedigte natürlich Keinen. An jüngst Erlebtes aber mahnt es uns, wenn wir lesen, wie der weise Dalberg 1) ein Definitivum, doch zur Einleitung desselben außerdem 2) — ein Provisorium des Fürsten=Raths in Vorschlag bringt!

632) Gönner, Teutsch. Staats=Recht (Landshut 1804), Anhang zu §. 151, S. 813—816. Leist, Lehrbuch des teutschen Staats=Rechts (Göttingen 2te Aufl. 1805), im Anhang S. 54 f. und §. 77, S. 240—242. Schmalz, Handbuch des teutschen Staats=Rechts (Halle 1805) §. 191, S. 152—155.

632a) Zwei Verzeichnisse, welche den Freiherrn von Fahnenberg zum Verfasser haben, dürfen nach Lage der Sache, wie sie im Obigen darzustellen versucht ist, kein besondres Vertrauen erwecken. Der Unrichtigkeiten sind übrigens weniger, als zu muthmaßen war. Wissenschaftlichen Werth beanspruchen jene Schemata natürlich nicht. Comit.=Corresp. 1803 Nro. 82 Regensb. 19. Dezbr. Beilage B, und Comit.=Corresp. 1804 Nro. 3 Regensb. 12. Januar, Beilage H.

lung [633]) des Fürsten-Raths, wie er zuletzt beschaffen und wirklich in Geltung war.

Eine solche Darstellung setzt die Lösung der Rechtsfragen voraus [634]), mit welcher sich diese Abhandlung, namentlich der zweite Theil derselben beschäftigte. Aus der obigen Untersuchung ergeben sich folgende Grundzüge:

I. Der Fürsten-Rath auf Grund des J. R. Schl. zählte 82 Stimmen.

Von den bisherigen 100 Stimmen waren erloschen

auf der geistlichen Bank:	auf der weltlichen Bank:
Burgund	Pfalz-Lautern
Bisanz	Pfalz-Simmern
Worms	Pfalz-Zweibrücken
Basel	Pfalz-Veldenz
Lüttich	Savoyen
Chur	Nomeny
Weißenburg	Mömpelgard
Prüm	7 Stimmen.
Stablo	
Schwäbische Prälatenkurie	
Rheinische Prälatenkurie.	
11 Stimmen.	

633) Einzelne Grundsätze sind bei Leist, a. O. S. 238 f., und mehr noch bei Gönner a. O., S. 214 angegeben. Aber Beide widmen sowohl dem antiquirten, als dem projektirten Recht weit größre Aufmerksamkeit. Eine zusammenhängende Beschreibung der letzten Gestalt des Fürsten-Raths findet sich weder bei dem Einen, noch bei dem Andern. Was insbesondre die St. von Speier und Straßburg angeht, so bezeichnet sie Gönner ohne nähere Begründung als erloschen und Leist verhält sich der ganzen Frage gegenüber neutral. — Nicht mehr, als 1802 Christian Daniel in Halle, Ueber die Schicksale der deutschen Reichs-Staats-Verfassung (Leipzig 1802), der im 18. Kapitel, S. 391, den Lüneviller Frieden mit dem frommen Wunsch abfertigte: „möge er werden, was der westfälische Friede nicht werden konnte" (!), gibt im J. 1805 hierüber Theod. Schmalz, dessen Handbuch sonst die bündigste und anschaulichste Uebersicht des Reichsrechts gewährt, d. h. eigentlich gar nichts: denn a. O. §. 191, S.152 berichtet er, daß eine Neubildung nöthig geworden, daß die Reichsdeputation eine solche entworfen, und daß dieser

II. Die Protestanten hatten: 53, die Römisch-katholischen: 29 Stimmen[635]). Beim turnus catholicus der Kuriatstimme der westfälischen Grafen hatten die Ersteren: 52, die Letzteren: 30.

III. Die Eintheilung in eine geistliche und eine weltliche Bank war beibehalten. Aber unter völlig veränderter Bedeutung.

1) Auf der weltlichen Bank wurden: 56, auf der geistlichen: 26 Stimmen geführt.

2) Sie war nicht mehr eine organische Einrichtung des Reichsrechts. Durch bloßen Schluß des Fürsten-Raths konnte sie beseitigt werden[636]).

3) Auf der geistlichen Bank bildeten die drei geistlichen Stimmen Regensburg Hoch- und Deutschmeister, Johannitermeister die Ausnahme; alle übrigen waren weltlich. Bis zum J. R. Schl. waren umgekehrt die Stimmen

---

Entwurf, weil die Zahl der evangelischen Stimmen darin die der römisch-katholischen überstieg, am Kaiserlichen Hof Anstand gefunden: darauf theilt er den vereitelten Plan in extenso mit.

634) Auch die wenigen Grundsätze, welche z. B. Gönner aufgestellt, sind ohne weitre Begründung, bloße Axiome. Sie gewinnen freilich an Werth und Inhalt, wenn erst ein Maßstab der Beurtheilung gewonnen ist, der jenem Lehrbuche fehlt. Aber immerhin erschöpfend sind sie nicht.

635) Vor dem Lüneviller Frieden hatten die Protestanten (mit Osnabrück und den westf. Grafen) 45, die Römisch-katholischen (ohne Osnabrück und die westfäl. Gr.) 55; die Letztern hatten daher eine Mehrheit von 10, 12 bis 14 Stimmen — Nach dem Entwurf vom 25. Febr. 1803 (§. 32) hatten die Protestanten (ohne die westf. Gr.) 77, die Römisch-katholischen (mit den westfäl. Gr.) 54 St., folglich die Protestanten eine Mehrheit von 23 oder (wenn jene St. dazukam) 25 Stimmen. Vgl. ob. S. 18 und Anm. 38 das. — In dem Fürsten-Rath, wie er in Folge des J. R. Schl. wirklich war, hatten die Protestanten mit 22 oder 24 Stimmen die Mehrheit. In dem Plan der Reichsdeputation war demgemäß das Verhältniß für die Römisch-katholischen nur um ein Geringes ungünstiger.

636) J. R. Schl. §. 32, letzter Abschnitt, Satz 1; b. Leist a. O., S. 55 des Anhangs.

Oesterreich und Burgund ausnahmsweise zwei weltliche unter lauter geistlichen Stimmen.

Früher war für die protestantischen geistlichen Reichsstände, da die geistliche Bank sie nicht zuließ, die Querbank errichtet [637]). Jetzt befanden sich 11 evangelische Stimmen neben 15 römisch-katholischen auf der geistlichen Bank.

Nur war so die Mehrheit hier doch römisch, während die auf der weltlichen Bank protestantisch war. Dort votirten neben 14 beziehentlich 15 Römisch-katholischen 42 beziehentlich 41 Protestanten.

So hatte sich erfüllt, was die Minister der sog. vermittelnden Mächte in der Note vom 31. Januar über die von Baiern in der 32. Deputationssitzung beantragte Beibehaltung jener Scheidung aussprachen [638]): „que les Latera puissent être conservés aussi longtems que le Collège le jugera utile, non comme séparation entre les Etats catholiques et protestans, ou comme souvenir de la séparation entre les Princes laïcs et ecclésiastiques, mais pour altérer le moins possible l'ordre usité“. Dieser Ueberrest der alten Ordnung der Dinge wurde zweifelsohne nur deßhalb verschont, um für die Reihenfolge der Stimmen gewisse Anknüpfungspunkte zu gewinnen [639]). An den Grundgedanken der Reichsverfassung, an die ganz eigenthümliche Kreuzung der weltlichen und der geistlichen Sphäre sollte nicht einmal mehr erinnert werden; auch war in der That jene Institution nunmehr bis zur Unkenntlichkeit entstellt. Und da wollte sich der Kaiser noch auf die Einheit des Reichs mit

637) Westfäl. Fr., Art. V. §. 22.

638) Vgl. Anm. 608.

639) Für die Reihenfolge: nicht zu befürchten war ein Rangstreit, da §. 32 in jenem dritten Abschnitt des R.-D.-H.-Schl., dem zweiten des J. R. Schl. als dritten Satz aufgestellt hat, daß durch den Aufruf der Stimmen dem höhern oder gleichen Rang der Fürsten gar nicht präjudizirt werden sollte.

der römischen Kirche berufen [640])! Aber ebensowenig, wie diese Berufung mit der neuen Ordnung harmoniren will, ebenso zwecklos erscheinen, hiermit verglichen, des Kaisers Anstrengungen, eine Gleichheit der Stimmen beider Konfessionen im Fürsten-Rath herzustellen [641]). Denn der eigentliche Halt, der darin lag, daß eine große Zahl Stimmen einen eisernen Bestand der römischen Kirche bildeten, unwandelbar ihr angehörten, war zerbrochen. Jene Stimmengleichheit, würde sie 1803 erreicht worden sein, wäre nicht mehr für die Dauer begründet. Mit einem Bekenntnißwechsel des fürstlichen Hauses konnte jede Stimme im Fürsten-Rath die entgegengesetzte Religionseigenschaft überkommen [642]), mit Ausnahme der protestantischen Stimmen, welche durch Verträge dem Augsburgischen Bekenntniß angehörten, und der drei geistlichen Stimmen, für welche das Reservatum ecclesiasticum noch seine Wirkung übte und die daher die einzigen der römischen Kirche sichern Stimmen des Fürsten-Raths waren.

IV. Die meisten Stimmen im Fürsten-Rath, nämlich 11 führte das Haus Brandenburg; demnächst hatte Pfalzbaiern 9; sodann das Kurhaus Braunschweig 7; das Kurhaus Baden 6; das fürstliche Haus Sachsen 5, abwechselnd 6; die Häuser Mecklenburg und Nassau-Oranien je 4 [643]). Je drei führten Oesterreich, Salzburg und das Oldenburger Fürstenhaus; ferner je zwei Stimmen Wirttemberg und Kurhessen. Die übrigen Fürstenhäuser und die drei geistlichen Stände hatten 1 Virilstimme, die Reichsgrafen wie bisher ihre 4 Kuriatstimmen. — Keine eigne Stimme für sich hatte, wie früher schon immer, im Fürsten-Rathe Kursachsen: abwechselnd mit den fürstli-

640) Dritte Streitfrage.

641) Zweite Streitfrage.

642) S. ob. §. 31 und 32.

643) Die Fürstenthümer Fulda und Corvey waren dem Erbprinzen übertragen, so daß dieser die beiden Stimmen Fulda und Corvey führte.

chen Linien des Gesammthauses Sachsen führte die Kurlinie die Fürstenstimme **Henneberg**.

V. Das **Direktorium** des Fürsten-Raths war unverändert. Es wechselte, wie früher, zwischen **Oesterreich** und **Salzburg**. Von diesen beiden Stimmen der geistlichen Bank war die erstere bisher im Grunde weltlich gewesen: nun waren es beide. Sie gehörten übrigens, seit das Erzstift Salzburg zur Sekundogenitur von Oesterreich[644]) geworden war, zweien Linien desselben Hauses.

VI. Da die neue Aufrufsordnung des §. 32 des R.-D.-H.-Schl. nicht ins Leben trat, so wurde zwar die althergebrachte von den Direktorien des Fürsten-Raths zu Grunde gelegt. Doch sie war, obwohl buchstäblich unverändert, eine wesentlich andre, als vor dem J. R. Schl. Die sämmtlichen 100 Stimmen des ehemaligen Fürsten-Rathes wurden nämlich aufgerufen und die erloschnen als solche bezeichnet. Die Folge dieses Verfahrens war eine Neuerung, wie sie nicht einmal jener Reorganisations-Plan des R.-D.-Schl. in Vorschlag gebracht hatte. Während bisher ganz regelmäßig erst eine Stimme der geistlichen und dann eine der weltlichen Bank abgegeben worden[644a]), so wurde jetzt, jenachdem in der Mitte eine geistliche oder weltliche Stimme als erloschen zu bezeichnen war, nicht etwa die nächstfolgende derselben Bank, sondern die der erloschnen folgende der entgegengesetzten Bank aufgerufen, folglich von einer und derselben Bank mehrere Stimmen nacheinander ausgeübt. Während daher der Aufruf nicht der leisesten Modifikation unterlag[645]) und z. B. die westfälischen Grafen nach wie vor

644) Als deutscher Ersatz für Toskana, nachdem einst Toskana den Ersatz für das dahingegebne Lothringen geboten.

644a) Nur zw. 66 u. 95 gab es keine geistl., sondern lauter weltl. Stimmen.

645) Eine seltsame Erscheinung war die, daß Oesterreich und Salzburg nicht nur (gemäß d. J. R. Schl. §. 32, Abschn. II, Satz 2, der die Alternirungen aufrecht hielt) miteinander, sondern auch mit der leeren Stelle der **erloschnen Stimme Burgund** alternirten. Ferner, daß

an der 100ten Stelle aufgerufen wurden, wiewohl der Fürsten-Rath nur noch 82 Stimmen zählte, deren letzte eben die genannte Kuriatstimme war, so hatte die Reihenfolge sich nicht nur äußerlich durch das Wegfallen der achtzehn Stimmen, sondern auch ihrem Wesen nach verändert. Recht deutlich zeigt sich der Unterschied, wenn man beachtet, wie die Ordnungszahlen auf der geistlichen Bank bisher nur ungerade (nämlich von 1 bis 69, dann 95 und 97) auf der weltlichen Bank bis 68 und von 94 bis 100 nur gerade — dagegen seit dem J. R. Schl. auf beiden Seiten gemischt gerade und ungerade waren.

§. 44.

Eine letzte Veränderung im Fürsten-Rath.

Der Friede von Preßburg[646]), jener Matador der Verträge mit Frankreich, welcher dem heiligen römischen Reich die erste Todeswunde schlug, bewirkte im Fürsten-Rathe folgende Veränderung:

1) Die Stimmen Salzburg und Berchtesgaden[647]) gingen auf Oesterreich über; dieses Haus hatte somit 5 Stimmen.

Brixen mit dem erloschnen Basel — Münster und Osnabrück miteinander und mit dem erloschnen Lüttich alternirten. Die Folge davon war, daß z. B. Brixen nun abwechselnd vor und nach Halberstadt abstimmte, weil das eine Mal die leere Stelle von Basel den Vorrang hatte, worauf Halberstadt und dann erst Brixen folgte, während das andre Mal Brixen zuerst, dann Halberstadt votirte und hierauf das erloschne Basel seine Stelle fand.

646) Vom 26. Dezbr. 1805; ratifizirt von Oesterreich am 30. d. M., dem Reichstage mittelst einer am 20. Febr. diktirten Note der Gesandten für Böhmen und Oesterreich (Stadion und Fahnenberg) vom 15. Febr. 1806 mitgetheilt. Vgl. Comit-Corresp. 1806 Nro. 17 Regensb. 24. Februar, Beilage A.

647) Salzburg hörte auf, ein Kurfürstenthum zu sein; daraus (sammt Berchtesgaden) wurde ein Herzogthum; Preßburger Frieden, Art. X.

2) Da die Kur Salzburg auf Würzburg übertragen wurde [648]), ging auch im F.-R. die Stimme Würzburg von Baiern auf die österreichische Sekundogenitur über.

3) Die Stimme von Eichstädt kam an Baiern [649]).

4) Das Direktorium im Fürsten-Rathe war nun ganz österreichisch und alternirte nicht mehr.

Dies war die letzte Veränderung. Die später erfolgte Abtretung des Herzogthums Cleve von Seiten Brandenburg's, des Herzogthums Berg von Baiern an Frankreich, sowie die Uebertragung Beider von Napoleon an Joachim Mürat [650]) hatte keinen Einfluß auf die Zusammensetzung des Fürsten-Raths. Denn wegen des Jülich'schen Erbfolgestreits war auch nach dem Vergleiche vom 9. Septbr. 1666 die Reichsstandschaft jenes Hauses außer Gebrauch geblieben; sie hätte einer Readmission bedurft, um von Neuem ausgeübt zu werden und würde keinenfalls ohne Weitres auf einen Mürat übergegangen sein. Für Berg hatte der §. 32 des R.-D.-H.-Schl. eine Stimme vorgeschlagen; sie war aber von dem Kaiserl. Veto betroffen und nicht rechtskräftig geworden [651]).

---

648) Preßb. Fr., Art. XI.

649) Preßb. Fr., Art. VIII.

650) Bair. Abtretungs-Patent für das Herzogthum Berg d. d. München 16. März 1806 (gegengez. Montgelas); Uebertragung der Herzogthümer Cleve und Berg an Joachim Mürat von Seiten des Kaisers der Franzosen d. d. Paris 15. März 1806; Proklamation des neuen Herzogs d. d. Köln 21. März. Vgl. Comit.-Corresp. 1806 Nro. 31, Regensburg 31 März, Beil. A, B, C. — Die Abtretung von Berg erregt hohes Befremden des ehrenwerthen Comitial-Correspondenten, weil, wegen Sächsischer Ansprüche, über dieses Herzogthum beim Reichskammergericht ein Prozeß anhängig ist, „nach rechtlichen Grundsätzen aber cessio rei litigiosae nicht Statt finden kann." Buchstäblich! — Die Veräußerung eines deutschen Territoriums an Auswärtige, sowie die Lostrennung eines solchen vom Reiche war nach den Reichsgesetzen unzulässig: R. A. von 1548 §. 52 u. 53; K. W.-K., Art. X, §. 1.

651) Ebensowenig hatte das Ereigniß des 11. August 1804 einen

§. 45.

Abriß der Verhandlungen im Fürsten-Rathe bis an sein Ende.

Der Streit zwischen Kaiser und Reich, welcher im Schoße des Reichstags vom 14. Novbr. 1803 bis zum 2. März 1804 sich hinzog, hat formell keinen Abschluß gefunden. Zu einem Reichs-Gutachten in der Stimmen-Angelegenheit ist es nie gekommen. Der Kaiserliche Hof untersagte dem österreichischen Gesandten gerades-

---

ändernden Einfluß auf den Fürsten-Rath, wie es auf den ersten Anblick scheinen kann, und auf den Reichstag überhaupt ausgeübt: nämlich die Annahme der erblichen Kaiserwürde von Seiten des Hauses Oesterreich. Denn, wie die damalige pragmatische Verordnung Franz II. besagt, wurde dadurch zur dauerhaften Befestigung vollkommner Ranggleichheit „dem Hause von Oesterreich in Rücksicht auf dessen unabhängige Staaten" jener Titel beigelegt. Der Name Kaiser von „Oesterreich" war als der Name des Erzhauses gewählt. Daneben wurde festgesetzt, daß die sämmtlichen Staaten desselben ihre bisherigen Titel, Verfassungen, Vorrechte und Verhältnisse fernerhin unverändert beibehalten sollen. Dies wurde noch „insonderheit von Unsrem Königreich Ungarn und den damit vereinigten Landen", dann von denjenigen Erbstaaten wiederholt, „welche bisher mit dem Römisch-Deutschen Reich in unmittelbarem Verbande gestanden sind und auch in Zukunft die nämlichen Verhältnisse mit demselben in Gemäßheit der von Unsern Vorfahren im Römisch-Deutschen Kaiserthum Unsrem Erzhause ertheilten Privilegien beybehalten sollen." — Im Fürsten-Rathe hatte daher nach wie vor der Erzherzog von Oesterreich, im Kurfürsten-Rathe der König von Böhmen Sitz und Stimme, nicht der Kaiser von Oesterreich als solcher. — Die Anzeige von der Annahme des erblichen Kaisertitels (mehrmals wird gesagt: „nach dem Beispiele von Frankreich") machte dem Reichstag eine am 25. August diktirte Note der „königlich kurböhmischen und erzherzoglich österreichischen Gesandtschaften" vom 24. August 1804. Comit.-Corresp. 1804 Nro. 64, Reg. 27. August Beilage B. — Vgl. eine Note Vorpommern's vom 26. August j. J., worin die bloße Anzeige als ungenügend bezeichnet ist; Comit.-Corresp. 1804 Nro. 65 Regensb. 30 August, Beilage A.

wegs, das Conclusum des Fürsten=Raths nach der vorhandnen Majorität zu ziehen [652]). Hier zeigte sich die Folge davon, daß nun auch Salzburg von Wien abhing: seit dem J. R. Schl. von 1803 entbehrte der Fürsten=Rath ein irgend selbständiges Direktorium. Zwar fehlten im Reichsrecht die Mittel nicht, die Ziehung des Schlusses zu erzwingen [653]). Aber für diesen Fall, wiewohl Baiern mit seinen neun römischen Stimmen hierbei sich auch in der Opposition befand, drohte Oesterreich mit einer itio in partes [654]). — Endlich sprach der österreichische Direktorial=Gesandte unverholen und öffentlich aus, einem Reichs=

652) Comit.=Corresp. 1804 Nro. 5 Regensb. 19 Januar. Vgl. Anm. 267.

653) Das Reichsdirektorium hatte wohl die Macht dazu. Daß es von derselben in dieser Sache Gebrauch machen würde, stand eine Zeitlang zu vermuthen. Der Direktorialvortrag vom 9. Januar 1804, welcher in Wien hohes Mißfallen erregte, schien der Anfang energischen Vorgehens. Aber der Erzkanzler gehörte zu den politischen Charakteren, die sich nicht schämen, mit auffallender Energie, ja pathetisch das zu unternehmen, womit es ihnen gar nicht Ernst ist und das sie nachher um so kläglicher aufgeben. Vielleicht grade weil es ihm nicht Ernst war, machte Dalberg, hier wie anderwärts, einen besonders gesinnungstüchtigen Anlauf, dessen Eindruck auf die Gemüther die Hauptsache war: denn der Erzkanzler hatte zwar nicht um die populäre Gunst eines freigewählten Parlaments, aber um die Geneigtheit zahlreicher Höfe von widerstreitenden Interessen und widerstrebenden Neigungen sich zu bemühen. — Im Kurfürsten=Rath erklärte sein Direktorialgesandter am Schluß der Sitzung vom 3. Febr. 1804: „da nunmehr alle Vota abgelegt seyen und dato die Fastnachtsferien eintreten, — so wolle man sich das Weitre vorbehalten.“ Comit.=Corresp. 1804 Nro. 12 Regensb. 9. Febr. Beil. A, S. 24. Nach den Fastnachtsferien aber erklärte derselbe Direktorialgesandte in der Sitzung des Kurfürsten=Raths vom 20. Febr.: „Werde hiernächst das Weitere über diesen Gegenstand vorzutragen unermangeln.“ Comit.=Corresp. 1804 Nro. 17 Regensb. 23. Febr. Beil. A, S. 27. —

654) Comit.=Corresp. 1804 Nro. 20, Regensburg 5. März (zweiter Bericht von diesem Tage).

Gutachten im Sinne der Majorität würde der Kaiser unzweifelhaft mit seinem Veto begegnen [655]).

In der Mitte des März 1804 aber erhoben sich über Deutschland neue Stürme. Der Vorfall von Ettenheim, wodurch dieser bereits erwähnte Name zu trauriger Berühmtheit gelangte, die Ermordung d'Enghien's und als Einleitung dieses Gräuels die Verletzung des badischen Gebiets hatte für den Reichstag die Folge, daß Rußland in einer Note vom 6. Mai [656]) forderte, Deutschland solle seine Ehre wahren, und daß vor der Gefahr einer Verhandlung über diese Note, wozu am 20. Juli Kurbraunschweig [657]), am 27. Juli Vorpommern [658]) energisch den Anfang machten, die Reichstags-Gesandten sich nicht anders zu retten wußten, als indem sie buchstäblich die Flucht ergriffen [659]) und außerordentliche Ferien improvisirten. —

[655]) (Fahnenberg) Krit. Betr., S. 44. Vgl. ob. Anm. 266.

[656]) Com.-Corr. 1804 Nro. 36 Regensb. 7. Mai, Beil. A. — Die Geschichte dieser Note aus der Comitial-Correspondenz des Näheren mitzutheilen, behalte ich mir vor; es ist eine leidige, doch (wie mir scheint) nothwendige Arbeit.

[657]) Kurbraunschweig stellte im Kurfürsten-Rath, Bremen mit den übrigen Stimmen des Hauses Braunschweig-Lüneburg im Fürsten-Rath am 26. Juli den Antrag; „daß durch ein Reichs-Gutachten Ihre Röm.-Kaiserl. Majestät ersucht werde, in Ihrer höchsten Weisheit als Reichsoberhaupt diejenigen Schritte zu thun, welche erforderlich sind, damit dem deutschen Reich wegen jener Vorgänge von dem französischen Gouvernement angemessen genugthuende Erklärungen in Hinsicht des Vergangnen, und beruhigende Versicherungen für die Zukunft ertheilt würden." Comit.-Corresp. 1804 Nro. 55, Regensb. 23. Juli, Beilage A, S. 2.

[658]) Comit.-Corresp. Nro. 58 Regensb. 30 Juli, Beilage A. Die Wahrung der deutschen Ehre verlangten also Rußland, England, Schweden — nur nicht Deutschland. Frankreich aber gab keine Genugthuung, verweigerte jede Erläuterung des Sachverhalts, ja nahm mit Bezug auf die russische Note eine herausfordernde Stellung gegenüber Baden und dem Reich ein. In Paris wurde die Erklärung vorgeschrieben, welche Baden beim Reichstag ablegen sollte.

[659]) Das Protokoll über die russische Note war eröffnet. Doch

Nichts destoweniger faßte der Fürsten-Rath später, ohne der Stimmensache weiter zu gedenken, erweislich verschiedne Schlüsse und wirkte bei verschiednen Reichs-Gutachten mit. Es möchte genügen, Gegenstand und Datum zu nennen: schwerlich wird Jemand Verlangen tragen, Ausführlicheres darüber in Erfahrung zu bringen.

I.) Am 7. Januar 1805 begannen unter Oesterreich's Vorsitz Verhandlungen über „die Ehescheidungs-Sache des Grafen von Leiningen-Guntersblum zu Billigheim[660].“ Es galt eine Zurückweisung von Eingriffen französischer Gerichte, die natürlich hinter den Invasionen französischer Truppen auf kurbadisches und kurbraunschweigisches Gebiet nicht zurückbleiben durften. Am 11. Jan. wurde darüber der Fürsten-Rath-Schluß von Oesterreich gezogen und von dem Kurfürsten-Rath pro basi communis duorum genommen. So kam es an demselben Tage mit Beiziehung des Städte-Raths zu einem „allerunterthänigsten Reichs-Gutachten an Ihro Römisch-Kaiserliche Majestät.“

II.) Am 28. Januar 1805 wurde von dem Salzburgischen Direktorium in Betreff einer „Rekursbeschwerde des Fürsten von Nassau-Oranien-Fulda über das Verfahren des Kaiserlichen Kammergerichts in der von

vgl. Comit.-Corresp. 1804 Nro. 58 Regensb. 30. Juli: „Nur die Fortsetzung der Berathung dürfte gute Weile haben, da die mehrsten Comitialgesandten und selbst der in gegenwärtiger Sache im Fürsten-Rathe das Direktorium führende Chur-Salzburgische Gesandte von Rabenau bereits von hier abgereiset und dadurch zwar nicht legale, aber doch durch gemeinschaftliche Uebereinkunft verabredete Ferien eingetreten sind.“ — Comit.-Corresp 1804 Nro. 64. Reg. 27. August: „Nun ist mit Gewißheit dieser Gegenstand der Reichsberathung als beseitigt anzusehen“. — Die gesetzlichen Ferien wurden erst am 27. August beschlossen; Comit.-Corresp. 1804. Nro. 65 Regensb. 30. August.

660) Comit.-Corresp. 1805 Nro. 5 Regensburg 17. Januar Beil. C, D, E und F.

Bibra'schen Erbschaftssache" das Protokoll des Fürsten-Raths eröffnet [661]). Es kam zu einem von Salzburg gezognen Fürsten-Rath-Schluß vom 8. Febr. und einem Reichs-Gutachten von demselben Tage.

III.) Am 4. März 1805 fing der Fürsten-Rath unter Oesterreich's Direktorium an, über ein Gesuch des Gesammthauses Wied $\frac{\text{d. d. 15.}}{\text{d. dict. 29.}}$ Novbr. 1803 um authentische Interpretation von §. 45 des J. R. Schl. zu verhandeln [662]). Der Fürsten-Rath-Schluß wurde von Oesterreich förmlich gezogen und das Reichsgutachten erstattet am 8. März j. J.

IV.) Endlich die letzte längere Verhandlung am Reichstage [663]), welche sich auf eine fürstlich-Lübeckische Rekursbeschwerde $\frac{\text{d. d. 25. Okt.}}{\text{d. dict. 30. Novbr.}}$ 1803 gegen die vom Reichs-Hof-Rath erkannten Reskripte in Betreff der Vertheilung der Gemein-Weiden der Stadt Eutin bezog, wurde im Schoße des Fürsten-Raths am 17. Juni 1805 eröffnet [664]). Salzburg führte den Vorsitz und ließ nach der 10. Strophe abstimmen. Merkwürdig durchkreuzten sich hierbei die fürstlichen Vota: nicht etwa nur waren die einen für, die andern gegen den Rekurs; sondern einige, die dafür

---

661) Comit.-Corresp. 1805 Nro. 15, Reg. 4. Febr. Beil. B; Nro. 17, Regensburg 11. Febr. und Nro. 18, Regensburg 14. Febr., Beil B, C, D, E.

662) Comit.-Corresp. 1805, Nro. 24, Regensb. 14. März, Beil. C, D, E, F.

663) Ueber die Sache des Rheinschiffahrts-Oktroi's faßte der Kurfürsten-Rath allein Beschluß: Kurfürstliches Kollegial-Gutachten vom 18. März 1805; Comit.-Corresp. Nro. 27, Regensb. 25. März, Beil. C und D; Kaiserl. allergnädigstes Kommissions-Ratif.-Dekret an das hochlöbl. Kurfürstl. Kollegium $\frac{\text{d. d. 11.}}{\text{d. dict. 13.}}$ Mai 1805 in Comit.-Corr. Nro. 42, Regensb. 16. Mai, Beil. A.

664) Comit.-Corresp. 1805 Nro. 53 Regensb. 24. Juni, Beil. B. Vgl. Comit.-Corresp. 1803 Nro. 78, Reg. 12. Dez. Beil. A.

waren, wollten, daß noch zuvor der Reichs-Hof-Rath vernommen würde, während andre, welche mit den letztern übereinstimmend dem Reichs-Hof-Rath erst Gehör verschaffen wollten, Abweisung des Rekurses forderten. Ihn absolut zu verwerfen, waren die österreichischen Gesandten instruirt. Jedoch ist darüber ein Reichs-Gutachten nicht mehr zu Stande gekommen. Ja, die Reichs-Gutachten nahmen hier überhaupt ein Ende — auf den Eutiner Gemeinweiden.

V.) Von einzelnen Sitzungen und Entschließungen des Fürsten-Raths im Jahr 1806 berichten Regensburger Ueberlieferungen:

1) Am 24. Februar ward im Fürsten-Rathe „durch Stimmenmehrheit" beschlossen, über den Preßburger Frieden, welchen die K. K. Reichstags-Gesandten für Böhmen und Oesterreich mitgetheilt hatten [665]) und der am 20. Febr. zur erzkanzlerischen Diktatur gelangt war, keinen Verlaß, sondern ihn lediglich „ad notitiam" zu nehmen [666]).

2) Das päbstliche Beglaubigungs-Schreiben des Legaten d. d. Rom den 17. Mai 1806 kam im Fürsten-Rath am 30. Juni zur Sprache [667]). Die Protestanten hielten zusammen und setzten es durch, daß das in unziemlicher Weise gefaßte Beglaubigungs-Schreiben [668]) dem Legaten zurückgeschickt wurde, worauf derselbe sofort ein andres, in der Form genügendes und keineswegs anstößiges, das er für diesen Fall völlig bereit und gleichsam in der Tasche hatte, hervorholte [669]). Indem aber somit

---

665) S. ob. Anm. 646.

666) Comit.-Corresp. 1806 Nro. 19, Regensb. 27. Febr.

667) Comit.-Corresp. 1806 Nro. 55, Regensb. 3. Juli.

668) Beilagen A und B zu der in vorig. Anm. angef. Comit.-Corr.

669) Comit.-Corresp. 1806 Nro. 56 Regensb. 7. Juli, Beil. A; die Comit.-Corresp. Nro. 55 bemerkt dazu: Des Vatikans Maxime war von jeher „tentare licet."

eine Anmaßung Rom's auf Andringen der Protestanten zurechtgewiesen ward, gab die Rathsversammlung des heil. römischen Reichs ihr letztes Lebenszeichen. Es war im Fürsten-Rath, es war am Reichstage die letzte Verhandlung.

Denn auf Antrag des Reichs-Direktoriums wurden am 7. Juli die gewöhnlichen Sommerferien auf drei Monate beschlossen[670]), „dergestalt, daß die Rathssitzungen den 13. Oktober wieder eröffnet werden sollten.“ Der Reichs-Direktorial-Gesandte äußerte dabei, „daß er sich vorbehalten müßte, während dem Laufe der Ferien alle wichtigen Eingaben zur Diktatur zu befördern, auch auf den Fall einer etwa erforderlichen Reichsberathung mit Beistimmung der allhier zurückbleibenden Gesandten eine solche ausreichende Zeit anzuberaumen, daß die abwesenden Comitialen nicht nur durch ihre Canzleyen davon benachrichtigt werden könnten, sondern ersteren hinlänglich Zeit verbliebe, über den in Vortrag gestellten Berathungs-Gegenstand von ihren Höfen die erforderlichen Instruktionen einzuholen.“ — Hiermit ging der Reichstag auseinander.

Auf Nimmerwiederkehr! Eine Reichsberathung schien weder „etwa während dem Laufe jener Ferien erforderlich“, noch war sie später möglich. Auch eignete sich der einzige Berathschlagungs-Gegenstand der Zwischenzeit gar nicht zur Einholung von Instruktionen.

Das hatte der Gesandte Dalberg's jedoch richtig vorhergesehen und — auf daß die Form gewahrt bliebe — vorhersehen müssen: allerdings „wichtige Eingaben“ waren in diesen Ferien zur Diktatur zu befördern!

Nämlich zur kurerzkanzlerischen Diktatur vom 1. August, noch um fünf Uhr Abends[671]), gelangte die

---

670) Comit.-Corresp. 1806 Nro. 57 Regensb. 10. Juli.

671) Comit.-Corresp. 1806 Nro. 67 Regensb. den 1. Aug. und Beilage A daselbst.

Urkunde, welche den Abschluß des Rheinbundes[672]) kundgab und worin sich einstweilen acht Fürsten des Reichs[673]) — unter ihnen der Kurfürst-Erzkanzler, der wahre custos legum, der Patriot Dalberg selbst — von Kaiser und Reich[673a]), von feierlich beschwornen Eiden, von Vaterland und Ehre lossagten[674]): gleichzeitig, doch an erster Stelle, die Note des französischen Geschäftsträgers Bacher

---

672) Die Rheinbunds-Akte wurde zu Paris am 17. Juli 1806 unterzeichnet, jedoch auf den 12. Juli, vielleicht um die Täuschung des russischen Gesandten Oubril zu bemänteln, zurückdatirt. Jedem der deutschen Fürsten, deren Gesandte mitunterzeichnet hatten, wurde durch Kurier ein Exemplar der Urkunde zugefertigt und 24 Stunden Bedenkzeit vergönnt. Sämmtliche Ratifikationen sollten am 25. Juli bei dem Marschall Berthier in München ausgewechselt sein. Doch unterzeichnete Dalberg nach zweitägigem Zögern erst am 27. Juli. So berichtet die Comitial-Correspondenz von 1806 Nro. 63 Regensburg 28. Juli. Gleichzeitig kam nach Deutschland die Nachricht von dem Abschluß eines Friedens zwischen Rußland und Frankreich. Ununterbrochen aber dauerten die Eilmärsche französischer Truppen fort, welche nach Passau und an die österreichische Grenze rückten. Dies geschah während der Woche, welche dem römischen Kaiser zur Anerkennung des „für das deutsche Reich entworfnen Desorganisations-Plans" (Ausdruck der Comit.-Corresp. 1806 Nro. 73, Regensburg 14. August) als Bedenkzeit gelassen sein sollte. Vgl. Comit.-Corresp. 1806 Nro. 65, Regensburg 31. Juli.

673) Baiern, Wirttemberg, Erzkanzler, Baden, Hessen-Darmstadt, Hohenzollern, Salm-Kyrburg und Isenburg (die beiden letztern hatten keine Virilstimme im Fürsten-Rath).

673a) „Indem sie sich von ihrer bisherigen Verbindung mit dem teutschen Reichskörper lossagen. . . ." Worte der Erklärung. —

674) Der Aufruf von Kalisch, 25. März 1813: „der deutschen Sache abtrünnig . ." „reif der verdienten Vernichtung durch die Kraft der öffentlichen Meinung und durch die Macht gerechter Waffen." G. H. Pertz, das Leben des Ministers Freiherrn vom Stein, Bd. III (Berlin 1851) S. 321.

mit der offiziellen Anzeige von der Auflösung des heiligen römischen Reichs [675]).

Der zur Wiedereröffnung des Reichstags festgesetzte dreizehnte Oktober aber war der Vorabend der Schlacht von Jena.

---

675) Die Erklärung Franz II. über die „Niederlegung der reichsoberhauptlichen Würde und der damit verbundnen Kaiserkrone“ d. d. Wien 6. August 1806 kam nicht mehr zur Diktatur, sondern wurde mittelst Note des K. K. Gesandten von Fahnenberg d. d. Reg. 11. August den einzelnen Gesandtschaften mitgetheilt; Comit.-Corr. 1806 Nro. 72 Regensb. 11. August, Beilage A.

Anhang.

I.

Dictatum Ratisbonae die 8. Julii
1803
per Archicancellariensem.

Kaiserlich allergnädigstes Hof=Dekret an die hochlöbliche allgemeine Reichsversammlung zu Regensburg de dato Wien den 30. Juny 1803. Den in dem Kaiserl. allergnädigsten Kommissions=Ratifikationsdekrete vom 27. April d. J. noch ausgeschiedenen Gegenstand der Stimmen im Reichs=Fürsten=Rathe betreffend. (Regensburg gedruckt bey Konrad Neubauer).

Von der Römisch=Kaiserl. Majest. FRANZ des Zweiten, unsers allergnädigsten Herrn wegen, den bey gegenwärtiger allgemeiner Reichsversammlung anwesenden des heiligen Römischen Reichs Kurfürsten, Fürsten und Stände fürtreflichen Räten, Bothschaftern und Gesandten in Gnaden anzufügen:

Zu Folge des am 27. April des laufenden Jahrs erlaßnen Kaiserlichen allergnädigsten Kommissions=Ratifikationsdekrets ward der Gegenstand der Stimmen im Reichs=Fürsten=Rathe einsweilen von der reichsoberhauptlichen Genehmigung noch ausgeschieden, und einer weiteren Reichsberathschlagung zu dem Ende vorbehalten, damit vermittelst Erstattung eines anderen Reichsgutachtens durch angemessene Vorschläge dafür gesorgt werde, daß, nachdem dem protestantischen Religionstheile schon in dem kurfürstlichen und reichsstädtischen Kollegium eine so entschiedene Stimmenmehrheit zufalle, die hergebrachten Verhältnisse der zwey Religionstheile nicht auch in dem fürstlichen Kollegium bis zur wesentlichen Ueberschreitung der Stimmen-Parität abgeändert werde.

Je mehr sich der zu behandelnde Gegenstand als eine ungemein wichtige Angelegenheit auszeichnet, und je inniglicher derselbe mit den Grundsätzen der teutschen Konstitution verflochten ist: um so mehr lag es Seiner Kaiserlichen Majestät an, demselben nach seinem ganzen Umfange eine vorzügliche Aufmerksamkeit zu widmen. Nachfolgende Erklärung ist das billige und gerechte Resultat Ihrer reichsoberhauptlichen Sorgfalt und Erwägung, und Seine Kaiserliche Majestät begleiten solche zugleich mit einer pflichtmäßigen Offenheit, die wohl keinen Zweifel gegen Ihre reichsväterliche Absicht und hohe Achtung für die Handhabung der grundgesetzlichen Normen der teutschen Reichsverfassung zuläßt.

Der natürliche Zusammenhang der Sache leitet zu einem allgemeinen Rückblicke, von dem sich Seine Kaiserliche Majestät wegen der engen Verbindung mit dem vorliegenden Gegenstande nicht leicht trennen können; zum Rückblicke auf die Friedensgeschichte und reichstäglichen Verhandlungen. Das Entschädigungs-Prinzip durch Säkularisationen, vereinigt mit dem Prinzip der Erhaltung der Konstitution des teutschen Reichs in jeder Hinsicht, wie solche im Jahr 1798 bestand, waren jene zu Rastadt förmlich aufgestellten Grundsätze, die nachher in dem Lüneviller Friedensschlusse neuerdings angenommen, und zur völkerrechtlichen Sanktion erhoben, auch späterhin in dem von Seiner Kaiserlichen Majestät genehmigten Reichsgutachten vom 2. Oktober 1801 erneuert, und so auch als zu beobachtende Direktivnorm in die Reichsgeneral-Vollmacht durch die Beziehungsworte: „Mit Rücksicht auf das von Seiner Kaiserlichen Majestät ratifizirte Reichsgutachten" übertragen wurden. Zu dieser beschränkten, bedingten Entschädigungs-Basis, oder zu jenen beiden sich wechselseitig bestimmenden Prinzipien gesellt sich der dritte aus der Natur der Begriffe fließende Grundsatz: das Prinzip eines zwischen Verlust und Ersatz zu beobachtenden Ebenmaases.

Daß die Religions-Eigenschaft der Stimmen im Reichsfürstenrathe zur Verfassung des teutschen Reiches gehöre, ward wohl nie lauter und allgemeiner anerkannt, als zur Zeit der anderen Hälfte des abgewichenen Jahrhunderts, wo über die Frage der Religions-Beschaffenheit der westphälisch- und fränkisch-gräflichen Kuriatstimmen mit großer Lebhaftigkeit gestritten wurde; und daß auch in der Vollziehung der friedensschlußmäßigen Indemnisations-Basis kein nothwendiger Grund zur Abänderung des bisher im Fürstenrathe bestandnen Stimmenverhältnisses lag, ist wenigstens wohl denkbar, wenn z. B. das strenge Ebenmaas zwischen Verlust und Ersatz zur Direktivnorm angenommen, und eine Zahl von Stimmen supprimirt, oder bey eingeräumter Fortsetzung derselben eben die Maasregel, nach welcher der andere Religionstheil in ähnlichen Fällen handelte, festgesetzt, oder allenfalls so viele neue katholische Stimmen beliebt worden wären, als zur Erhaltung der bisherigen Verfassung in Hinsicht auf das Stimmenverhältniß nach der Religions-Eigenschaft erforderlich war.

Vor der Deklaration der vermittelnden Mächte vom 6. August *) des abgelaufenen Jahrs waren im Reichsfürstenrathe

*) Die Tagesangabe trifft nicht völlig zu. Die „Déclaration" der sog. vermittelnden Mächte datirt weder von demselben Ort, noch aus derselben Zeit, wiewohl die beiderseitigen Urkunden gleich lauten. Die Erklärung Frankreichs, unterzeichnet von Talleyrand, datirt: „Paris 18. Thermidor an dix." Die russische, unterschrieben: „Le Prince de Kourakin, Vice-Chancellier", datirt: „St. Petersbourg le 4/16. Juillet 1802." Nur dem französischen Datum entspricht die obige Angabe; der 18. Thermidor des J. X. ist der 6. August 1802. — Mitgetheilt wurde diese Doppelerklärung durch gleichlautende Noten der Minister beider Mächte, deren eine vom 30. Thermidor des J. X., deren andre vom 6. August 1802 datirt. Denn — seltsam genug — die Mächte welche damals Deutschland bevormundeten, zählten beide nicht nach dem Gregorianischen Kalender: Frankreich nach dem neusten republikanischen, Rußland nach dem alten Julianischen! Jene Noten sind vom 18. August neuen Styls. Sie kamen zur Diktatur am 25. August 1802. Zweifelhaft ist daher, ob im Hofdekrete das Datum der franzö-

55, und im Alternationsfalle von Osnabrück und der westphälischen Reichsgrafen 57 katholische Stimmen; auf der protestantischen Religionsseite aber nur 43, und in vorgedachtem Abwechselungsfalle 45 Stimmen. In dieser Zahl ist die Kuriatstimme der fränkischen Reichsgrafen mitbegriffen, obgleich die bekannte Streitigkeit über die Religions-Eigenschaft dieser Stimme noch nicht gänzlich beigelegt ist. Es war somit im Reichsfürstenrathe auf der Seite des katholischen Religionstheiles eine Stimmenmehrheit von 12, oder unter oben bemerkter Hinsicht von 14 Stimmen **). In Gemäßheit jener Deklaration und des Entschädigungs-Planes vom 8. Oktober des verwichenen Jahres verbleiben dem katholischen Religionstheile nur 30 und bey eintretendem Alternationsfalle der westphälischen Reichsgrafen nur 31 Stimmen, und dem protestantischen Religionstheile, wenn diesem die Kuriatstimme der fränkischen Reichsgrafen beigezählet wird, waren nunmehr, da zugleich künftig die Abwechslung im Bisthume Osnabrück aufhören sollte, 58, und im Falle der Alternation der westphälischen Reichsgrafen 59 Stimmen zugetheilt. Späterhin, nämlich in der Note der Minister der vermittelnden Mächte vom 18. Jänner des laufenden Jahres kamen noch mehrere, katholische

---

sischen Erklärung oder das russische Datum der Uebergabe gemeint ist. — Vgl. Beilagen zum Protokoll der außerordentlichen Reichs-Deputation (Regensburg 1803), Band I, S. 19 f., Ziffer 7 und 8.

) In der Politik hat man sich oft genug verrechnet. Der Fehler aber, der dieses Römisch-Kaiserliche Dekret entstellt, verstößt nicht gegen die höhere Integral- und Differential-Rechnung der Diplomatie, sondern gegen die einfache Spezies des Subtrahirens. Denn, zählt man die beiden alternirenden Stimmen den Römisch-katholischen zu, so ergibt sich die oben erwähnte Mehrheit von 14 St.; zählt man die eine den Römischen, die andre den Protestanten zu, so kommt obige Mehrheit von 12 St. heraus. Es bleibt nun noch der dritte Fall, daß beide Stimmen auf protestantischer Seite geführt werden: dann besteht die röm.-kath. Majorität aus **10 Stimmen. Dieser Fall ist jedoch **nicht** übersehen (s. ob.), sondern gerade der **mittlere**. Woher also die Angabe der 12? und weßhalb fehlt die 10? Man hat zu dem Subtrahendus 45 den verkehrten Minuendus 57 gewählt, statt 55.

und protestantische, Fürstenraths=Stimmen in Vorschlag. Diese sämmtliche Vorschläge, welche zusammen ein Ganzes ausmachen, gingen hernach in den Reichsdeputations=Hauptschluß vom 25. Februarius dieses Jahrs über, und aus allem ergiebt sich sodann, daß dem protestantischen Religionstheile 77 und respective 78, dem katholischen Theile hingegen nur 53 und respective 54 Stimmen zugedacht waren, woraus weiter erhellet, daß die Mehrheit der Stimmen, welche hier dem protestantischen Religionstheile beygelegt ist, selbst die Stimmenmehrheit um mehrere Stimmen überschreite, die vor Eröffnung der außerordentlichen Reichsdeputation dem katholischen Religionstheile zustand. So waren auch die Bedenken, welche von Seiner Kaiserlichen Majestät bei Gelegenheit der frühern Anträge zur Vermehrung der ständischen Stimmen im Reichsfürstenrathe geäußert wurden, durch die spätern Vorschläge noch keineswegs gehoben.

So vieles bereits über allgemeine und vollkommene Religions=Toleranz gesagt worden ist: so ist doch die Wirkung hievon noch nicht in die Grundgesetzgebung des teutschen Reichs übergegangen. Der Grundsatz einer allgemeinen, wechselseitigen Duldung und des vollen Genusses bürgerlicher Rechte aller Religionsgenossen der drei christlichen Konfessionen ist noch nicht in den sämmtlichen Landen, aus welchen das teutsche Reich besteht, anerkannt. Noch bestehen nach dem Zeugnisse eigner Sammlungen von Staatsakten, andere selbst feierlichst garantirte Grundsätze, die durch den Geist einer allgemeinen und vollkommenen Religions=Duldung weder geleitet sind, weder als fortschreitende Wirkung desselben betrachtet werden können. Unter solchen Umständen und Verhältnissen bleiben für Seine Kaiserliche Majestät, die bestehenden und neuerlich feierlichst bestätigten Reichsgrundgesetze die einzige sichere Maasregel Ihrer Handlungen, und auf eben diesen Fundamental=Normen, insonderheit dem Grundgesetze des westphälischen Friedens, ruht zugleich sowohl im Allgemeinen als besonders in Hinsicht auf die Rechte der gesetzlichen Religionstheile das innere Gleichgewicht in Teutschland, und die heilig beschworne Pflicht Seiner Kaiserlichen Majestät, ein jedes Mitglied des Reichs und jeden Religionstheil in dem Be=

sitze und Genusse seiner wohlerworbenen und rechtmäßig hergebrachten Rechte und Befugnisse zu erhalten. Eine weit wichtigere Direktivnorm, als abstrakte philosophische Begriffe und Gemeinsätze, die mehr, als positive Staatsgesetze, dem Wechsel der Meinungen, Neigungen und Absichten unterliegen.

Teutschland war nicht mit sich im Kampfe über die Verfassung; deren Erhaltung in religiöser und politischer Hinsicht ward vielmehr als Bedingniß und beschränkende Maasregel bei Berichtigung des Entschädigungswerkes aufgestellt. Dieser Betrachtung steht das durch den westphälischen Frieden geheiligte Grund-Prinzip der Religions-Gleichheit und der daraus abgeleitete, anerkannte und durch Herkommen befestigte Grundsatz zur Seite, daß bei Einführung neuer Stimmen in den Fürstenrath die Religionsparität zu beobachten sey. Magdeburg bemerkte daher, als über das fürstlich-Taxische Gesuch um eine Virilstimme berathschlaget wurde, zum Reichsfürstenraths-Protokolle vom 6. May 1754, — anderer Abstimmungen und damit in Verbindung stehender Staatsakten nicht zu erwähnen — „daß wegen der Religions-Parität ein evangelischer Kandidatus zugleich mitintroducirt werden müsse.“ Zum Beweise der freundschaftlichen Rücksichten Seiner Kaiserlichen Majestät für die Vorschläge der vermittelnden Mächte, auch der besondern Rücksicht für die Wünsche und Zufriedenheit der zu entschädigenden Reichsstände, und Allerhöchstihrer aufrichtigen reichsväterlichen Theilnahme an der Erhaltung des Ruhestandes und Herstellung einer festen Ordnung der Dinge im Reiche bedarf es keiner Proben, als nur den Inhalt des am Ende des Monats April von Seiner Kaiserlichen Majestät allergnädigst ratifizirten Deputations-Hauptschlusses vom 25. Februarius dieses Jahres gehörig abzuwägen; und selbst Ihre gegenwärtige reichsoberhauptliche Sorgfalt, die Vorschläge der zwey als Vermittler eingeschrittnen Mächte zur Vermehrung der reichsständischen Stimmen im Fürstenrathe und die in Gemäßheit derselben von der allgemeinen Reichsversammlung gemachten Anträge mit den grundgesetzlichen Vorschriften zu vereinbaren, giebt von dieser achtungsvollen Rücksicht einen neuen Beweis; auch haben Seine Majestät Ursache, vollkommen überzeugt zu seyn, daß diese ausgleichende

Vereinbarung der Absicht der vermittelnden Mächte nicht entgegen sey. Um so billiger und ebenso gerecht ist demnach der Wunsch und das Anliegen Seiner Kaiserlichen Majestät, daß, wenn auch der Aufrechthaltung des vorhin im Fürstenrathe bestandnen Stimmen-Verhältnisses nach der Religions-Eigenschaft nicht leicht zu hebende Hindernisse im Wege stehen, und nachdem der katholische Religionstheil seiner Neigung zur Befestigung des Ruhestandes bereits so manche andere Opfer gebracht hat, wenigstens die Gränzlinie der Stimmen-Gleichheit nicht auch im Reichsfürstenrathe überschritten werde.

Seine Kaiserliche Majestät erwarten sohin nunmehr von der allgemeinen Reichsversammlung ein zur Herstellung dieser Stimmen-Parität nach ihrer Religions-Eigenschaft abgefaßtes Gutachten. Zur Erreichung dieser auf die Erhaltung der teutschen Grundverfassung gerichteten Absicht sind nach dem Dafürhalten Seiner Kaiserlichen Majestät vorzüglich zwey Wege, welche erwünscht zum Ziele führen können: entweder noch so viele katholische Stimmen zur allerhöchsten Genehmigung vorzuschlagen, als zur Feststellung der Religions-Gleichheit im Fürstenrathe erforderlich sind, weshalben zu gleicher Zeit zur Erleichterung dieser reichsoberhauptlichen Proposition zweckmäßige Weisungen an Allerhöchstihre Kaiserliche Kommission erlaßen sind; oder wenn etwa die gänzliche Berichtigung dieser Gleichheit noch zur Zeit einigen Schwierigkeiten unterliegen sollte, nach vorgängiger Festsetzung des Grundsatzes der zu beobachtenden Stimmen-Gleichheit so lange die Introduktion einer verhältnißmäßigen Zahl von den im Deputations-Hauptschlusse in Antrag gebrachten protestantischen Stimmen auszusetzen, bis die oftgedachte Religions-Parität vollkommen hergestellet ist. Und so wird bei dem großen Zutrauen Seiner Kaiserlichen Majestät auf gleich billige und gerechte Grundsätze der allgemeinen Reichsversammlung in ihren Berathschlagungen auch dieser in dem erlassenen Kommissions-Ratifikationsdekrete vom 27. April des laufenden Jahres noch ausgesetzte Gegenstand zur allgemeinen Zufriedenheit der vermittelnden Mächte und des gesammten Reichs die so sehnlich gewünschte Erledigung erhalten.

Anbey wird die allgemeine Reichsversammlung ihr Verdienst

um die teutsche Verfassung erhöhen, wenn dieselbe bey dem unverkennbaren großen Werthe einer sicheren gesetzlichen Norm die Berathschlagung zugleich auf die Erörterung der Frage erstrecken wird: ob dermalen und künftighin die Religions-Eigenschaft der reichsständischen Stimmen nach der Religion des Landes, oder nach der Religion des Landesherrn zu bestimmen sey?

Es verbleiben übrigens Ihrer Kaiserl. Majestät deren des heil. Röm. Reichs Kurfürsten, Fürsten und Stände, fürtreflichen Räthen, Botschaftern und Gesandten mit Kaiserlichen Gnaden wohl- und gewogen. Signatum zu Wien, unter Ihro Kaiserlichen Majestät hervorgedrucktem Kaiserlichen Sekretinsiegel, den 30. Juny im Jahr 1803.

F. zu Colloredo Mannsfeld.

(L. S.)

Peter Anton Rs.-Frhr. v. Frank mppr.

Inscriptio.

Von der Römisch-Kaiserlichen Majestät FRANZ des Zweyten, unsers allergnädigsten Herrn wegen, den bey gegenwärtig-allgemeiner Reichsversammlung anwesenden des heiligen Römischen Reichs Kurfürsten, Fürsten und Stände fürtreflichen Räthen, Bottschaftern und Gesandten in Gnaden anzuhändigen.

II.

Nachträge.

Zu Anm. 8., S. 3.

Der Herzog von Modena ist hinzuzufügen. Die Bedenken gegen die Erwähnung des Herzogs v. Croy an dieser Stelle sind doch überwiegend. Seit dem 15. Jahrhundert hatte das Haus Croy die reichsfürstliche Würde. Ein Reskript des Kaisers Leopold I. d. d. Wien 1. Septbr. 1666 an die Prinzipal-Kommission und ein Kaiserliches Kommissions-Dekret vom 21. Novbr. j. J. empfahl der Reichsversammlung die Einführung von Croy in den Fürsten-Rath mit einer Virilstimme. Doch kam es dazu nicht. Vgl. darüb. auch die Eingabe des Herzogs Anna Emanuel v. Croy d. d. Dülmen 20. Oktob. 1803 an den Reichstag, Comitial-Correspondenz 1803 Nro. 69, Regensburg 14. Novbr., Beilage A.

Zu Anm. 10, S. 4.

Gegen den Kaiserlichen Gesandten zu Paris hatte sich Talleyrand über den Entschädigungs-Plan vorher ganz anders ausgesprochen. Man sieht aus dem Gegensatze, wie der Uebermuth des Auslands sich steigerte, jemehr der Kleinmuth und Knechtsinn unsres Inlands überraschend und einladend ihm entgegen- und zuvorkam. Die offizielle Versicherung Talleyrand's, welche der Subdelegirte von Kurböhmen in der ersten Sitzung der außerordentlichen Reichs-Deputation am 24. August 1802 kundgab, lautete: „Vous pouvez être assuré, que nous ne sommes convenus avec la Russie que de propositions à vous faire. On ne peut pas même appeler cela un plan, ce n'est qu'un simple projet que nous soumettons à la délibération de la Diète comme le moyen qui nous parait, à nous, le plus convenable à satisfaire tout le monde tant que faire se peut. Cela sera proposé comme un conseil et nullement avec un ton d'autorité ou avec l'air de vouloir forcer la chose." — Vgl. das Protokoll der außerordentlichen Reichs-Deputation zu Regensburg (Regensb. 1803), Band I. S. 14.

Zu S. 25.

Nur an dieser Stelle ist, wie z. B. Meiern in den Act. Pac. Westf. und den Act. comit. Ratisb. ann. 1653—54 durchgehends und wie A. m. schreiben, „Speyer" gesetzt; sonst ist stets die Schreibart „Speier" (Spira) beobachtet.

Zu S. 27.

Die Bezeichnung des in Theil II, Nro. 2 zu erörternden Gegenstandes ist ungenau. Vgl. damit die Ueberschrift der fünften Streitfrage.

Zu Anm. 57, S. 32.

Mit dieser Anm. war eine Veränderung vorgenommen, welche die Weglassung der Citate Göschen und Mühlenbruch füglich hätte zur Folge haben müssen.

Zu §. 13, S. 84—86.

Meine Vermuthung in Betreff des angeblichen Schlusses der Evangelischen vom Jahre 1688 hat sich mittlerweile bestätigt. Eine Schrift, deren ich für Streitfrage IV. zu bedürfen glaubte, die mir aber erst, nachdem diese Abhandlung größtentheils unter der Presse war, zugänglich wurde, sich übrigens recht leicht entbehren läßt, brachte mich auf die Spur. Ihr Titel ist: „Etwas von den Religions-Verhältnissen katholischer Lande und Unterthanen gegen ihre neuen evangelischen Landesherrn und den katholischen und evangelischen Reichstagsstimmen" (im März 1803). Als Verfasser wird von H. K. Jaup in seiner vielfach erwähnten Commentatio §. 3, S. 9, Anm. k: J. N. Herrlein genannt. Sie war eine Streitschrift, der, theils wider theils für die darin verfochtnen Ansichten, mehrere andre folgten. Wie sich aus der Comitial-Correspondenz der Gött. Bibliothek v. Jahr 1803 Nro. 27 Regensb. 7. April ergibt, blieb dieselbe am Sitze des Reichstags, wo sie erschien, keineswegs unbeachtet. In ihr zuerst (auf S. 38) wurde zu Gunsten der Kaiserlichen Partei hervorgehoben, durch Herkommen hätte sich der Grundsatz befestigt, daß gegen eine neue katholische Stimme allezeit eine evangelische in den Fürsten-Rath einzuführen wäre und umgekehrt. In der 2. Anmerkung auf jener S. 38 sind zur Begründung dieses Satzes zwei Vorgänge angeführt, welche beide sich in den Abstimmungen der Kaiserl. Gesandten für Böhmen und Oesterreich vom 21. beziehentlich 18. Novbr. 1803 wiederfinden. Der zweite, welcher weitläufig besprochen wird, ist der vom Jahre 1754, welcher späterhin von der ganzen Kaiserlichen Partei wiederholentlich benutzt wurde (s. ob. §. 15): der Magdeburgischen Abstimmung vom 6. Mai geschieht hier mit besondrem Nachdruck Erwähnung.

Der andre Fall ist der vom Jahre 1688. Ueber diesen heißt es: „Schon 1688 wurde evangelischer Seits das Projekt gemacht, bey Untersuchung der Qualifikation des Introducendi auch auf dessen Religion zu sehen, und von einer Religion nicht mehr, als von der andern einzuführen." Hier ist also von einem Projekte die Rede, während jenes Votum der Kaiserlichen Gesandten dahin lautet: „wenn der protestantische Religionstheil schon 1688 den Schluß fassen konnte . ." Der Schluß wäre demnach, wie ich angenommen habe, nicht vorhanden, sondern ein bloßes Projekt, das also auch Projekt geblieben ist.

Doch das „Etwas" gibt auch die Quelle für jene Behauptung und zwar eine solche an, welche ihr wohl Glauben verschaffen mochte, nämlich: Moser, Staatsrecht Th. IX, S. 224. Da zeigt sich aber wieder, wie dreist und unachtsam das gelehrt sein sollende Citiren, wie gerechtfertigt mein Mißtrauen war. Die von dem „Etwas" selbst angeführte Stelle bei Moser zeigt nämlich

1) daß der Vorgang gar nicht 1688, sondern 1689 stattfand;

2) daß es dabei nicht einmal zu einem Projekte, wievielweniger zu einem Schlusse der Evangelischen kam, sondern

3) daß hier ein politisches Bedenken, ein Räsonnement protestantischer Seits über die Mittel und Wege vorliegt, wie der immer unerträglichern Bevorzugung des römisch-katholischen Religionstheils am besten zu begegnen sei.

Unter diesen Mitteln und Wegen, ein ferneres Steigen des Uebergewichts der römischen Stimmen im Fürsten-Rathe zu hemmen, kam auch zur Sprache, daß auf Erreichung gleichzeitiger Einführung von Protestanten hingearbeitet werde. Erwähnung geschah desselben überdies nur in zweiter Reihe.

So reduzirt sich denn in der That jener bedeutsame vorgebliche Schluß der Protestanten nicht einmal auf ein Projekt, sondern jenes vielsagende Projekt von 1688 auf ein 1689 von den Evangelischen ins Auge gefaßtes, doch in weite Ferne gestelltes — Strebeziel.

Zu Anm. 296, S. 136.

Der Vers Virgil's (Aen. VIII, 627.) hat v**a**tum, nicht v**o**tum!

Zu Anm 322, S. 151.

Hüllmann, Ursprung der Stände in Deutschland, Th. II, S. 24 und 25.

Zu Anm. 329, S. 156.

Die Zahl 1416, deren Verkehrtheit in die Augen springt, beruht auf einem Druckfehler; dem Setzer ist, wie es scheint, diktirt. In der Handschrift steht 1460.

Zu Anm. 411, S. 200.

Die Rezensionen kenne ich nicht aus eigner Anschauung.

Zu S. 275.

Die Seitenzahl ist verdruckt; es ist 275 statt 256 zu lesen.

Zu S. 281.

Die Erklärung der Minister der vermittelnden Mächte vom 18. August 1802, deren auch das Hof-Dekret vom 30. Juni 1803 gedenkt, bestimmte „septièmement“ . . . „que les votes Ecclésiastiques seront exercés par les Princes et Comtes qui par l'effet du traité de Lunéville se trouveront en possession des Chefs-Lieux." Vgl. Beilagen zu dem Protokoll der außerordentlichen Reichs-Deputation zu Regensburg (Regensb. 1803) Band I, Ziffer 7 und 8, S. 23.

Druck der Universitätsbuchdruckerei von E. A. Huth in Göttingen.

Der F…

in Gemäßheit des J. …

Die beiden Bänke.		Die beiden Bekenntnisse.	
Geistliche Bank.	**Weltliche Bank.**	**Evangelische:**	**Römisch-katholische:**
Oesterreich. } { Salzburg.	Baiern.	Magdeburg.	Oesterreich.
Salzburg. } { Oesterreich.	Magdeburg.	Bremen.	Baiern.
Hoch- und Deutsch-Meister.	Pfalz-Neuburg.	Sachsen-Weimar.	Salzburg.
Bamberg.	Bremen.	Sachsen-Eisenach.	Pfalz-Neuburg.
Würzburg.	Sachsen-Weimar.	Sachsen-Koburg.	Leuchtenberg.
Eichstädt.	Sachsen-Eisenach.	Sachsen-Gotha.	Aremberg.
Bruchsal.	Sachsen-Koburg.	Sachsen-Altenburg.	Hohenzollern.
Ettenheim.	Sachsen-Gotha.	Brandenburg-Onolzbach.	Lobkowitz.
Konstanz.	Sachsen-Altenburg.	Brandenburg-Kulmbach.	Salm.
Augsburg.	Brandenburg-Onolzbach.	Braunschweig-Celle.	Dietrichstein.
Hildesheim.	Brandenburg-Kulmbach.	Braunschweig-Calenberg.	Auersperg.
Paderborn.	Braunschweig-Celle.	Braunschweig-Grubenhagen.	Fürstenberg.
Freisingen.	Braunschweig-Calenberg.	Braunschweig-Wolfenbüttel.	Schwarzenberg.
Regensburg.	Braunschweig-Grubenhagen.	Halberstadt.	Lichtenstein.
Passau.	Braunschweig-Wolfenbüttel.	Vorpommern.	Thurn und Taxis.
Trient.	Halberstadt.	Hinterpommern.	Hoch- und Deutschmeister.
Brixen.	Vorpommern.	Verden.	Bamberg.
Münster.	Hinterpommern.	Mecklenburg-Schwerin.	Würzburg.
Osnabrück.	Verden.	Mecklenburg-Güstrau.	Eichstädt.
Lübeck.	Mecklenburg-Schwerin.	Wirttemberg.	Augsburg.
Fulda.	Mecklenburg-Güstrau.	Hessen-Kassel.	Freisingen.
Kempten.	Wirttemberg.	Hessen-Darmstadt.	Regensburg.
Ellwang.	Hessen-Kassel.	Baden-Baden.	Passau.
Johannitermeister.	Hessen-Darmstadt.	Baden-Durlach.	Trient.
Berchtesgaden.	Baden-Baden.	Baden-Hochberg.	Brixen.
Corvey.	Baden-Durlach.	Holstein-Glückstadt.	Kempten.
	Baden-Hochberg.	Sachsen-Lauenburg.	Johannitermeister.
	Holstein-Glückstadt.	Minden.	Berchtesgaden.
	Sachsen-Lauenburg.	Holstein-Oldenburg.	Schwäbische und abwechselnd: Westfälische } Grafen.
	Minden.	Anhalt.	
	Holstein-Oldenburg.	Henneberg.	
	Leuchtenberg.	Schwerin.	
	Anhalt.	~~Camin.~~	
	Henneberg.	Ratzeburg.	
	Schwerin.	Hersfeld.	
	Camin.	Nassau-Hadamar und Siegen.	
	Ratzeburg.	Nassau-Siegen, Dillenburg und Diez.	
	Hersfeld.	Ostfriesland.	
	Aremberg.	Schwarzburg.	
	Hohenzollern.	Lübeck.	
	Lobkowitz.	Osnabrück.	
	Salm.	Bruchsal.	
	Dietrichstein.	Ettenheim.	
	Nassau-Hadamar und Siegen.	Konstanz.	
	Nassau-Siegen, Dillenburg und Diez.	Hildesheim.	
	Auersperg.	Paderborn.	
	Ostfriesland.	Münster.	
	Fürstenberg.	Fulda.	
	Schwarzenberg.	Ellwang.	
	Lichtenstein.	Corvey.	
	Thurn und Taxis.	Wetterauische, Fränkische und abwechselnd: Westfälische } Grafen.	
	Schwarzburg.		
	Die Wetterauischen, " Schwäbischen, " Fränkischen, " Westfälischen } Grafen.		
26 Stimmen.	56 Stimmen.	52 od. 53 Stimmen.	30 od. 29 Stimme…

n = Rath

vom 27. April 1803.

Die stimmführenden Häuser und Stifter.

Kurhaus Brandenburg:
gdeburg.
ndenburg = Onolzbach.
ndenburg = Kulmbach.
berstadt.
terpommern.
den.
ain.
riesland.
esheim.
erborn.
nster.
urhaus Pfalz = Baiern:
ern.
z = Neuburg.
htenberg.
aberg.
zburg.
sburg.
ingen.
au.
pten.
Kurhaus Braunschweig=
urg:
nen.
unschweig = Celle.
unschweig = Calenberg.
unschweig = Grubenhagen.
den.
hsen = Lauenburg.
abrück.
Kurhaus Baden:
en = Baden.
en = Durlach.
en = Hochberg.
chsal.
nheim.
stanz.
ürstliche Haus Sachsen:
hsen = Weimar.
hsen = Eisenach.
hsen = Koburg.
hsen = Gotha.
hsen = Altenburg.
neberg (alternirend mit dem
hause Sachsen).
fürstliche Haus Meck=
rg:
klenburg = Schwerin.
klenburg = Güstrau.
werin.
eburg.
en von der Schweriner, die 4.
: Strelitzer Linie geführt.]
fürstl. Haus Nassau=
en:
au = Hadamar und Siegen.
u=Siegen, Dillenburg u. Diez.
a.
vey.

VIII. Das Erzhaus Oesterreich [oder: Kurhaus Böhmen, seit dem 11. August 1804: Kaiserhaus Oesterreich.]:
1. Oesterreich.
2. Trient.
3. Brixen.

IX. Das Kurhaus Salzburg [Sekundogenitur von Oesterreich]:
1. Salzburg.
2. Eichstädt.
3. Berchtesgaden.

X. Das fürstliche Haus Oldenburg:
1. Holstein = Glückstadt.
2. Holstein = Oldenburg.
3. Lübeck.

[Die Stimme 1 wurde von der königlichen Linie, die 2. und 3. von der herzoglichen, der Schleswig=Holstein=Gottorffischen Linie geführt.]

XI. Das Kurhaus Wirttemberg:
1. Wirttemberg.
2. Ellwang.

XII. Das Kurhaus Hessen:
1. Hessen = Kassel.
2. Hersfeld.

XIII. Das fürstl. Haus Braunschweig:
Braunschweig = Wolfenbüttel.

XIV. Das fürstl. Haus Hessen:
Hessen = Darmstadt.

XV. Das schwedische Königshaus:
Vorpommern.

XVI. Anhalt.
XVII. Aremberg.
XVIII. Hohenzollern.
XIX. Lobkowitz.
XX. Salm.
XXI. Dietrichstein.
XXII. Auersperg.
XXIII. Schwarzenberg.
XXIV. Lichtenstein.
XXV. Thurn und Taxis.
XXVI. Schwarzburg.
XXVII. Der Kurfürst=Reichs=Erzkanzler u. Erzbischof=Primas:
Regensburg.
XXVIII. Der Hoch= und Deutschmeister.
XXIX. Der Johannitermeister.
XXX. Das Kurhaus Sachsen, doch (s. ob. V.) nur abwechselnd:
Henneberg.
XXXI—XXXIV. Die vier Vereine der reichsgräflichen Häuser Deutschlands.

Anm. Zu II, 5, zu VIII, zu IX vgl. jedoch ob. §. 44.

Die Reihenfolge des Aufrufs.

[Nach der sechsten Strophe, wie am 14. Novbr. 1803 abgestimmt worden]:

1. Oesterreich.
2. Baiern.
3. Magdeburg.
4. Salzburg.
5. Hoch= und Deutschmeister.
6. Pfalz = Neuburg.
7. Bamberg.
8. Bremen.
9. Würzburg.
10. Eichstädt.
11. Sachsen = Koburg.
12. Bruchsal.
13. Sachsen = Gotha.
14. Ettenheim.
15. Sachsen = Altenburg.
16. Konstanz.
17. Sachsen = Weimar.
18. Augsburg.
19. Sachsen = Eisenach.
20. Hildesheim.
21. Brandenburg = Onolzbach.
22. Paderborn.
23. Brandenburg = Kulmbach.
24. Freisingen.
25. Braunschweig = Wolfenbüttel.
26. Regensburg.
27. Braunschweig = Celle.
28. Passau.
29. Braunschweig = Calenberg.
30. Trient.
31. Braunschweig = Grubenhagen.
32. Brixen.
33. Halberstadt.
34. Vorpommern.
35. Hinterpommern.
36. Osnabrück.
37. Verden.
38. Münster.
39. Mecklenburg = Schwerin.
40. Lübeck.
41. Mecklenburg = Güstrau.
42. Wirttemberg.
43. Fulda.
44. Baden = Durlach.
45. Kempten.
46. Baden = Baden.
47. Ellwang.
48. Baden = Hochberg.
49. Johannitermeister.
50. Hessen = Darmstadt.
51. Berchtesgaden.
52. Hessen = Kassel.
53. Holstein = Glückstadt.
54. Sachsen = Lauenburg.
55. Minden.
56. Holstein=Oldenburg.
57. Corvey.
58. Leuchtenberg.
59. Anhalt.
60. Henneberg.
61. Schwerin.
62. Camin.
63. Ratzeburg.
64. Hersfeld.
65. Aremberg.
66. Hohenzollern.
67. Lobkowitz.
68. Salm.
69. Dietrichstein.
70. Nassau=Hadamar und Siegen.
71. Nassau = Siegen, Dillenburg und Diez.
72. Auersperg.
73. Ostfriesland.
74. Fürstenberg.
75. Schwarzenberg.
76. Lichtenstein.
77. Thurn und Taxis.
78. Schwarzburg.
79. Schwäbische } Grafen.
80. Wetterauische } Grafen.
81. Fränkische } Grafen.
82. Westfälische } Grafen.

Anm. 1. Der Umstand, daß bei den Alternirungen erloschne Stimmen mit in Betracht kommen (s. ob. Anm. 645), bringt in die Reihenfolge schwierige Verwicklungen: zwischen 1, 2, 3, 4 Burgund; zw. 32 u. 33 Basel; zw. 35, 36, 37, 38 Lüttich. Es alterniren übrigens miteinander: 1 u. 4; 11, 13, 15, 17 u. 19; 25, 27, 29 u. 31; 36 u. 38; 34, 35, 37, 39, 41, 42, 44, 46, 48, 50, 52 u. 53; 79 u. 80.

Anm. 2. Erloschen sind
nach 2: Burgund
nach 4: Pfalzlautern, Bisanz, Pfalzsimmern
nach 8: Worms, Pfalzzweybrücken
nach 9: Pfalzveldenz
nach 33: Basel
nach 34: Lüttich
nach 41: Chur
nach 52: Probstey Weissenburg
nach 53: Prüm
nach 54: Stablo
nach 57: Savoyen
nach 64: Nomeny, Mömpelgard
nach 78: Schwäbische Prälaten
nach 79: Rheinische Prälaten.

Anm. 3. Art. VIII der deutschen Bundes=Akte lautet: „Die Abstimmungsordnung der Bundesglieder betreffend, wird festgesetzt, daß, solange die Bundesversammlung mit Abfassung der organischen Gesetze beschäftigt ist, hierüber keinerlei Bestimmung gelte, und die zufällig sich fügende Ordnung keinem der Mitglieder zum Nachtheil gereichen, noch eine Regel begründen soll. Nach Abfassung der organischen Gesetze wird die Bundesversammlung die künftige als beständige Folge einzuführende Stimmenordnung in Berathung nehmen, und sich darin soweig als möglich von der ehemals auf dem Reichstage und namentlich in Gemäßheit des Reichsdeputationsschlusses von 1803 beobachteten entfernen . . .“